SILIAO
TIANJIAJI SHIYONG SHOUCE

饲料添加剂实用手册

李方方◉主　编
张　勇　朱宇旋◉副主编

化学工业出版社
·北京·

本书在参考近年饲料添加剂学大量研究成果的基础上，总结了我国常见饲料和允许使用的饲料添加剂的特性和实践应用方法，阐述了一些新兴饲料和饲料添加剂的研发应用现状，比较系统地介绍了氨基酸、维生素、矿物元素、糖类、脂类、蛋白质类、新型营养性添加剂等营养性添加剂及抗生素、酶制剂、益生素、酸化剂、驱虫保健剂、饲料品质改良剂、饲料保藏剂等非营养性添加剂的品种、性能、生产方法、质量标准、配伍和应用技术、配方实例、注意事项、参考生产厂家等。

本书可作为动物营养与饲料行业教学、科研、生产人员的参考书，也可作为农业、粮食等领域的大专院校动物营养与饲料加工、饲料工程、畜牧、水产等专业大学生及研究生的辅助教材。

图书在版编目(CIP)数据

饲料添加剂实用手册/李方方主编. —北京：化学工业出版社，2016.1(2020.8重印)
ISBN 978-7-122-25571-6

Ⅰ.①饲… Ⅱ.①李… Ⅲ.①饲料添加剂-手册
Ⅳ.①S816.7-62

中国版本图书馆CIP数据核字（2015）第259528号

责任编辑：傅聪智　　文字编辑：李　玥
责任校对：宋　夏　　装帧设计：刘丽华

出版发行：化学工业出版社（北京市东城区青年湖南街13号　邮政编码100011）
印　　装：北京盛通数码印刷有限公司
710mm×1000mm　1/16　印张16　字数346千字　2020年8月北京第1版第3次印刷

购书咨询：010-64518888　　售后服务：010-64518899
网　　址：http://www.cip.com.cn
凡购买本书，如有缺损质量问题，本社销售中心负责调换。

定　　价：58.00元

前言

饲料科学的发展对提高现有饲料资源的利用效率起到了极大的推动作用，随着人们对动物营养需要和饲料营养价值研究的日益深入，饲料添加剂日益受到重视。饲料添加剂包括营养性饲料添加剂和非营养性饲料添加剂。营养性饲料添加剂可以起到平衡和补充动物营养的功能，而非营养性饲料添加剂则在配合饲料的加工、贮存，以及配合饲料被动物采食、消化、代谢利用和生产产品的各个环节中扮演着保证和促进营养物质能被有效利用的关键作用。随着各种功能的饲料添加剂被开发和广泛利用，饲料添加剂行业也变得日益壮大起来。在推动饲料业发展的同时，饲料添加剂学作为一门独立于饲料学之外的新兴学科也越来越得到人们的共识。

近几年，饲料添加剂领域在技术和产品方面都大有进展，新工艺、新产品不断涌现，而且在新的食品安全形势下，对饲料添加剂的要求也日趋严格，如何合理正确地选用添加剂，充分发挥其功效，也是众多技术人员必须面对的课题。为了让饲料及饲料添加剂行业的从业人员能够更好地了解饲料添加剂，用好饲料添加剂，我们编写了本书。本书在参考近年饲料添加剂学的大量研究成果的基础上，总结和阐述了我国常见饲料和允许使用的饲料添加剂的特性和实践应用方法，介绍了一些新兴饲料和饲料添加剂的研发应用现状，系统而又实用地介绍各类添加剂的品种、性能、生产方法、质量指标和应用技术，对满足添加剂工业生产需求和适应消费者需要都具有重要意义。

本书可作为动物营养与饲料行业教学、科研、生产人员的参考书，也可作为农业、粮食等领域的大专院校动物营养与饲料加工、饲料工程、畜牧、水产等专业大学生及研究生的辅助教材。

本书由李方方主编，张勇、朱宇旌副主编，参加编写的人员还有张鑫、薛菲、王萌、刘清梅、邓杰明、武思远、杨晶晶、王晶。尽管已经竭尽全力，但限于篇幅及编者的水平，本书中疏漏之处在所难免，敬请各方面专家和广大读者不吝指正。

编者

2015 年 12 月

目录

第一章 饲料添加剂概论

第一节 概　述

一、饲料添加剂概念

饲料添加剂（feed additives）又名饲料添加物，是指为了某些特殊需要向各种配合、混合饲料（包括单一的植物性饲料和动物性饲料）中人工另行加入的、具有各种不同生物活性的特殊物质的总称。添加这些物质的目的在于补充饲料营养组分之不足，防止饲料品质的劣化，改善饲料的适口性和动物对饲料的利用率，增强动物的抗病能力，促进动物正常发育和加速生长、生产，提高畜禽产品的产量和质量等。这些特殊物质的用量极少，一般按配合、混合饲料的百分之几甚至百万分之几计量（mg /kg 或 g/1000kg），但作用极为显著。饲料添加剂与饲料的基本区别在于，饲料是为动物提供能量和基本营养物质的主体物质，它限于动植物躯体、果实和微生物发酵产物等所固有的成分；而饲料添加剂则是用与天然饲料无关的物质进行人工组合调制后添加到饲料中的制剂，除极少数物质外，它们一般都不具有供能作用，有些甚至具有打破动物正常生理生化平衡以达到改进畜禽产品产量和质量的功能。二者在“量”的对比关系上十分明显。

二、饲料添加剂的分类

目前饲料添加剂的品种繁多，仅单一的饲料添加剂品种就达数百种。加之经常有新的饲料添加剂品种产生，同时随着人们认识能力的提高，不时有饲料添加剂品种被淘汰或被禁用，因此，饲料添加剂的品种经常处于新旧更替之中。而且，不同国家、不同地区对饲料添加剂的法定品种数量都不尽相同，分类方法亦各异。有些国家在有关饲料添加剂的政策法令中对分类作了规定，目的在于保证饲料添加剂的安全性，以免滥用饲料添加剂，给人类健康和生命带来严重后果。在几个饲料添加剂发展较快的国家间，在饲料添加剂分类问题上既有共性，也有分歧。分类方法各具特色，各有局限性。本书采用国内较为常用或习惯的分类方法，据此将饲料添加剂分为以下几类。

1. 营养添加剂

营养性饲料添加剂是用于补充天然饲料中氨基酸、维生素及矿物质等营养成分、平衡和完善畜禽日粮，提高饲料利用率，最终达到充分发挥畜禽生产潜力，提高产品数量和质量，节省饲料和降低成本的目的。它是最常用而且最重要的一类添加剂，包括三大类别：氨基酸类、维生素类和矿物质类。

2. 生长促进剂

生长促进剂为非营养性饲料添加剂，其主要作用是刺激畜禽生长，提高增重速率和饲料转化率，增进畜禽健康，防治疾病。此类添加剂是饲料添加剂中最大的一类，在全世界范围内消费量最大，也是饲料添加剂中争议最多的一类。包括如下几大类：抗生素类、合成抗菌药物类、激素类、酶制剂类和生菌剂类。

3. 驱虫保健剂

驱虫保健剂亦是作非营养性添加剂。其主要作用就是维持动物机体内环境的正常平衡。保证动物健康生长发育，并能预防和治疗各种疾病。在生长促进剂类中，部分抗生素、合成抗菌药物以及生菌剂类，除具有促进动物生长的效果之外，还有防治动物疾病的功能，因而在驱虫保健剂与生长促进剂之间没有截然的界限，此即添加剂多能化作用的体现。此类添加剂包括以下两种：抗球虫剂和驱蠕虫剂。

4. 饲料保存剂

饲料保存剂的作用是在饲料贮存过程中防止饲料品质的下降，如防止饲料养分被氧化，防止饲料腐败、霉烂等。此外，用于提高饲料利用效率的粗饲料调制剂也属此类。它包括：抗氧化剂、防霉剂、青贮添加剂和粗饲料调制剂。

5. 饲料蛋白添加剂

饲料蛋白添加剂主要是指各种非蛋白氮化合物添加剂，如尿素、缩二脲、磷酸氢二铵、氯化铵、硫酸铵、尿素类等饲料。动物本身不能直接利用此类添加剂作氮素营养物质，但能作为牛羊等反刍动物瘤胃中微生物所需的氮源，并将它们转化合成菌体蛋白而供反刍动物利用，从而起到补充反刍动物蛋白质营养的作用。

6. 其他类添加剂

那些不宜归属于前述五大类添加剂的所有饲料添加物概称为其他类添加剂。它们品种较多，各有不同的性质和作用。主要有以下几类：食欲增进剂、着色剂、黏结剂、乳化剂、稳定剂、胶化剂、防结块剂和凝集剂。

第二节 国内外饲料添加剂应用情况及发展趋势

一、饲料添加剂应用现状

1. 氨基酸

当前饲料中最重要的氨基酸是蛋氨酸、赖氨酸，其次是色氨酸和苏氨酸。2014

年全球赖氨酸产量约226万吨，蛋氨酸产量117.5万吨。目前我国饲用氨基酸工业飞速发展，赖氨酸由大部分靠进口，到现在产量除了满足本国需要外，还有大量出口。2001年我国赖氨酸产量不足5万吨/年，增长到2011年的近68万吨/年，成为世界最大的赖氨酸生产国。近几年我国新建了多座年产万吨级的赖氨酸厂，截至2015年1月，全球蛋氨酸供应厂家达到7家，生产工厂达到12座，拟建工厂2座。但是，近年来我国蛋氨酸产业发展十分薄弱，在工艺技术、原料、设备、成本等方面均存在着一些亟待解决的问题。所以，国内对蛋氨酸的需求基本靠进口来满足，2013年，我国进口蛋氨酸12.1万吨。

2. 矿物质

矿物质饲料添加剂通常分为常量元素和微量元素两种。常量元素主要是钙、磷、钠、氯、钾、镁、硫；微量元素有铁、锌、锰、铜、钴、铬、硒、碘、镍、氟等。全世界每年磷酸盐类的产量约900万吨左右，脱氟磷酸盐接近200万吨。主要的生产国是俄罗斯、美国、欧洲西部诸国和地区。我国目前主要使用骨粉来满足畜禽对钙磷的需要。国内骨粉资源大约为10万吨，但大部分尚未被利用。2012年全球饲用磷酸盐销售额约为48.73亿美元，总消费量约为572万吨。中国是全球饲用磷酸盐的最大消费区，2012年总消费量约为243.9万吨，占全球总消费量的42.6%；其次为北美112万吨；第三为南美91.6万吨。

3. 维生素

目前全世界饲用维生素的年消费量约80万吨。使用品种有16种以上，分为两类：一类是脂溶性维生素，另一类是水溶性维生素。2012年全球饲用维生素总销售额为35.17亿美元，总消费量约为5076万吨，中国以12.3亿美元的消费额成为全球最大的饲用维生素消费地区，占全球总消费额的35.0%。

4. 促生长剂

这类添加剂包括抗生素、合成抗菌药、激素、酶。其中酶制剂越来越被人们重视，世界上目前已发现的酶有5000多个品种，酶制剂开发的品种逐渐增多，常用的已有300多个品种。在20世纪80年代，世界酶制剂的年产量达到10万吨以上，总产值达2亿多美元。目前，在美国、加拿大、俄罗斯、日本等发达国家酶制剂的应用已相当普遍，其应用领域遍及轻工、食品、化工、医药卫生、农业以及能源、环境保护等，对全球经济发展起着重要的作用。2012年全球饲用酶销售额为7亿美元。中国是全球饲用酶的最大消费国，2012年总消费额约为2.96亿美元，占全球总消费量的42.3%。

5. 饲料保存剂

这类添加剂主要指抗氧化剂和防霉剂。目前国外饲料工业已批准使用的抗氧化剂有十几种，其中使用量较大的是丁基羟基茴香醚（BHA）、二丁基羟基甲苯（BHT）、乙氧喹啉。随着全球肉类消费的攀升，以及人们日益关注饲料安全与动物健康，全球动物饲料抗氧化剂市场正在持续增长。据预计，全球动物饲料抗氧化剂市场在2012～2018年间将实现3.6%的年均复合增长率，其总值将达2.168亿美元。世界饲料防霉剂使用量最大的是丙酸及其盐类，其次是山梨酸及其盐类，或以它们为主的复合制剂，还有富马酸二甲酯、克霉灵等。

6. 非蛋白氮(NPN)

反刍动物可以将氮与氨在体内转化为蛋白质。给牛羊饲喂非蛋白氮是补充蛋白质饲料的经济方法。有资料显示，美国养牛业在20世纪70年代，每年以尿素为主的NPN使用量就达到25万吨，到20世纪90年代已增加到了100万吨。前苏联和澳大利亚在20世纪80年代末NPN的使用量达到了60万吨，欧盟各国每年的使用总量也达到了120万吨。2012年全球饲用非蛋白氮总销售额为14.35亿美元，总消费量约为212万吨。2012年中国饲用非蛋白氮消费量约为106万吨，占全球总消费量的50.0%，是全球最大的消费市场。其次是北美57.1万吨，占26.9%。第三为南美41.3万吨，占19.5%。

7. 防结块剂(吸附剂)和制粒剂(黏结剂)

常用的防结块剂有柠檬酸铁铵和亚铁氰化钠，其在配合饲料中的用量分别是25mg/kg和13mg/kg。一些天然黏土也可作为制作颗粒饲料的黏结剂，如膨润土是使用最广泛的一种，一般在配合饲料中的用量不超过2%。

二、我国饲料添加剂的应用现状

我国饲料添加剂工业是20世纪80年代发展起来的新兴工业，与国外先进国家饲料添加剂工业相比晚近20年。近10年来，我国饲料添加剂工业发展迅速，品种大幅度增加，产量快速增长，彻底改变依赖进口的局面。2011年我国各类饲料添加剂产量达到629万吨，是2002年的118倍。我国已经实现全部氨基酸类、维生素类饲料添加剂国产化，赖氨酸和维生素类饲料添加剂主导国际市场。目前，饲料添加剂有300多个品种，经常使用的有150多种。截至2012年底，我国已有饲料添加剂生产企业1440家，饲料添加剂产量逐年增长，产品质量稳步提高。各类饲料添加剂生产状况如下。

重要的饲用氨基酸方面，蛋氨酸过去全部依靠进口购买。现在我国饲料工业对氨基酸需求的不断增加进一步增强了亚洲在全球氨基酸市场上的主导地位。在氨基酸领域，赖氨酸的平均增长速度最快，是动物饲料生产中关键的饲料添加剂之一。目前，我国的赖氨酸生产已逐步在世界上占据重要地位。2012年，氨基酸产量为133.2万吨，同比增长48.0%，占添加剂总产量的比重为17.3%。

维生素是饲料添加剂中最早使用和最常用的品种，在20世纪80年代，我国就制定了部分动物的维生素饲养标准。维生素产业经历了2000～2007年的整合期和2006～2008年丰厚的利润回报期后，市场格局日趋合理，维生素生产企业也在风雨中逐渐成熟。表1-1列出了2008～2012年我国饲料添加剂主要品种产量变化与增幅。2012年，维生素总产量79.3万吨，同比增长9.8%，占添加剂总产量的比重为10.3%。从主要品种看，氯化胆碱51.2万吨，同比增长2.3%；维生素A_5 993t，同比增长32.4%；维生素E 4.4万吨，同比增长27.3%；维生素B_{12} 652t，同比增长0.6%；维生素B_2 9800t，同比增长12.8%。

饲用微量元素目前生产和使用的仍然是无机盐（主要是硫酸盐），近年来也开发了碘化钾、碘酸钙和亚硒酸钠。在有机酸盐和氨基酸螯合物方面也开发了一些品种，如乳酸亚铁、葡萄糖酸锌和蛋氨酸锌、钴等，有的虽有大量生产，但尚未大规模使用。

非蛋白氮已开发了缩二脲、异亚丁基二脲和磷酸脲等新品种，尚需组织安排生产和推广应用。

发展绿色无公害饲料添加剂是21世纪饲料工业的重要研究方向。饲用微生物制剂是实现这一目标的主要途径，随着动物微生态学研究的不断深入，以有益微生物菌群研制开发的饲用微生物添加剂，作为一类新型的无公害资源已被广泛应用，引起越来越多的饲料生产企业和养殖企业的重视，2008～2012年产量平均增幅保持在20%以上。2012年，微生物产量10.2万吨，同比增长25.1%。

表1-1 2008～2012年我国饲料添加剂主要品种产量变化与增幅

单位：万吨

年份	2012	2011	2010	2009	2008	平均增幅
氨基酸	133.4	90.1	71.3	74.8	22.7	74.70%
维生素	79.3	72.2	62.5	50.1	51.8	11.70%
矿物元素及其络合物	488.4	403.8	384.5	358	142.7	46.10%
酶制剂	8	7.6	8.2	5.3	3.9	22.10%
抗氧化剂	5.2	5.1	3.9	4.5	4	7.80%
防腐防霉剂	5.5	4.8	3.7	2.5	1.7	34.00%
微生物	10.2	8.2	7.3	4.7	4.5	24.60%

三、饲料添加剂的发展趋向

现在的饲料添加剂已融合了多门学科和多种新技术，其资源、种类、功能和应用范围得到了进一步的拓展。种类已包括植物产品、动物产品、矿物产品和生物制品等；其功能也由营养成分的补充逐步发展到防治疾病、提高饲料利用率、改善饲料内外在品质、促进动物产品品质的提高以及满足某些特殊需求等；应用范围也已扩大到各类畜禽、水生动物以及特种经济动物养殖业。现在的饲料添加剂生产已成为一个较为系统的工业体系，是饲料工业的重要组成部分。因此，当前及今后一段时间饲料添加剂的开发生产，将呈现营养标准化、产品系列化、生产专业化、生产规模化、科技化的发展趋势。

1. 饲用添加剂的营养标准化

在国外，许多国家都十分重视添加剂营养标准化研究。早在20世纪80年代，美国就制定了100多种添加剂的质量标准，并每隔3～5年修正一次。我国自1985年以来，已陆续颁布各类饲料和添加剂质量标准。例如，除了制定了国家标准（GB 10648）和国家饲料卫生标准（GB 13078—91）外，还制定了饲料级维生素原料国家标准、微量元素原料国家标准、饲料药物添加剂使用规定和饲料黄曲霉素允许量标准等多种质量标准。2012年，《饲料和饲料添加剂管理条例》的实施以及相关配套制度的发布，为我国的饲料添加剂产业发展带来了新的契机，未来十年，饲料添加剂将朝着低成本、高效率、低污染、无残留的方向发展。随着肉、蛋、奶等畜产品的消费量与日俱增，养殖规模不断发展扩大，对配合饲料的需求量大幅度增加，必将有力地推动饲料添加剂产业的发展，同时也进一步促进饲料工业的可持续发展。

2. 饲用添加剂产品系列化

随着饲料添加剂行业向科技化和专业化方向发展，饲料添加剂的品种和种类将进一步系列化和细分化，以提高作用效果，进而提高经济效益。世界配合饲料及其添加剂正在逐步实现品种系列化。一方面，所有的配合饲料及其添加剂均实现了为特定动物所研制。如目前在世界饲料添加剂总产量中33%为禽料，55%为猪料，5%为牛料，3%为鱼虾料，4%为特种动物料。另一方面，在养殖业生产中，为了某种特殊目的的需要，专门研制出一些专一性添加剂。例如，用于青饲料贮存的双乙酸钠（SDA），用于饲料着色用的叶黄素和金黄色素等，用于诱食的香兰素、茴香油和蔗糖酶等，用于增加瘦肉率的脂肪抑制剂，用于分解纤维素物质的酶制剂和用于防止饲料霉变的防霉剂等。

3. 饲用添加剂的生产专业化

目前饲料添加剂行业还附属于饲料工业以及制药业等相关行业，专业化程度不高。随着规模养殖业的不断发展，对配合饲料的需求还会大幅增加，质量要求也不断提高，因此对饲料添加剂也提出了新的要求，这将有力地推动饲料添加剂行业的快速发展，进而使之成为一个独立的行业。

4. 饲用添加剂的生产规模化

国内外饲料工业的一个共同特点是，一些中小型而又缺乏有影响的产品的厂家，逐步被一些有名牌产品的大型厂家所兼并，这样一些厂家越来越大，变成大公司，中小型厂家越来越少，从而形成名牌产品集中生产的趋势。饲料添加剂生产企业也将逐步规模化，随着企业规模的扩大，逐步形成名牌产品和大型企业。

5. 饲用添加剂的科技化

随着饲料添加剂行业科技化进程的不断加快，将出现一批高科技含量的饲料添加剂品种，从而带动饲料工业向科技化方向发展，进而提高配合饲料的整体技术水平，促进饲料工业、畜牧业向更高方向发展。如环保型、高效型饲料添加剂的发展。随着人们环保意识的提高和可持续发展的需要，饲料添加剂的环保绿色化将是开发的重中之重。特别是抗生素等一些副作用较大的饲料添加剂逐步淘汰后，随着新一代产品的研制和开发，环保性将具有明显的特征。未来开发的饲料添加剂，应该能合理地利用资源，不污染环境，对人类健康不构成威胁，不存在药物残留等毒副作用。饲料添加剂的高效化依赖于饲料添加剂相关技术的进步和提高。在市场经济条件下，各饲料添加剂生产单位将更多地投入和关注饲料添加剂的基础研究，并不断改进现有添加剂品种和开发新品种，从而使饲料添加剂不断高效化，作用效果明显提高。

参考文献

[1] 闫奎友．添加剂预混合饲料发展趋势分析．饲料广角，2013，(1)：9-11.
[2] 谭伟杰．2014 年中国赖氨酸、蛋氨酸市场回顾及 2015 年展望．中国畜牧杂志，2015，51 (2)：84-89.
[3] 姜艳艳．全球饲料添加剂市场状况与发展趋势．精细与专用化学品，2010，23 (1)：1-5.
[4] 马桂燕．2014 年主要饲料添加剂原料行情回顾与 2015 年展望．广东饲料，2015，24 (1)：23-24.
[5] 周海云．饲料添加剂开发生产呈现九大发展方向．中国食品报，2014，5：6.

第二章 营养性添加剂

营养性添加剂是指添加到配合饲料中，平衡饲料养分，提高饲料利用率，直接对动物发挥营养作用的少量或微量物质，主要包括氨基酸、合成维生素、微量矿物元素及其他营养性添加剂。

第一节 氨基酸添加剂

一、氨基酸添加剂简介

1. 氨基酸的一般作用

氨基酸是畜禽体内许多酶类和激素的母体或合成原料，也是合成酮体（乙酰乙酸、β-羟基丁酸和丙酮酸的总称）的基本原料，因此在体内有调节、控制和影响生理生化代谢的功能，同时对肝脏的功能也有重要影响。

动物的生长发育需要蛋白质作为有机体发育的原料，在饲料中添加适量的氨基酸，可以增强体内蛋白质的合成，促进动物的生长发育。目前对天然蛋白质中 20 种氨基酸均可以人工合成，但用作饲料氨基酸添加剂的主要是赖氨酸和蛋氨酸，其次是谷氨酸、色氨酸、苏氨酸、精氨酸和甘氨酸等。

然而，必需氨基酸的供给应当控制在动物营养需要范围内，必需氨基酸过多可导致氨基酸失衡和产生氨基酸间的拮抗。许多动物营养学家已证实，在家禽营养中的确存在着氨基酸的拮抗作用。应当适量添加氨基酸，保证机体充分利用，以提高必需氨基酸的利用率；同时，还应针对处于不同生长发育阶段的营养动物，根据营养需要的不同，配以不同比例的必需氨基酸饲料，氨基酸作为饲料添加剂的应用越来越普遍，越来越广泛，其产量越来越高。

2. 生产方法

最早的氨基酸产品是谷氨酸，利用蛋白质水解提取法，以面筋或大豆蛋白为原料制得。20 世纪 50 年代末，成功地建立了微生物发酵法，以糖蜜等为原料直接发酵生产谷氨酸，开创了氨基酸工业发展的新纪元。在短短的 50 年中，氨基酸生产技术博采众多学科成就之长，出现一种氨基酸可以用若干种方法生产，彼此竞争使生产技术不断提高与完善的兴旺局面，终于发展成为一门各种氨基酸品种配套齐全、生产方法多元化的新产业。

目前，氨基酸的生产方法有 5 种：①直接发酵法；②添加前体发酵法；③酶法；④化学合成法；⑤蛋白质水解提取法。通常将直接发酵法和添加前体发酵法统称为发酵法；将发酵法和酶法统称为生物法。现在，除少数几种氨基酸、乳酪氨酸、半胱氨酸、胱氨酸和丝氨酸等用蛋白质水解提取法生产外，多数氨基酸都采用发酵法生产，但也有几种氨基酸采用酶法（如天冬氨酸和丙氨酸）和化学合成法（如蛋氨酸）生产。

二、常用的氨基酸添加剂的特性及应用

（一）赖氨酸

【理化性质】饲料级赖氨酸添加剂是 L-赖氨酸盐，商品用赖氨酸多为 L-赖氨酸盐酸盐，化学名为 L-2,6-二氨基己酸盐酸盐，英文名为 L-lysine monohydrochloride。分子式为 $C_6H_{14}N_2O_2 \cdot HCl$，相对分子质量为 182.65，结构式见右。

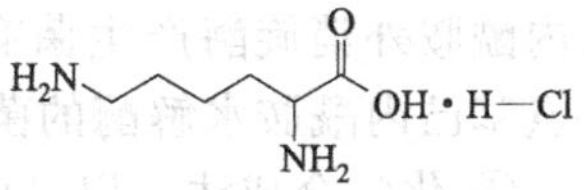

性质：白色或浅黄色结晶粉末，无味或稍有异味。因具有游离氨基而易发黄变质，易溶于水，水溶液 pH 值 5～6，呈酸性，几乎不溶于乙醇和乙醚。熔点 263～264℃，性质稳定，在高湿度下易结块，并稍有黄色。水分活性 60%以下时稳定，60%以上形成二水合物。与维生素 C 或维生素 K_3 共存时易着色。在碱性条件下、有还原糖时，加热易分解。其纯度为 98.5%以上，含 L-赖氨酸 79.24%，含氮量 15.3%，盐酸 19.76%，相当于含粗蛋白 95.8%，代谢能（禽）为 16.7MJ/kg。L-赖氨酸中 ε 位的氨基受热或长期贮存，易与还原糖发生美拉德反应（棕色反应）而失去活性。

【质量标准】NY 39—1987，适用于发酵法生产的赖氨酸盐酸盐。

指标名称	指标	指标名称	指标
L-赖氨酸盐酸盐含量（以 $C_6H_{14}N_2O_2 \cdot HCl$ 干基计）/%	≥98.5	灼烧残渣率/%	≥0.3
		铵盐含量(以 NH_4^+ 计)/%	≥0.04
比旋光度$[\alpha]_D^{20}$/(°)	+18.0～+21.5	重金属含量(以 Pb 计)/%	≥0.003
干燥失重率/%	≥1.0	砷含量(以 As 计)/(mg/kg)	≥0.0002

【生理功能与缺乏症】赖氨酸是一种用途非常广泛的氨基酸，是动物体蛋白的组成成分，它是猪、家禽和大部分动物生长所必需的氨基酸。赖氨酸是普通饲料中都缺少的一种添加剂，赖氨酸能够使动物营养平衡，而赖氨酸被证明是猪及家禽所缺少的成分。只有在饲料中添加适量的氨基酸，才可以提高蛋白质的利用率，实现氨基酸平衡。如果饲料中氨基酸的比例不合理，特别是某一种氨基酸的浓度过高，则影响其他氨基酸的吸收和利用，整体降低氨基酸的利用率，这也叫氨基酸的拮抗作用。饲料中补充氨基酸可提高动物生产性能，改善猪肉品质，增加瘦肉率。赖氨酸为必需氨基酸，无法在体内合成，如缺乏则引起蛋白质代谢障碍及功能障碍，导

致动物生长障碍、发育不全、体重下降、食欲不振、血中蛋白减少、生长缓慢、神经平衡失调、皮下脂肪减少、骨钙化失常等。

【制法】① 蛋白质水解抽提法 一般以血粉为原料，用25%硫酸水解，水解液用石灰中和，过滤去渣。滤液真空浓缩，然后过滤除去不溶解的中性氨基酸，在热滤液中加入苦味酸，冷却至5℃，保温12～16h，析出L-赖氨酸苦味酸盐结晶，经冷水洗涤后，结晶用水重新溶解，加盐酸生成赖氨酸盐酸盐，滤去苦味酸，滤液浓缩结晶，得赖氨酸盐酸盐。

② 直接发酵法 这是目前赖氨酸工业生产的主要方法。该法利用微生物的代谢调节突变株、营养要求性突变株（突变株的L-赖氨酸生物合成代谢调节部分或完全被解除），以淀粉水解糖、糖蜜、乙酸、乙醇等原料直接发酵生成L-赖氨酸。

③ 酶法 利用微生物生产的D-氨基己内酰胺外消旋酶使D型氨基己内酰胺转化为L型氨基己内酰胺；再经L氨基己内酰胺水解酶作用生成L-赖氨酸。D-氨基己内酰胺外消旋酶产生菌有奥贝无色杆菌、裂环无色杆菌、粪产碱杆菌等。具有L-氨基己内酰胺水解酶的菌种有劳伦隐球酵母、土壤假丝酵母、丝孢酵母等。

④ 化学合成法 以己内酰胺为原料，得到外消旋赖氨酸，经拆分得L-赖氨酸。

【常用产品形式与规格】常用产品形式：赖氨酸盐酸盐、有效成分≥98.5%。产品规格：25kg/袋。

【添加量】L-赖氨酸盐酸盐安全使用规范（中华人民共和国农业部第1224号公告，2009）

来源	含量规格/%		适用动物	在配合饲料或全混合日粮中的推荐用量（以氨基酸计）/%	在配合饲料或全混合日粮中的最高限量（以氨基酸计）/%
	以氨基酸盐计	以氨基酸计			
发酵生产	≥98.5（以干基计）	≥78.0（以干基计）	养殖动物	0～0.5	—

【注意事项】① 首先满足第一限制性氨基酸的需要，再依次考虑其他限制性氨基酸。即猪的第一、第二限制性氨基酸是赖氨酸和蛋氨酸，禽类的第一、第二限制性氨基酸是蛋氨酸和赖氨酸。

② 赖氨酸有苦味，会影响仔猪的采食量，所以，仔猪饲料用L-赖氨酸盐酸盐时要限量；任何氨基酸的过剩或不足，都会产生不良影响。

③ 使用赖氨酸和蛋氨酸作为添加剂时，为使其在配合饲料中能均匀混合，可用载体预先混合，氨基酸与载体之比为1∶4。

④ 氨基酸在使用过程中要妥善保管，注意避光、防潮、防高温、防虫害，以免氨基酸在贮存中变质。启封的氨基酸最好一次用完，用不完时要扎紧包装或密封。

⑤ 运输应轻装轻卸。防止日晒、雨淋，不能与有毒、有害物品混运。本品为非危险品，可按一般化学品运输。

【配伍】一般与维生素、无机盐及其他必需氨基酸混合使用效果更佳。

【应用效果】肉鸡生长试验中表明，添加赖氨酸对生长性能、屠宰性能、除胸肌红度值和剪切力值及腿肌剪切力值和滴水损失外的肉品质影响显著。

日粮中赖氨酸水平对长荣猪生产性能有显著提高，研究表明，通过调节饲粮中赖氨酸水平可影响长荣猪体内蛋白质和脂肪的沉积，改善肉品质；生长阶段的长荣猪最佳生长潜能和最优胴体品质所需的饲粮赖氨酸水平为0.73%。

【应用配方参考例】赖氨酸应用饲料配方示例

原料	添加量	原料	添加量
黄玉米	100g	麸皮	32g
鱼粉	20g	大豆粕	20g
L-赖氨酸	0.6g	DL-蛋氨酸	0.2g
碳酸钙	2g	磷酸钙	2g
食盐	1.2g	矿物质添加剂	0.8g
维生素添加剂	0.8g		

注：本复配饲料用于10kg哺乳猪，加青粗料或干粉料直接生喂。

【参考生产厂家】长春大成实业集团有限公司，赢创德固赛（中国）有限公司，希杰（聊城）生物科技有限公司，郑州帝斯曼科技有限公司，山东利通生物科技有限公司，黄山市鑫瑞化工有限公司等。

（二）蛋氨酸类添加剂

1. DL-蛋氨酸

【理化性质】DL-蛋氨酸又称DL-甲硫氨酸、甲硫基丁氨酸、混旋蛋氨酸，化学名为2-氨基-4-甲硫基丁酸，英文名为DL-methionine。分子式为$C_5H_{11}NO_2S$，相对分子质量为149.21，结构式见右。

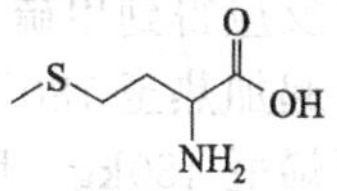

性质：白色薄片状结晶或结晶性粉末，有特殊气味，味微甜。熔点281℃（分解）。10%水溶液的pH值5.6～6.1，无旋光性，对热及空气稳定，对强酸不稳定，可导致脱甲基作用。溶于水（3.3g/100mL，25℃）、稀酸和稀碱溶液。极难溶于乙醇，几乎不溶于乙醚。

【质量标准】饲料级DL-蛋氨酸质量标准（GB/T 17810—2009）

项目	指标	项目	指标
DL-蛋氨酸含量/%	≥98.5	重金属含量(以Pb计)/(mg/kg)	≤20.0
干燥失重率/%	≤0.5	砷含量(以As计)/(mg/kg)	≤2.0
氯化物含量(以NaCl计)/%	≤0.2		

【生理功能与缺乏症】蛋氨酸是机体的一种必需氨基酸。蛋氨酸在机体内可综合胆碱和叶酸，又是合成表皮中的蛋白质和某些激素（如胰岛素）所必需的氨基酸。膳食中蛋氨酸缺乏，可影响机体氮平衡，使机体胆碱减少而易发生脂肪肝。蛋氨酸与蛋白质的合成密切相关。蛋氨酸缺乏，可导致蛋白质合成障碍。蛋氨酸可增加代谢活性叶酸的比例，促进维生素B_{12}的代谢作用，防止产生恶性贫

血等疾病。蛋氨酸在ATP参与下形成S-腺苷蛋氨酸，后者是一种活泼的甲基供给体，因此蛋氨酸缺乏又可影响需要S-腺苷蛋氨酸供给的物质，如肾上腺素、胆碱、肌酸等的合成。

蛋氨酸是机体重要的蛋白质组成部分，蛋氨酸在体内可转变为胱氨酸，而胱氨酸还可由L-半胱氨酸转变为牛磺酸，因而蛋氨酸对其他非必需氨基酸的合成也有一定影响。饲料中蛋氨酸缺乏会对机体代谢和机体生长发育有明显影响。然而，机体对蛋氨酸的需要量也有一定限度。过多地摄入蛋氨酸，可产生过多的半同型半胱氨酸，同型半胱氨酸过高可导致动脉粥样硬化等。因此，对饲料中蛋氨酸的添加量应保持在一个合理的范围，不宜添加过多的蛋氨酸。

DL-蛋氨酸为必需氨基酸之一，缺乏可引起肝脏、肾脏障碍。对于保护肝功能尤其重要，大量摄入则易形成脂肪肝，能促进毛发、指甲生长，并具有解毒和增强肌肉活动能力等作用。蛋氨酸被称作“生命性氨基酸”，参与动物体内80种以上的反应，具有可参与蛋白质合成，合成半胱氨酸、转甲基作用，可提高免疫力。与L-蛋氨酸的生理作用相同，但价格低（L型由DL型制得），故一般均使用DL-蛋氨酸。此外，蛋氨酸也用于生产氨基酸输液及综合氨基酸制剂。在生产中以合成法制取较为方便，一般由甲烯醛与甲硫氨酸反应进行制取。

当缺乏蛋氨酸时，会引起食欲减退、生长减缓或不增加体重、肾脏肿大和肝脏铁堆积等现象，最后导致肝坏死或纤维化。引起发育不良、体重减轻、肝肾机能减弱、肌肉萎缩、皮毛变质等。

【制法】① 通常采用以丙烯醛为原料的合成法。丙烯醛和甲硫醇在甲酸和乙酸铜的存在下，缩合生成3-甲硫基丙醛。再与氰化钠和碳酸氢铵溶液混合。在90℃下反应得到甲硫基乙基乙内酰脲。不需要分离提纯，即可与28%的氢氧化钠溶液一起加热至180℃，水解生成蛋氨酸钠。用盐酸中和得成品蛋氨酸。每吨产品消耗丙烯醛480kg、甲硫醇400kg、氰化钠420kg。

② D型和L型的蛋氨酸生理作用相同，多采用DL型，因此以合成法制造有利。一般由丙烯醛与甲硫醇反应制得。

③ 可采用提取法制备蛋氨酸，但工业上有以下方法。

a. 罗纳-普朗克工艺；

b. 德固萨DL-蛋氨酸工艺原料消耗定额：丙烯醛480kg/t、甲硫醇400kg/t、氰化钠420kg/t。

【常用产品形式与规格】产品形式：DL-蛋氨酸，有效成分≥98.5%。规格：25kg/袋。

【添加量】DL-蛋氨酸安全使用规范（中华人民共和国农业部第1224号公告，2009）

来源	含量规格/%		适用动物	在配合饲料或全混合日粮中的推荐用量（以氨基酸计）/%	在配合饲料或全混合日粮中的最高限量（以氨基酸计）/%
	以氨基酸盐计	以氨基酸计			
化学制备	—	≥98.5	养殖动物	0～0.2	鸡 0.9

【注意事项】本品应贮存于阴凉、干燥、通风处，贮存大批货物时，应安装导电平衡设备，防止静电荷的聚集。在运输过程中防止雨淋、受潮和日晒，严禁与有毒品混运。

【配伍】一般与维生素、无机盐及其他必需氨基酸混合使用效果更佳。

【应用效果】蛋鸡：当日粮中添加适宜的蛋氨酸时，不仅可以改善蛋鸡蛋白质营养，提高生产性能，降低饲料消耗，还能明显提高产蛋量和饲料报酬。

种鸡：提高公鸡精子活力和蛋孵化率，日粮蛋氨酸水平为0.34%时，公鸡的精子活力最高和采精量最多。

奶牛：泌乳早期奶牛饲喂低含量过瘤胃蛋白补饲蛋氨酸日粮，产奶量能显著提高。

【应用配方参考例】DL-蛋氨酸饲料配方示例

原料	添加量	原料	添加量	原料	添加量
黄玉米	100g	食盐	1.2g	DL-蛋氨酸	0.2g
鱼粉	20g	维生素添加剂	0.8g	磷酸钙	2g
L-赖氨酸	0.6g	麸皮	32g	矿物质添加剂	0.8g
碳酸钙	2g	大豆粕	20g		

注：本复配饲料用于10kg哺乳猪，加青粗料或干粉料直接生喂。

【参考生产厂家】重庆紫光天化蛋氨酸有限责任公司，湖北巨胜科技有限公司，无锡必康生物工程有限公司，武汉同兴生物科技有限公司，湖北远城赛创科技有限公司等。

2. 蛋氨酸羟基类似物

【理化性质】蛋氨酸羟基类似物又称液体羟基蛋氨酸，化学名为2-羟基-4-甲硫基丁酸，英文名为methionine hydroxy-analog；Alimet；MHA。分子式为$C_5H_{10}O_3S$，相对分子质量为150.2，结构式见右。

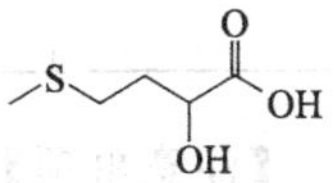

性质：羟基蛋氨酸是深褐色黏液，含水量约12%。有硫化物特殊气味，其pH值为1～2。密度1.23kg/L（20℃），凝固点−40℃，运动黏度在38℃时为35mm²/s，20℃时为105mm²/s。避免与强酸、强氧化剂接触，黏度随温度下降而增加。它是以单体、二聚体和三聚体组成的平衡混合物，其含量分别为65%、20%、30%。主要通过羟基（—OH）和羧基（—COOH）间酯化作用而聚合，这些聚合体能在猪、鸡肠道水解成单体。

【质量标准】饲料添加剂液态蛋氨酸羟基类似物质量标准（GB/T 19371.1—2003）

指标名称	指标	指标名称	指标
液态蛋氨酸羟基类似物含量/%	≥88	铵盐含量/%	≤1.5
铅含量/(mg/kg)	≤5	氰化物	不得检出
砷含量/(mg/kg)	≤2	pH	≤1

【生理功能与缺乏症】蛋氨酸羟基类似物可补充日粮中蛋氨酸的不足，发挥蛋氨酸的营养作用。由于蛋氨酸在反刍动物瘤胃微生物的作用下会脱氨基而失效，而本品不带氨基，不会发生脱氨基作用，且能利用瘤胃中氨生成蛋氨酸，因此尤其适用于反刍动物。在反刍动物日粮中添加本品可提高奶牛产奶量，增加肉牛体增重，提高绵羊产毛量。

有机酸是饲料中最常用的抗生素替代品之一。蛋氨酸羟基类似物化学名称为2-羟基-4-甲硫基丁酸，pH 值为 3.60 左右，略低于乳酸和甲酸；88%水溶液 pH 略小于 1，是一种比较强的有机酸。因此，蛋氨酸羟基类似物除了作为 DL-蛋氨酸替代物外，还具有类似有机酸制剂的抑菌促生长作用。

蛋氨酸羟基类似物除了能提高生长性能之外，还具有固体蛋氨酸所不具有的许多优点，例如：热应激下可保持动物较高的生长性能；降低贮存费用、劳力和产品损耗；提高混合均匀度，减少饲料分级；饲料厂具有更为洁净和安全的环境等。

【制法】以丙烯醛为原料，在催化剂作用下同甲硫醇反应，生成的甲硫基丙醛再与氢氰酸经催化剂作用合成 2-羟基-4-甲硫基丁腈，在硫酸存在下水解后，经精制得成品。

【常用产品形式与规格】产品形式：液态蛋氨酸羟基类似物。规格：用 250kg 塑料桶运载。

【添加量】蛋氨酸羟基类似物安全使用规范（中华人民共和国农业部第 1224 号公告，2009）

适用动物	在配合饲料或全混合日粮中的推荐用量（以氨基酸计）/%	在配合饲料或全混合日粮中的最高限量（以氨基酸计）/%
猪、鸡、牛	猪 0～0.11 鸡 0～0.21 牛 0～0.27 （以蛋氨酸羟基类似物计）	鸡 0.9 （以蛋氨酸羟基类似物计）

【注意事项】① 本品添加过量会导致日粮氨基酸组成失衡，降低饲料蛋白质利用率，严重时会导致中毒。本品蛋氨酸生物学活性介于 40%～100%。

② 液态蛋氨酸羟基类似物 pH 值较低，操作时应避免接触皮肤，如不慎接触皮肤，立即用水清洗。

【配伍】一般与维生素、无机盐及其他必需氨基酸混合使用效果更佳。

【应用效果】奶牛：饲喂蛋氨酸羟基类似物可以减少泌乳 14～60 天的体蛋白损失，增加血清中蛋氨酸和胱氨酸的浓度，促使蛋氨酸和其他氨基酸之间保持平衡，从而节约蛋白质；添加的蛋氨酸类似物中平均有 39.5%可过瘤胃，并且不受类似物的种类和量的影响；料中添加适量的蛋氨酸羟基类似物通过对奶牛的营养代谢、体内酸碱平衡及内分泌功能的调节作用，从而改善动物的生产性能。

水产动物：在大豆粉-DDGS 基础日粮中添加 1.65 g/kg 蛋氨酸羟基类似物时，能提高体增重和饲料转化率，并且保持鲑鱼粗蛋白和磷含量，当日粮中蛋氨酸和胱氨酸不足时，添加 MHA 能改善鲑鱼的生产性能。

【参考生产厂家】美国孟山都（Monsanto）公司，诺伟司国际贸易（上海）有限公司，安迪苏生命科学制品（上海）有限公司，帝斯曼（中国）有限公司，赢创德固赛（中国）有限公司等。

3. N-羟甲基蛋氨酸钙

【理化性质】*N*-羟甲基蛋氨酸钙又称保护性蛋氨酸，商品名为麦普伦（Meopron），化学名为 *N*-羟甲基甲硫基丁酸钙，分子式为 $(C_6H_{12}NO_3S)_2Ca$，相对分子质量为 396.53，结构式见右。

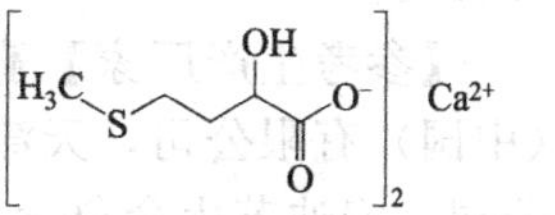

性质：外观为可自由流动的白色粉末，具有硫化物的特殊气味，溶于水，蛋氨酸含量大于 67.6%，钙含量小于 9.1%。

【质量标准】饲料添加剂羟基蛋氨酸钙质量标准（GB/T 21034—2007）

项目	指标	项目	指标
羟基蛋氨酸钙含量(以干基计)/%	≥95.0	砷含量/(mg/kg)	≤2
钙含量/%	11.0～15.0	粒度 1.168mm 孔径(14 目)分析筛上物含量/%	≤1
干燥失重率/%	≤1.0	粒度 0.105mm 孔径(140 目)分析筛上物含量/%	≥75
铅含量/(mg/kg)	≤20		

【生理功能与缺乏症】*N*-羟甲基蛋氨酸钙补充日粮中蛋氨酸的不足，发挥蛋氨酸的营养作用，用作反刍动物的饲料添加剂，在动物瘤胃中起降解的保护作用，因此常用作过瘤胃保护蛋氨酸替代品，以提高反刍动物对蛋氨酸的利用率。*N*-羟甲基蛋氨酸钙可提高奶牛产奶量、牛奶乳脂率和乳蛋白含量，减少肝代谢负荷，延长产乳期，并缩短产犊间隔期。具有避免瘤胃微生物降解的作用。每天产奶 25kg 以上的奶牛，可饲喂 25～30g *N*-羟甲基蛋氨酸钙。

【制法】以 DL-蛋氨酸为原料，将液体的羟基蛋氨酸与氢氧化钙或氧化钙中和，经干燥、粉碎和筛分后制得。

【常用产品形式与规格】产品形式：*N*-羟甲基蛋氨酸钙（Meopron），规格：25kg/袋。

【添加量】*N*-羟甲基蛋氨酸钙安全使用规范（中华人民共和国农业部第 1224 号公告，2009）

适用动物	在配合饲料或全混合日粮中的推荐用量(以氨基酸计)/%	在配合饲料或全混合日粮中的最高限量(以氨基酸计)/%
反刍动物	牛 0～0.14(以蛋氨酸计)	—

【注意事项】*N*-羟甲基蛋氨酸钙添加不足会影响动物生长的提高，过量会导致日粮氨基酸组成失衡，降低饲料蛋白质利用率，严重时会导致中毒。

【配伍】一般与维生素、无机盐及其他必需氨基酸混合使用效果更佳。

【应用效果】提高产奶量和乳成分：保护性蛋氨酸（RPMet）的一部分能避免

瘤胃微生物的降解，以保护性蛋氨酸的形式提供给瘤胃后蛋氨酸；另一方面，保护性蛋氨酸的降解部分改善了瘤胃的发酵，促进瘤胃微生物的合成，这两方面的作用提高了奶牛的产奶量和乳成分。

促进羊毛生长：日粮中添加瘤胃保护性蛋氨酸能降低尿氮的排出量，提高氮沉积、日增重和氮的生物学利用率，日粮中瘤胃保护性蛋氨酸的适宜添加量为2.0g/d。

【参考生产厂家】赢创德固赛（中国）有限公司，美国诺伟思公司，帝斯曼（中国）有限公司，天津罗纳普朗克蛋氨酸有限公司，武汉远成共创科技发展有限公司，安迪苏生命科学制品（上海）有限公司等。

（三）色氨酸

【理化性质】色氨酸又称 L-α-氨基-3-吲哚-1-丙酸、α-氨基-β-吲哚丙酸，化学名β-吲哚基丙氨酸，英文名为 tryptophan。分子式为 $C_{11}H_{12}N_2O_2$，相对分子质量为 204.23，结构式见右。

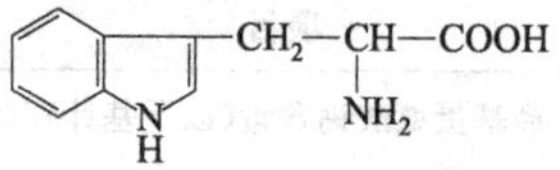

【性质】本品为白色或微黄色结晶或结晶状粉末；无臭，味微苦。本品在水中微溶，在乙醇中极微溶解，在氯仿中不溶，在甲酸中易溶，在氢氧化钠试液或稀盐酸中溶解。熔点 289℃，长时间光照则着色。与水共热产生少量吲哚。如在氢氧化钠、硫酸铜存在下加热，则产生大量吲哚。色氨酸与酸在暗处加热，较稳定。与其他氨基酸、糖类、醛类共存时极易分解。如无烃类共存，与 5 mol/L 氢氧化钠共热至 125℃仍稳定。用酸分解蛋白质时，色氨酸完全分解，生成腐黑物。

【质量标准】饲料添加剂 L-色氨酸质量标准（GB/T 25735—2010）

项目	指标	项目	指标
L-色氨酸含量(以干基计)/%	≥98.0	汞含量/(mg/kg)	≤0.1
粗灰分/%	≤0.5	镉含量/(mg/kg)	≤2
比旋光度$[\alpha]_D^t$/(°)	−29.0～−32.8	铅含量/(mg/kg)	≤5
pH(1%水溶液)	5.0～7.0	砷含量/(mg/kg)	≤2
干燥失重率/%	≤0.5	沙门菌(25g 样品中)	不得检出

【生理功能与缺乏症】饲料中补充色氨酸能改善动物生产性能，提高采食量，显著增加孕畜胎儿体内抗体，对泌乳期的奶牛和母猪有促进泌乳作用，此外还能降低日粮优质蛋白用量、节约饲料成本、降低日粮蛋白饲料用量、节约配方空间等。L-色氨酸参与机体蛋白质合成，并可在体内转化为烟酸，还能促进胃液和胰液的产生，促进动物体消化功能提高。日粮富含色氨酸时，血清色氨酸与限制性氨基酸比值升高，可提高应激敏感群体的抗应激能力。

动物缺乏色氨酸时生长停滞、体重下降、脂肪沉积减少、公畜睾丸萎缩。抗应激研究发现，注射色氨酸可减少白鼠断食期间相互攻击扼杀，减少的程度与色氨酸注射量呈正比。这可能是由于血液和脑中色氨酸通过其代谢产物 5-羟基色氨酸起到了这种生理作用。同样，猪因断奶、密饲而产生的咬尾现象也可通过补充色氨酸得到解决。添加色氨酸可降低鸡的攻击性，减少啄羽、啄肛现象。

【制法】① 微生物转化法 这种方法使用葡萄糖作为碳源，同时添加合成色氨酸所需的前体物如邻氨基苯甲酸、吲哚等，利用微生物的色氨酸合成酶系来合成色氨酸。

② 酶法 酶法是利用微生物中色氨酸生物合成酶系的催化功能生产色氨酸。这些酶包括色氨酸酶、色氨酸合成酶、丝氨酸消旋酶等。

③ 直接发酵法 该法是以葡萄糖、甘蔗糖蜜等廉价原料为碳源，利用优良的色氨酸生产菌种来生产色氨酸。

【常用产品形式与规格】产品形式：L-色氨酸，规格：25kg/袋。

【添加量】色氨酸安全使用规范（中华人民共和国农业部第 1224 号公告，2009）

适用动物	在配合饲料或全混合日粮中的推荐用量（以氨基酸计）/%	在配合饲料或全混合日粮中的最高限量（以氨基酸计）/%
养殖动物	畜禽 0～0.1 鱼类 0～0.1 虾类 0～0.3	—

【注意事项】① 贮藏条件：密闭、避光贮藏于通风、阴凉、干燥、无污染物、无有毒有害物处。

② 贮藏时间：在规定贮藏条件下，原包装可贮藏两年。

③ 牛采食过量的 L-色氨酸（每 100kg 体重摄入量超过 0.37g）会导致肺气肿。在玉米类型的日粮中如果豆饼添加量不足，动物会发生色氨酸缺乏。

【配伍】可与赖氨酸、蛋氨酸、苏氨酸合用于强化氨基酸。按 0.02%的色氨酸和 0.1%的赖氨酸添加于玉米制品，可显著提高蛋白质效价。

【应用效果】研究表明，日粮色氨酸水平对生长猪的氮沉积具有显著影响，20～50kg 生长猪的色氨酸的适宜需要量为 1.7 g/kg。

【参考生产厂家】赢创德固赛（中国）有限公司，浙江升华拜克生物股份有限公司，山东鲁抗舍里乐药业有限公司，安徽丰原发酵技术工程研究有限公司，长春大成实业集团有限公司，希杰（聊城）生物科技有限公司等。

（四）苏氨酸

【理化性质】苏氨酸又称 L-羟基丁氨酸、L-异赤丝藻氨基酸，化学名为 L-α-氨基-β-羟基丁酸；L-2-氨基-3-羟基丁酸，英文名为 L-threonine、L-α-amino-β-hydroxy butyric acid。分子式为 $C_4H_9NO_3$，相对分子质量为 119.12。结构式见右。

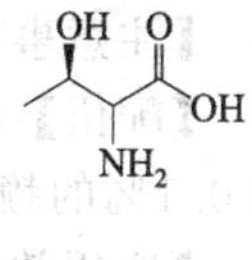

性质：白色斜方晶系或结晶性粉末。无臭，味微甜。253℃熔化并分解。高温下溶于水，25℃溶解度为 20.5g/100g。等电点为 6.16。不溶于乙醇、乙醚和氯仿。

【质量标准】饲料级 L-苏氨酸质量标准（GB/T 21979—2008）

项目	指标		项目	指标	
	一级	二级		一级	二级
L-苏氨酸含量(以干物质计)/%	≥98.5	≥97.5	炽灼残渣率/%	≤0.5	
比旋光度$[\alpha]_D^{20}$/(°)	−26.0～−29.0		重金属含量(以 Pb 计)/(mg/kg)	≤20	
干燥失重率/%	≤1.0		砷含量(以 As 计)/(mg/kg)	≤2	

【生理功能与缺乏症】苏氨酸是一种重要的营养强化剂，可以强化谷物、糕点、乳制品的营养价值。苏氨酸和色氨酸一样有缓解机体疲劳、促进生长发育的效果。医药上，由于苏氨酸的结构中含有羟基，对机体皮肤具有保水作用，与寡糖链结合，对保护细胞膜起重要作用，在体内能促进磷脂合成和脂肪酸氧化。其制剂具有促进机体发育抗脂肪肝药用效能，是复合氨基酸输液中的一个成分。

【制法】苏氨酸的生产方法主要有发酵法、蛋白质水解法和化学合成法三种，目前微生物发酵法已经成为生产苏氨酸的主流方法。

① 化学合成法　a. 巴豆酸法：巴豆酸在乙醇中进行汞化反应，再经溴化、脱汞、氨化得 DL-苏氨酸。该法反应条件缓和、产率也不低，但步骤较繁、溶剂成本高，加之含汞废液处理困难等，使其利用价值不大。b. 甘氨酸铜法：在这个反应中，甘氨酸由于与 Cu^{2+} 生成螯合物，从而增强了氢的酸性，更利于其与乙醛缩合，最终脱去铜，生成 DL-苏氨酸。Cu^{2+} 起到了催化剂的作用。也有用五水硫酸铜或氯化铜与甘氨酸和乙醛来制备的。c. 乙酰乙酸乙酯法：将乙酰乙酸乙酯氨化、还原，即可得 DL-苏氨酸，该路线反应条件要求高，且产率低。

② 发酵法　以糖、氨、高丝氨酸为培养基，用谷氨酰胺等发酵后，经精制制得。

③ 蛋白质水解法　将酪蛋白、丝蛋白、丝胶蛋白用酸、碱或酶水解，再进行精制。

【常用产品形式与规格】产品形式：L-苏氨酸，含量 98%。规格：25kg/袋。

【添加量】苏氨酸安全使用规范（中华人民共和国农业部第 1224 号公告，2009）

适用动物	在配合饲料或全混合日粮中的推荐用量（以氨基酸计）/%	在配合饲料或全混合日粮中的最高限量（以氨基酸计）/%
养殖动物	畜禽 0～0.3 鱼类 0～0.3 虾类 0～0.8	

【注意事项】过量添加会抑制动物生长。

【配伍】可与赖氨酸、蛋氨酸、苏氨酸合用于强化氨基酸。按 0.02% 的色氨酸和 0.1% 的赖氨酸添加于玉米制品，可显著提高蛋白质效价。

【应用效果】① 改善动物免疫机能：日粮中添 0.54%～0.60% 的苏氨酸，能够提高肉仔鸡和蛋鸡细胞免疫和体液免疫功能，增强机体的抗菌防御机能；苏氨酸可促进法氏囊、胸腺、脾脏等免疫器官的发育，改善机体的免疫机能；高温高湿条件下添加苏氨酸可以提高产蛋鸡的体液免疫功能。

② 提高猪日增重：生长肥育猪 30～90kg 阶段，提高日粮苏氨酸水平可显著提高生长、育肥两阶段的日增重和饲料转化率，同时能显著提高瘦肉率、胴体肌肉和眼肌面积、背腰最长肌中水分和蛋白质含量。

【参考生产厂家】日本味之素公司，赢创德固赛（中国）有限公司，美国 ADM 公司，山东恩贝集团有限公司，长春大成实业集团有限公司，河北梅花味精集团公司等。

（五）精氨酸

【理化性质】精氨酸又称 2-氨基-5-胍基戊酸、L-蛋白氨基酸、胍基戊氨酸、L-2-氨基胍基戊酸、L-胍基戊氨酸、L-精氨酸碱，化学名为 L-α-氨基-δ-胍基戊酸，英文名为 L（+）-arginine。分子式为 $C_6H_{14}N_4O_2$，相对分子质量为 174.20，结构式见右。

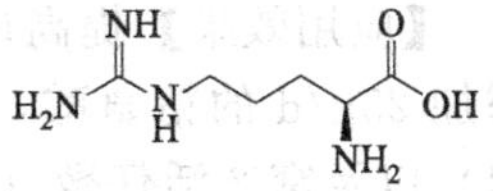

【性质】白色斜方晶系（二水物）晶体或白色结晶性粉末，熔点 244℃（分解)，经水重结晶后，于 105℃失去结晶水。水溶液呈强碱性，可从空气中吸收二氧化碳，溶于水（15%，21℃)，不溶于乙醚，微溶于乙醇。侧链带有一个胍基，是 20 种氨基酸中碱性最强的氨基酸。

【质量标准】食品添加剂 L-精氨酸质量标准（GB 28306—2012）

指标名称	指标值	指标名称	指标值
L-精氨酸含量(以干基计)/%(质量分数)	98.5～101.5	干燥失重率/%(质量分数)	≤1
比旋光度$[\alpha]_D^{20}$/(°)	+26.0～+27.9	灼烧残渣率/%(质量分数)	≤0.2
澄清度与颜色	澄清、无色	氯化物含量(以 Cl^- 计)/%	≤0.1
砷含量(以 As 计)/(mg/kg)	≤2	pH 值	10.0～12.0

【生理功能与缺乏症】精氨酸有促进激素分泌的作用，如生长激素、催乳素、胰岛素、肾上腺素、儿茶酚胺、生长激素抑制剂等。静脉注射精氨酸后，可促进人体催乳素和胰岛素的释放，生长激素分泌也明显增加。精氨酸具有抑制肿瘤诱导发生的作用。

精氨酸是鸟氨酸的前体，可促进鸟氨酸循环。当肝脏发生严重病变、肝细胞坏死时，蛋白质的分解产物——氨不能转变成尿素而排出，从而引起血氨升高。精氨酸参与氨基酸代谢的另一方面是作为核蛋白的底物，是精子蛋白的主要组成部分，有促进精子生成、提高精子运动能量的作用。

精氨酸是生长期畜禽的重要氨基酸。在成年家畜体内可以合成，但幼畜合成的数量满足不了生长需要，而雏鸡则没有合成精氨酸的能力。饲料中缺乏精氨酸时，畜禽体重迅速下降，公畜、公禽的精子形成受到抑制。

【制法】精氨酸的生产方法主要有蛋白质酸解提取和发酵法两种。

① 蛋白质酸解法　主要是对明胶、脱脂大豆等加酸水解后提取分离，这种方法因原料成本高而受到限制。而毛发、动物血粉等动物蛋白质相对比较廉价，而且

精氨酸含量也比较高，具有较高的经济效益和应用前景，目前在国内应用较广，特别是从毛发中提取。我国人发、鸡毛等角质蛋白资源丰富，提取胱氨酸后的母液中精氨酸的含量在5%左右，是提取精氨酸的一个良好来源。

② 发酵法　精氨酸发酵所用菌种一般为枯草芽孢杆菌、谷氨酸棒杆菌、黄色短杆菌和大肠杆菌刀豆氨酸等，发酵多在30℃、70h左右。

【常用产品形式和规格】产品形式：L-精氨酸，含量99%。规格：25kg/袋。

【注意事项】肾功能不全的慎用，无尿及体内缺乏精氨酸酶的禁用。易产生流涎、皮肤潮红、呕吐等过敏反应。

【配伍】一般与维生素、无机盐及其他必需氨基酸混合使用效果更佳。

【应用效果】提高母猪繁殖性能：在初产和经产母猪妊娠的14～28d，日粮中添加25g/d的精氨酸，增加了平均窝产仔数（分别增加了1.25头/窝和1.18头/窝）以及窝产活仔数（分别增加了1.08头/窝和0.93头/窝）。

【生产厂家】山东保龄宝生物技术有限公司，长春大成实业集团有限公司，宁波科瑞生物工程有限公司，四川绵竹市鹏发生化有限责任公司，上海五旋生物工程技术有限公司，上海味之素氨基酸有限公司，上海冠生园协和氨基酸有限公司，日本味之素公司，赢创德固赛（中国）有限公司等。

（六）谷氨酸

【理化性质】谷氨酸又称麸氨酸，化学名为α-氨基戊二酸，英文名为L-glutamic acid。分子式为$C_5H_9NO_4$，相对分子质量为147.13，结构式见右。

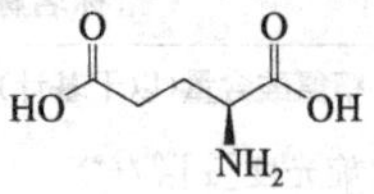

性质：白色结晶性粉末、几乎无臭，有特殊滋味和酸味。224～225℃分解。饱和水溶液的pH＝3.2。难溶于水，实际不溶于乙醇和乙醚，极易溶于甲酸。

【生理功能与缺乏症】① 谷氨酸参与以谷氨酸脱氢酶为中心的联合脱氨基作用（谷氨酸被脱去氨基）。

② 在血氨转运中，谷氨酰胺合成酶催化谷氨酸与氨结合生成谷氨酰胺。谷氨酰胺中性无毒，易透过细胞膜，是氨的主要运输形式。

③ 在葡萄糖-丙氨酸循环途径中，肌肉中的谷氨酸脱氢酶催化α-酮戊二酸与氨结合形成谷氨酸，接着在丙氨酸转氨酶的催化作用下谷氨酸再与丙酮酸形成α-酮戊二酸和丙氨酸。

④ 在生物活性物质代谢途径中，谷氨酸本身就是兴奋神经递质，在脑、脊髓中广泛存在，谷氨酸脱羧形成的γ-氨基丁酸是一种抑制性神经递质，在生物体中广泛存在。

⑤ 在氨基酸合成途径中，谷氨酸是合成谷氨酰胺、脯氨酸、精氨酸、赖氨酸的重要前体。

⑥ 在鸟氨酸循环（尿素合成）途径中，线粒体中的谷氨酸脱氢酶将谷氨酸的氨基脱下，为氨甲酰磷酸的合成提供游离的氨；细胞质中的谷草转氨酶把谷氨酸的氨基转移给草酰乙酸，草酰乙酸再形成天冬氨酸进入鸟氨酸循环，谷氨酸为循环间

接提供第二个氨基。

【制法】可以采用蛋白质水解法和合成法生产谷氨酸，但发酵法是生产谷氨酸的主要方法。发酵法生产，以糖蜜或淀粉为原料，用谷氨酸棒杆菌或小球菌或节杆菌作菌种，以尿素为氮源，在 30～32℃下进行发酵，发酵完毕，将发酵液分离出菌体后，用盐酸调节 pH 值至 3.0 时，作等电点提取，经分离得谷氨酸结晶，母液中的谷氨酸再经 732 离子交换树脂提取，经结晶、烘干，得成品。

【常用产品形式和规格】产品形式：L-谷氨酸，含量 98%。规格：25kg/袋。

【添加量】猪饲料中添加 0.1%能明显地提高食欲，加快生长。在人工乳中效果更佳，一般添加量为 0.2%。在加有抗生素及其他药物的饲粮中可添加 0.5%，对改善因添加抗生素或其他药物而损害的适口性很有效，可促进采食。

【注意事项】本品应密封阴凉避光保存。贮运过程中，应注意防潮、防晒，低温存放。

【配伍】谷氨酸通常并不单独使用，而是与酚类、醌类抗氧剂协同使用，以获得良好的增效作用。

【应用效果】提高肉品质：添加 540mg/kg 谷氨酸钠可显著提高肌肉的气味、鲜味、多汁度，可显著提高黄羽肉鸡肌肉中甘氨酸、谷氨酰胺、天冬氨酸、丙氨酸、蛋氨酸、脯氨酸的含量。

【生产厂家】无锡金海岸生物科技有限公司，日本味之素公司等。

（七）谷氨酰胺与谷氨酰胺二肽

【理化性质】谷氨酰胺化学名称为 2-氨基-4-甲酰氨基丁酸，英文名为 glutamine (Gln)。分子式为 $C_5H_{10}N_2O_3$，相对分子质量为 146.15，结构式见右。

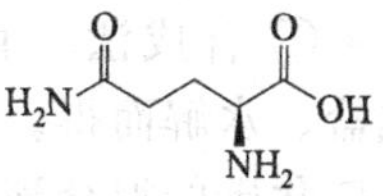

性质：白色结晶或结晶性粉末，能溶于水，不溶于甲醇、乙醇、醚、苯、丙酮、氯仿和乙醇乙酯，无臭，稍有甜味。在中性溶液中不稳定，在醇、碱或热水中易分解成谷氨醇或丙酯化为吡咯羧醇，无臭，有微甜味。

【质量标准】L-谷氨酰胺质量标准（FCC，1992）

指标名称	指标值	指标名称	指标值
L-谷氨酰胺含量(以干基计)/%(质量分数)	98.5～101.5	砷含量(以 As 计)/(mg/kg)	≤1.5
比旋光度$[\alpha]_D^{20}$/(°)	+34.2～+36.2	干燥失重率(105℃,2h)/%(质量分数)	≤0.2
重金属含量(以 Pb 计)/(mg/kg)	≤10	灼烧残渣率/%(质量分数)	≤0.1

谷氨酰胺二肽是谷氨酰胺和其他氨基酸形成的二肽，为白色或类白色疏松块状物，其水溶解度高、稳定性好，以肽形式吸收时，吸收效率高。目前有两种人工合成的谷氨酰胺二肽：丙氨酰谷氨酰胺（Ala-Gln）和甘氨酰谷氨酰胺（Gly-Gln）。

【生理功能与缺乏症】为机体提供必需的氮源，促使肌细胞内蛋白质合成；通过细胞增容作用，促进肌细胞的生长和分化；刺激生长激素、胰岛素和睾酮的分泌，使机体处于合成状态。

谷氨酰胺具有重要的免疫调节作用，它是淋巴细胞分泌、增殖及其功能维持所必需的。作为核酸生物合成的前体和主要能源，谷氨酰胺可促使淋巴细胞、巨噬细胞的有丝分裂和分化增殖，增加细胞因子 TNF、IL-1 等的产生和磷脂的 mRNA 合成。提供外源性谷氨酰胺可明显增加危重病人的淋巴细胞总数、T 淋巴细胞和循环中 CD_4/CD_8 的比例，增强机体的免疫功能。

谷氨酰胺是肠道黏膜细胞代谢必需的营养物质，对维持肠道黏膜上皮结构的完整性起着十分重要的作用。尤其是在外伤、感染、疲劳等严重应激状态下，肠道黏膜上皮细胞内谷氨酰胺很快耗竭。当肠道缺乏食物、消化液等刺激或缺乏谷氨酰胺时，肠道黏膜萎缩、绒毛变稀、变短甚至脱落，隐窝变浅，肠黏膜通透性增加，肠道免疫功能受损。临床实践证明，肠外途径提供谷氨酰胺均可有效地防止肠道黏膜萎缩，保持正常肠道黏膜重量、结构及蛋白质含量，增强肠道细胞活性，改善肠道免疫功能，减少肠道细菌及内毒素的易位。

补充谷氨酰胺，可通过保持和增加组织细胞内的谷胱甘肽（glutathione, GSH）的储备，而提高机体抗氧化能力，稳定细胞膜和蛋白质结构，保护肝、肺、肠道等重要器官及免疫细胞的功能，维持肾脏、胰腺、胆囊和肝脏的正常功能。

谷氨酰胺二肽可克服 Gln 单体的不足，其水解度高，稳定性好，吸收速度快，进入动物或人体内可迅速被氨基肽酶水解释放 Gln，提高血浆中 Gln 浓度，从而发挥 Gln 的生物学功能。

【制法】谷氨酰胺广泛存在于自然界，例如，以游离状态含于南瓜、向日葵的幼苗中，其 *N*-乙基化合物（茶氨酸，theanine）含于茶叶中。虽然可自天然产物提取谷氨酰胺，但大量生产则采用发酵法和合成法。

① 合成法　由 L-谷氨酸-5-甲酯（CAS 号码［1499-55-4］）经缩合、加成、成盐、水解而得。谷氨酸在浓硫酸存在下与甲醇酯化，所得的酯化液滴加入甲醇和二硫化碳的混合液中，一边滴加，一边在冷却下通氨。酯化液滴加完后，继续通氨，然后加入三乙胺，在 30℃密闭放置 40h。经减压浓缩赶氨后，得 γ-甲酯-L-谷氨酸-*N*-氨磺酸二铵盐浓缩液。将其加热至 40～45℃，加入乙酸。搅拌 30min 后，减压除去二硫化碳，此时析出大量结晶。然后加入等体积甲醇，于 0℃放置 12h，过滤，得谷氨酰胺粗品。经活性炭脱色、重结晶得成品。

② 发酵法　将葡萄糖或乙酸、乙醇作为培养基碳源，用黄色短杆菌（*Brevibacterium flavum*）菌种发酵，以葡萄糖计产率为 39g/L，收率为 39%。

【常用产品形式和规格】产品形式：L-谷氨酰胺。规格：25kg/袋。产品形式：L-丙氨酰-L-谷氨酰胺。规格：25kg/袋。产品形式：L-甘氨酰-L-谷氨酰胺。规格：25kg/桶。

【注意事项】避免与皮肤和眼睛接触。

【配伍】谷氨酰胺和谷氨酰胺二肽合用能更好地缓解断奶应激。

【应用效果】仔猪日粮中添加谷氨酰胺有利于维持正常的肠道结构和功能：早期断奶仔猪日粮中添加谷氨酰胺可以缓解断奶应激引起的肠道和免疫机能的改变，更好地减少仔猪腹泻的发生率，提高生产性能，降低腹泻率，防止断奶引起的肠黏膜萎缩。目前，谷氨酰胺二肽已经用于仔猪饲粮用于缓解应激引起的生长抑制和减少“早期断奶综合征”的发生。

提高仔猪日增重：28日龄断奶的杜大长仔猪日粮中添加0.3%的Gly-L-Gln和1%的Gln或1.2% Gln，可显著提高断奶仔猪平均日增重。

【生产厂家】无锡金海岸生物科技有限公司，北京嘉康源科技发展有限公司，西安康之乐生物科技有限公司，湖北巨胜科技有限公司，湖北艺康源化工有限公司等。

三、其他含氮化合物

(一) 生物活性肽

【理化性质】生物活性肽（biologically active peptides，BAP）指的是一类相对分子质量小于6000，具有多种生物学功能的多肽。其分子结构复杂程度不一，可从简单的二肽到环形大分子多肽，而且这些多肽可通过磷酸化、糖基化或酰基化而被修饰。依据其功能，生物活性肽大致可分为生理活性肽、抗氧化肽、调味肽和营养肽四种，但因一些肽具有多种生理活性，因此分类只是相对的。

【生理功能与缺乏症】① 生物活性肽的营养作用

a. 促进蛋白质的消化吸收和转运，提升饲料利用率。生物活性肽作为蛋白质类物质，可以直接提供给动物机体生长发育所需要的氨基酸，同时还可以促进动物生长。肽类之所以具有高于游离氨基酸和完整蛋白质的营养价值，是因为其吸收率较高、转运速度较快、抗原性较小以及有益于动物机体的感觉等特点。

b. 调节脂肪代谢，改善胴体品质。大豆肽不仅具有抑制脂肪吸收和降低胆固醇的作用，还拥有促进脂质代谢的功能。研究表明，大豆肽能提高基础代谢水平，促进能量代谢，有效减少皮下脂肪。进一步试验证明，大豆肽可以刺激褐色脂肪组织活性，提高血液中甲状腺素浓度。饲喂动物试验证实，大豆肽可以降低脂肪含量，显著增加瘦肉率，提高猪胴体品质。

c. 与矿物元素螯合，提升机体对矿物元素的利用率。酪蛋白磷酸肽、大豆肽能够与Ca、Zn、Cu、Mg、Fe等矿物元素螯合，形成可溶的螯合物，克服大豆蛋白中草酸、植酸、单宁等所造成的抑制吸收作用，促进矿物元素的吸收。

d. 促进类胡萝卜素转运以及在蛋黄中沉积，提升禽蛋品质。生物活性肽可促进外源天然类胡萝卜素在蛋黄中沉积。在针对海南灰蛋鸡的试验中发现，大豆肽饲料添加剂可提高蛋黄色度41.94%，增加蛋黄中类胡萝卜素含量169.17%，改善蛋黄色泽和口感，提升禽蛋品质。因为类胡萝卜素具有抗氧化衰老、抗癌症以及保护视力的作用，所以使得大豆肽等一系列生物活性肽在开发功能性禽蛋产品时具有广阔的发展潜力。

② 生物活性肽的生理作用 某些生物活性肽通过磷酸化、糖基化和酰基化衍生，可调节细胞生理和代谢功能，包括抗菌肽、激素类肽、神经活性肽、免疫活性肽、酶调节剂和抑制剂等。

a. 具备抗微生物作用，可替代抗生素。抗菌肽广泛存在于生物体内，具备不同的抗菌活性，甚至具有抗病毒活性。以往在饲料中添加抗生素不仅能防治疾病，而且可提高饲料转化率，有助于畜禽的生产性能，但因为残留以及抗药性问题，使得抗生素产品被禁止作为饲料添加剂。作为抗生素的替代品，某些生物活性肽同时具备抗菌活性和促进畜禽生产的双重功能，非常具有研发潜力。

b. 调节免疫功能，提高免疫力。免疫活性肽可调节机体免疫功能，增强动物免疫力，刺激淋巴细胞增殖，增强巨噬细胞吞噬能力，提升动物机体抵抗力。例如，胸腺肽添加于鸡饲料中，可提高鸡外周淋巴细胞百分比。给仔猪注射胰多肽粗品，可以提高血清球蛋白水平，增强机体免疫功能。脾脏活性肽具有促进T淋巴细胞增殖和分化的作用。

c. 促进胃肠道黏膜发育，改善胃肠道健康状况。在日粮中添加一定浓度的大豆肽，可刺激胃肠道黏膜发育，刺激和诱导酶活性上升，提前完善幼畜消化功能，提高其生产性能。不仅如此，大豆肽还具备促进胃肠道菌群生长，改善胃肠道健康状况的功能。研究表明，大豆肽能显著促进蛋鸡胃肠道乳酸菌的生长，并抑制大肠杆菌等的生长。

d. 调节消化吸收，提高生产性能。胰多肽能促进畜禽采食，刺激胃液分泌，提高胃蛋白酶和胃酸水平。在针对火鸡的试验中，胰多肽可减缓胃排空速度，使胃肠道充分消化吸收营养物质。酪啡肽对于兔、小鼠、大鼠、狗都有同样的功能。

【制法】① 生物提取　提取存在于生物体中的各类天然活性，如从细菌、真菌、动植物等生物体内提取激素、酶抑制剂等天然活性肽。

② 酸或碱水解　该法虽简单价廉，但酸水解会破坏L-氨基酸使其转变为D-氨基酸和有毒物质，而碱水解产物有异味，水解难控制而应用较少。

③ 化学合成　采用液相或固相化学合成法可制取任意需要的活性肽，但因成本高，副反应物及残留化合物多，目前此方法仅在试验规模中使用。

④ 重组DNA法　该制法提取活性肽的试验研究尚在进行中。

⑤ 酶法生产　该法是目前生产活性肽的最主要的方法，其优点是产品安全性极高，生产条件温和、高效，对蛋白质营养价值破坏小，可定位生产特定的肽，成本低。

【常用产品形式和规格】产品形式：谷胱甘肽，有效成分98%。规格：1kg/袋；10kg/纸板桶、25kg/纸板桶。

产品形式：酪蛋白磷酸肽。规格：25kg/袋。

产品形式：仔猪专用抗菌肽、中大猪专用抗菌肽、母猪专用抗菌肽。规格：20kg/袋。

产品形式：肉鸡专用抗菌肽。规格：20kg/袋。

【添加量】仔猪专用抗菌肽：首次使用添加1.5%，逐步过渡至2%～3%。

肉鸡专用抗菌肽：使用添加2%，长期使用效果更佳。

中大猪专用抗菌肽：首次使用添加1%，逐步过渡至2%。

母猪专用抗菌肽：饲料原来配方不变，按1%～2%添加，也可替代1%～2%的豆粕，混合均匀后投喂，长期添加效果更佳。（以上为上海牧鑫生物科技有限公司推荐用量。）

【注意事项】①防止刺破内袋，开袋后尽快使用。②混合均匀即可饲喂。

【配伍】制成与矿物元素钙、铁、锌、硒等的复合物可提高这些元素的利用率，以及防治相关的畜禽疾病。

【应用效果】对猪生产性能的影响：研究表明，在仔猪日粮中添加小肽制品，可显著提高日增重，促进采食，饲料转化率也有很大提高；大豆生物活性肽添加到仔猪饲料中后，可以显著提高仔猪的日增重和饲料转化效率，同时降低腹泻率，在断奶仔猪料中适宜添加量为300mg/kg；在断奶仔猪日粮中添加饲料小肽具有血浆蛋白粉相似的作用。

对鸡生产性能和免疫性能的影响：大豆活性肽以120mg/kg浓度添加到蛋鸡饲料中，可显著提高蛋鸡产蛋率，降低料蛋比；在肉鸡整个生长过程中，大豆活性肽能刺激肉鸡肠道上皮内淋巴细胞和IgA生成细胞数量增加，这说明大豆活性肽对肠道淋巴细胞的发育有一定的调节作用。

【生产厂家】浙江深友生物技术有限公司，康肽生物科技（北京）有限公司，湖北凯瑞生物科技有限公司，北京泽溪源活性多肽公司，上海牧鑫生物科技有限公司等。

（二）非蛋白氮

【理化性质】非蛋白氮（nonprotein nitrogen，NPN）是指非蛋白质的，即不具有氨基酸肽键结构的其他含氮化合物。目前，可用于动物营养上研究的非蛋白氮大致可分以下几类：①尿素及其衍生物类，如缩二脲、羟甲基尿素、磷酸尿素、尿酸、二脲基异丁烷、异丁基二脲、脂肪酸脲、腐植酸脲、硫衣尿素、尿素甲醛、尿素乙醛等；②氨态氮类，如液氨、氨水等；③铵类，如硫酸铵、氯化铵、乙酸铵、碳酸铵、丙酸铵、乳酸铵、丁酸铵、碳酸氢铵、甲酸铵、氨基甲酸铵、磷酸一铵、磷酸二铵、多磷酸铵、硝酸铵、亚硝酸铵、腐植酸铵、硫磷铵、氨络化有机酸、磺酸木质铵等。

尿素分子式为CH_4N_2O，相对分子质量为60.06，纯品含氮46.65%，为白色结晶，吸潮，易溶于水，潮解后有氨味。美国饲料级尿素产品规定含氮不低于45%，相当于281%的粗蛋白质。中国正在制订饲料级尿素的质量标准，要求尿素含量大于97%，其他几项指标的上限是：水分0.5%、缩二脲1%、重金属1mg/kg。

缩二脲又名双缩脲，分子式为$C_2H_5N_3O_2$，相对分子质量为103.09，含氮量40.77%。白色结晶，贮存中不结块、不潮解。由于难溶于水，在瘤胃中能缓慢地释放氨，因此比尿素安全，适口性也较好。美国饲料级缩二脲质量标准要求含氮量不低于35%，相当于218.7%的粗蛋白质。价格较高，我国生产中用得很少，混合精料中的添加量在2%以下。

硫酸铵又名硫铵，分子式为$(NH_4)_2SO_4$，相对分子质量为132.4，含氮量21.2%，相当于132.5%的粗蛋白质，含硫量24.1%。白色结晶，易溶于水，在潮湿空气中吸水结块，并散发出氨味。瘤胃微生物的生长需要氮与硫的协同营养作用，牛的氮、硫比为（10～12）：1，硫酸铵的添加能兼顾二者的需要，配制日粮时要统一计算，并用硫酸钠等硫源进行调整。食品添加剂硫酸铵质量标准为GB 29206—2012。

【生理功能与缺乏症】反刍动物只要瘤胃微生物系统发育完全，就可将非蛋白氮转化为自身蛋白，但必须有充足的能量来源，日粮中的可溶性碳水化合物可以增加非蛋白氮的利用。研究发现，当用尿素作为日粮的主要蛋白时，动物要求日粮中含有的10种必需氨基酸都可以在瘤胃内合成出来。对牛和羊等反刍家畜来说，饲料蛋白的质量并不太重要。因为各种氮素大部分都在瘤胃中转化为微生物蛋白质，不管饲料质量如何，所得到的都是标准的蛋白质。蛋白的生物学价值对反刍家畜的变化比对非反刍家畜的变化要小一些。瘤胃中的微生物利用饲料中的蛋白或非蛋白氮合成微生物蛋白后，随食糜流经皱胃与小肠时，在蛋白水解酶系统（胃蛋白酶、胰蛋白酶、胰凝乳蛋白酶、肽酶等）作用下水解为肽与氨基酸，这些水解产物被小肠黏膜所吸收，供动物机体利用。

非反刍动物与反刍动物的消化特点截然不同，没有可充分利用非蛋白氮的微生物系统。非反刍动物的消化系统和组织代谢特点限制了非蛋白氮的充分利用。NPN对猪、禽等非反刍动物基本上没有利用价值。仅成年公猪在饲喂低蛋白质饲粮时有一定作用。母鸡在饲予必需氨基酸平衡很好的饲粮基础上，能够用NPN合成一些非必需氨基酸，以补充非必需氨基酸的不足。微生物从肠道释放的氨也是无价值的。

【制法】① 尿素制法

a. 用二氧化碳和氨在高温、高压下合成氨基甲酸铵，经分解、吸收转化后，结晶、分离、干燥而成。

b. 其制备方法是将经过净化的氨与二氧化碳按摩尔比2.8～4.5混合进入合成塔，塔内压力为13.8～24.6 MPa，温度为180～200℃，反应物料停留时间为25～40min，得到含过剩氨和氨基甲酸铵的尿素溶液，经减压降温，将分离出氨和氨基甲酸铵后的尿液蒸发到99.5%以上，然后在造粒塔造粒得到尿素成品。

c. 1922年，在德国实现了用氨和二氧化碳合成尿素的工业化生产。氨与二氧化碳反应生成氨基甲酸铵，再脱水生成尿素。

d. 工业上用液氨和二氧化碳为原料，在高温高压条件下直接合成尿素，化学反应如下：

$$2NH_3+CO_2 \longrightarrow NH_2COONH_4 \longrightarrow CO(NH_2)_2+H_2O$$

② 硫酸铵 工业上采用氨与硫酸直接进行中和反应而得，用得不多，主要利用工业生产中副产物或排放的废气用硫酸或氨水吸收（如硫酸吸收焦炉气中的氨，氨水吸收冶炼厂烟气中的二氧化硫，卡普纶生产中的氨或硫酸法钛白粉生产中的硫酸废液）。也有采用石膏法制硫酸铵的（以天然石膏或磷石膏、氨、二氧化碳为原料）。

③ 缩二脲 将尿素、水、磷酸氢二钠混匀，加热溶解。升温至150～160℃，保温2h。反应毕，将反应物倾入水中，放置过夜，滤出结晶为粗品，经稀氨水重结晶，得成品缩二脲。在尿素生产中，以中间尿液为原料，经高温热缩、分离、干燥即为成品。

【常用产品形式和规格】产品形式：缩二脲。规格：25g、100g、500g。

产品形式：尿素。规格：500kg/袋。

产品形式：硫酸铵。规格：25kg/袋、50kg/袋。

【添加量】如采用尿素精料补充25%～35%的粗蛋白质作饲料，每日喂量为：母牛600～1000g，3月龄以上青年牛200～300g，育肥牛300～500g，成年绵羊60～100g，3月龄以上青年绵羊40～60g。一般尿素的添加量为原料的0.5%～0.6%，效果较好。

【注意事项】反刍动物饲粮中使用尿素应注意以下几点：

① 瘤胃微生物对尿素的利用有一个逐渐适应的过程，一般需2～4周适应期。

② 用尿素提供氮源时，应补充硫、磷、铁、锰、钴等的不足，因尿素不含这些元素，且氮与硫之比以（10～14）：1为宜。

③ 当日粮已满足瘤胃微生物正常生长对氮的需要时，添加尿素等NPN效果不佳。至于多高的日粮蛋白水平可满足微生物的正常生长并非定值，常随着日粮能量水平、采食量和日粮蛋白本身的降解率而变，一般高能或高采食量情况下，微生物生长旺盛，对NPN的利用能力较强。

④ 反刍动物饲粮中添加尿素还需注意氨的中毒，当瘤胃氨水平上升到800mg/L，血氨浓度超过50mg/L就可能出现中毒。氨中毒一般多表现为神经症状及强直性痉挛，0.5～2.5h可发生死亡。灌服冰醋酸中和氨或用冷水使瘤胃降温可以防止死亡。一般奶牛饲粮中尿素的用量不能超过饲粮干物质的1%，才能保证既安全，又有良好的效果。如果饲粮本身含NPN较高，如青贮料，尿素用量则应酌减。

【配伍】与含硫氨基酸以及磷、铁、锰、钴等矿物质合用效果更好。

【应用效果】在0～6周龄的尼克红蛋公雏日粮中（CP 17.72%）添加0.1%的尿素，显著提高雏鸡日增重和采食量。在低蛋白质（CP 16%）肉鸡日粮中添加0.1%尿素，显著提高肉鸡试验期日增重，并改善饲料转化率，饲喂效果与饲喂中等蛋白质（CP 18%）日粮相当。

【生产厂家】上海昊化化工有限公司，沈阳加贝氏化工有限公司，上海锦悦化工有限公司，湖北巨胜科技有限公司等。

（三）卵黄抗体

【理化性质】卵黄抗体（IgY）是从经过免疫注射特定抗原的产蛋鸡卵黄中提取的特异性抗体。IgY是一种7S免疫球蛋白。与哺乳动物IgG略有不同，等电点为5.7～7.6，分子量约为180ku，由两条轻链和两条重链组成，分子量分别为22～30ku和60～70ku。IgY的pH值稳定性较好，活性保持良好，在pH 4.0～11.0时比较稳定，pH 3.0～3.5时活性迅速下降。pH 12.0时活性亦有所下降，在pH＞12.0时迅速失活。IgY也具有良好的耐热能力。在低于75℃条件下，IgY具有良好的热稳定性：65℃，可保持24h以上；70℃时加热90min后其活性才明显下降；高于80℃，大部分IgY将失去活性。IgY制剂在4℃贮存5年或在室温贮存6个月其活性仍无明显变化或下降；IgY对胃蛋白酶有较好的抵抗力。但对胰蛋白酶十分敏感。在通常情况下，IgY基本能耐受巴氏消毒；IgY具有耐高渗性能（在60%的高浓度蔗糖溶液中仍有活性）和很好的耐反复冻融的特性。IgY还有一些不同于哺乳动物IgY的特殊生物学特性。它不与金黄色葡萄球菌C蛋白结合，不与哺乳动物的受体结合，不与类风湿因子发生非特异性反应，对哺乳动物补体无固定作用，因而在检测诊断中特异性强，灵敏度高。

【生理功能与缺乏症】特定病原菌的卵黄抗体能直接黏附于病原菌的细胞壁上，改变病原细胞的完整性，直接抑制病原菌的生长；卵黄抗体可黏附于细菌的菌毛上，使之不能黏附于肠道黏膜上皮细胞；一部分卵黄抗体在肠道消化酶作用下，降解为可结合片段，这些片段含有抗体的可变小肽（Fab）部分，这些小肽很容易被肠道吸收，进入血液后能与特定的病原菌黏附因子结合，使病原菌不能黏附易感细胞而失去致病性，而 IgY 的稳定区（Fe 部分）留在肠内。

IgY 可提高早期断奶仔猪的采食量，促进仔猪生长，改进断奶仔猪的饲料转化效率，减少腹泻及死亡率，降低乳猪断奶综合征的发生，提高经济效益。饲喂含卵黄抗体的饲料在节约成本的同时，能够有效预防疾病，增强机体的免疫机能，且卵黄本身也是很好的蛋白来源。卵黄中除了含有特异性卵黄抗体外还含有蛋氨酸、丙氨酸、甘氨酸等多种氨基酸，同时还含有卵黄高磷蛋白、唾液酸、低聚糖等抗细菌和病毒、免疫调节等功能生物活性物质。这增加了其作为饲料添加剂的优势。

【制法】IgY 的纯化方法很多，生产上根据抗体纯度的要求，结合生产成本，考虑到对环境的影响，选择不同的方法生产 IgY 添加剂。可以对卵黄进行粗提取，粗提主要有水稀释法、有机物沉淀法、有机溶剂抽提法和生物制剂提取法等，其中水稀释法最为简单和经济，利用卵黄抗体可溶于水的特性，除去不溶的脂蛋白。使用此法，每毫升卵黄中获得 9.8 mg 的抗体，回收率达到了 91%。有机物沉淀法使用的有机溶剂主要有 PEG6000、硫酸葡聚糖等，有机溶剂如氯仿，生物制剂如角叉藻胶等也都能够较好地去除脂蛋白，获得卵黄抗体。IgY 的进一步纯化，可以使用色谱技术，常用的有凝胶色谱和离子交换色谱法，两种方法对 IgY 活性影响较小。此外，也有用亲硫色谱、超滤等方法对 IgY 进行纯化。特异性 IgY 的获得可以使用亲和色谱进行，获得的 IgY 特异性好、纯度高，但其成本较高。

【常用产品形式和规格】产品形式：仔猪病毒性腹泻高免蛋。产品规格：100mL/瓶或 250mL/瓶，210 枚/箱。

产品形式：鸭病毒性肝炎病高免蛋。产品规格：250mL/瓶或 500mL/瓶，210 枚/箱。

产品形式：鸡传染性法氏囊病三价高免蛋。产品规格：250mL/瓶或 500mL/瓶，210 枚/箱。

产品形式：小鹅瘟病高免蛋。产品规格：250mL/瓶或 500mL/瓶，210 枚/箱。

【添加量】① 仔猪病毒性腹泻高免蛋

抗体配制：蛋黄、蛋清分离后，使用相应的机器将产品彻底混匀，以不分层为混合均匀的标准，可将数个高免蛋黄配成 100mL/瓶或 250mL/瓶。

防腐处理：按液体总量添加 0.2% 的甲醛（以折纯计），彻底混匀后封口灌装即可。

预防用量：仔猪初生口服，每次 10～15mL，每日一次，连用三日，有效保护率达 96%。

治疗用量：仔猪发病后配合抗生素使用，每次15～30mL，每日一次，连用三日。

② 鸭病毒性肝炎病高免蛋

抗体配制：蛋黄、蛋清分离后，可将7～8个高免蛋黄配成500mL/瓶或3～4个高免蛋黄配成250mL/瓶。配制产品所用水为纯净水，使用相应的机器将产品彻底混匀，以不分层为混合均匀的标准。

防腐处理：按液体总量添加0.2%的甲醛（以折纯计），彻底混匀后封口灌装即可。

预防用量：7日龄以下雏鸭1mL/只，7日龄以上1.5mL/只。

治疗用量：7日龄以下雏鸭1～1.5mL/只，7日龄以上1.5～2.5mL/只。

③ 鸡传染性法氏囊病三价高免蛋

抗体配制：蛋黄、蛋清分离后，可将6～7个高免蛋黄配成500mL/瓶或3～4个高免蛋黄配成250mL/瓶。配制产品所用水为纯净水，使用相应的机器将产品彻底混匀，以不分层为混合均匀的标准。

防腐处理：按液体总量添加0.2%的甲醛（以折纯计），彻底混匀后封口灌装即可。

预防用量：25日龄以下1mL/只，25～35日龄1.5mL/只，35～45日龄2mL，45日龄以上2.5mL，必要时可重复注射。

治疗用量：35日龄以下1.5～2mL/只，35日龄以上2.5～3mL/只。

④ 小鹅瘟病高免蛋

抗体配制：蛋黄、蛋清分离后，可将10个高免蛋黄配成500mL/瓶或5个高免蛋黄配成250mL/瓶。配制产品所用水为纯净水，使用相应的机器将产品彻底混匀，以不分层为混合均匀的标准。

防腐处理：按液体总量添加0.2%的甲醛（以折纯计），彻底混匀后封口灌装即可。

预防用量：1日龄雏鹅，每只0.5mL；2～5日龄雏鹅，每只0.5～0.8mL。

治疗用量：感染发病的雏鹅，每只1.0～1.5mL，35日龄以上2.5～3mL/只。

（以上为青岛德邦药业有限公司推荐量。）

【注意事项】① 治疗时机　发现大群有传染病症状应立刻注射抗体，如果大群广泛发病再进行注射，效果不如前期注射。

② 抗体保护期　治疗用抗体注射后24h再观察效果，因抗体在体内吸收需要24h，24h后可以控制死亡率；预防用抗体注射后可保护7～10天免受病毒攻击。

③ 混感　如发现大群有传染病症状同时混有其他感染，请酌情配合其他药物使用。

【配伍】配合其他抗生素效果更佳。

【应用效果】仔猪：在21日龄断奶仔猪日粮中添加0.2%卵黄抗体，第一周的平均日增重、平均耗料量和饲料报酬分别提高76.8%、14.5%和35.1%，14天的平均日增重、平均耗料量和饲料报酬也有同样的趋势，使用卵黄抗体添加剂的试验组比对照组分别提高23.7%、11.4%和10.0%，说明了卵黄抗体添加剂明显促进断奶仔猪的增重和饲料转化。

家禽：使用灭活的 H9N2 禽流感病毒制得的卵黄抗体，饮用含有此卵黄抗体(15 mL/3.84 L)的雏鸡，在鼻内人工感染病毒进行攻毒试验时，其粪便中病毒的含量仅为 12.5%，而对照组为 87.5%，差异极显著。使用四株鸭肝炎病毒(DHV)地方株制得的卵黄抗体保护雏鸭，试验组死亡率比攻毒组显著降低，雏鸭存活率达到70%以上，治疗效果比较明显，在感染 DHV 后 24 h，对雏鸭肌注卵黄抗体保护作用最好。

【生产厂家】青岛德邦药业有限公司，天津中升集团，上海蓝贵族生物科技有限公司等。

第二节 维生素添加剂

一、维生素添加剂简介

维生素是动物机体正常生长、繁殖、生产及维持自身健康所需的微量有机物质，也是维持正常代谢机能所必需的一类低分子有机化合物。它是动物重要的营养素之一。维生素添加剂主要用于对天然饲料中某种维生素的营养补充、提高动物抗病或应激能力、促进生长以及改善畜产品的产量和质量等。维生素在动物体内主要起催化作用，促进一些营养素的合成与降解，从而调节和控制机体代谢。维生素的需要量虽然不多，但是动物机体缺乏时，动物的生长发育以及繁殖机能就会受到影响，严重时可出现特殊的疾病。动物本身不能合成或者合成数量不能满足自身需要时要及时从饲料中添加。

维生素一般分为脂溶性维生素和水溶性维生素，常用的维生素共有 14 种。脂溶性维生素可溶解于油脂以及溶解油脂的溶剂，常用的有 4 种：维生素 A、维生素 D、维生素 E、维生素 K。水溶性维生素，常用的有 10 种，包括：维生素 B_1、核黄素、泛酸、胆碱、尼克酸、维生素 B_6、生物素、叶酸、维生素 B_{12} 和维生素 C。

由于维生素的不稳定，许多维生素在饲料加工、贮藏过程中易破坏，如维生素 A、维生素 E、维生素 D_3 见光易氧化，在生产过程中不制成结晶粉出厂，而是以液体状态用淀粉等作载体进行包裹，制成很小的微粒。

二、脂溶性维生素添加剂

（一）维生素 A

【理化性质】维生素 A (vitamin A) 又称视黄醇 (retinol)，化学名称为全反 3,7-二甲基-9-(2,6,6-三甲基环己-1-烯基-1-)-2,4,6,8-壬四烯-1-醇。分子式为 $C_{20}H_{30}O$，相对分子质量为 286.46。结构式见右。

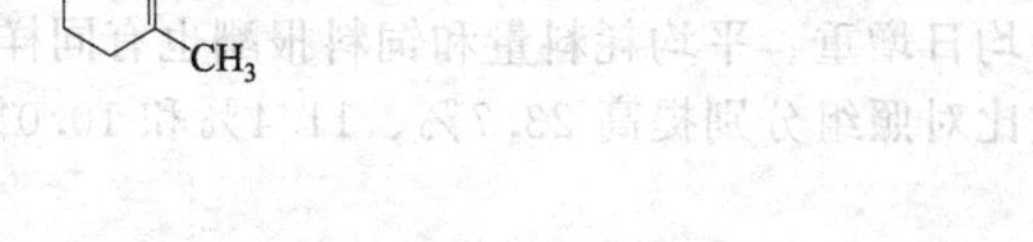

维生素A为淡黄色片状晶体，熔点62～64℃，沸点120～125℃。在波长325～328nm处有一特殊吸收峰。不溶于水和甘油，溶于氯仿、乙醚、环已烷、石油醚和油脂等，微溶于乙醇。光照下不稳定，在空气中易氧化，亦可被脂肪氧化酶分解，加热或有重金离子存在下可促进氧化成环氧化物，进一步氧化可生成醛或酸。

【质量标准】饲料级维生素A棕榈酸酯粉质量标准（GB/T 23386-2009）

项目	指标
维生素A棕榈酸酯含量(以标示量计)/%	95.0～115.0
维生素A醇和维生素A乙酸酯总含量(以标示量计)/%	≤1.0
粒度	100%通过孔径为0.84mm的分析筛 ≥85%通过孔径为0.425mm的分析筛
干燥失重率/%	≤8.0
重金属含量(以Pb计)/(mg/kg)	≤10
总砷含量(以As计)/(mg/kg)	≤3

【生理功能与缺乏症】① 维持正常的视觉　维生素A是合成视紫红质的原料，视紫红质存在于人和动物视网膜内的杆状细胞中，是由视蛋白与视黄醛（维生素A醛）结合而成的一种感光物质。因此，如果血液中维生素A水平过低时，就不能合成足够的视紫红质，从而导致功能性夜盲症。

② 保护上皮组织（皮肤和黏膜）的健全与完整　维生素A促进结缔组织中黏多糖的合成，从而促进黏膜和皮肤的发育与再生、维护生物膜结构的完整。当维生素A不足时，黏多糖的合成受阻，引起上皮组织干燥和过度角质化，使上皮组织易被细菌感染而产生一系列的继发病变，尤其是对眼、呼吸道、消化道、泌尿及生殖器官的影响力最为明显。

③ 促进性激素的形成，提高繁殖力　缺乏维生素A时，公畜睾丸及附睾退化，精液数量减少、稀薄，精子密度低，受胎率下降；母畜表现为发情不正常，难产、流产及胎盘难下等；新生仔畜体弱，出现怪胎、死胎，死亡率高等；对鸡的孵化、生长、产蛋等均有显著的不良影响。

④ 促进畜体生长，增进健康　调节脂肪、碳水化合物及蛋白质的代谢，增加免疫球蛋白的产生，增加抗病力。家畜缺乏维生素A时，生长家畜的生长发育迟缓，脂肪沉积少，肌肉萎缩，影响体内蛋白质的合成，体重下降，导致生产力及对传染病、寄生虫病侵袭力的抵抗力下降。

⑤ 维护骨骼的正常生长和修补　维生素A不足时会使骨骼厚度增加，影响骨骼组织的发育。

⑥ 维持神经细胞的正常功能　维生素A缺乏时，造成骨骼发育不良，压迫中枢神经，使生长家畜脊髓部分堵塞，导致神经系统的机能障碍，出现神经损伤与失调，如严重的共济失调及痉挛等。

⑦ 增强免疫细胞膜的稳定性、增加免疫球蛋白的产生、提高动物机体免疫能力。

【制法】常见的维生素A添加剂包括以下几种。

① 维生素A油：大多从鱼肝中提取，一般是加入抗氧化剂后制成微囊作添加剂，也称鱼肝油。其中含维生素A 850IU/g和维生素D 65IU/g。

② 维生素A乙酸酯：外观为鲜黄色结晶粉末，易吸湿，遇热或酸性物质、见光或吸潮后易分解。加入抗氧化剂和明胶制成微粒作为饲料添加剂，此微粒为灰黄色至淡褐色颗粒，易吸潮，遇热和酸性气体或见光或吸潮后易分解。产品规格有30万IU/g、40万IU/g和50万IU/g。

③ 维生素A棕榈酸酯：外观为黄色油状或结晶固体，熔点28～29℃。

酯化后维生素A添加剂的制作可采用微型胶囊技术，也可使用吸附方法。微型胶囊技术的步骤是先在乳化器内加入阿拉伯胶，并加入油液状的维生素A酯，进行乳化，形成微粒。再移至反应罐中，加入明胶水溶液，利用电荷关系，使乳化液微粒和明胶水之间发生交联作用，形成被明胶包被的微粒。随后，再加糖衣、疏水剂，再用淀粉包被，即制成微型胶囊。在制作工艺中还可加入抗氧化剂，避免维生素A氧化。吸附方法是先对油液状维生素A酯乳化，并用抗氧化剂稳定，再以干燥的小麦麸和硅酸盐进行吸附。

【常用产品形式与规格】维生素A添加剂，因工艺条件不同，其粒度的大小也有差别。国外虽规定一般在0.1～1.0mm，实际上多在0.177～0.590mm（80～30目）。可在水中弥散的维生素A添加剂，粒度更小，最大不得超过0.35mm。

【添加量】饲料添加剂安全使用规范（中华人民共和国农业部第1224号公告，2009）

通用名称	在配合饲料或全混合日粮中的推荐添加量（以维生素计）/(IU/kg)	在配合饲料或全混合日粮中的最高限量（以维生素计）/(IU/kg)
维生素A乙酸酯 维生素A棕榈酸酯	猪 1300～4000 肉鸡 2700～8000 蛋鸡 1500～4000 牛 2000～4000 羊 1500～2400 鱼类 1000～4000	仔猪 16000 育肥猪 6500 怀孕母猪 12000 泌乳母猪 7000 犊牛 25000 育肥和泌乳牛 10000 干奶牛 20000 14日龄以前的蛋鸡和肉鸡 20000 14日龄以后的蛋鸡和肉鸡 10000 28日龄以前的肉用火鸡 20000 28日龄后的火鸡 10000

【注意事项】紫外线和氧都可促使维生素A乙酸酯和维生素A棕榈酸酯分解。湿度和温度较高时，稀有金属盐可使分解速度加快。含有7个水的硫酸亚铁（$FeSO_4 \cdot 7H_2O$）可使维生素A乙酸酯的活性损失严重。与氯化胆碱接触时，活性将受到严重损失。在pH 4以下环境中和在强碱环境中，维生素A很快分解。维生素A酯经包被后，可使损失减少。维生素A制成微型胶囊或颗粒后，活性的稳定性有了很大提高，但是，它仍然是最易受到损害的添加剂之一。在使用和贮存

时，应特别注意。

【配伍】维生素 A 和维生素 D 两者在自然界常常共存，两者联合有协同作用。维生素 A 过量可干扰维生素 D_3 的正常吸收，使血钙和无机磷水平呈下降趋势。维生素 A 与维生素 E 合用时，维生素 E 可促进维生素 A 的吸收、利用和肝脏贮存，疗效增强，防止各种原因引起的维生素 A 过多症。铜与维生素 A 交互作用极显著影响前期粗蛋白表观存留率。

【应用效果】母猪：如对饲喂高能日粮的母猪分别在其第二个发情周期的第 7 天或第 15 天，颈静脉 1 次注射维生素 A 106 IU 能够促进排卵前卵母细胞的发育，改善早期胚胎发育的一致性，并提高胚胎成活率。

反刍动物：围产期奶牛日粮中按体重分别添加 55IU/kg、110IU/kg、165IU/kg 维生素 A，其 60 天平均日产奶量随着维生素 A 添加量的增加而升高。在妊娠后期的济宁青山羊每千克日粮中添加 1100IU、2200IU、4400IU 维生素 A，羔羊初生重比未添加维生素 A 组分别提高了 0.85kg、0.68kg、0.51kg。

【应用配方参考例】鸡用复合维生素添加剂配方示例

原料名称	用量	原料名称	用量	原料名称	用量
维生素 A	3.33×10^6U	叶酸	0.167g	维生素 K	0.667g
维生素 E	3334U	锌	16.67g	泛酸钙	2g
维生素 B_2	1.334g	碘	0.134g	氯化胆碱	166.7g
维生素 B_{12}	4mg	维生素 D_3	0.667×10^6U	生物素	0.34g
锰	16.667g	维生素 B_1	0.334g	铁	16.67g
烟酸	1g	维生素 B_6	1.0g	铜	1.334g

注：载体（玉米粉）加至 1000g。用于配制蛋鸡饲料，添加量为饲料的 0.1%～0.3%。

【参考生产厂家】厦门金达威集团股份有限公司，浙江新和成股份有限公司，浙江医药股份有限公司，荷兰皇家帝斯曼集团，巴斯夫股份公司等。

（二）维生素 D

【理化性质】维生素 D（vitamin D）又称钙（或骨）化醇，系类固醇的衍生物。自然界中维生素 D 以多种形式存在，作为饲料添加剂最重要的是维生素 D_2（麦角钙化醇，ergocalciferol）和维生素 D_3（胆钙化醇，cholecalciferol）。维生素 D_2 化学名称为 9,10-开环麦角甾-5,7,10（19），22-四烯-3β-醇。分子式为 $C_{28}H_{44}O$，相对分子质量 396.66。结构式见右。维生素 D_3 化学名称 9,10-断链胆甾-5,7,10（19）-三烯-3β-醇。分子式 $C_{27}H_{44}O$，相对分子质量 384.65，结构式见右。

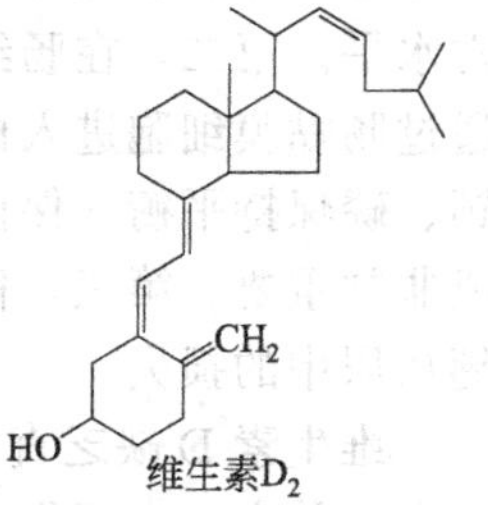

维生素D_2

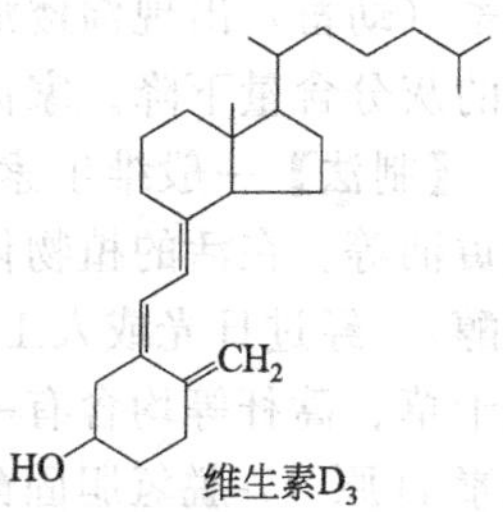

维生素D_3

维生素 D 为无色针状结晶或白色结晶性粉末，无臭，无味，遇光或空气均易变质。不溶于水，微溶于植物油，溶于乙醇、乙醚和氯仿等有机溶剂中。维生素 D_3 与维生素 D_2 结构相似，只是少了一个甲基和一个双键，但性质比维生素 D_2 稳定。

【质量标准】① 食品添加剂维生素 D_2 的质量标准（GB 14755—2010）

项目	指标
维生素 D_2 含量($C_{28}H_{44}O$)/%(质量分数)	98.0～103.0
麦角甾醇含量/%(质量分数)	≤0.2
比旋光度$[\alpha]_D^{20}$/(°)	+102.0～+107.0
质量吸收系数 α(265nm)/[L/(cm·g)]	46～49
还原性物质含量(四唑蓝显色试验)/%(质量分数)	≤0.002
砷含量(以 As 计)/(mg/kg)	≤2
重金属含量(以 Pb 计)/(mg/kg)	≤20

② 饲料添加剂维生素 D_3 的质量标准（GB/T 9840—2006）

项目		指标
维生素 D_3 的含量(以标示量计)/%		90.0～120.0
颗粒度	试验筛 ϕ200×50(0.85/0.5)	100%通过孔径为 0.85mm 的试验筛
	试验筛 ϕ200×50(0.425/0.28)	85%以上通过孔径为 0.425mm 的试验筛
干燥失重率/%		≤5.0

【生理功能与缺乏症】维生素 D 被吸收后，在肝脏中转化为 25-羟维生素 D_3，在甲状旁腺的作用下，25-羟维生素 D_3 在肾脏中转化为具有生物活性的 1,25-二羟维生素 D_3。

1,25-二羟维生素 D_3 在肾中及通过血液循环在肠、骨骼等组织中发挥其重要生理作用。主要表现为以下几个方面：第一，与甲状旁腺素一起维持血钙和血磷的正常水平。第二，在肠细胞内可促进钙结合蛋白的形成。这种蛋白质可以主动转运钙通过肠黏膜细胞进入血液循环，同时也可以促进肠细胞直接吸收钙和磷，使血液中钙、磷保持平衡，保证骨骼钙化过程正常进行，因此对于畜禽的骨骼生长和蛋壳形成非常重要。第三，作用于肾小管细胞，促进肾小管对钙和磷酸盐的重吸收，减少钙从尿中的损失。

维生素 D 缺乏直接影响家畜体内的钙磷代谢，可导致骨骼发育异常，如生长家畜（幼畜）出现佝偻症，成年家畜患骨质疏松症，导致钙和磷在骨中呈负平衡，骨的灰分含量下降。家禽则产软蛋，蛋壳变薄，甚至停产。

【制法】一般维生素 D 主要来源于鱼肝油、鱼肉、肝、全脂奶、奶酪、蛋黄、蛋黄油等。在活的植物体细胞中不含维生素 D，但含有丰富的维生素 D 原（麦角固醇）。经过日光或人工紫外线的照射之后，可转变为维生素 D_2。因此，天然干燥的干草、蒿秆等均含有一定的维生素 D。对于畜禽来说，喙和爪以及皮肤均含有维生素 D 原（7-脱氢胆固醇），经直接的或反射的日光照射后便会转化为维生素 D_3

被畜体吸收。

维生素D添加剂包括以下几种。①维生素 D_2 和维生素 D_3 的干燥粉剂：外观呈奶油色粉末，含量为50万IU/g或20万IU/g。②维生素 D_3 微粒：是饲料工业中使用的主要维生素 D_3 添加剂，其原料为胆固醇。这种胆固醇可从羊毛脂中分离制得，然后经酯化、溴化再脱溴和水解即得7-脱氢胆固醇，经紫外线光照射得维生素 D_3。维生素 D_3 添加剂是以含量为130万IU/g以上的维生素 D_3 为原料，酯化后，配以一定量的BHT及乙氧喹啉抗氧化剂，采用明胶和淀粉等辅料，经喷雾法制成的微粒。产品规格有50万IU/g、40万IU/g和30万IU/g。③维生素A/D微粒：是以维生素A乙酸酯原油与含量为130万IU/g以上的维生素 D_3 为原料，配以一定量的BHT及乙氧喹啉抗氧化剂，采用明胶和淀粉等辅料，经喷雾法制成的微粒。每单位重量中维生素A乙酸酯与维生素 D_3 之比为5∶1。

维生素 D_3 酯化后，又经明胶、糖和淀粉包被，稳定性好，在常温（20～25℃）条件下，在含有其他维生素添加剂的预混剂中，贮存12个月，甚至24个月，也没有什么损失。但是，如果温度为35℃，在预混剂中贮存24个月，活性将损失35%。如添加剂制作工艺较差，贮存期不能过长。

【常用产品形式与规格】维生素 D_3 粉为浅黄色颗粒，粒度为100%通过2号筛，主含量为50万IU/g，干燥失重为5%。添加于饲料预混料中，用25kg纸板桶内衬食品级聚乙烯塑料袋包装。保存于干燥、阴凉避光处，避免受潮、进水或受热。保质期为12个月。

维生素 D_3 油为黄色油状液体，主含量为400万IU/g、500万IU/g，干燥失重为0.5%。用于饲料级维生素 D_3 预混料的喷粉，用25kg铁桶包装，保存于干燥、阴凉避光处，避免受潮、进水或受热，保质期为6个月。

【添加量】饲料添加剂维生素 D_3 安全使用规范（中华人民共和国农业部第1224号公告，2009）

通用名称	在配合饲料或全混合日粮中的推荐添加量（以维生素计）	在配合饲料或全混合日粮中的最高限量（以维生素计）	其他要求
维生素 D_2	猪150～500IU/kg 牛275～400IU/kg 羊150～500IU/kg	猪5000IU/kg （仔猪代乳料10000IU/kg） 家禽5000IU/kg 牛4000IU/kg （犊牛代乳料10000IU/kg） 羊、马4000IU/kg 鱼类3000IU/kg 其他动物2000IU/kg	饲料中维生素 D_3 不能与维生素 D_2 同时使用
维生素 D_3	猪150～500IU/kg 鸡400～2000IU/kg 鸭500～800IU/kg 鹅500～800IU/kg 牛275～450IU/kg 羊150～500IU/kg 鱼类500～2000IU/kg		

【注意事项】维生素D可贮存在机体所有组织中，以肝脏和脂肪组织中贮存量较大。当维生素D摄入量过多时，会引起中毒症状。表现为早期骨骼的钙化加速，后期则增大钙和磷自骨骼中的溶出量，使血钙、磷水平提高，骨骼变得疏松，容易

变形，甚至畸形和断裂；致使血管、尿道和肾脏等多种组织钙化；如雏鸡每千克日粮中含有维生素 D_3 400 万 IU；猪连续 30 天每天食入 25 万 IU 时，就会出现关节、心脏、肾脏、肺等内脏和其他软组织以及主动脉异常的钙盐沉积，最终由于肾小管严重损伤，导致尿中毒死亡。

【配伍】维生素 A 与维生素 D 有协同作用。如果维生素 A 与维生素 D 合用，比单用更能增强机体对感染的抵抗力。

【应用效果】维生素 D 能促进鸭骨的钙化，提高胫骨的鲜重，饲料中维生素 D 水平为 800 U/kg 时效果最好。钙和维生素 D 对血清钙含量有交互作用，同时提高钙和维生素 D 水平，血清中钙的含量显著提高。

【应用配方参考例】乳牛维生素矿物元素复合预混料配方

原料名称	用量	原料名称	用量	原料名称	用量
维生素 A	10U	钴	2.3g	铁	60g
维生素 E	15g	碘	1g	铜	10g
锰	40g	维生素 D_3	2U	锌	40g

注：填料（载体）加至 1000g，作为乳牛饲料添加剂，每吨乳牛饲料添加该品 1kg。

【参考生产厂家】厦门金达威集团股份有限公司，浙江新和成股份有限公司，浙江花园生物高科股份有限公司，青岛富坤兽药原料有限公司等。

（三）维生素 E

【理化性质】维生素 E（Vitamin E）又称生育酚（tocopherol），是一组具有生物活性的化学结构相似的酚类化合物。天然存在的维生素 E 有 8 种，即 α、β、γ、δ-生育酚和 α、β、γ、δ-生育三烯酚，其中以 α-生育酚分布最广，效价最高，最具代表性。α-生育酚的分子式为 $C_{29}H_{50}O_2$，相对分子质量为 430.7，结构式见右。

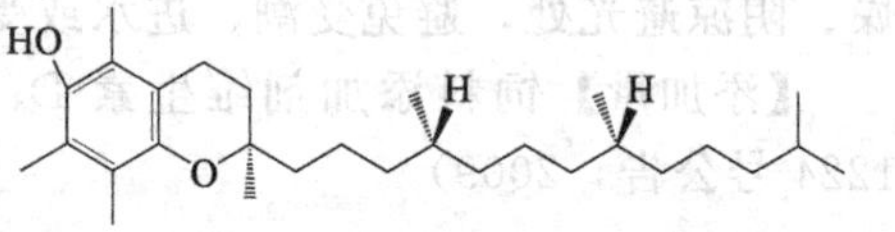

外观为淡黄色黏稠油状液，不溶于水，易溶于乙醇、丙醇、乙醚等有机溶剂和植物油中，熔点 2.5～3.5℃，沸点 200～220℃。在乙醇溶液中吸收光谱最大在 292nm 处，最小在 255nm 处。在无氧环境中加热至 200℃仍极稳定，在 100℃以下可不受无机酸的影响，碱对它亦无破坏作用。但暴露于氧、紫外线、碱、铁盐和铅盐中即遭破坏。α-生育酚还具有吸收氧的能力，具有重要的抗氧化特性，常用作抗氧化剂，用以防止脂肪、维生素 A 等氧化分解，但能被酸败的脂肪破坏。

【质量标准】① 饲料添加剂维生素 E 粉（DL-α-生育酚乙酸酯）质量标准（GB/T 7293—2006）

项目	指标
干燥失重率/%	≤5.0
粒度	90%通过孔径为 0.84mm 分析筛
维生素 E 粉含量（以 $C_{31}H_{52}O_3$ 计）/%（质量分数）	≥50.0
重金属含量（以 Pb 计）/%	≤0.001
砷含量（以 As 计）/%	≤0.0003

② 饲料添加剂维生素 E（原料）质量标准（GB/T 9454—2008）

项目	指标
维生素 E(原料)含量(以 $C_{31}H_{52}O_3$ 计)/%	≥92.0
折射率 n_D^{20}	1.494～1.499
吸收系数 $E_{1cm}^{1\%}$	41.0～45.0
酸度(消耗 0.1mol/L 氢氧化钠滴定液的体积)/mL	≤2.0
生育酚(消耗 0.01mol/L 硫酸铈滴定液的体积)/mL	≤1.0
重金属含量(以 Pb 计)/%	≤0.001

【生理功能与缺乏症】① 作为一种细胞内抗氧化剂，主要作用是抑制有毒的脂类过氧化物的生成，使不饱和脂肪酸稳定，防止细胞内和细胞膜上不饱和脂肪酸被氧化破坏，从而保护了细胞膜的完整，延长细胞的寿命。在胃肠或体组织中，维生素 E 的抗氧化作用可防止类胡萝卜素和维生素 A 等脂溶性维生素以及碳水化合物代谢的中间产物被氧化破坏。另外，维生素 E 还可保护巯基不被氧化，以保持某些酶的活性。

② 刺激垂体前叶，促进分泌性激素，调节性腺的发育和提高生殖机能。

③ 促进促甲状腺激素和促肾上腺皮质激素的产生。

④ 调节碳水化合物和肌酸的代谢，提高糖和蛋白质的利用率。

⑤ 促进辅酶 Q 和免疫蛋白的生成，提高抗病能力。

⑥ 在细胞代谢中发挥解毒作用，如对黄曲霉毒素、亚硝基化合物和多氯联二苯的解毒作用，还具有抗癌作用。

⑦ 维生素 E 以辅酶形式在体内递氢系统中作为氢的供体。

⑧ 维护骨骼肌和心肌的正常功能，防止肝坏死和肌肉退化。

【制法】① 合成法　α-维生素 E 的化学合成是基于 2,3,5-三甲基氢醌与叶绿醇、异丁绿醇或叶绿基卤化物的缩合反应。缩合反应在乙酸或惰性溶剂，例如苯中进行，使用酸性催化剂，例如氯化锌、甲酸或乙醚三氯化硼盐。过去是使用天然的叶绿醇或异叶绿醇，生成的产物是两种异构体的混合物。现在使用合成的异叶绿醇，生成全外消旋 α-维生素 E，它是 8 种立体异构体的外消旋混合物。经真空蒸馏将粗产品纯化。β-维生素 E、γ-维生素 E、δ-维生素 E 的全外消旋体也可用同样的方法合成。除了三甲基喹啉外，也可以使用二甲基喹啉或一甲基喹啉，2,5-二甲基喹啉生成全外消旋 β-维生素 E，2,3-二甲基喹啉生成全外消旋 γ-维生素 E，甲基氢醌生成外消旋 δ-维生素 E。

一种合成的水溶性的 α-维生素 E，即 D-α-维生素 E 聚乙烯乙二醇 1000 丁二酸酯（TPGS）是 D-α-生育酚丁二酸酯与聚乙烯乙二醇进行酯化反应，生成物的平均相对分子质量为 1000，它是一种浅黄色的蜡状物质，1g 的 D-α-维生素 E 可生成 260mg 的产品，并可在水中形成浓度为 20%的透明溶液。

② 提取法　主要的天然资源是植物油脱臭中所得的蒸馏物，除了维生素 E 以外，提取液中也含有甾醇、游离的脂肪酸和三酸甘油酯。通过多种方法可将维生素

E分离出来，与一种相对分子质量低的醇进行酯化反应，然后洗涤，进行真空蒸馏，通过皂化反应，通过液-液提取。进一步的纯化要经过蒸馏、萃取或结晶，或者是这些方法结合起来使用。如此得到的混合物中含有高浓度的γ-维生素E和δ-维生素E，再通过甲基化反应将它们转变成α-维生素E，继续乙酰化反应可得到比较稳定的α-维生素E乙酸酯。

【常用产品形式与规格】维生素E不稳定，经酯化后可提高其稳定性，最常用的是维生素E乙酸酯。饲料工业中应用的维生素E商品多为DL-α-生育酚乙酸酯，其商品形式一种是DL-α-生育酚乙酸酯油剂，一般采用三甲基氢醌与异植物醇为原料，经化学合成制得。为微绿黄色或黄色的黏稠液体，遇光颜色渐渐变深。本品中加入了一定量的抗氧化剂。另一种为维生素E粉剂，是由DL-α-生育酚乙酸酯油剂经吸附工艺制成，一般有效含量为50%。本品一般呈白色或浅黄色粉末，易吸潮，在饲料工业中常用。

【添加量】饲料添加剂维生素E安全使用规范（中华人民共和国农业部第1224号公告，2009）

通用名称	在配合饲料或全混合日粮中的推荐添加量(以维生素计)	
DL-α-生育酚乙酸酯(维生素E)	猪10～100IU/kg 鸡10～30IU/kg 鸭20～50IU/kg 鹅20～50IU/kg	牛15～60IU/kg 羊10～40IU/kg 鱼类30～120IU/kg

【注意事项】α-生育酚经酯化以后，比较稳定。维生素E添加剂，在维生素预混剂中，贮存24个月，5℃条件下，仅损失2%；20～25℃条件下，损失7%；在35℃条件下，损失13%。可见，低温是贮存的重要条件。

【配伍】维生素C与维生素E两者合用可使其抗癌作用增加。提高机体耐力，防止衰老。维生素E和硒二者具有协同促进机体生长发育，增强机体免疫、抗氧化和抗应激的作用。

【应用效果】仔猪：断奶仔猪饲粮中添加维生素E可提高血液中维生素E浓度，但添加5mg/kg BW的水溶性维生素E与添加10mg/kg BW的维生素E乙酸酯作用相当，添加10mg/kg BW的水溶性维生素E效果明显好于10mg/kg BW的维生素E乙酸酯。在热应激环境下杜大长杂种仔猪基础饲粮中添加抗热应激剂（含维生素E 300mg/kg、维生素C 200mg/kg和0.3%碳酸氢钠），饲喂21天，可提高仔猪生产性能，日增重较对照组提高7.36%，料重比降低7.19%。

家禽：鸡饲料中添加维生素E使平均日采食量有降低趋势；适当的添加维生素E能降低肿瘤坏死因子-α（TNF-α）含量，提高肉鸡法氏囊指数和肉鸡的抗氧化能力；22～42日龄的黄羽肉鸡饲料中维生素E的适宜水平为13.59～23.59mg/kg。维生素E能够促进免疫器官生长发育速度，当饲粮中维生素E水平为30mg/kg、钙为0.15mg/kg时，可以显著提高雏鸭抗氧化能力。

【应用配方参考例】猪饲料用维生素预混剂

原料名称	用量	原料名称	用量	原料名称	用量
维生素 A	40×10^6U	维生素 E	60g	维生素 B_2	20g
维生素 B_1	5g	烟酸	75g	维生素 B_{12}	0.1g
维生素 B_6	10g	维生素 D_3	5×10^6U	泛酸钙	25g

生产方法：将各物料混匀即得猪用饲料维生素预混剂。猪饲料用维生素预混料。

每吨猪饲料添加量：200g/(20～50)kg 生长猪；175g/50kg 以上生长猪；300g/母猪。

【参考生产厂家】浙江新和成股份有限公司，北大国际医院集团，西南合成制药股份有限公司，浙江医药股份有限公司等。

(四) 维生素 K

【理化性质】维生素 K (vitamin K) 又叫甲（基）萘醌 (menadione)，是一类甲萘醌衍生物的总称。分子式为 $C_{31}H_{46}O_2$，相对分子质量为 450.6957，主要化学结构式为 2-甲基-1,4-萘醌，每一个化合物的侧链各不相同。共分为两大类：一类是从天然产物中分离提纯获得的，即从绿色植物中提取的维生素 K_1 和来自微生物代谢产物维生素 K_2。另一类是人工合成的，包括亚硫酸钠甲萘醌和甲萘醌，统称为维生素 K_3；以及乙酰甲萘醌即维生素 K_4。其中最重要的是维生素 K_1、维生素 K_2 和维生素 K_3。维生素 K_1 为黄色黏稠状物；维生素 K_2 则是黄色晶体。二者对热稳定，但易受碱、光破坏。对胃肠黏膜刺激性较大。维生素 K_3 外观为白色或灰黄褐色结晶粉末，无臭，遇光易分解，易吸潮。溶于水，难溶于乙醇，几乎不溶于乙醚和苯；常温下稳定，遇光易分解；对皮肤和呼吸道有刺激性。维生素 K_3 的活性约比维生素 K_2 高 3.3 倍。

【质量标准】饲料添加剂亚硫酸氢钠甲萘醌（维生素 K_3）质量标准 (GB/T 7294—2009)

项目	指标	项目	指标
亚硫酸氢钠甲萘醌含量(以甲萘醌计)/%	≥50.0	磺酸甲萘醌	无沉淀
游离亚硫酸氢钠含量($NaHSO_3$)/%	≤5.0	铬含量/(mg/kg)	≤50
水分/%	≤13.0	重金属含量(以 Pb 计)/%	≤0.002
溶液色泽	≤黄绿色标准比色液 4 号	砷盐含量(以 As 计)/%	≤0.0005

【生理功能与缺乏症】维生素 K 是一种与血液凝固有关系的维生素，具有促进凝血酶原合成的作用。凝血酶原是凝血酶的前身。凝血酶原在肝脏中合成时需要维生素 K 参与。虽然维生素 K 本身并不是凝血酶原的组成成分，但它参与凝血酶原以及与血液凝固有关的其他因子的合成。从而加速凝血，维持正常的凝血时间。此外，维生素 K 还具有利尿、增强肝脏的解毒功能，并有降低血压的作用。

动物体内维生素K的合成与代谢受多方面因素的影响。例如，维生素K吸收所需要的胆盐不能进入消化道；日粮中的脂肪水平低，长期饲用磺胺类或抗生素等药物，都将影响胃肠道微生物合成维生素K。此外，饲料中的维生素K抑制因子（双羟香豆素、磺胺喹沙啉、丙酮苄羟香豆素等）、饲料霉变（放线菌D）及鸡的球虫、毛细线虫或其他寄生虫病等因素均可妨碍维生素K的代谢和合成，影响维生素K的利用，使得畜禽出现维生素K缺乏症。

维生素K不足将导致凝血时间延长，出血不止，即便是轻微的创伤或挫伤也可能引起血管破裂。出现皮下出血以及肌肉、脑、胃肠道、腹腔、泌尿生殖系统等器官或组织的出血或尿血、贫血甚至死亡。

维生素K添加剂可以为动物提供维生素K，满足动物对维生素K的需要，防治维生素K缺乏症。

【制法】① 2-甲基-1,4-苯醌合成　将20g间甲酚、乙腈和甲乙酮各100mL以及一定量的催化剂加入500mL不锈钢反应釜中，封闭反应器，在反应器夹套中通入恒温水，使釜内温度保持在40℃。在较强烈的搅拌下通入氧气置换釜内气体2次，通过调节氧气稳压阀使釜内压力恒定。反应完全后，放空压力，过滤出催化剂，反应液中加入少量的活性炭回流搅拌15min，滤出活性炭，脱除溶剂后，加入60g的水，在冰箱中放置过夜，滤出晶体，烘干得到2-甲基-1,4-苯醌19.9g，产品熔点66～67℃，收率88%。

② 2-甲基-1,4-萘醌合成　将200mL二甲基亚砜和3g $FeCl_3 \cdot 6H_2O$/LiCl混合物催化剂加入高压釜中，封闭反应釜，在反应器夹套中通入导热油。在另一个自制的不锈钢恒压滴液器中，将10g 2-甲基-1,4-萘醌溶于40mL乙醇，再充入10g 1,3-丁二烯，混合均匀。通过调节外循环导热油温度使反应釜内温度达到110℃，在强烈搅拌条件下向反应釜中缓慢滴加恒压滴液器中的混合液，1h左右滴完。3h后反应结束，放空压力，通过插底管连续通入氧气，在搅拌的条件下，加热至150℃，保温反应4h。反应结束后，先将反应物减压蒸馏脱溶剂，然后加入500mL冰水，过滤，得湿固体14.0g。将所得产物溶于500mL甲醇中，活性炭加热脱色过滤，脱溶剂得到淡黄色结晶11.45g，熔点105～106℃。

③ 维生素K_3的合成　2-甲基萘醌在乙醇中与亚硫酸氢钠发生加成反应，得到维生素K_3。

【常用产品形式与规格】饲料添加剂中常用的是维生素K_3，专指甲萘醌或由亚硫酸氢钠和甲萘醌反应而生成的亚硫酸氢钠甲萘醌（MSB）。维生素K添加剂包括以下几种。① 亚硫酸氢钠甲萘醌（MSB）：即维生素K_3。有两种规格，一种含活性成分94%，未加稳定剂，故稳定性较差。另一种MSB用明胶微囊包被，稳定性好，含活性成分25%或50%。②亚硫酸氢钠甲萘醌复合物（MSBC）：是甲萘醌和MSB的复合物。规定含甲萘醌30%以上，是一种晶粉状维生素K_3添加剂，可溶于水，水溶液pH 4.5～7。加工过程中已加入稳定剂，50℃以下对活性无影响。③ 亚硫酸嘧啶甲萘醌（MPB）：是近年来维生素K_3添加剂的新产品。呈结晶性粉末，系亚硫酸甲萘醌和二甲嘧啶酚的复合体。含活性成分50%，稳定性优于MSBC，但有一定毒性，应限量使用。

【添加量】饲料添加剂维生素 K 安全使用规范（中华人民共和国农业部第 1224 号公告，2009）

<table>
<tr><th>通用名称</th><th>在配合饲料或全混合日粮中的推荐添加量(以维生素计)</th><th>在配合饲料或全混合日粮中的最高限量(以维生素计)</th></tr>
<tr><td>亚硫酸氢钠甲萘醌</td><td rowspan="3">猪 0.5mg/kg
鸡 0.4～0.6mg/kg
鸭 0.5mg/kg
水产动物 2～16mg/kg
(以甲萘醌计)</td><td>—</td></tr>
<tr><td>二甲基嘧啶醇亚硫酸甲萘醌</td><td>猪 10mg/kg
鸡 5mg/kg
(以甲萘醌计)</td></tr>
<tr><td>亚硫酸氢烟酰胺甲萘醌</td><td>—</td></tr>
</table>

【注意事项】日粮中添加过量的磺胺类药、抗生素等，会抑制肠道微生物合成维生素 K。霉变饲粮的霉菌毒素会引起动物机体对维生素 K 的更大需求，需要增大添加量。维生素 K 的超量供给会产生毒性反应，主要造成血液循环系统的紊乱。不同动物对毒性反应不同，不同维生素 K 种类引起的毒性反应也有差异。NRC（1988）提出维生素 K 的中毒剂量一般为需要量的 1000 倍，如万一发生中毒其死亡率非常高。饲用维生素 K_3 的有效成分是甲基萘醌，在高温高湿环境中，很容易被空气中的氧气氧化而成为甲基苯醌。甲基苯醌有毒，且不具备甲基萘醌所具有的生物活性。因此，市售维生素 K_3 都包装严密，尤其是需要长时间存放的场合，在高浓态时必须严格密封，最好充氮保护。

【配伍】维生素 K 与维生素 E 两者既有拮抗作用，也有协同作用。大剂量维生素 E 可减少肠道对维生素 K 的吸收，导致凝血酶原和各种血浆凝血因子减少而出血。因此，大剂量维生素 E 可减弱维生素 K 的止血作用，停用维生素 E 后即可恢复正常。

【应用效果】维生素 K 是维持异育银鲫幼鱼生长、饲料利用、血液学指标必需的维生素，分别以饲料效率和血液红细胞数目为评价指标，异育银鲫对维生素 K 的需要量为 3.73～6.72mg/kg 饲料。

【应用配方参考例】猪饲料用维生素预混剂

原料名称	用量	原料名称	用量	原料名称	用量
维生素 A	80×10^6U	维生素 K_3	7g	维生素 D_3	6.7×10^6U
维生素 B_2	20g	烟酸	100g	维生素 C	120g
维生素 B_{12}	0.12g	维生素 B_1	10g	泛酸钙	50g
维生素 E	100g	维生素 B_6	13g		

注：用于仔猪，用量 300g/1000kg 饲料。

【参考生产厂家】湖北巨胜科技有限公司，成都瑞芬思生物科技有限公司，上海谱振生物科技有限公司，宜昌市永诺药业有限公司等。

（五）β-胡萝卜素

【理化性质】β-胡萝卜素（β-carotene）又称胡萝卜色烯、前维生素 A。分子

式为 $C_{40}H_{56}$，相对分子质量为536.89。结构式见右。

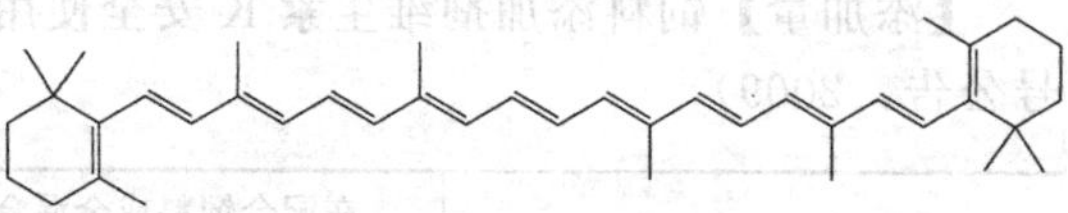

β-胡萝卜素是外观呈棕色至深紫色的结晶粉末，不溶于水和甘油，难溶于乙醇、脂肪和油中（0.05%～0.08%），微溶于乙醚、丙酮、三氯甲烷和苯，对光和氧敏感，被氧化后生物活性降低，并形成无色的氧化物。

【质量标准】饲料添加剂1% β-胡萝卜素质量标准（GB/T 19370—2003）

指标名称	指标	指标名称	指标
β-胡萝卜素含量(以 $C_{40}H_{56}$ 计)/%	≥1.0	灼烧残渣率/%	≤8.0
铅含量/(mg/kg)	≤10.0	干燥失重率/%	≤10.0
砷含量/(mg/kg)	≤3.0	粒度	全部通过0.85mm孔径标准筛

【生理功能与缺乏症】β-胡萝卜素是维生素A的前体，其转化为维生素A的效率因动物种类不同而差异很大。β-胡萝卜素具有独立的、与维生素A无关的生理效应，可增强细胞间的信息传递，是切断连锁反应的抗氧化剂，能消除动物体内有毒的氧自由基，而且能提高动物自身免疫力，抵御细菌及病毒的侵袭，提高养殖动物成活率；能促进动物生长，提高生产性能，特别对母畜、禽繁殖性能有明显的效果；β-胡萝卜素呈天然的黄色或橘黄色，也是一种有效的着色剂。

在用不含胡萝卜素饲料喂养母牛时，经常观察到“无症状”的发热，以及延期排卵、卵泡囊肿、拖延和减少黄体的形成，严重时，可导致繁殖障碍，胎盘停滞。所有的这些症状都可以通过在饲料中添加β-胡萝卜素加以纠正。

【制法】将蚕砂干燥后预处理，然后用丙酮抽提、过滤得到的抽提液，转入浓缩罐，浓缩回收丙酮。浓缩物用乙醚萃取，弃去不溶物。乙醚萃取液经浓缩回收乙醚。浓缩物用乙酸、氯化铜进行酸处理，然后用3%氢氧化钠皂化，分出不皂化物，用己烷抽提。抽提液浓缩回收己烷，浓缩物经干燥得β-胡萝卜素。

【常用产品形式与规格】重要的维生素A原有α-胡萝卜素、β-胡萝卜素、γ-胡萝卜素和隐黄质（玉米黄素）等，其中β-胡萝卜素的活性最高。因此，饲料添加剂中主要采用β-胡萝卜素。1mg β-胡萝卜素结晶相当于1667IU的维生素A生物活性。饲料中多用10%的β-胡萝卜素预混剂，外观为红色至棕红色流动性好的粉末。

【添加量】饲料添加剂安全使用规范（中华人民共和国农业部第1224号公告2009）

通用名称	在配合饲料或全混合日粮中的推荐添加量(以维生素计)
β-胡萝卜素	奶牛 5～30mg/kg (以β-胡萝卜素计)

【注意事项】使用提取法制备β-胡萝卜素时会使用大量可燃性溶剂，设备应

密闭，车间内加强通风，注意防火。产品易被氧化，应密闭包装，阴凉干燥处保存。

【配伍】锌、维生素 E 及 β-胡萝卜素之间存在相互作用，锌可以有效改善体内非酶抗氧化剂维生素 E、维生素 C 和 β-胡萝卜素的含量，共同参与维持细胞的抗氧化功能。

【应用效果】仔猪：在断奶时给经产母猪注射 β-胡萝卜素 200mg 能够增加窝产仔数，发情期内或发情第 7 天的母猪注射维生素 A 或 β-胡萝卜素，窝产仔数可增加 0.6 头。

肉牛：饲粮添加 1200mg/d β-胡萝卜素能够显著提高抗氧化功能、血液生理指标和肉品质。

【参考生产厂家】浙江新昌制药厂，浙江新和成股份有限公司，上海易蒙斯化工科技有限公司，荷兰皇家帝斯曼集团，巴斯夫股份公司等。

三、水溶性维生素添加剂

（一）维生素 B_1

【理化性质】维生素 B_1（vitamin B_1）又称硫胺素（thiamine）、抗神经炎素（aneurine）。它是由一个吡啶分子和一个噻唑分子通过一个亚甲基连接而成，主要以盐的形式被利用。一种是盐酸硫胺素，另一种是单硝酸硫胺素。盐酸硫胺素的分子式为 $C_{12}H_{17}ON_4ClS \cdot HCl$，相对分子质量为 337.3，结构式见右。外观呈白色结晶粉末，易溶于水，微溶于乙醇，不溶于乙醚、三氯甲烷、丙酮和苯等有机溶剂，熔点 245℃，在黑暗干燥条件下和在酸性溶液中稳定，在碱性溶液中易氧化失活。

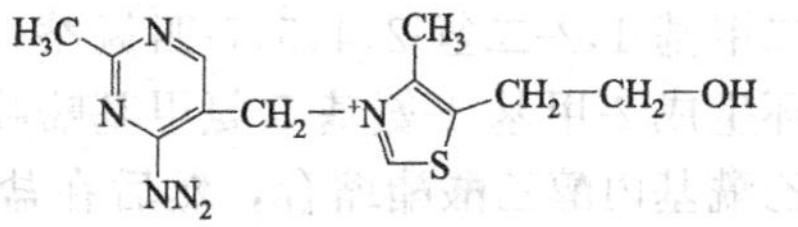

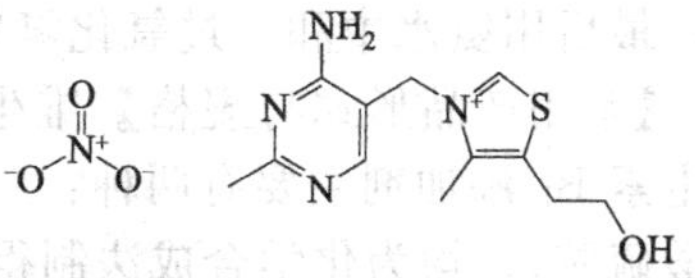

单硝酸硫胺素的分子式为 $C_{12}H_{17}O_4N_5S$，相对分子质量为 327.4，结构式见右。外观呈白色结晶或微黄色结晶体粉末，微溶于乙醇和三氯甲烷，熔点 190～200℃，吸湿性较小，稳定性较好。

【质量标准】① 饲料添加剂盐酸硫胺质量标准（GB/T 7295—2008）

项　　目	指　　标
维生素 B_1 含量(以 $C_{12}H_{17}ON_4ClS \cdot HCl$ 干基计)/%	98.5～101.0
干燥失重率/%	≤5.0
炽灼残渣率/%	≤0.1
pH 值	2.7～3.4
硫酸盐含量(以 SO_4^{2-} 计)/%	≤0.03

② 饲料添加剂硝酸硫胺质量标准（GB/T 7296—2008）

项　　目	指　标
硝酸硫胺含量(以 $C_{12}H_{17}O_4N_5S$ 干基计)/%	98.0～101.0
pH值	6.0～7.5
氯化物含量(以 Cl^- 计)/%(质量分数)	≤0.06
干燥失重率/%	≤1.0
炽灼残渣率/%	≤0.2
铅含量/(mg/kg)	≤10

【生理功能与缺乏症】① 硫胺素在动物体内以焦磷酸硫胺素（TPP）形式作为碳水化合物的代谢过程中α-酮酸氧化脱羧酶系的辅酶，参与丙酮酸、α-酮戊二酸的脱羧反应。因此，维生素 B_1 与糖代谢有密切关系，可维持糖的正常代谢，提供神经组织所需的能量，加强神经和心血管的紧张度，防止神经组织萎缩退化，维持神经组织和心肌的正常功能。

② 维持胆碱酯酶的正常活性，使乙酰胆碱的分解保持适当的速度，从而对胃肠道的蠕动起保护作用，促进动物对营养物质的消化和吸收。

添加维生素 B_1 添加剂可预防多发性神经炎、共济运动失调、抽搐、麻痹、头向后仰、生长受阻、采食量下降、腹泻、胃及肠壁出血、水肿和繁殖性能下降等维生素 B_1 缺乏症。

【制法】丙烯腈与甲醇在钠存在下发生加成，得到甲氧基丙腈，在钠存在下，与甲酸乙酯缩合，缩合物甲基化后与甲醇加成，然后与盐酸乙脒环化缩合为 3,6-二甲基-1,2-二氢-2,4,5,7-四氮萘，然后于 98～100℃下水解，再在碱性条件下开环生成 2-甲基-4-氨基-5-氨甲基嘧啶。接着与二硫化碳和氨水作用，再与 γ-氯代-γ-乙酰基丙醇乙酸酯缩合，然后在盐酸中、75～78℃下水解和环合成硫代硫胺盐酸盐，最后用氨水中和、过氧化氢氧化，盐酸酸化得维生素 B_1 盐酸盐。

【常用产品形式与规格】维生素 B_1 主要以盐的形式被利用。用于饲料工业的维生素 B_1 添加剂主要有两种：一种是盐酸硫胺素，另一种是单硝酸硫胺素（简称硝酸硫胺），均为化学合成法制得。在我国南方高温、高湿季节或地区，或者当添加剂预混料中有氯化胆碱存在时，维生素 B_1 添加剂应使用单硝酸硫胺素。盐酸硫胺和硝酸硫胺折算成硫胺的系数分别是 0.892 和 0.811。

【添加量】饲料添加剂维生素 B_1 安全使用规范（中华人民共和国农业部第 1224 号公告，2009）

通用名称	在配合饲料或全混合日粮中的推荐添加量(以维生素计)
盐酸硫胺(维生素 B_1) 硝酸硫胺(维生素 B_1)	猪 1～5mg/kg 家禽 1～5mg/kg 鱼类 5～20mg/kg

【注意事项】① 正常剂量对正常肾功能者几无毒性。大剂量静脉注射时，可能发生过敏性休克。

② 大剂量用药时，可干扰测定血清茶碱浓度，测定尿酸浓度可呈假性增高，尿胆原可产生假阳性。

③ 肠胃外大剂量应用维生素 B_1 产生的过敏性休克可用肾上腺素治疗。

【配伍】① 维生素 B_1 在碱性溶液中容易分解，与碱性药物如苯巴比妥钠、碳酸氢钠、枸橼酸钠等合用，易引起变质。

② 含鞣质类的中药与维生素 B_1 合用后，可在体内产生永久性的结合，使其排出体外而失去作用。若需长期服用含鞣质类中药，应适当补充维生素 B_1。

【应用效果】在低精料日粮条件下添加不同浓度的维生素 B_1（0、10mg/kg、20mg/kg、30mg/kg、40mg/kg），随着维生素 B_1 添加量的增加，瘤胃培养液的pH 呈上升趋势，NH_3-N 的平均浓度极显著提高；且降低了乙酸浓度、丙酸浓度和 TVFA 浓度，提高了丁酸浓度；体外发酵 24h 时，10mg/kg、20mg/kg、30mg/kg 处理组降低了乙/丙比，从而改变了瘤胃发酵类型。

【应用配方参考例】鸡用复合维生素添加剂配方示例

原料名称	用量	原料名称	用量	原料名称	用量
维生素 A	3.334×10^6U	生物素	0.05g	维生素 B_{12}	4mg
维生素 E	0.5×10^4U	锰	20.0g	烟酸	10.0g
维生素 B_1	0.334g	铜	1.334g	氯化胆碱	166.67g
维生素 B_6	1.334g	维生素 D	0.667×10^6U	铁	26.667g
叶酸	0.33g	维生素 K	0.667g	锌	20.0g
泛酸钙	4.0g	维生素 B_2	2.0g	碘	0.134g

注：填料（精饲料）加至 1000g。用于种鸡饲料的混配，用量为饲料量的 0.3%。

【参考生产厂家】上海易蒙斯化工科技有限公司，北京慧搏安康科技发展有限公司，河南兴源化工产品有限公司，南京阿帝仕进出口贸易有限公司等。

（二）核黄素

【理化性质】维生素 B_2（vitamin B_2）是一种含有核糖和异咯嗪的黄色物质，故又称核黄素（riboflavine），分子式为 $C_{17}H_{20}N_4O_6$，相对分子质量为 376.36，结构式见右。外观呈橙黄色针状晶体或结晶性粉末；微臭，味微苦，溶于水和乙醇，在酸性溶液中稳定，在碱性溶液中或遇光时易变质，不溶于乙醚、丙酮和三氯甲烷等有机溶剂中；熔点约为 280℃。耐热，贮存在干燥的环境中较稳定，在 35℃的条件下贮存两年基本上无损失，宜在干燥、避光的环境贮存，同时避免与还原剂、稀有金属等接触。

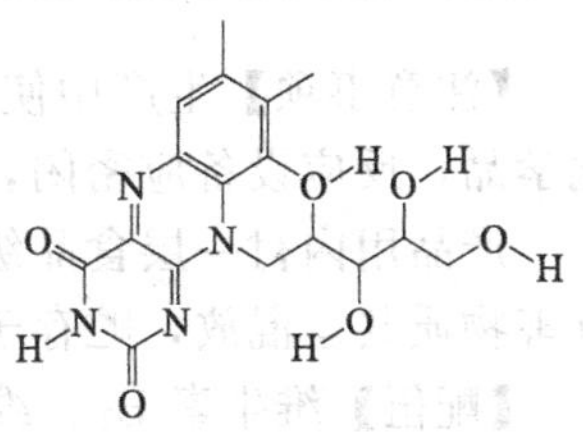

【质量标准】饲料添加剂维生素 B_2（核黄素）质量标准（GB/T 7297—2006）

项目	指标	项目	指标
维生素 B_2 含量（以 $C_{17}H_{20}N_4O_6$ 干燥品计）/%	96.0～102（96%） 98.0～102（98%）	干燥失重率/%	≤1.5
		炽灼残渣率/%	≤0.3
比旋光度$[\alpha]_D^t$/(°)	−115～−135	铅含量/(mg/kg)	≤10.0
感光黄素（吸收值）	≤0.025	砷含量/(mg/kg)	≤3.0

【生理功能与缺乏症】维生素 B_2 是动物体内各种黄酶辅基的组成成分。在组织中以 FMN 和 FAD 的形式参与碳水化合物、蛋白质、核酸和脂肪的代谢，在生物氧化过程中起传递氢原子的作用。维生素 B_2 具有提高蛋白质在体内的沉积、促进畜禽正常生长发育的作用，亦具有保护皮肤、毛囊黏膜及皮脂腺的功能。核黄素是各种动物生长和组织修复所必需的。此外，核黄素还具有强化肝脏功能，调节肾上腺素分泌、防止毒物侵袭的功能，并影响视力。在冷应激时或饲喂高能量低蛋白饲粮的畜禽，对维生素 B_2 的需求量增高。

日粮中补充维生素 B_2 可防治鸡的蜷爪麻痹症、口角眼睑皮炎以及 B_2 缺乏引起的生长受阻等症状。

【制法】① 发酵法　以葡萄糖、玉米浆、无机盐等为培养基，用子囊菌类的特种活性菌经孢子、种子培养，于28℃深层发酵 9d 得维生素 B_2 发酵液，再经酸化、水解、还原、氧化、碱溶、酸析、重结晶等处理得维生素 B_2。

② 合成法　葡萄糖经氧化后转变为钙盐，再加热转化为核糖酸，以还原得 D-核糖。核糖与 3,4-二甲苯胺缩合，还原后，再与重氮苯偶合，然后与巴比妥酸环合得维生素 B_2。

【常用产品形式与规格】维生素 B_2 添加剂的主要商品形式为核黄素及其酯类，为黄色至橙黄色的结晶性粉末。该产品一般用生物发酵法或化学合成法制得。生物发酵法多采用乙酸梭状芽孢杆菌和假丝状酵母等菌种。化学合成法由 3,4-二甲基苯胺与 D-核糖来合成。维生素 B_2 添加剂常用的是含核黄素 96%、55%、50%等的制剂。

【添加量】饲料添加剂维生素 B_2 安全使用规范（中华人民共和国农业部第 1224 号公告，2009）

通用名称	在配合饲料或全混合日粮中的推荐添加量(以维生素计)
核黄素(维生素 B_2)	猪 2～8mg/kg,家禽 2～8mg/kg,鱼类 10～25mg/kg

【注意事项】生产中使用苯胺、草酸、硫酸、3,4-二甲基苯胺等有毒或腐蚀性化学品，反应设备应密闭，车间内加强通风，操作人员应穿戴劳保用品。

产品用内衬一层食品级聚乙烯塑料袋和两层牛皮纸袋的纸桶包装。不得与有毒有害物质共运混放，贮存于阴凉、避光、干燥处。

【配伍】维生素 B_1、维生素 B_2、维生素 B_3、维生素 B_6 联合应用治疗维生素 B 缺乏症有协同作用，可使疗效增强。临床制成复合维生素 B 片，性质稳定，服用方便。

【应用效果】猪：母猪配种后 4～7d 时，饲喂核黄素 100mg/d 可提高活胚胎数、胚胎存活率、产仔率和窝产活仔数。

肉鸡：对 1～21 日、22～42 日和 43～63 日龄三个生长阶段黄羽肉鸡的饲粮维生素 B_2 需求量及对生长影响进行系统研究，结果表明，饲粮中添加维生素 B_2 能改善肉鸡的生长性能和免疫器官指数，提高机体的抗氧化能力，并且饲粮中维生素的需求量分别为 4.92mg/kg、4.0mg/kg、3.0mg/kg。

【应用配方参考例】母猪饲料预混剂配方示例

原料名称	用量	原料名称	用量	原料名称	用量
维生素 E	0.5g	锌	5g	维生素 A	0.8×10^6U
维生素 B_2	0.3g	碘	0.027g	铁	3g
维生素 B_4	20g	硒	0.01g	铜	0.8g
维生素 B_{12}	0.0022g	维生素 K	0.2g	钴	0.1g
维生素 D	0.1×10^6U	维生素 B_3	1.0g	抗氧剂	0.5g
锰	2g	维生素 B_5	1.0g		

注：生产方法：将各物料混合均匀。用途：母猪饲料预混剂。该工艺配方为1kg预混剂的含量；即将上述混合料加入饲料填料至1kg得预混剂。该预混剂在配合饲料中添加量为0.5%，得到母猪饲料。

【参考生产厂家】巴斯夫股份公司，上海海嘉诺医药发展股份有限公司，新发药业，恩贝集团有限公司等。

（三）泛酸

【理化性质】维生素 B_3（vitamin B_3）又名泛酸（pantothenate）。因为它在自然界中分布十分广泛，所以又称为泛多酸。它是 α,γ-二羟-β,β-二甲基丁酸与 β-丙氨酸通过肽键缩合而成的一种有机酸。泛酸的分子式为 $C_9H_{17}O_5N$，相对分子质量为219.2，结构式见右。

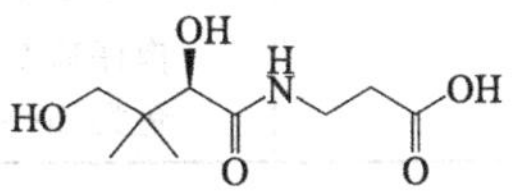

维生素 B_3 是淡黄色黏稠的油状物，易溶于水和乙醇中；吸湿性极强，不稳定，在酸性和碱性溶液中易受热被破坏，在中性溶液中比较稳定，对氧化剂和还原剂极为稳定。泛酸具有旋光性，只有右旋（D-）异构体具有维生素 B_3 的活性，消旋型（DL-）异构体活性为右旋的50%。

【质量标准】饲料添加剂 D-泛酸钙质量标准（GB/T 7299—2006）

项　目	指　标
泛酸钙含量(以 $C_{18}H_{32}CaN_2O_{10}$ 干燥品计)/%	98.0～101.0
钙含量(以 Ca 干燥品计)/%	8.2～8.6
氮含量(以 N 干燥品计)/%	5.7～6.0
比旋光度$[\alpha]_D^t$(以干燥品计)/(°)	+25.0～+28.5
重金属含量(以 Pb 计)/%	≤0.002
干燥失重率/%	≤5.0
甲醇含量/%	≤0.3

【生理功能与缺乏症】泛酸是辅酶A的辅基，因此泛酸是通过辅酶A的作用发挥其生理功能的。辅酶A是机体酰化作用的辅酶，在糖、脂肪、蛋白质等代谢中发挥重要的作用。泛酸与皮肤和黏膜的正常生理功能、毛发的色泽和对疾病的抵抗力（增强免疫效应）等也有着密切的关系。此外，它还具有提高肾上腺皮质机能的功效。所以泛酸的生理功能非常广泛。泛酸的缺乏可使机体的许多器官和组织受损，出现各种不同的症状，包括生长、繁殖、皮肤、毛发、胃肠神经系统等诸多方面。

【制法】甲醛与异丁醛在碳酸钾存在下进行羟醛缩合，得到的β-羟基醛与氰化钠发生加成，在酸性条件下水解。水解物经蒸馏得 α-羟基-β,β-二甲基-γ-丁丙酯，再与氨基丙酸钙反应，得外消旋泛酸钙。经拆分后得右旋泛酸钙。

【常用产品形式与规格】泛酸不稳定，吸湿性极强，所以在实际生产中常用其钙盐。只有D-泛酸钙才具有活性，DL-泛酸钙的活性仅相当于其1/2。泛酸钙为白色粉末，无臭，味苦，易溶于水，极易吸水。泛酸钙添加剂的活性成分是泛酸，含量以百分数表示。有98%、66%和55%几种。1mg D-泛酸钙活性与0.92mg泛酸相当；而1mg DL-泛酸钙活性则仅相当于0.45mg泛酸。

【添加量】饲料添加剂泛酸钙安全使用规范（中华人民共和国农业部第1224号公告，2009）

通用名称	在配合饲料或全混合日粮中的推荐添加量(以维生素计)	通用名称	在配合饲料或全混合日粮中的推荐添加量(以维生素计)
D-泛酸钙	仔猪 10～15mg/kg 生长肥育猪 10～15mg/kg 蛋雏鸡 10～15mg/kg 育成蛋鸡 10～15mg/kg 产蛋鸡 20～25mg/kg 肉仔鸡 20～25mg/kg 鱼类 20～50mg/kg	DL-泛酸钙	仔猪 20～30mg/kg 生长肥育猪 20～30mg/kg 蛋雏鸡 20～30mg/kg 育成蛋鸡 20～30mg/kg 产蛋鸡 40～50mg/kg 肉仔鸡 40～50mg/kg 鱼类 40～100mg/kg

【注意事项】泛酸钙若单独贮放，其稳定性好，但不耐酸、碱，也不耐高温。若在pH≥8或pH＜5的环境条件下损失加快。在维生素预混剂中贮存2年，在35℃条件下损失高达70%。当有酸性添加剂（如烟酸、抗坏血酸、pH2.5～4）与其接触时，很易脱氨失活，受到破坏。与烟酸是典型的配伍禁忌，切勿直接接触，同时要注意防潮。泛酸钙可被氯化胆碱破坏。在接触重金属时，也受到破坏。

【配伍】维生素B_{12}可节省泛酸的用量。对泛酸-维生素B_{12}互作机制的研究表明，维生素B_{12}可将构成辅酶A活性位点的二硫键（S—S）转化为巯基（—SH）状态。

【应用效果】肉仔鸡日粮中按20mg/kg的比例添加泛酸，不但有利于提高肉鸡日增重，还可以提高饲料粗蛋白、粗脂肪、钙和磷的代谢率。

【应用配方参考例】猪用维生素-微量元素添加剂

原料名称	用量	原料名称	用量	原料名称	用量
维生素A	1.8×10^6U	锌	14.0g	维生素K	0.40g
维生素B_1	0.30g	铜	2.0g	烟酸	4.0g
维生素B_6	0.40g	碘	0.10g	氯化胆碱	100.0g
维生素E	4000U	维生素D	0.36×10^6U	铁	16.0g
叶酸	0.12g	维生素B_2	0.80g	锰	8.0g
泛酸钙	3.0g	维生素B_{12}	4mg	钴	20mg
生物素	20mg				

注：填料(脱脂米糠)加至1000g。

生产方法：将各物料粉碎后混匀，得到种猪饲料用预混剂。

用途：用于种植饲料配制，用量为饲料量的0.5%。

【参考生产厂家】新发药业，济南卓越同茂牧业有限公司，浙江杭州鑫富药业股份有限公司等。

（四）胆碱

【理化性质】胆碱（choline）又称维生素 B_4（vitamin B_4），是 β-羟乙基三甲基羟化物，以三甲胺与氯乙醇为原料化学合成。胆碱分子式为 $C_5H_{15}O_2N$，相对分子质量为 121.2，结构式见右。

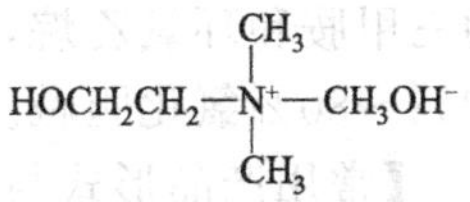

外观为无色粉末，在空气中极易吸水潮解；易溶于水、甲醇、乙醇，难溶于丙酮、三氯甲烷，不溶于石油醚和苯，具强碱性，与酸反应生成稳定的白色结晶盐。

【质量标准】饲料级氯化胆碱质量标准（HG/T 2941—2004）

项　目		指标			
		水剂		粉剂	
		70%	75%	50%	60%
氯化胆碱含量(以干基计)/%	≥	70.0	75.0	50	60
pH 值		6.0～8.0	6.0～8.0	—	—
乙二醇含量/%	≤	0.50	0.50	—	—
总游离胺(氨)含量[以($(CH_3)_3N$ 计]/%	≤	0.10	0.10	0.10	0.10
灰分/%	≤	0.20	0.20	—	—
重金属含量(以 Pb 计)/%	≤	0.002	0.002	0.002	0.002
干燥失重率/%	≤	—	—	4.0	4.0
过筛率(R40/3,850μm 筛)/%	≥	—	—	90	90

注：1. 表中含量均为质量分数。

2. 总游离胺/氨含量[以 $(CH_3)_3N$ 计]、重金属含量(以 Pb 计)为强制性要求。

【生理功能与缺乏症】胆碱与其他 B 族维生素的差别在于胆碱在代谢过程中不作催化剂。严格说胆碱对大鼠和其他哺乳动物不是维生素，若体内供给足够的甲基，这些动物自身能合成胆碱来满足其需要。但对雏鸡来说，胆碱却起着维生素的作用。

胆碱在体内的功能主要表现在以下三个方面：①防止脂肪肝。胆碱作为卵磷脂的成分在脂肪代谢过程中可促进脂肪酸的运输，提高肝脏利用脂肪酸的能力，从而防止脂肪在肝中过多的积累。②胆碱是构成乙酰胆碱的主要成分，在神经递质的传递过程中起着重要的作用。③胆碱是机体内甲基的供体，3 个不稳定的甲基可与其他物质生成化合物，如与同型半胱氨酸生成蛋氨酸，还可与其他物质合成肾上腺素等激素。在动物机体内可利用蛋氨酸和丝氨酸合成胆碱。胆碱与蛋氨酸、甜菜碱有协同作用。蛋氨酸有 1 个甲基，甜菜碱有 3 个甲基，在动物体内的甲基移换反应中，蛋氨酸和甜菜碱只具有部分的代替胆碱提供甲基的作用。

日粮中添加胆碱添加剂，保证胆碱的足量供给，可预防胫骨短粗症、脂肪肝的发生；同时起到维护神经功能的正常，提供活性甲基，节约蛋氨酸的作用。

【制法】将70%三甲胺盐酸盐和环氧乙烷按138∶45的质量比分别用泵连续送入带搅拌的反应釜中，于50～70℃下搅拌反应。反应物在反应器中反应时间为1～1.5h。生成物连续引出反应器后进入汽提塔。反应器内的液面应保持稳定，使反应连续进行。反应过程中pH值由低向高变化，反应开始约为7，反应终了时物料的pH值约为12。氯化胆碱粗产品引入汽提塔后，由塔底吹入的氮气，除去剩余的三甲胺和环氧乙烷，并使反应副产物氯乙醇与三甲胺和水作用。最后得到浓度为60%～80%氯化胆碱。

【常用产品形式与规格】胆碱添加剂的商品形式主要为氯化胆碱，是黏稠的液体。氯化胆碱添加剂有液态和粉粒固态两种形式。液态氯化胆碱添加剂的有效成分一般为70%，为无色透明的黏稠液体，稍具有特异的臭味，具有很强的吸湿性。固态粉粒的氯化胆碱添加剂的有效成分为50%或60%，是以70%氯化胆碱水溶液为原料加入吸附剂而制成，也具有特殊的臭味，吸湿性很强。

【添加量】饲料添加剂氯化胆碱安全使用规范（中华人民共和国农业部第1224号公告，2009）

通用名称	在配合饲料或全混合日粮中的推荐添加量(以维生素计)	其他要求
氯化胆碱	猪200～1300mg/kg，鸡450～1500mg/kg，鱼类400～1200mg/kg	用于奶牛时，产品应作保护处理

【注意事项】在氯化胆碱的使用中，必须注意两个特点，一是它的吸湿性强，氯化胆碱吸水后，液体呈弱酸性。二是它本身虽很稳定，未开封的氯化胆碱至少可贮存2年以上，但对其他添加剂活性成分破坏很大。特别是在有金属元素存在时，对维生素A、维生素D、维生素K的破坏较快。由于其添加量比一般添加剂大得多，因而在维生素添加剂的产品设计中，最好不要将氯化胆碱加入预混料中，一般是把氯化胆碱单独制成预混剂，直接加入到全价饲料中，尽量减少氯化胆碱与其他活性成分的接触机会。

【配伍】维生素B_{12}和叶酸参与胆碱合成、代谢和甲基转移，因此，在叶酸和维生素B_{12}缺乏条件下，胆碱需要量增加。微量元素锰参与胆碱代谢过程，起类似胆碱的生物学作用，参与胆碱运送脂肪的过程，因此，缺锰也能导致胆碱的缺乏。

【应用效果】肉鸡：在1～21日龄黄羽肉鸡生长阶段日粮中添加750mg/kg胆碱，22～52日龄添加500mg/kg胆碱，能很好地提高肉鸡的日增重和饲料转化率，有效减少脂肪在腹部的沉积，降低血液中甘油三酯、游离脂肪酸和胆固醇的含量，降低黄羽肉鸡的肝脏中脂肪含量，减少脂肪肝。

猪：饲粮中添加胆碱和甜菜碱可提高屠宰率，降低背膘厚度，提高大理石花纹评分和熟肉率，从而改善了胴体品质和肉品质，适宜的添加量为甜菜碱1500mg/kg、胆碱500mg/kg对胴体品质和肉品质添加效果最为理想。

奶牛：日粮中添加10g/头过瘤胃胆碱可提高血糖，降低总胆固醇，游离脂肪酸和β-羟丁酸含量，改善了奶牛体内脂肪代谢，促进了体内糖异生作用，有利于改善围产期和泌乳早期奶牛的能量负平衡。

【应用配方参考例】猪用维生素-微量元素添加剂配方示例

原料名称	用量	原料名称	用量	原料名称	用量
维生素 A	2×10^6U	锌	20.0g	维生素 K	0.20g
维生素 B_2	1.20g	铜	2.0g	烟酸	5.0g
维生素 B_{12}	4mg	碘	0.10g	泛酸钙	3.0g
维生素 E	4000U	维生素 B_1	0.40g	铁	24.0g
氯化胆碱	120.0g	维生素 B_6	0.80g	锰	12.0g
叶酸	0.12g	维生素 D	0.4×10^6U	钴	20mg
生物素	20mg				

注：填料（脱脂米糠）加至 1000g。

生产方法：各物料粉碎后混匀（微量元素以盐的形式加入）。用途：用作仔猪饲料的维生素-微量元素添加剂，用量为饲料重的 0.5%。

【参考生产厂家】特明科氯化胆碱（上海）有限公司，恩贝集团有限公司，山东奥克特集团，济南卓越同茂牧业有限公司等。

（五）尼克酸

【理化性质】维生素 B_5（vitamin B_5）包括尼克酸（烟酸）（niacin）和尼克酰胺（烟酰胺）（nicotinamide）。尼克酸分子式为 $C_6H_5O_2N$，相对分子质量为 123.1，结构式见右。尼克酸为无色针状结晶，溶于水和乙醇，不溶于丙酮和乙醚；不为酸、碱、光、氧或热破坏。化学合成方法有多种，目前多采用乙醛、硝酸及氨为原料的合成法。尼克酰胺分子式为 $C_6H_6ON_2$，相对分子质量为 122.1，结构式见右。尼克酰胺为无色针状结晶，味苦；易溶于水、乙醇和甘油，微溶于乙醚和三氯甲烷；在强酸或强碱中加热时水解生成烟酸。

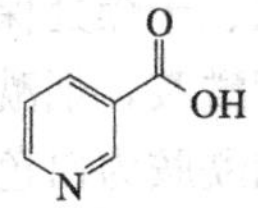

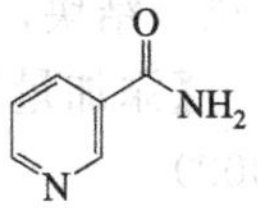

【质量标准】① 饲料添加剂烟酸质量标准（GB/T 7300—2006）

项　目	指　标
烟酸含量（以 $C_6H_5NO_2$ 干燥品计）/%	99.0～100.5
熔点/℃	234～238
氯化物含量（以 Cl^- 计）/%	≤0.02
硫酸盐含量（以 SO_4^{2-} 计）/%	≤0.02
重金属含量（以 Pb 计）/%	≤0.002
干燥失重率/%	≤0.5
炽灼残渣率/%	≤0.1

② 饲料添加剂烟酰胺质量标准（GB/T 7301—2002）

项　目	指　标
烟酰胺含量/%	≥99.0
熔点/℃	128.0～131.0
pH 值（10%溶液）	5.5～7.5
水分/%	≤0.10
重金属含量（以 Pb 计）/%	≤0.002
炽灼残渣率/%	≤0.1

【生理功能与缺乏症】烟酸在体内转化成烟酰胺之后，与核糖、磷酸、腺嘌呤一起组成脱氢酶的辅酶：辅酶Ⅰ(NAD) 和辅酶Ⅱ(NADP)。这两种辅酶在细胞呼吸的酶系统中起着重要作用，与碳水化合物、脂肪和蛋白质代谢有关。辅酶Ⅰ和辅酶Ⅱ参与葡萄糖的无氧和有氧氧化、甘油的合成与分解、脂肪酸的氧化与合成、甾类化合物（类固醇）的合成、氨基酸的降解与合成、视紫红质的合成等重要代谢过程。

日粮中添加维生素 B_5 添加剂可预防因维生素 B_5 缺乏引起的糙皮病、皮肤生痂、黑舌病、脚和皮肤鳞状皮炎、关节肿大、胃和小肠黏膜充血、结肠和盲肠坏死状肠炎以及孵化率降低等症状。

【制法】① 烟酸 3-甲基吡啶用高锰酸钾氧化后酸化，经脱色、精制得产品。喹啉用混酸氧化脱羧后精制得烟酸。

② 烟酰胺 3-甲基吡啶用高锰酸钾氧化，然后酸化得烟酸，烟酸与氨发生反应经铵盐转变为烟酰胺。

【常用产品形式与规格】维生素 B_5 添加剂的商品形式有烟酸和烟酸胺两种。烟酸一般采用化学合成制得，产品为白色至微黄色结晶性粉末，无臭，味微酸，稳定性很好，但不能与泛酸直接接触，它们之间很容易发生反应，影响其活性。一般置于阴凉、干燥处保存。市售商品的有效含量为 98%～99.5%。烟酸被动物吸收的形式是烟酰胺，烟酰胺的营养效用与烟酸相同，二者的活性计量也相同。饲料工业中使用的烟酰胺为白色至微黄色结晶性粉末，无臭，味苦。烟酰胺有亲水性，在常温条件下易起拱、结块，易与维生素C形成黄色复合物，使两者的活性都受到损失。

【添加量】饲料添加剂安全使用规范（中华人民共和国农业部第 1224 号公告，2009）

通用名称	在配合饲料或全混合日粮中的推荐添加量(以维生素计)	
烟酸 烟酰胺	仔猪 20～40mg/kg 生长肥育猪 20～30mg/kg 蛋雏鸡 30～40mg/kg 育成蛋鸡 10～15mg/kg	产蛋鸡 20～30mg/kg 肉仔鸡 30～40mg/kg 奶牛 50～60mg/kg(精料补充料) 鱼虾类 20～200mg/kg

【注意事项】原料 3-甲基吡啶有毒，且属二级易燃液体，生产中还使用强氧化剂、强酸等原料。氧化设备应密闭，操作人员应穿戴劳保用具，车间内加强通风。废水应经处理达标后排放。

包装材料必须符合畜禽饲料卫生标准，不得与有毒、有害或其他污染的物品混放、混运、混存，贮存于避光、阴凉、干燥处。

【配伍】色氨酸和烟酸在动物体内存在明显的互作关系，色氨酸可转化成烟酸，其转化效率是动态的，受多种因素影响。

【应用效果】肉鸡：以日增重为评价指标，1～21 日龄黄羽肉鸡烟酸需要量为 25mg/kg，当烟酸添加量为 25～50mg/kg 时，可降低黄羽肉鸡血脂水平。

肉牛：高精料饲粮中添加烟酸可以提高肥育肉牛的生长性能和饲料粗蛋白质、粗脂肪等养分的表观消化率，且最适添加量为 800mg/kg。

【应用配方参考例】猪用维生素-微量元素添加剂

原料名称	用量	原料名称	用量	原料名称	用量
维生素 A	1.2×10^6U	生物素	20mg	维生素 K	0.20g
维生素 B_2	0.70g	锌	20.0g	烟酸	4.0g
维生素 B_{12}	3mg	铜	2.0g	叶酸	0.12g
维生素 E	3000U	维生素 B_1	0.40g	铁	24.0g
泛酸钙	2.0g	维生素 B_6	0.40g	锰	8.0g
氯化胆碱	100.0g	维生素 D	0.24×10^6U	碘	0.10g

注：填料（脱脂米糠）加至 1000g。生产方法：各物料粉碎后混合均匀，即得到肉猪饲料用维生素矿物质添加剂。用途：用于肉猪饲料的配制，用量为饲料量的 0.5%。

【参考生产厂家】济南卓越同茂牧业有限公司，龙沙（中国）投资有限公司，上海易蒙斯化工科技有限公司等。

（六）维生素 B_6

【理化性质】维生素 B_6（vitamin B_6）包括三种吡啶衍生物，即吡哆醇（pyridoxine）、吡哆醛（pyridoxal）、吡哆胺（pyridoxamine）。它们在生物体内可相互转化且都具有维生素 B_6 的活性。外观呈白色结晶，味酸苦，对热和酸相当稳定，易氧化，易被碱和紫外线所破坏，易溶于水。常用的是盐酸吡哆醇，分子式为 $C_8H_{11}ClNO_3$，相对分子质量为 205.64，结构式见右。

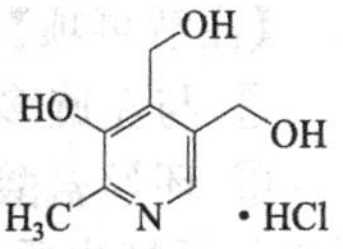

【质量标准】饲料添加剂维生素 B_6 质量标准（GB/T 7298—2006）

项目	指标	项目	指标
维生素 B_6 含量（以 $C_8H_{11}NO_3\cdot HCl$ 干燥品计）/%	98.0～101.0	重金属含量（以 Pb 计）/%	≤0.003
		干燥失重率/%	≤0.5
熔点（熔融同时分解）/℃	205～209	炽灼残渣率/%	≤0.1
pH 值	2.4～3.0		

【生理功能与缺乏症】维生素 B_6 在动物体内经磷酸化作用，转变为相应的具有活性形式的磷酸吡哆醛和磷酸吡哆胺。其主要功能如下。①转氨基作用。磷酸吡哆醛和磷酸吡哆胺作为转氨酶的辅酶起着氨基的传递体功能，这对于非必需氨基酸的形成是重要的。②脱羧作用。维生素 B_6 是一些氨基酸脱羧酶的辅酶，参与氨基酸的脱羧基作用。③转硫作用，是半胱氨基脱硫酶的辅酶。由此可见，维生素 B_6 在氨基酸的代谢中起主要作用。若缺乏将引起氨基酸代谢紊乱，阻碍蛋白质合成和减少蛋白质沉积。

日粮中补充维生素 B_6 可预防因其缺乏引起的氨基酸代谢紊乱、蛋白质合成受阻、被毛粗糙、皮炎、生长迟缓、神经中枢及末梢病变、肝脏等器官的损伤等症状。

【制法】① 噁唑法 α-氨基丙酸在酸性条件下与乙醇酯化，然后在乙醇中与甲酰胺发生甲酰化，再于氯仿中由五氧化二磷催化闭环，最后于酸性条件下与 2-异丙基-4,7-二氢-1,3-二噁庚英发生环加成反应，经芳构化、水解得维生素 B_6。

也可用2-氨基丙酸、草酸同步与乙醇酯化，酸化制备*N*-乙氧草酰丙酸乙酯，在三氯氧磷-三乙胺-甲苯体系中失水环合得4-甲基-5-乙氧基噁唑羧酸乙酯，经碱性水解，酸化脱羧，得4-甲基-5-乙氧基噁唑，再与2-异丙基-4,7-二氢-1,3-二噁庚英发生Diels-Alder环加成反应，再经芳构化、酸性水解得维生素B_6。

② 吡啶酮法　氯乙酸与甲醇发生酯化后，再与甲醇钠醚化，然后经缩合、环化、硝化、氧化、催化氢化、重氮化、水解成盐得维生素B_6。

【常用产品形式与规格】饲料工业中一般使用盐酸吡哆醇，外观为白色至微黄色结晶粉末，易溶于水，遇光和紫外线照射易分解。吡哆醛和吡哆胺具有与吡哆醇一样的生物学效用。盐酸吡哆醇的稳定性一般，宜贮存于阴凉、干燥处。

【添加量】饲料添加剂维生素B_6安全使用规范（中华人民共和国农业部第1224号公告，2009）

通用名称	在配合饲料或全混合日粮中的推荐添加量(以维生素计)
盐酸吡哆醇(维生素B_6)	猪1～3mg/kg,家禽3～5mg/kg,鱼类3～50mg/kg

【注意事项】① 罕见发生过敏反应。

② 与左旋多巴合用时，可降低左旋多巴的药效。

③ 环丝氨酸、乙硫异烟胺、氯霉素、盐酸肼酞嗪、异烟肼、青霉胺及免疫抑制剂包括糖皮质激素、环磷酰胺、环孢素等药物可拮抗维生素B_6或增强维生素B_6经肾排泄，甚至可引起贫血和周围神经炎。

④ 雌激素可使维生素B_6在体内的活性降低。

【配伍】维生素B_6和烟酰胺（NAD）。辅酶是苏氨酸醛缩酶和苏氨酸脱水酶的辅酶，所以吡哆醇和烟酸对苏氨酸代谢有直接影响。氨基酸需要合理搭配才能发挥作用，在苏氨酸与其他必需氨基酸比例合适的情况下，在免疫方面与维生素B_6有着非常重要的联系。

【应用效果】在日粮中添加维生素B_6能提高0～14日龄猪的平均日增重和平均日采食量，3～5kg断奶仔猪维生素B_6的最大需求量比NRC（1998）标准应高2.0mg/kg；5～10kg断奶仔猪的则应高1.5mg/kg。

【应用配方参考例】仔猪维生素预混剂配方示例

原料名称	用量	原料名称	用量	原料名称	用量
维生素A	2×10^6U	锌	20g	维生素K	4×10^3U
维生素B_2	102g	铜	2g	烟酸	5g
维生素B_{12}	0.004g	碘	0.1g	叶酸	0.12g
维生素E	4×10^3U	维生素B_1	0.4g	锰	12g
氯化胆碱	120g	维生素B_6	0.8g	铁	24g
泛酸钙	3g	维生素D	4×10^5U	钴	0.02g
生物素	0.02g				

注:精饲料加至1000g。

生产方法:将各物料与生饲料混合研细,即得预混料。

用途:该剂在配合饲料中添加量为0.5%,制得仔猪饲料。

【参考生产厂家】上海海嘉诺医药发展股份有限公司，浙江天新药业有限公司，新发药业，济南卓越同茂牧业有限公司等。

（七）叶酸

【理化性质】叶酸（folate）又称维生素 B_{11}（vitamin B_{11}），化学名称为蝶酸谷氨酸，由蝶酸和 L-谷氨酸结合而成，蝶酸又包括 2-氨基-4-羟基-6-甲基蝶呤啶和氨基苯甲酸两部分。叶酸分子式为 $C_{19}H_{19}O_6N_7$，相对分子质量为 441.1，结构式见右。黄色或淡橙色结晶性粉末。无臭，用热水重结晶得薄片结晶。空气中稳定，对光不稳定分解而失去生理活性。微溶于水、甲醇，不溶于醚、丙酮、苯和氯仿，易溶于酸性或碱性溶液。无明确熔点，250℃以上颜色逐渐变深，最后为黑色胶状物。

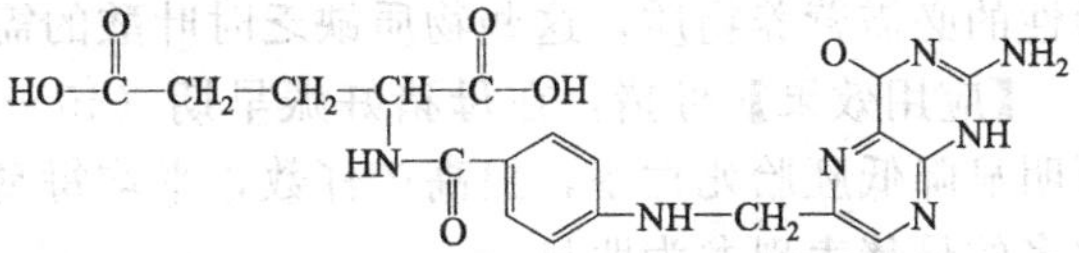

【质量标准】饲料添加剂叶酸质量标准（GB/T 7302—2008）

项目	指标	项目	指标
叶酸含量(以 $C_{19}H_{19}N_7O_6$ 干基计)/%	95.0～102.0	干燥失重率/%	≤8.5
		炽灼残渣率/%	≤0.5

【生理功能与缺乏症】四氢叶酸是叶酸在体内的活性形式，是传递一碳基团如甲酰、亚胺甲酰、亚甲基或甲基的辅酶。四氢叶酸参与的一碳基团反应主要包括丝氨酸和甘氨酸相互转化，苯丙氨酸形成酪氨酸，丝氨酸形成谷氨酸，半胱氨酸形成蛋氨酸，乙醇胺合成胆碱，组氨酸降解以及嘌呤、嘧啶的合成。另外，四氢叶酸与维生素 B_{12} 和维生素 C 共同参与红血球和血红蛋白的生成，促进免疫球蛋白的生成，保护肝脏并具解毒作用等。日粮添加叶酸添加剂对改善母猪的繁殖性能及家禽的种蛋孵化率具有显著效果。

【制法】对硝基苯甲酸与亚硫酰氯反应得酰胺后，与谷氨酸反应，得到酰胺衍生物。然后用硫化铵还原硝基。最后与 2,4,5-三氨基-6-羟基嘧啶缩合成环，得到叶酸。

【常用产品形式与规格】纯的叶酸为黄色或橙黄色结晶性粉末，无臭，无味，对空气和温度非常稳定，但对光照，尤其是紫外线、酸碱、氧化剂、还原剂等则不稳定。叶酸添加剂产品有效成分在 98%以上。但因具有黏性，应进行预处理，如加入稀释剂降低浓度，以克服其黏性而有利于预混料的加工。叶酸添加剂商品活性成分含量仅有 3%或 4%，在干粉状情况下稳定，在液状下对光敏感。

【添加量】饲料添加剂叶酸安全使用规范（中华人民共和国农业部第 1224 号公告，2009）

通用名称	在配合饲料或全混合日粮中的推荐添加量(以维生素计)
叶酸	仔猪 0.6～0.7mg/kg 生长肥育猪 0.3～0.6mg/kg 雏鸡 0.6～0.7mg/kg 育成蛋鸡 0.3～0.6mg/kg 产蛋鸡 0.3～0.6mg/kg 肉仔鸡 0.6～0.7mg/kg 鱼类 1.0～2.0mg/kg

【注意事项】在畜禽中添加叶酸并不是越高越好，往往到一定的量，血清中的叶酸就会达到饱和。添加含有丰富的叶酸结合蛋白的食物到富含叶酸的食物中，可提高叶酸盐的生物利用率，但此结果也依赖日粮中其他成分的相互作用。

【配伍】日粮含有磺胺药物或叶酸拮抗物时，会抑制肠道微生物合成叶酸，有可能导致叶酸缺乏症。胆碱、B族维生素、维生素C在许多代谢中是维持叶酸辅酶活性的必需营养物质，这些物质缺乏时叶酸的需求量升高。

【应用效果】母猪：在母猪妊娠早期（45～60d）添加叶酸5～15mg/kg饲粮，可明显降低胚胎死亡率，提高产仔数，平均每窝可多产1头仔猪，经产母猪、排卵数多的母猪表现尤为明显。

仔猪：断奶仔猪日粮中叶酸不足或者过量将通过影响动物机体的蛋白质代谢从而影响到机体蛋白质的合成，进而对动物的生长性能产生影响。

家禽：添加叶酸可降低鹅死淘率。

【应用配方参考例】肉猪饲料用预混剂配方示例

原料名称	用量	原料名称	用量	原料名称	用量
维生素A	1.2×10^7U	叶酸	1.2g	维生素K	2g
维生素B_2	7g	铁	240g	泛酸钙	20g
维生素B_{12}	0.03g	铜	20g	生物素	0.2g
维生素E	3×10^4U	维生素B_1	4g	锌	200g
氯化胆碱	1000g	维生素B_6	4g	锰	80g
烟酸	40g	维生素D	2.4×10^4U	碘	1g

注：精饲料加至1000g。生产方法：将精饲料与其余各物料拌合均匀，得到育肥猪用饲料预混剂。用途：育肥猪用饲料预混剂。该预混剂在配合饲料中的添加量为0.5%，制得肉猪用饲料。

【参考生产厂家】新发药业，济南卓越同茂牧业有限公司，上海易蒙斯化工科技有限公司等。

（八）维生素B_{12}

【理化性质】维生素B_{12}（vitamin B_{12}）因其分子中含有氰和大约4.5%的钴，又称作氰钴胺素（cyanocobalamin）或钴胺素（cobalamin），是唯一含有金属元素的维生素。分子式为$C_{63}H_{88}O_{14}N_{14}PCo$，相对分子质量为1355.4。维生素$B_{12}$结构复杂，结构式见右。呈深红色结晶粉末，具有吸湿性，微溶于水，溶于乙醇，不溶于丙酮、乙醚、三氯甲烷等有机溶剂中。

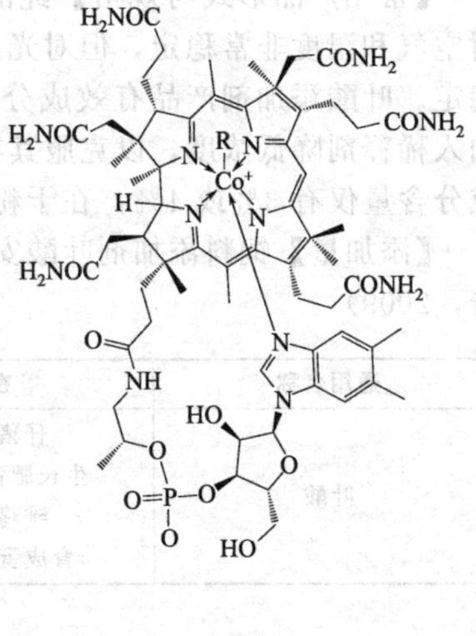

【质量标准】饲料添加剂维生素B_{12}（氰钴胺）粉剂的质量标准（GB/T 9841—2006）

指标名称		指标
维生素 B_{12} 粉剂含量(以 $C_{63}H_{88}CoN_{14}O_{14}P$ 计)/%		90～130
砷含量/(mg/kg)		≤3.0
铅含量/(mg/kg)		≤10.0
干燥失重率/%	以玉米淀粉等为稀释剂	≤12.0
	以碳酸钙为稀释剂	≤5.0
粒度		全部通过 0.25mm 孔径标准筛

【生理功能与缺乏症】维生素 B_{12} 在动物体内主要功能是：①在甲基的合成和代谢中与叶酸协同起辅酶作用，参与一碳单位的代谢，如丝氨酸和甘氨酸的互变，由半胱氨酸形成甲硫氨酸，从乙醇胺形成胆碱。②是甲基丙二酰辅酶 A 异构酶的辅酶，在糖和丙酸代谢中起重要作用。③参与髓磷脂的合成，在维护神经组织中起重要作用。④参与血红蛋白的合成，控制恶性贫血症。

日粮缺乏维生素 B_{12} 时，雏鸡生长缓慢或停滞，贫血、脂肪肝、死亡率高；种鸡的种蛋孵化率下降；猪出现食欲减退、消瘦、神经极为敏感、轻度至中度小细胞性贫血等症状。

【制法】由灰色链霉菌发酵制备，发酵液酸化后用弱酸性丙烯酸系阳离子交换树脂-122 吸附，再经洗脱、净化，用 1% 氰化物转化，经溶媒和水反复萃取、浓缩、氧化铅层板、丙酮结晶得成品。

【常用产品形式与规格】维生素 B_{12} 添加剂的主要商品形式有氰钴胺、羟基钴胺等，主要通过发酵法生产。另外，在生产链霉素时，从灰色链丝菌的发酵液废液中，也可提取得到维生素 B_{12}，外观为红褐色细粉。作为饲料添加剂有 1%、2% 和 0.1% 等剂型。

【添加量】饲料添加剂维生素 B_{12} 安全使用规范（中华人民共和国农业部第 1224 号公告，2009）

通用名称	在配合饲料或全混合日粮中的推荐添加量(以维生素计)
氰钴胺(维生素 B_{12})	猪 5～33 μg/kg，家禽 3～12 μg/kg，鱼类 10～20 μg/kg

【注意事项】维生素 B_{12} 容易受到盐酸硫胺素和抗坏血酸的损害。维生素 B_{12} 摄入过多会产生毒副作用，还可导致叶酸的缺乏。

【配伍】钴是反刍动物必需的微量元素之一，瘤胃微生物合成维生素 B_{12} 需要钴的参与，而维生素 B_{12} 作为甲基丙二酰辅酶 A（CoA）变位酶和蛋氨酸合成酶的辅酶，参与和调节体内糖的异生过程和蛋氨酸的合成，钴还直接参与机体的造血功能。反刍动物一旦缺钴就会出现异嗜、拒食、生长不良、消瘦和贫血等症状，并导致血液中维生素 B_{12} 含量下降、红细胞减少、血红蛋白含量下降等一系列代谢异常。

【应用效果】当底物精粗比为 65∶35 时，90ng/mL 维生素 B_{12} 组的羧甲基纤维素酶、木聚糖酶活力比对照组分别提高了 16.2% 和 34.0%，而淀粉酶活力变化不显著。

【应用配方参考例】鸡用复合维生素添加剂配方示例

原料名称	用量	原料名称	用量	原料名称	用量
维生素 A	1×10^3U	锰	5.0g	维生素 B_4	70.0g
维生素 E	500U	钴	0.20g	维生素 B_{12}	3mg
维生素 B_3	1.0g	碘	0.20g	铁	2.0g
维生素 B_5	2.5g	维生素 D	0.1×10^3U	铜	0.25g
抗氧化剂	12.5g	维生素 B_2	0.30g	锌	0.9g

注：基料加至 1000g。用途：用于饲料配制中，用量为饲料量的 0.1%～0.3%（质量分数）。31～70 日龄肉用仔鸡的维生素添加剂。

【参考生产厂家】河北华荣制药有限公司，济南卓越同茂牧业有限公司，宁夏多维药业有限公司等。

（九）维生素 C

【理化性质】维生素 C（vitamin C）又称抗坏血酸（ascorbic acid）。自然界中具有生物活性的是 L-抗坏血酸，分子式为 $C_6H_8O_6$，相对分子质量为 176.1，结构式见右。白色结晶或结晶性粉末，无臭，有酸味，易溶于水。稍溶于乙醇，不溶于乙醚和三氯甲烷等有机溶剂中。具有强还原性，遇空气、热、光、碱性物质、痕量铜和铁可加快其氧化。

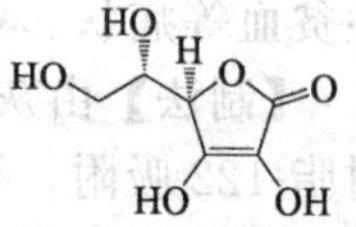

【质量标准】① 饲料添加剂维生素 C（L-抗坏血酸）的质量标准（GB/T 7303—2006）

指标名称	指　标
维生素 C 含量（以 $C_6H_8O_6$ 计）/%	99.0～101.0
熔点（分解点）/℃	189～192
比旋光度$[\alpha]_D^t$/(°)	+20.5～+21.5
铅含量/(mg/kg)	≤10.0
炽灼残渣率/%	≤0.1

② L-抗坏血酸-2-磷酸酯的质量标准（GB/T 19422—2003）

项　目	指　标
L-抗坏血酸-2-磷酸酯含量（以 L-抗坏血酸计）/%	≥35.0
干燥失重率/%	≤10.0
砷含量/%	≤0.0005
铅含量/%	≤0.003

【生理功能与缺乏症】①参与氧化还原反应　维生素 C 是一种活性很强的还原

剂，在体内它处于可氧化型和还原型的动态平衡中。因此，维生素C既可以作为供氢体，又可以作为递氢体，在物质代谢中发挥作用。a. 保护巯基（—SH）。在体内，许多含巯基的酶需要有自由的还原型—SH基才能发挥其催化活性。而维生素C能使这些酶分子中的巯基保持还原状态，从而使这些酶具有催化活性；维生素C在谷胱甘肽还原酶催化下，可使氧化型谷胱甘肽还原为还原型谷胱甘肽，而还原型谷胱甘肽可与重金属离子（铅）和砷化物、苯以及细菌毒素等结合后排出体外，从而保护了含巯基酶的—SH基而具有解毒作用。b. 使不饱和脂肪酸不易被氧化，或使脂肪过氧化物还原，消除其对组织细胞的破坏作用。c. 促进造血作用。使难以吸收的Fe^{3+}，还原成易于吸收的Fe^{2+}，促进肠道内铁的吸收，也有利于铁在体内的贮存和血红蛋白的形成。维生素C在红细胞中可直接还原高铁血红细胞为血红蛋白。可促进叶酸转变为有生理活性的四氢叶酸。

② 参与体内的羟基化作用　维生素C是脯氨酸和赖氨酸羟化酶的辅酶，有助于形成羟脯氨酸和羟赖氨酸。而胶原蛋白中含有较多的羟脯氨酸，所以维生素C可促进胶原蛋白的合成；有助于促进胶原组织如骨、结缔组织、软骨、牙质和皮肤等细胞间质的形成；维持毛细血管的正常通透性。维生素C还与胆固醇代谢有关。维生素C有助于胆固醇的环状部分羟化后使侧链分解成胆酸，使胆固醇以胆酸的形式从肠道排出。此外，维生素C可促进儿茶酚胺类和5-羟色胺的合成。

③ 其他功能　维生素C可改善病理状况，提高心肌功能，减轻维生素A、维生素E、维生素B_1、维生素B_{12}及泛酸等不足所引起的缺乏症。维生素C还能使机体增强抗病力和防御技能，增强抗应激作用。

【制法】以葡萄糖为原料，在镍催化下加氢生成山梨醇，再经乙酸杆菌发酵氧化成L-山梨糖，然后在浓硫酸催化下与丙酮发生缩合生成双丙酮缩L-山梨糖，再在碱性条件下用高锰酸钾氧化成维生素C。

【常用产品形式与规格】维生素C添加剂的商品形式为抗坏血酸、抗坏血酸钠、抗坏血酸钙以及包被抗坏血酸。有100%的结晶，50%的脂质包被产品以及97.5%的乙基纤维素包被产品形式。其中包被的产品比未包被的结晶稳定性高4倍多。由于维生素C的稳定性差，目前饲料工业中使用的产品一般为稳定型维生素C。主要产品有：①包被抗坏血酸，系白色或浅黄色粉状微粒，包被材料为乙基纤维素。其稳定性比普通维生素C稳定性有所提高，但仍不太理想。②抗坏血酸聚磷酸盐，该化合物在加工贮存过程中不被破坏，又能被动物食入后消化，分解为维生素C和磷酸盐。其抗氧化性比一般形态的维生素C大20～1300倍，在25℃或40℃下稳定性比非磷酸化维生素C高数十倍。③抗坏血酸单磷酸盐，包括抗坏血酸单磷酸镁（AMP-Mg）、抗坏血酸单磷酸钠（AMP-Na）和抗坏血酸单磷酸钙（AMP-Ca），三种化合物在高温、高湿环境中非常稳定，且易被动物吸收利用。④抗坏血酸硫酸盐，主要包括抗坏血酸硫酸钾和抗坏血酸硫酸镁等。比普通维生素C的稳定性强，且饲用效果好。

【添加量】饲料添加剂维生素C安全使用规范（中华人民共和国农业部第1224号公告，2009）

通用名称	在配合饲料或全混合日粮中的推荐添加量(以维生素计)
L-抗坏血酸(维生素 C) L-抗坏血酸钙 L-抗坏血酸钠 L-抗坏血酸-2-磷酸酯 L-抗坏血酸-6-棕榈酸酯	猪 150～300mg/kg 家禽 50～200mg/kg 犊牛 125～500mg/kg 罗非鱼、鲫鱼鱼苗 300mg/kg 罗非鱼、鲫鱼鱼种 200mg/kg 青鱼、虹鳟鱼、蛙类 100～150mg/kg 草鱼、鲤鱼 300～500mg/kg

【注意事项】抗坏血酸极易氧化，在光照和高温条件下易破坏，故须在密封、避光和 20℃以下的条件内贮存。抗坏血酸的酸性很强，对其他维生素造成威胁，故在制作添加剂预混剂时，要尽量避免维生素之间的直接接触。抗坏血酸钙、抗坏血酸钠和包被了的抗坏血酸避免了以上缺点。

【配伍】维生素 C 与维生素 B_5 合用可提高系统性红斑狼疮疗效。维生素 C 与维生素 B_5、维生素 B_6 合用，能纠正过敏反应。维生素 C 与维生素 B_6 合用，可防结石的形成，维生素 C 在体内的代谢不需要酶参与而直接转化为草酸，草酸与钙、镁离子结合形成草酸盐结晶，而维生素 B_6 可预防以草酸盐为主要成分的尿道结石。

【应用效果】肉仔鸡：考虑生产性能指标，添加 100mg/kg 维生素 C 对提高 0～3周龄肉仔鸡日增重、饲料利用率、日采食量具有较好的效果，同时胸肌率也较高；考虑肉品质指标，添加 200mg/kg 维生素 C 对提高 0～3 周龄肉仔鸡肌肉嫩度和降低系水力具有较好的效果。

种猪：将 6mg/mL 维生素 C 添加到猪精液冷冻稀释液中，能有效提高精液冷冻解冻后精子活率等指标，这说明添加 6mg/mL 维生素 C 可以提高猪精液冷冻保存效果。

【应用配方参考例】鸡用复合维生素添加剂配方示例

原料名称	用量	原料名称	用量	原料名称	用量
维生素 A	1×10^3U	抗氧化剂	12.5g	维生素 B_{12}	3mg
维生素 E	1000U	锰	5.0g	维生素 K	0.2g
维生素 B_3	1.0g	钴	0.2g	抗生素	1.5g
维生素 B_5	2.50g	维生素 D	0.1×10^3U	铁	2.0g
维生素 C	5.0g	维生素 B_2	0.40g	锌	0.9g
抗球虫剂	12.5g	维生素 B_4	70.0g	碘	0.2g

注：精饲料加至 1000g。用途：用于 1～30 日龄的肉仔鸡的饲料添加剂，添加量为 0.1%～0.3%。

【参考生产厂家】石药集团维生药业（石家庄）有限公司，河北天寅生物技术有限公司，宜兴江山生物科技有限公司，济南卓越利生牧业有限公司等。

四、维生素产品效价的稳定性

总结各种维生素的稳定性，对热极敏感的维生素有维生素 A、叶酸，对热较敏感的维生素有维生素 D_3、维生素 K_3、维生素 B_1、维生素 B_{12}、泛酸、生物素、维生素 C，对热不敏感的维生素有维生素 E、维生素 B_2、维生素 B_6、尼克酸。对氧极敏感的维生素有维生素 A、维生素 D_3、维生素 C，对氧比较敏感的维生素有维生素 E、维生素 K_3、维生素 B_1、维生素 B_{12}，对氧不敏感的维生素有维生素 B_2、维生素 B_6、泛酸、尼克酸、生物素、叶酸。对水分极敏感的维生素有维生素 K_3、泛酸，对水分比较敏感的维生素有维生素 A、维生素 D_3、维生素 B_1、维生素 B_2、维生素 B_6、维生素 B_{12}、叶酸、维生素 C，对水分不敏感的维生素有维生素 E、尼克酸、生物素。对光很敏感的维生素有维生素 A、叶酸，对光比较敏感的维生素有维生素 D_3、维生素 E、维生素 B_2、维生素 B_6、维生素 B_{12}、维生素 C，对光不敏感的维生素有维生素 K_3、维生素 B_1、泛酸、尼克酸、生物素。

维生素单独存在或生产成多维混合物都比较稳定，但是稳定程度仍有不同。其中极高稳定性的是氯化胆碱、维生素 B_{12}。高稳定性的是维生素 B_2、尼克酸、泛酸、维生素 E、生物素。中等稳定性的是硝酸硫胺素、叶酸、维生素 B_6。低稳定性的是盐酸硫胺素、维生素 A、维生素 D_3。极低稳定性的维生素是维生素 K、维生素 C。稳定性越低的维生素，在加工、贮存中损失越严重。在配方设计时，应考虑更高的保险系数。

五、维生素的非营养效应

1. 抗逆境、抗应激效应

试验表明，给禽类高于营养需要供给维生素，可使禽类提高抗病能力，降低对沙门杆菌的敏感程度，提高对饲料中酸败脂肪的耐受程度，增加高密度饲养条件下的生活能力，有利于减少异食癖。维生素 E 在肉鸡中应用可显著增加肉鸡抗逆境能力。维生素 C 可显著增强动物抗热应激的能力。在母猪中的研究表明，配合日粮中的维生素 A 按高于标准需要的 5～10 倍使用，可显著降低产仔应激，提高母猪耐受恶劣环境的能力，提高对疾病的抵抗力。

2. 促生产成绩效应

试验表明，母猪配种后，日粮中供给 5 万 IU 维生素 A 棕榈酸酯，可提高产活仔数 0.6 头/窝。母猪额外补充 1mg 叶酸，窝产仔数从平均 10.23 头提高到 11.17 头，出生活仔数从 9.8 头提高到 10.79 头。

3. 免疫效应

猪日粮供给充足的维生素 A，可提高免疫能力，抑制微生物对黏膜细胞的侵害，增加体内抗体合成，促进体细胞增殖，提高多形核白细胞的吞噬食活性。维生素 A 缺乏的动物明显增加对致病原的敏感性。仔猪增加维生素 E 的供给（110 IU/kg）明显改善对大肠杆菌疫苗的免疫效应。仔猪增加维生素 C 供给，明显提高健康程度，提高成活率。

六、保护维生素稳定性的方法

保护维生素稳定性的方法概括起来有 4 种：①合成比较稳定的维生素衍生物，即将游离维生素变成酯，如乙酸酯、磷酸酯、棕榈酸酯、硫酸酯、硝酸酯或聚磷酸酯，或者维生素变成化合物形式如钙盐、氯化物等均可增加其稳定性。不同维生素的不同酯或盐类，效价不同，应选择适合的盐或酯，例如维生素C的衍生物中，维生素C的磷酸盐最有效，维生素C的硫酸盐基本上无维生素C活性。②添加稳定剂，即在维生素单体或维生素预混料中添加抗氧化剂。实践证明，单一抗氧化剂并不十分理想。根据氧化还原的原理，研制复合型的抗氧化剂，有利于尽可能延长抗氧化剂的使用寿命，增强对维生素的保护作用。③包被处理，即用甘油酯、乙基纤维素、矿物油或硅胶等作为包被物质对维生素进行保护处理。包被处理可防止维生素与其他可能引起化学反应的物质接触。④吸附处理，通过选择适宜的吸附性强的物质，将液态维生素吸附，减少维生素与其他物质的接触面，从而减少维生素损失。

第三节　矿物元素添加剂

矿物质元素添加剂是补充动物所需的矿物质。不同饲料或不同地区所产同种饲料中，矿物质差异很大。一般情况下，可通过饲料的多样性来满足畜禽对各种矿物质的需要量。但是在舍饲条件下，特别是生产性能高的畜禽，机体代谢所需的矿物质也多，必须在其日粮中另行添加矿物质，来满足畜禽的需要量。添加矿物质元素的饲料包括人工合成的、天然单一的和多种混合，以及配合有载体或赋形剂的痕量、微量、常量元素补充料。在舍饲条件下或对高产动物，动物对矿物质的需要量增多，这时就必须在动物的日粮中另行添加所需要的矿物质。主要的矿物质元素添加剂有常量矿物元素添加剂、微量矿物元素添加剂、天然矿物元素添加剂、氨基酸金属元素螯合物。

一、矿物元素添加剂简介

1. 矿物质元素概念

矿物质或无机物，也称灰分，是饲料燃烧后的残余部分，是动物机体及饲粮中除碳、氢、氧、氮等组成的有机物外，所含金属和非金属元素的统称。

2. 矿物元素添加剂的分类

在动物机体内约有55种矿物元素，目前已证明必需的矿物元素有18种。根据必需元素存在于畜体内的多寡，可划分为两类，即在动物体内含量高于0.01%的元素、动物对其需求量大的元素称为常量元素，包括钙、磷、钠、钾、氯、镁、硫等7种，在动物体内含量低于0.01%、需求量小的元素称为微量元素，包括铁、铜、锌、锰、碘、硒、钴、铬、砷等11种。

3. 矿物元素的一般作用

家畜生命活动所需的矿物质主要来自饲料和饮水，家畜物质代谢过程越强，生产效率较高，则机体对微量元素的需求量就越大。因此，在畜牧业生产中合理应用微量元素添加剂十分必要。

① 保障动物健康　许多研究证明，微量元素的缺乏将导致畜禽体内矿物质及有机物代谢障碍，轻者影响动物生产性能和饲料利用效率，重者出现典型缺乏症。动物生活力下降，对疾病抵抗力降低，生殖系统机能紊乱，出现不育、少胎、胚胎成活率低等现象。科学使用微量元素添加剂，可防止因动物体内矿质缺乏而造成的各种疾病，增进畜禽的健康。

② 提高动物生产性能　适当使用微量元素添加剂，可直接补充动物机体所需的微量元素，弥补饲料中某些元素的不足，保证日粮营养的全价性，降低饲料消耗，提高畜禽生产性能。研究表明，科学地应用矿物元素添加剂，动物的生产性能可提高 5%～10%。

③ 提高畜产品品质　补充畜禽日粮中所缺乏的微量元素，可提高畜禽体内微量元素的水平，使机体已紊乱的物质代谢在一定范围内正常化，这不但可提高畜禽生产效率，而且也可使肉、乳、蛋、毛和其他畜产品质量明显提高。

二、常量矿物元素添加剂

（一）钙和磷

【理化特性】 钙英文名称 calcium，相对分子质量为 40.078，钙是一种金属元素，符号 Ca，在化学元素周期表中位于第 4 周期、第ⅡA 族，常温下呈银白色晶体。动物的骨骼、蛤壳、蛋壳都含有碳酸钙。

磷英文名称 phosphorus，相对分子质量为 30.97，符号 P。动物体内 99%的钙在骨骼和牙齿中，其中钙磷的比例约为 2∶1，以羟基磷灰石的结晶形式存在：$Ca_{10-x}(PO_4)_6(OH)_2(H_3O)_{2x}$，$x$ 可为 0～2。其余的钙在血浆中，其中 60%是离子形态，35%与蛋白质结合，5%左右与有机酸（柠檬酸）或无机酸（例如磷酸）结合。

【质量标准】 ① 食品添加剂磷酸钙质量标准（GB 1898—2007）

项　目		指　标			
		轻质碳酸钙		重质碳酸钙	
		Ⅰ	Ⅱ	Ⅰ	Ⅱ
碳酸钙($CaCO_3$)含量(以干基计)/%质量分数		98.0～100.5	97.0～100.5	98.0～100.5	97.0～100.5
盐酸不溶物/%质量分数	≤	0.20	1.0	0.20	1.0
游离碱含量/%质量分数		合格	—	合格	—
碱金属及镁含量/%质量分数	≤	1.0	2.0	1.0	2.0
钡含量(以 Ba 计)/%质量分数	≤	0.030		0.030	
砷含量(以 As 计)/%质量分数	≤	0.0003		0.0003	
干燥减量/%质量分数	≤	2.0		2.0	
氟含量(以 F 计)/%质量分数	≤	0.005		0.005	
铅含量(以 Pb 计)/%质量分数	≤	0.0003		0.0003	
汞含量(以 Hg 计)/%质量分数	≤	0.0001		0.0001	
镉含量(以 Cd 计)/%质量分数	≤	0.0002		0.0002	

② 饲料级磷酸二氢钙的质量标准（GB/T 22548—2008）

项 目	指 标	项 目	指 标
总磷含量(以P计)/%	≥22.0	重金属含量(以Pb计)/%	≤0.003
水溶性磷含量(以P计)/%	≥20.0	铅含量(以Pb计)/%	≤0.003
钙含量(以Ca计)/%	≥13.0	游离水分含量/%	≤4.0
氟含量(以F计)/%	≤0.18	pH值(2.4g/L溶液)	≥3.0
砷含量(以As计)/%	≤0.003	细度(通过0.5mm试验筛)/%	≥95.0

③ 饲料级磷酸氢钙的质量标准（GB/T 22549—2008）

项目		指标		
		Ⅰ型	Ⅱ型	Ⅲ型
总磷含量(以P计)/%	≥	16.5	19.0	21.0
水溶性磷含量(以P计)/%	≥	—	8	10
钙含量(以Ca计)/%	≥	20.0	15.0	14.0
氟含量(以F计)/%	≤		0.18	
砷含量(以As计)/%	≤		0.003	
铅含量(以Pb计)/%	≤		0.003	
镉含量(以Cd计)/%	≤		0.001	
细度				
粉状，通过0.5mm试验筛/%	≥		95	
颗粒，通过2mm试验筛/%	≥		90	

【生理功能与缺乏症】① 钙生理功能与缺乏症

a. 钙是骨组织的重要组成成分，可促进骨骼和牙齿的钙化并维持其硬度，特别是正在生长的动物。泌乳和怀孕家畜更需要保证从日粮中摄取必需的钙，才能保证骨的正常结构。幼畜缺钙可发生佝偻病，成年家畜发生骨软化症。产蛋鸡则出现蛋壳粗糙，变薄，易碎，产蛋量减少或停产，严重缺钙时鸡可瘫痪。

b. 可维持神经肌肉的正常兴奋性。畜禽血中钙的浓度低于正常时，则神经肌肉的兴奋性升高，可引起肌肉强直性痉挛，甚至昏迷，反之则兴奋性降低，肌肉软弱，甚至瘫痪。骨骼肌、心肌和平滑肌的收缩都需要钙离子的存在，试验证明，钙是肌肉收缩物质的激活剂。因此，补充足够的钙盐可防治缺钙引起的抽搐、痉挛，牛、猪的产前产后瘫痪。

c. 消炎和抗过敏作用。钙离子能增加毛细血管的致密度，降低其通透性，使渗出减少，炎症减轻。因此，一些过敏性疾病如荨麻疹、血清病、脑水肿、皮肤瘙痒、湿疹等，治疗时可配合使用氯化钙。

d. 解镁中毒。增加血中钙的浓度，可排斥镁离子对中枢神经的抑制作用，使动物的兴奋与抑制过程恢复平衡。

e. 强心作用和参与凝血酶原的形成。钙离子是维持心脏正常节律性、紧张度和收缩力的重要因素。

② 磷生理功能与缺乏症

a. 磷和钙同样是构成骨骼和牙齿的主要成分，缺磷也会引起畜禽佝偻病、骨软化症、蛋品质降低和产蛋减少等。

b. 磷是磷脂的组成成分，参与维持细胞膜的正常结构和功能。

c. 磷可组成三磷酸腺苷（ATP），参与正常能量代谢。肌肉的收缩、细胞膜的通透性、葡萄糖的氧化、细胞质的合成，都离不开三磷酸腺苷。

d. 磷是核糖核酸和脱氧核糖核酸构成所必需的元素，对蛋白质合成，畜禽繁殖有重要的影响。此外，磷还是体液中磷酸盐缓冲体系的组成成分，对畜禽机体的酸碱平衡起调节作用。

③ 引起钙磷缺乏的原因　饲料、饮水中的钙、磷或内服的钙、磷制剂，主要在酸性环境与维生素D的参与下，由小肠吸收，十二指肠是钙、磷吸收的主要部位。畜禽钙、磷缺乏的因素有以下几方面：

a. 饲料中钙、磷含量不足，而畜禽的需求量大。如干旱山区，土壤中无机盐含量贫乏，而生长阶段、妊娠泌乳期、产蛋期的畜禽对钙、磷的需求量增大。

b. 饲料中钙、磷比例不当，会妨碍钙、磷的吸收，适宜的钙磷比例为(1.2～2)：1。

c. 饲料中维生素D不足，或长期舍饲，光照不足，引起畜禽体内维生素D缺乏，会影响小肠对钙的吸收，并间接影响磷的吸收。

【制法】① 热法磷酸生产饲钙法　先把石灰石分成粗、细两部分，较粗的石灰石粉先与适量的磷酸反应生成磷酸二氢钙，同时将细石灰石粉与磷酸氢钙水合物所需的水混合成悬浮料浆，再将两者反应使磷酸二氢钙转化成二水磷酸氢钙。反应机理如下：

$$CaCO_3 + 2H_3PO_4 \longrightarrow Ca(H_2PO_4)_2 \cdot H_2O + CO_2\uparrow$$

$$Ca(H_2PO_4)_2 \cdot H_2O + CaCO_3 \longrightarrow 2CaHPO_4 \cdot H_2O + CO_2\uparrow$$

② 硫酸法　用硫酸分解磷矿制得粗磷酸（即湿法磷酸），先脱除其中的杂质，然后再与石灰石粉或石灰乳$Ca(OH)_2$中和制取饲钙。由于在处理磷酸中有害杂质的方法及磷酸与钙盐中和方法各不相同，形成各种生产工艺和流程。分别为：a. 化学沉淀法（也称二段中和法）；b. 湿法磷酸深度脱氟无过滤法制饲钙；c. 热气流浓缩脱氟法；d. 高镁磷矿制取饲钙。

③ 盐酸法　工艺过程如下：用盐酸酸解磷矿粉。料浆分离酸不溶物后得磷酸和氯化钙水溶液。该溶液先用石灰石粉中和至一定的pH值，使液相中的氟离子生成氟化钙，铁离子、铝离子生成磷酸铁、铝沉淀（同时也夹带部分磷酸钙盐）的淤渣，料浆用离心或压滤方法分离，滤渣作为肥料出售。滤液基本上是氯化钙和磷酸一钙的水溶液，再用石灰乳悬浮液中和，即得磷酸氢钙沉淀。经分离、滤饼水洗（洗去$CaCl_2$）后，烘干即为产品。该法操作简易，产品质量稳定，适宜于有廉价副产盐酸可利用的地方（如用商品盐酸不经济）。但生产过程中有较大数量的含氯化钙废液排放，处理较麻烦。

④ 混酸法　采用盐酸和硫酸的混酸来分解磷矿，酸解液中液相即为磷酸和氯化钙水溶液，而固相除酸不溶物以外，还有部分硫酸钙。将此酸解液用石灰石粉中和至适当的pH值，使液相中氟含量降至磷/氟比大于100以上，然后加入絮凝剂，放入沉降池中澄清，少量稠相由离心机分离，滤渣弃去。清液再与石灰乳中和得磷酸氢钙沉淀，经离心分离、滤饼水洗后烘干即为产品。产品磷得率可达80%以上，比湿法磷酸二段沉淀法的磷得率高。该法与盐酸法一样，同样有含氯化钙废水排放的问题。

【常用产品形式与规格】常用的补钙饲料有石灰石粉、轻质碳酸钙、贝壳粉、石膏及碳酸钙类等。石灰石粉，为含白色粉末，不吸潮，含碳酸钙 90%以上，含钙 33%～38%，是动物补钙常用原料，也用作矿物元素添加剂的载体和稀释剂。我国国家标准规定其含水分≤1.0%，重金属含量（以铅计算）≤0.003%，砷含量≤0.0002%。碳酸钙不可与酸接触。钙源的颗粒度对蛋壳质量有明显影响，较大颗粒的石灰石，可提高蛋壳的强度。石灰石粉宜存阴凉、干燥处。方解石、白垩石、白云石等都以碳酸钙为主要成分，含钙量 21%、38%。贝壳粉含碳酸钙 96.40%，折合含钙 38.6%，是含钙为主的兼含其他微量元素的补充物，细度以 100%通过 25 目筛为宜。猪用中等细度，产蛋鸡以粗粒为好。一般配比要适当，贝壳粉占 2/3，石粉占 1/3，使蛋壳强度最佳。

常用的补磷饲料有磷酸钙类、磷酸钠类、磷酸钾类等。利用这类原料时，除了注意不同磷源有着不同的利用率外，还要考虑原料中有害物质如氟、铝、砷等是否超标。磷酸氢钙为常用补磷剂，多用磷矿石制成，分为二水盐和无水盐两种，以二水盐的利用率为好。骨粉含磷酸钙，其钙/磷比为 2∶1，多用蒸制骨粉，其生物学价值比植物中的磷高。磷酸一钙及其水合物含磷 21%、钙 20%，私用产品氟含量不得高于含磷量 1%。

【添加量】饲料添加剂钙和磷安全使用规范（中华人民共和国农业部第 1224 号公告，2009）

通用名称	在配合饲料或全混合日粮中的推荐添加量/%(以 Ca、P 元素计)		其他要求
轻质碳酸钙 氯化钙 乳酸钙	猪 0.4～1.1 肉禽 0.6～1.0 蛋禽 0.8～4.0	牛 0.2～0.8 羊 0.2～0.7	摄取过多钙会导致钙磷比例失调并阻碍其他微量元素的吸收
磷酸氢钙 磷酸二氢钙 磷酸三钙	猪 0～0.55 肉禽 0～0.45 蛋禽 0～0.4	牛 0～0.38 羊 0～0.38 淡水鱼 0～0.6	水产饲料中磷的使用应该充分考虑，避免水体污染，符合相关标准

【注意事项】钙源饲料使用不当会影响饲粮中钙磷平衡，使钙和磷的消化吸收和代谢都受到影响。微量元素预混料常常使用石粉或贝壳粉作为稀释剂或载体，使用量占配比较大时，配料时应注意把其含钙量计算在内。

蛋鸡在产蛋期需要大量的钙，但在补钙时，一定要选择好钙的来源。

① 不能喂生骨粉　所谓生骨粉，是在设备简陋条件下生产的一种劣质骨粉。如果用这种生骨粉长期喂蛋鸡，因为它未经高温高压处理，骨钙与肌胶结合在一起，鸡体对钙的吸收利用比蒸骨粉差得多。时间长了会引起鸡体内的钙、磷比例失调，导致蛋鸡产蛋能力下降，给养鸡生产造成重大经济损失。所以养鸡户，特别是规模大的养鸡场，一定要注意避免用生骨粉配料喂鸡。

② 不能喂羊骨粉　鸡蛋的蛋壳在鸡体内形成时，要求温度不宜过高。而羊骨粉性热。在被蛋鸡吸收利用参与鸡蛋壳形成时，鸡体内的温度会升高。这不仅会影响蛋壳的形成，而且会降低产蛋率。

③ 最好选择粗粒钙源　在产蛋期间，日粮中添加钙应当以贝壳或粗粒石灰石

的形式供给，因为这种颗粒钙离开肌胃的速度较慢，对加强夜间形成蛋壳的蛋壳强度效果很好。

④ 补钙应当适量 给连产母鸡补钙，并非越多越好。一般母鸡每产一个蛋约需钙质3.5g，日粮中含钙量如果超过4%，一方面会引起尿酸盐在体内蓄积，造成消化不良引起拉稀，甚至出现痛风症状；另一方面会使饲料适口性变差，鸡群采食量和产蛋量减少。所以，产蛋鸡饲料中钙的含量一般以3.0%～3.5%为好，饲源可单独放置，任鸡采食，也可以混于饲料中使用。一般配合料中添加7.5%～8.5%左右的石粉或贝壳即可。

⑤ 添加维生素C 在应激状态下，还可以添加维生素C，能促进钙从骨髓中分泌出来，还可以活化维生素D，不但有助于蛋壳品质的提高，而且还能增加蛋内溶物。日粮中维生素C的添加剂量，以每公斤饲料加入50mg为宜。

【配伍】在配制畜禽日粮时，钙和磷的比例十分重要。一般配合饲料中规定的钙与磷的比例，牛为（2～1）∶1，猪为（1.5～1）∶1，鸡为2∶1。植酸酶与柠檬酸合用能进一步提高生产性能和钙、磷利用率，能达到正常营养水平饲粮的效果。日粮中添加较高剂量的维生素E（1500IU/kg），可引起肉鸡骨骼强度呈增加趋势，对肉鸡的钙、磷代谢有一定的促进效果。

【应用效果】肉鸡：日粮钙、磷水平显著提高肉鸡的胫骨灰分以及胫骨中钙、磷的沉积，钙、磷水平显著影响了肉鸡的胫骨强度，随日粮钙水平的增加，胫骨强度呈先增加后降低的二次曲线变化趋势，增加日粮非植酸磷水平可显著增加胫骨强度，但高钙（15%）、低钙（0.6%）和低磷（0.35%，非植酸磷）都显著降低胫骨强度。

生长肥育猪：添加植酸酶日粮，磷水平提高显著提高血清磷含量和碱性磷酸酶的活性，在添加植酸酶条件下，降低日粮磷水平不影响猪的正常生长发育。

【参考生产厂家】青岛海昌生物科技有限公司，郑州瑞普生物有限公司，姜堰市康诺食品级碳酸钙有限公司等。

（二）钠和氯

【理化特性】钠的化学符号是Na，英文名sodium，原子序数为11。是银白色立方体结构金属，质软而轻，密度比水小，在−20℃时变硬，遇水有剧烈反应，生成氢氧化钠和氢气并产生大量热量而自燃或爆炸。钠单质不会在地球自然界中存在，因为钠在空气中会迅速氧化，并与水产生剧烈反应，所以只能存在于化合物中。

氯的化学符号是Cl，英文名chlorine，原子序数17，相对分子质量35.45。氯以化合态形式广泛存在于自然界，对于人体的生理活动也有重要的意义。

【质量标准】饲料添加剂氯化钠质量标准（GB/T 23880—2009）

项目	指标	项目	指标
氯化钠含量(以 NaCl 计)/%	≥95.50	总汞含量(以 Hg 计)/(mg/kg)	≤0.1
水分/%	≤3.2	氟含量(以 F 计)/(mg/kg)	≤2.5
水不溶物/%	≤0.20	钡含量(以 Ba 计)/(mg/kg)	≤15
白度/(°)	≥45	镉含量(以 Cd 计)/(mg/kg)	≤0.5
细度(通过 0.71 mm 试验筛)/%	≥85	亚铁氰化钾含量{以[$Fe(CN_6)]^{4-}$计}/(mg/kg)	≤10
总砷含量(以 As 计)/(mg/kg)	≤0.5		
铅含量(以 Pb 计)/(mg/kg)	≤2.0	亚硝酸盐含量(以 $NaNO_2$ 计)/(mg/kg)	≤2

【生理功能与缺乏症】钠和氯都是生物体细胞外液的组成部分，其中钠是阳离子（Na^+），氯是与钠结合的阴离子（Cl^-）、它们都是维持细胞外液渗透压平衡的电解质，当这些电解质的浓度发生改变时，细胞内外液的渗透压发生改变，从而引起肌体内水分的分布及酸碱平衡的失调。因此，钠与氯及与其协调发挥作用的K^+在调节体液的酸碱平衡中起重要作用。另外，氯还参与胃酸的形成，保证胃蛋白酶作用所必需的pH值。钠和钾相互作用，参与神经组织冲动的传递过程。

饲料中如果缺少氯化钠，会导致鸡体内电解质缺乏，鸡生长发育迟缓、骨骼变软、角膜角质软化，生殖机能减退和细胞功能下降，从而影响饲料中蛋白质和能量的吸收和利用。蛋鸡产蛋率下降或达不到高峰产蛋期产蛋率、蛋小、肉仔鸡增重缓慢，特别是在钠不足的情况下，不仅产蛋下降，鸡还表现异嗜现象，啄肛、啄羽并脱毛。氯缺乏时，除上述症状外，还表现出一些神经症状，奔跑时遇到突然的惊吓会骤然倒地，两腿伸向后方，待一两分钟后恢复正常，鸡较长期采食低氯的饲料，血液会变得浓稠，死亡率增高。氯的含量过高，产蛋常出现蛋壳脆薄，易破损现象。

当猪日粮钠含量低于0.3%时就会出现较强的咬尾巴现象，因此多数营养学家认为猪日粮饲料钠含量最低标准应达到0.5%，而且很多学者都认为钠需求的增加是造成猪群互相咬尾巴的一个诱导因素。奶牛对钠的需求量增加，进而导致一系列行为的改变，如持续的和无目的的徘徊等。因此提高日粮钠水平，有利于控制由应激引起的动物异常行为。

【制法】① 气液相法　将纯碱溶解，过滤除去杂质后，浓度保持在1.190～1.199g/cm³。石灰窑发生的二氧化碳浓度保持在20%～25%，经洗涤净化处理与热碱液进行碳化，塔压保持在0.2～0.25MPa，待物料浓度达1.099g/cm³时，反应终了。经冷却结晶过滤得小苏打结晶，再经气流干燥即得碳酸氢钠成品。

② 气固相法　将碳酸钠置于反应床上，用水拌好，由下部吹入二氧化碳，一次反应碳化后，经初碎，进行二次碳化反应，再经干燥、粉碎，制得碳酸氢钠成品。

③ 废碱液回收法　在纯碱生产过程，纯碱煅烧炉产生的炉气，经旋风分离后，仍有较多的碱粉，将此炉气用热碱回收，使碱粉溶解在碱液中，在循环溶解过程中，部分碱液送往蒸氨塔，蒸出热碱液中氨，使碱液进一步浓缩，作为生产小苏打的碱液原料，蒸氨塔顶出来的氨、二氧化碳和水混合气，进入原来炉气冷却塔。小苏打生产中分离脱水后的母液，用于热碱液循环，以溶解回收炉气中的碱粉，形成循环。废碱液回收后，经碳化、离心分离、干燥，即制得碳酸氢钠成品。

④ 天然碱加工法　以天然碱为原料，由于杂质含量较高，因而碱液配制时，需严格控制化碱温度、浓度及母液循环次数。母液中总盐量应大于240g/L，化碱后碱液浓度$Na_2CO_3>150g/L$，$NaCl<50g/L$，$Na_2SO_4<90g/L$，所得碱液经过滤除渣，然后与二氧化碳碳化生成碳酸氢钠结晶，经洗涤脱水、结晶、干燥，即得产品。洗水可返回化碱。

【常用产品形式与规格】① 氯化钠一般称为食盐，地质学上叫石盐，包括海盐、井盐和岩盐3种。精致食盐含氯化钠99%以上，粗盐含氯化钠为95%。纯净的食盐含氯 60.3%，含钠 39.7%，此外还有少量的钙、镁、硫等杂质。食用盐为白色细粒，工业用盐为粗粒结晶。

② 硫酸钠又名芒硝，白色粉末。含钠 32%以上，含硫 22%以上，生物利用率高，既可以补钠又可以补硫，特别是补钠时不会增加氯含量，是优良的钠、硫源之一。

③ 碳酸氢钠又名小苏打，无色结晶粉末，无味，略有潮解性，其水溶液因水解而呈微碱性，受热分解放出二氧化碳。碳酸氢钠含钠 27%以上，生物利用率高，是优质的钠源性矿物质饲料。

【添加量】饲料添加剂安全使用规范（中华人民共和国农业部第 1224 号公告，2009）

通用名称	在配合饲料或全混合日粮中的推荐添加量/%	其他要求
氯化钠	猪 0.3～0.8　鸭 0.3～0.6 鸡 0.25～0.40　牛、羊 0.5～1.0 （以 NaCl 计）	—
硫酸钠	猪 0.1～0.3　鸭 0.1～0.3 肉鸡 0.1～0.3　牛、羊 0.1～0.4 （以 Na_2SO_4 计）	本品有轻度致泻作用，反刍动物应注意维持适当的氮硫比
磷酸二氢钠	猪 0～1.0　牛 0～1.6 家禽 0～1.5　淡水鱼 1.0～2.0 （以 NaH_2PO_4 计）	在畜禽饲料中较少使用，在鱼类饲料中适量添加还可补充饲料中的磷元素，使用时应考虑磷与钙的适当比例及钠元素的总量
磷酸氢二钠	猪 0.5～1.0　牛 0.8～1.6 家禽 0.6～1.5　淡水鱼 1.0～2.0 （以 Na_2HPO_4 计）	

【注意事项】① 碳酸氢钠作为添加剂注意的事项

a. 碳酸氢钠与其他类添加剂之间的矛盾　碳酸氢钠其水溶液碱性较强，pH 8.5。因此在碱性环境中容易破坏的各种添加剂比如维生素 B_1、维生素 B_2、泛酸、维生素 B_6、维生素 B_3、维生素 C、维生素 K_1、维生素 K_2、青霉素、链霉素、土霉素等，均应避免与碳酸氢钠同时应用。

b. 严格控制使用剂量　碳酸氢钠添加过量，影响饲料的自然风味，降低适口性。英国在牛的饲料中补加不同量的碳酸氢钠，试验表明，添加 0.75% 的碳酸氢钠，不影响采食量，而添加 1.5%的碳酸氢钠时，饲料的适口性降低，采食量下降。因此，在使用碳酸氢钠做饲料添加剂时应注意适量。

c. 减少食盐用量　在添加碳酸氢钠时，为避免摄入过量的钠，要相应减少食盐用量。

② 硫酸钠作为添加剂使用注意的事项

a. 只有在饲料粗蛋白质稍低而缺乏含硫氨基酸时，添加硫酸钠才能显示它的营养作用。

b. 不能单独添加硫酸钠，应与蛋氨酸同时添加才能起协同作用，蛋氨酸的添加量必须是经济的。

c. 添加硫酸钠时，还需注意饲料中钠和氯的含量。

【配伍】添加硫酸钠时，添加适量的蛋氨酸起到协同作用。

【应用效果】奶牛：选择 8 头处于泌乳中期的荷斯坦泌乳牛，分别饲喂基础日粮和基础日粮中添加占精料量 0.8%的硫酸钠，经 40 天的试验，0.8%的硫酸钠组显著比对照组头均每天多产奶 1.07kg，产奶量提高 7.1%。

【参考生产厂家】淄博幸沚园工贸有限公司，广州市远大贸易有限公司，鹏福进出口有限公司等。

（三）镁

【理化特性】镁化学式 Mg，英文名 magnesium，相对分子质量 24.3050。镁是一种轻质有延展性的银白色金属。在宇宙中含量第八，在地壳中含量第七。密度 1.74g/cm^3，熔点 648.8℃。沸点 1107℃。化合价+2，电离能 7.646eV，能与热水反应放出氢气，燃烧时能产生炫目的白光。

【生理功能与缺乏症】① 镁生理功能　a. 镁参与多种酶的激活；b. 镁与激素可相互调节；c. 镁有抗氧化应激作用；d. 镁对脂质代谢有影响；e. 镁可调节细胞周期、细胞代谢；f. 镁可调节神经肌肉的兴奋性；g. 镁对 DNA 有稳定作用；h. 镁钙拮抗作用。

② 反刍动物镁缺乏症　反刍动物镁的缺乏常出现两种情况：一是犊牛长期全部饲喂牛奶造成体内镁离子全部消耗；二是青草抽搐症，亦称缺镁症或低血镁。肉牛缺镁症较奶牛更为普遍，其症状主要表现在起初的食欲下降、行动迟缓、嗜睡，随之走步僵硬、步态摇晃、紧张易怒、肌肉颤抖，严重的造成瘫痪和痉挛，以至死亡。

【制法】① 七水合物 $MgSO_4 \cdot 7H_2O$ 生产方法　生产硫酸镁的原料有含镁矿石（如菱苦土、白云石等）及海水苦卤，前者常用硫酸直接反应中和，经净化结晶制得产品。海水苦卤制取硫酸镁，则需利用其中各组分不同温度上溶解度的差异，采取兑卤蒸发，热溶浸，冷却结晶等步骤制得硫酸镁。菱苦土制硫酸镁的反应为：$MgO + H_2SO_4 + 6H_2O \longrightarrow MgSO_4 \cdot 7H_2O$。

② 一水合物 $MgSO_4 \cdot H_2O$ 生产方法

a. 硫酸法　用菱苦土为原料。在中和槽中加水或母液，按配比加苦土粉及硫酸，反应控制 pH=5，密度 1.370～1.384g/cm^3，80℃保温，加氧化剂除杂，在结晶器中，调整 pH 5，控制温度 67.5℃以上保温结晶，离心分离，干燥即得产品。

b. 脱水法　以七水硫酸镁为原料时，加热逐渐脱水，控制温度 160～169℃得一水合物，密封冷却得成品。

③ 无水物 $MgSO_4$ 生产方法　重结晶法：将工业硫酸镁用水溶解，净化除去砷和重金属，过滤，滤液经浓缩、冷却结晶、离心分离，在 200℃进行干燥脱水，制得无水硫酸镁。反应为：$MgSO_4 \cdot 7H_2O \longrightarrow MgSO_4 + 7H_2O$。

【常用产品形式与规格】① 氧化镁　由天然菱镁矿精制而得。相对分子质量

40.32，含镁60.3%。白色粉末，不溶于水和乙醇，但不能逐渐从空气中吸收水分和二氧化碳；溶于稀酸和氨盐。对反刍动物的生物效价优于硫酸镁。

② 氯化镁 由氧化镁或菱镁矿与盐酸作用而制得。相对分子质量203.33，含镁11.95%。为白色或无色结晶。味苦咸，溶于水和乙醇，水溶液为中性，易吸潮。

③ 硫酸镁 由氧化镁、氢氧化镁或碳酸镁与硫酸反应经过过滤、沉淀、浓缩、结晶、离心、干燥而制得。有无水、一水和七水三种形式。无水硫酸镁相对分子质量120.28，含镁20.2%，含硫26.63%；一水硫酸镁相对分子质量138.39，含镁17.56%，含硫23.16%；七水硫酸镁相对分子质量246.47，含镁9.86%，含硫13.01%。上述镁盐都是无色结晶或白色粉末，无臭，味苦咸。可溶于水和甘油，微溶于乙醇。有轻泻作用。生物学利用率高，来源广泛、价格低廉，是一种优良的补镁剂。

④ 碳酸镁 分子式为$MgCO_3 \cdot Mg(OH)_2$、$MgCO_3 \cdot Mg(OH)_2 \cdot 3H_2O$和$MgCO_3 \cdot Mg(OH)_2 \cdot 5H_2O$，相对分子质量分别是142.69、196.74和232.77，含镁34%～20.8%。均为白色粉末。不溶于水和丙酮，可溶于稀酸和二氧化碳水溶液中。适口性好，可补充饲粮中镁元素，对反刍动物的生物效价优于硫酸镁，有轻泻作用。

【添加量】饲料添加剂镁安全使用规范（中华人民共和国农业部第1224号公告，2009）

<table>
<tr><th>通用名称</th><th>在配合饲料或全混合日粮中的推荐添加量/%</th><th>在配合饲料或全混合日粮中的最高限量/%</th><th>其他要求</th></tr>
<tr><td>氧化镁</td><td>泌乳牛羊 0～0.5(以 MgO 计)</td><td>泌乳牛羊 1(以 MgO 计)</td><td>—</td></tr>
<tr><td>氯化镁</td><td rowspan="2">猪 0～0.04
家禽 0～0.06
牛 0～0.4
羊 0～0.2
淡水鱼 0～0.06
(以 Mg 元素计)</td><td rowspan="2">猪 0.3
家禽 0.3
牛 0.5
羊 0.5
(以 Mg 元素计)</td><td>镁有致泻作用，大剂量使用会导致腹泻，注意镁和钾的比例</td></tr>
<tr><td>硫酸镁</td><td>—</td></tr>
</table>

【注意事项】使用含镁饲料添加剂应注意，非反刍动物需镁较低，一般为全饲料的0.04%～0.06%，反刍动物需镁较高，一般为全饲料的0.2%左右。生产、使用含镁饲料添加剂时，一定要混合均匀，以防动物镁中毒。镁有致泻作用，大剂量使用会导致腹泻，注意镁和钾的比例。镁可降低机体对磷的吸收，所以补磷时，不宜添加过多的氧化镁或硫酸镁。钙、镁、铁等微量元素不要与土霉素同时使用，否则会影响吸收。

【应用效果】猪：在发生便秘的试验组中，日粮添加400×10^{-6}的硫酸镁可完全控制肥育猪便秘。在未发生便秘试验组猪群中以添加400×10^{-6}的硫酸镁而不出理便秘现象，且增重效果最高、饲料报酬最高。

兔：日粮中添加$MgSO_4 \cdot 7H_2O$可以减少和防止家兔食毛情况的发生，添加量为

0.5%时，日增重显著提高17.3%，采食量显著上升7.8%，料重比显著降低8.2%。

【应用配方参考例】猪用饲料矿物元素添加剂配方示例（单位：g）

添加剂名称	生长素	促生素	添加剂名称	生长素	促生素
七水硫酸镁	3.6	5	氧化钴	1.0	1.0
碳酸钙	1000	1000	硫酸亚铁	—	8.0
磷酸氢钙	—	225	硼砂	0.6	—
硫酸锌	2.2	4	碘化钾	0.6	2.2
硫酸锰	1.6	4.2	呋喃唑酮	0.05	—
硫酸铜	1.6	4.4			

【参考生产厂家】营口格瑞矿产有限公司，四川聚合嘉科技有限责任公司，河北省高邑县化工总厂等。

（四）硫

【理化特性】硫化学式为S，英文名sulfur，相对分子质量为32.066。动物所需的硫一般认为是有机硫，如蛋白质中的含硫氨基酸等，因此蛋白质饲料是动物的主要硫源。但近年来认为无机硫对动物也具有一定营养意义。硫是生命所必需的非金属元素，约占动物体重的0.25%。自然界中硫以游离状态或化合状态存在，硫在动物体内分布于各个细胞中，主要以有机硫形式存在于蛋氨酸、胱氨酸及半胱氨酸等含硫氨基酸中。其次，维生素中的硫胺素、生物素、黏多糖中的硫酸软骨素、硫酸黏液素以及肝素、辅酶A、纤维蛋白原和谷胱甘肽中也含有硫。此外，动物的被毛、蹄爪、角等各种角质蛋白中都含有较为丰富的硫元素。

【生理功能与缺乏症】硫元素在反刍动物营养中比在猪鸡营养中得到的重视更多。很早的研究认为，大多数动物包括家禽的硫需要能够从两个含硫氨基酸（蛋氨酸和胱氨酸）中的硫得到满足。事实上，以前的报道认为单胃动物不能利用以元素或硫酸盐形式存在的硫。而现在的研究表明，早期的研究结论值得提出质疑。现在的研究结果毫无疑问地证实无机硫是完全能够被动物吸收和利用的。

含硫氨基酸在蛋白质结构中据有举足轻重的作用。肽链之间的二硫键交叉连接对于决定蛋白质的二级结构是非常重要的。蛋白质的功能多种多样，包括结构组成（胶原蛋白）、催化剂（酶）、携带氧气（血红蛋白）、激素（胰岛素）和许多其他功能。

硫元素的代谢功能主要来源于蛋白质中的含硫氨基酸、游离含硫氨基酸，以及一些低相对分子质量的其他含硫化合物。除了含硫氨基酸在蛋白质中起的结构性功能之外，巯基是酶的活性位置的组成部分。据估计，如果巯基团被破坏，大约90%的酶就会失去活性。

由于硫元素在蛋白质结构和酶的活性中所起的重要作用，它几乎参与所有的机体代谢过程。除了它在蛋白质中的角色，硫元素作为维生素如硫胺素和生物素的组成也参与其他代谢过程。此外，以硫酸根形式存在的硫离子在许多代谢产物从尿液中排出前的脱毒过程中有着重要作用。

一般情况下不会发生硫缺乏症，各种蛋白质饲料、富含芥子油的油菜饼粕均为畜禽硫的重要来源。不过在畜禽日粮中添加少量无机硫（0.2%～0.5%）也是很有益处的。

【常用产品形式与规格】硫的来源有蛋氨酸、胱氨酸、硫酸钠、硫酸钾、硫酸钙、硫酸镁等，就反刍动物而言，蛋氨酸的硫利用率为100%，硫酸钠中的硫利用率为54%，元素硫的利用率为31%。

【添加量】不同动物对硫元素的需要量和饲料中最高限量

通用名称	需要量/%	最高限量/%
硫	奶牛 0.2 肉牛 0.05～0.1 羊 0.1～0.24	奶牛 0.4 肉牛 0.4 羊 0.4

【注意事项】硫的补充量不宜超过干物质的0.05%，对于幼畜而言，硫酸钠、硫酸钾、硫酸镁均可充分利用，而硫酸钙利用率较差。硫酸盐不能作为猪、成年家禽硫的来源，需以有机态硫如含硫氨基酸等补给。

不能单独添加硫酸钠，应与蛋氨酸同时添加才能起协同作用，蛋氨酸的添加量必须是经济的。

【应用配方参考例】母鸡用饲料矿物元素添加剂配方

添加剂名称	用量/g	添加剂名称	用量/g	添加剂名称	用量/g
七水硫酸镁	1.0	硫酸锌	17.5	硫酸铜	2.0
硫酸亚铁	26	硫酸锰	24	硼砂	0.5
亚硒酸钠	0.05				

【参考生产厂家】百诺动物保健品贸易兽药商城，历城区智信化工产品经营部，陕西森弗生物技术有限公司等。

三、微量矿物元素添加剂

（一）补铁添加剂

【理化特性】铁化学符号Fe，英文名lron，原子序数为26，在元素周期表ⅧB族元素，相对原子质量55.847。铁是地球上分布最广、最常用的金属之一，约占地壳质量的5.1%，居元素分布序列中的第四位，仅次于氧、硅和铝。对于动物，铁是不可缺少的微量元素。在十多种人体必需的微量元素中，铁无论在重要性上还是在数量上，都属于首位。

【生理功能与缺乏症】铁是人和动物所必需的微量元素，参与机体的多种生理功能，它不仅是血红蛋白、肌红蛋白、铁蛋白及铁传递蛋白的辅助因子，而且还与细胞色素氧化酶、过氧化氢酶、黄嘌呤氧化酶及还原型NAD脱氢酶的活性有关。此外，铁还能改变红细胞的免疫黏附功能，影响T、B淋巴细胞的增殖及体内免疫球蛋白合成；调节免疫受体机制，如细胞因子活性、一氧化氮形成或免疫细胞增殖；在免疫监视方面，铁参与细胞介导免疫受体途径和影响细胞因子活性。

幼龄动物对铁的需要极为敏感，容易出现缺铁症状。仔猪生长迅速，体组织含铁量（29mg/kg）明显少于其他幼龄动物（55～135mg/kg），并且仔猪胃酸分泌量少，而胃酸对铁的吸收具有促进作用。此外，在自然条件下，仔猪有机会接触土壤和粪便，可以从中获得一定量的铁，但在当前集约化养殖条件下则很难从周围获得铁，再加上当前育种工作者对高生长率、瘦肉率仔猪的选育，使得仔猪较其他幼龄动物更容易发生缺铁。仔猪一旦缺铁，则容易引起缺铁型贫血，表现为生长性能差、皮肤发皱和苍白、精神萎靡、皮毛粗乱无光、易疲劳、心率和呼吸频率加快等临床症状。

【注意事项】尽管铁在机体内具有不可或缺的作用，但日粮中添加过多的铁对动物机体也是有害的。由于动物对铁的排泄机制有限，过多的铁进入机体后会使机体内产生较多的羟自由基，从而使机体处于严重的氧化应激状态，造成与铁相关的代谢紊乱，如DNA合成受阻、免疫器官受损等。

动物慢性铁中毒初期一般表现为采食量下降，发生出血性胃肠炎，并伴有腹痛和呕吐症状，后期则会出现急性肝坏死、休克、惊厥等，最后出现死亡等中毒特征。动物发生急性铁中毒时，血液中O_2运输能力迅速下降，血小板降低，白细胞总数提高，临床上出现呼吸困难、皮肤青紫、惊厥震颤等，严重的发生致死。哺乳仔猪因铁的吸收机制不完善，高剂量注射或者饲喂铁极易发生急性铁中毒。

【配伍】饲料中有些成分对铁的吸收利用起促进作用，如抗坏血酸（维生素C）、蛋白质及其降解产物、氨基酸、维生素A、某些有机酸和糖类等。

【常用产品形式与规格】常用的补铁添加剂有硫酸亚铁、碳酸亚铁、氯化亚铁、富马酸亚铁、葡萄糖亚铁、氨基酸螯合铁、乳铁蛋白等。

1. 硫酸亚铁

【理化特性】硫酸亚铁英文名 Iron vitriol，别名绿矾，饲料级硫酸亚铁一般为含有7个结晶水的硫酸亚铁，分子式为$FeSO_4 \cdot 7H_2O$，相对分子质量278.03，含铁20.09%，含硫11.53%。还有一水硫酸亚铁$FeSO_4 \cdot H_2O$，结构式见下。浅蓝绿色单斜结晶或结晶性粉末，易溶于水，不溶于乙醇，具有腐蚀性。硫酸亚铁的水溶液在空气中被氧化，温度升高氧化会加快，呈黄褐色，随之生物效价下降。在湿空气中易氧化，生成棕黄色碱式硫酸铁。在56.6℃变为绿色的四水化合物，在64.4℃变为白色的一水化合物；加热至300℃变为白色的无水化合物，红热时分解生成三氧化二铁并放出SO_2、SO_3。

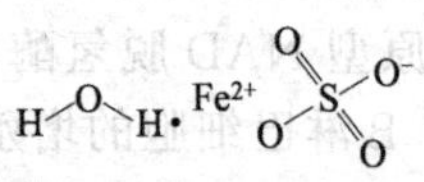

一水硫酸亚铁($FeSO_4 \cdot H_2O$)结构式

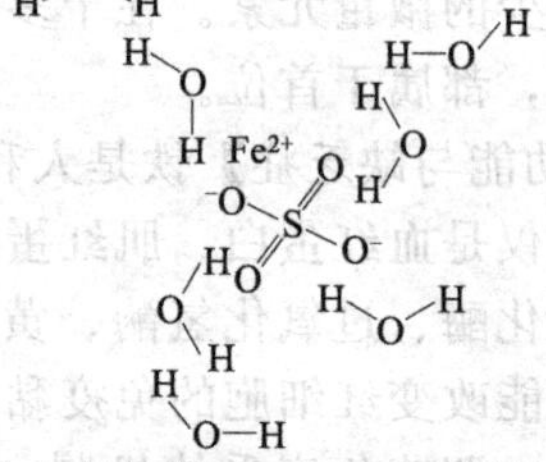

七水硫酸亚铁($FeSO_4 \cdot 7H_2O$)结构式

溶于水和甘油，不溶于醇，水溶液中有氧时逐渐氧化为硫酸高铁。在 SO_2 和 O_2 通过硫酸亚铁溶液时，亚铁氧化加快，生成 $Fe_2(SO_4)_3$：$2FeSO_4 + O_2 + SO_2 \longrightarrow Fe_2(SO_4)_3$，同时三价铁又可被 SO_2 还原为二价铁且生成硫酸：$Fe_2(SO_4)_3 + SO_2 + 2H_2O \longrightarrow 2FeSO_4 + 2H_2SO_4$。

【质量标准】饲料级硫酸亚铁质量标准（HG/T 2935—2006）

项目	指标	
	一水硫酸亚铁（$FeSO_4 \cdot H_2O$）	七水硫酸亚铁（$FeSO_4 \cdot 7H_2O$）
硫酸亚铁含量(以 $FeSO_4 \cdot H_2O$ 计)/%(质量分数)	≥91.4	
硫酸亚铁含量(以 $FeSO_4 \cdot 7H_2O$ 计)/%(质量分数)	—	≥98.0
铁含量(以 Fe 计)/%(质量分数)	≥30.0	≥19.7
砷含量(以 As 计)/%(质量分数)	≤0.0002	≤0.0002
铅含量(以 Pb 计)/%(质量分数)	≤0.002	≤0.002
细度(0.18mm 试验筛通过率)/%	≥95	—

【制法】① 七水硫酸亚铁生产方法　硫酸亚铁的生产原料，有废铁屑、钛白粉副产硫酸亚铁、钢板酸洗废液、硫酸烧渣等。

a. 硫酸与废铁屑法：车床切削下来的铁屑，铁皮加工后的边角料，都可用作原料。它们与硫酸反应：$Fe + H_2SO_4 \longrightarrow FeSO_4 + H_2\uparrow$。

b. 副产法：钢板酸洗的废液，大约含 15%的硫酸亚铁，尚余 2%～7%的游离酸，先需加废铁屑中和，使游离酸降至 0.3%左右，再经过滤、蒸发浓缩、冷却到定温，析出 $FeSO_4 \cdot 7H_2O$ 结晶，再用 60℃热空气干燥即得产品。

c. 硫酸烧渣制硫酸亚铁：硫酸烧渣约含铁 50%，用硫酸分解：$Fe_2O_3 + 3H_2SO_4 \longrightarrow Fe_2(SO_4)_3 + 3H_2O$，$FeO + H_2SO_4 \longrightarrow FeSO_4 + H_2O$。在硫酸存在下硫酸铁与烧渣中硫化亚铁进行还原反应：$Fe_2(SO_4)_3 + FeS \longrightarrow 3FeSO_4 + S\downarrow$。反应物料沉降澄清、冷却结晶、离心烘干即可。

② 干燥硫酸亚铁及其生产方法　干燥硫酸亚铁 $FeSO_4 \cdot nH_2O$，主要是 $FeSO_4 \cdot H_2O$，并含不同数量 $FeSO_4 \cdot 4H_2O$，灰白色至米黄色粉末，较难氧化，比结晶硫酸亚铁容易保存，水溶液呈酸性并浑浊，逐渐生成黄褐色沉淀。潮湿空气中吸水成七水盐。在冷水中较难溶，但易溶于热水。

生产方法是将结晶硫酸亚铁加热至 45～50℃，使之溶于结晶水而液化，边搅拌边缓慢蒸发结晶水。干燥失重率约 35%～36%，得到的粉末品密封保存即可。

【添加量】饲料添加剂硫酸亚铁安全使用规范（中华人民共和国农业部第 1224 号公告，2009）

通用名称	在配合饲料或全混合日粮中的推荐添加量(以 Fe 元素计)/(mg/kg)	在配合饲料或全混合日粮中的最高限量(以 Fe 元素计)/(mg/kg)
硫酸亚铁	猪 40～100　羊 30～50 鸡 35～120　鱼类 30～200 牛 10～50	仔猪(断奶前)250mg/(头·日)　羊 500 家禽 750　宠物 1250 牛 750　其他动物 750

【注意事项】过量摄入铁会导致动物中毒。动物对铁的最大耐受量（以日粮基础计）为：猪 3000mg/kg，禽、牛 1000mg/kg，羊、马、兔 500mg/kg。仔猪硫酸亚铁中毒虽然不常见，但是如果没掌握好剂量，凭经验添加也会造成硫酸亚铁过

量。因此，饲料中硫酸亚铁的添加量，应根据日龄、体重和采食量准确掌握，避免过量引起中毒。

使用包被加工的一水硫酸亚铁时应注意包被材料的化学成分，该产品易吸潮，如果颜色变为绿色，表明结晶水增加，使用前应重新测定亚铁含量。

使用包被加工的七水硫酸亚铁时也应注意包被材料的化学成分。该产品易氧化变质，如果颜色变为褐色，表明不可利用的铁含量增加，品质下降，不宜使用。

【应用效果】仔猪：硫酸亚铁和适量痢菌净散配制成硫酸亚铁合剂，结果表明硫酸亚铁合剂对断奶仔猪具有明显的促生长作用，日增重显著提高 40g，对防治断奶仔猪的腹泻也具有显著的作用。

母猪：分别给母猪饲喂添加来源于硫酸亚铁和富马酸亚铁的 150mg/kg 铁元素的母猪基础日粮，各组的每窝仔猪出生后选取一半注射牲血素 1mL，另一半则不注射，在注射牲血素的情况下，富马酸亚铁组的仔猪各血液指标（红细胞压积除外）均显著高于硫酸亚铁组；在未注射牲血素的情况下，富马酸亚铁组的仔猪各血液指标均极显著高于硫酸亚铁组。

【参考生产厂家】乐昌市金晖饲料添加剂厂，济南鑫玮工贸有限公司等。

2. 碳酸亚铁

【理化特性】碳酸亚铁分子式 $FeCO_3$，相对分子质量 115.86，灰白色的结晶粉状物，或固体含有极小的斜方六面体，在空气中稳定，加热即变暗色，不溶于水，溶于盐酸、硝酸和硫酸。含铁 48.2%，工业品纯度在 81%以上。好的饲料级碳酸亚铁至少含有 39%的二价铁离子。

【质量标准】饲料用碳酸亚铁的企业质量标准（长沙伟创化工有限公司）

项目	指标	项目	指标
铁含量/%	35～38	砷含量/%	≤0.003
铅含量/%	≤0.015	镉含量/%	≤0.003

【参考生产厂家】长沙伟创化工有限公司，湖南长沙县金辉化工厂等。

3. 氯化亚铁

【理化特性】分子式为 $FeCl_2 \cdot 4H_2O$，相对分子质量 198.81。蓝绿色单斜系透明结晶，易潮解，易溶于水，易溶于醇，加热溶于其结晶水中。铁含量大于 27.3%，是一种优良的补铁剂。氯化亚铁为灰绿色或蓝绿色单斜结晶或结晶性粉末，易吸湿。在空气中易被氧化成碱式氯化铁，约在 105～115℃时失去 2 分子结晶水。

【制法】氯化亚铁的制备有以下三种方法。

① 在具有一定浓度的盐酸溶液中，逐渐加入一定量的铁屑进行反应。方程式：$2HCl + Fe = FeCl_2 + H_2\uparrow$。经冷却、过滤，在滤液中加入少许洗净的铁块，防止生成的氯化亚铁被氧化，蒸发滤液至出现结晶，趁热过滤，冷却结晶，固液分离，快速干燥制得。如图 2-1 所示。

② 在一硬质玻璃管中迅速放入无水三氯化铁，自管的一端通入经干燥的氢气，充分置换除去管内的空气后，将反应管加热，管的另一端即有大量氯化氢排出，可

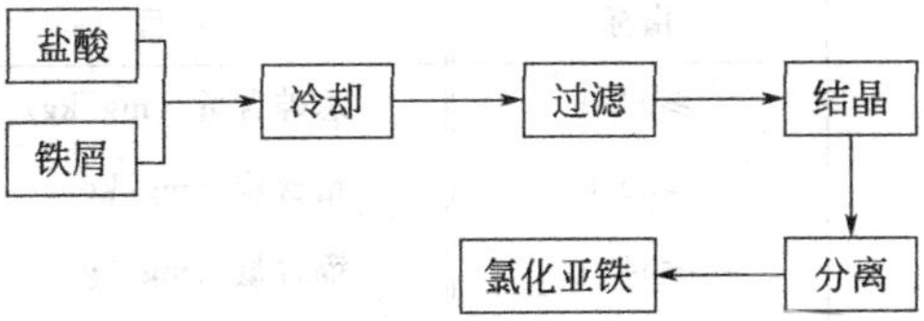

图 2-1 盐酸制备氯化亚铁的工艺流程

用水吸收成稀盐酸。当释放氯化氢的速度减慢，氯化铁变成白色结晶时，表示反应完毕，停止加热，并在弱氢气流中使管中产物降至室温。将反应管封闭存放，然后迅速装入包装容器，制得无水氯化亚铁。

③ 在三颈烧瓶中，放入 162g 无水氯化铁和 225g 氯苯，然后装上温度计、回流冷凝器及强力搅拌器。再用水吸收生成的氯化氢，并用 2mol/L 氢氧化钠溶液滴定。

【应用效果】在基础日粮中添加氯化亚铁，吉富罗非鱼的增重率显著高于其他铁源，吉富罗非鱼日粮中适宜以氯化亚铁作为添加铁源；铁元素对罗非鱼生长具有一定影响，日粮中添加适量的铁对罗非鱼生长具有促进作用；鱼体缺铁时对其进行补铁能促使罗非鱼获得一定的补偿性生长，增重率恢复。

【注意事项】氯化亚铁如果反复或高浓度暴露会引起体内积聚大量的铁，从而损害肝；本品会刺激鼻腔和咽喉；接触可引起皮肤灼伤，反复接触会引起眼睛变色，有腐蚀性。皮肤接触后，立即用肥皂、大量水冲洗皮肤患处，再尽快就医处理。眼睛接触后，用大量的水冲洗至少 15min，再尽快就医处理。须穿戴防护用具进入现场；用最安全、简便的方法收集泄漏粉末于密封容器内。

【添加量】氯化亚铁预稀释后加入饲料中，并混合均匀。

动物品种	推荐用量(以 Fe 计)/(mg/kg)	动物品种	推荐用量(以 Fe 计)/(mg/kg)
母猪妊娠期、泌乳期	80	产蛋鸡	80
仔猪(3～10kg)	100	雏鸡	35～60
生长猪(10～20kg)	80	育成鸡	75～80
育肥猪(50～80kg)	60	虹鳟	60
育肥猪(80～120kg)	50	鲤鱼	150
肉鸡	40		

【参考生产厂家】上海天齐生物科技有限公司，上海明太化工发展有限公司，天津海环净水剂有限公司，台山市化工厂有限公司，武汉大华伟业化工有限公司，武汉兴众诚科技有限公司，上海谱振生物科技有限公司等。

4. 富马酸亚铁

【理化特性】富马酸亚铁又称反丁烯二酸亚铁、延胡索酸亚铁。分子式为 $FeC_4H_2O_4$，相对分子质量为 169.91，含铁 32.9%，为微红橙色至微红褐色粉末。

【质量标准】饲料添加剂富马酸亚铁质量标准（GB/T 27983—2011）

项目	指标	项目	指标
富马酸亚铁含量/%	≥93.0	总砷含量/(mg/kg)	≤5.0
亚铁含量/%	≥30.6	铅含量/(mg/kg)	≤10.0
富马酸含量/%	≥64.0	镉含量/(mg/kg)	≤10.0
三价铁含量/%	≤2.0	总铬含量/(mg/kg)	≤200

【制法】① 制备碳酸钠溶液　常温下，将碳酸钠放入水中，制得碳酸钠溶液，其中水和碳酸钠的质量比为4∶1。

② 加入富马酸　向碳酸钠溶液中加入富马酸，并且控制加入富马酸后的溶液pH值处于5.5～6。

③ 加入反应助剂　先加热溶液60℃，再加入相当于①中所用碳酸钠质量0.4%的浓硫酸和相当于①中所用碳酸钠质量1.7%的细目还原性铁粉，细目还原性铁粉作为反应的抗氧化剂，浓硫酸将此时的溶液pH值控制在4～5，以此制得富马酸二钠溶液及利于亚铁离子不被氧化的反应环境；

④ 加入一水硫酸亚铁　将上述溶液加热至90～98℃，然后加入饲用一水硫酸亚铁；

⑤ 过滤上述溶液，干燥所得晶体即可得饲用富马酸亚铁。

【添加量】饲料添加剂富马酸亚铁安全使用规范（中华人民共和国农业部第1224号公告，2009）

通用名称	在配合饲料或全混合日粮中的推荐添加量(以元素计)/(mg/kg)		在配合饲料或全混合日粮中的最高限量(以元素计)/(mg/kg)	
富马酸亚铁	猪 40～100 鸡 35～120 牛 10～50	羊 30～50 鱼类 30～200	仔猪(断奶前)250mg/(头·日) 家禽 750 牛 750	羊 500 宠物 1250 其他动物 750

【应用效果】日粮中添加100mg/kg硫酸亚铁组、富马酸亚铁和蛋氨酸螯合铁，显著提高仔猪日增重、采食量，富马酸亚铁和蛋氨酸螯合铁更好地改善仔猪血液铁营养状况，二者的使用效果大体一致。在早期断奶仔猪浓缩饲料中，同时添加富马酸亚铁和适量高铜，饲养效果最佳。

【参考生产厂家】郑州骏涛化工添加剂有限公司，镇江欧科生物技术有限公司，安徽中旭生物科技有限公司等。

5. 葡萄糖酸亚铁

【理化特性】有机铁，具有生物学价值高、安全等特点，但价格较高。

【制法】葡萄糖酸亚铁生产工艺技术路线主要分成以下四种。

① 氧化-中和法　葡萄糖经催化氧化得到葡萄糖酸的钠盐，除掉钠离子得葡萄糖酸溶液，用制备的氢氧化亚铁或碳酸亚铁来中和葡萄糖酸得到葡萄糖酸亚铁。此工艺技术路线中，以葡萄糖为原料，上工段采用催化氧化的新工艺技术，在我国该行业中是一项新成果；下工段加工制作中和剂，其操作精细，难度较大。总收率约为75%左右，产品质量好。此工艺技术路线有较大开发应用价值。

② 氧化-交换法 该工艺技术路线以葡萄糖为原料，先制备葡萄糖酸钠，用硫酸亚铁溶液通过阳离子交换柱，得亚铁离子交换柱，再将葡萄糖酸钠溶液通过亚铁离子交换柱，操作过程中需用氮气保护，从交换液中得到葡萄糖酸亚铁。此工艺路线中，上工段制备葡萄糖酸钠的方法同“氧化-中和法”，下工段的离子交换操作与“酸解-交换法”工艺路线中下工段的离子交换操作方法基本一样，该工艺产品收率约为55%，但产品质量好、纯度高。不足之处为工艺路线太长，设备投资较大。

③ 酸解-交换法 在国内，已有几个厂家用此技术制得产品，申报新药，现在新药保护期已满。此工艺技术路线以葡萄糖酸钙为原料，先用硫酸同葡萄糖酸钙反应，除去反应生成物中的硫酸钙，得到葡萄糖酸溶液。葡萄糖酸溶液经氢氧化钠中和得葡萄糖酸钠。葡萄糖酸钠溶液通过亚铁离子交换柱，从交换液中得到葡萄糖酸亚铁。这条路线在20世纪30年代早期文献中已有报道。该工艺在酸解的过程中，为了最大量地除掉硫酸钙副产物，分别采用氢氧化钡和草酸来处理中间体，但残留的钡离子、硫酸根离子不易除净而存留在产品中，对人的健康带来一定的危害。

④ 复盐分解法 本工艺技术路线中，原料葡萄糖酸钙与硫酸亚铁在一定量的铁粉作催化剂的条件下，发生复盐分解反应。生成物葡萄糖酸亚铁及硫酸钙副产物，除去沉淀的硫酸钙，得到分离后的葡萄糖酸亚铁。此法工艺路线短，收率可达68%以上，不足之处在于部分硫酸根离子、钙离子很难除净，顽固地残留在成品中，造成产品质量低。

【参考生产厂家】西安裕华生物科技有限公司，郑州优然化工产品有限公司，上海源叶生物科技有限公司等。

6. 氨基酸螯合铁

【理化特性】金属氨基酸螯合物是由可溶性金属盐的金属离子与氨基酸以1mol金属离子/L与1～3mol氨基酸/L的比例螯合而成的配位体共价键的产物。动物消化道吸收的重要条件是螯合物可溶及其稳定常数适中。氨基酸螯合铁的商品形式有赖氨酸亚铁（Fe-Lys）、蛋氨酸亚铁（Fe-Met）、甘氨酸亚铁（Fe-Gly）、DL-苏氨酸及亚铁等。氨基酸螯合铁与无机盐相比其生物活性高，吸收率高，代谢利用率好，但是生产成本较高。

【制法】甘氨酸螯合铁制备：

① 将10g甘氨酸溶解于200mL水中，加入固碱使其完全反应，经膜分离得到甘氨酸钠盐。

② 硫酸亚铁溶液加入甘氨酸钠盐，具体比例会由于温度和酸度不同而变化。加少许121催化剂，调节pH值，加热搅拌下反应2h，再用刮板薄膜蒸发浓缩至表面析出晶膜，取出在室温下缓慢冷却，然后放置于4℃冰箱，结晶24h；将纯化后的产品放入真空干燥箱中干燥，然后称重，计算产率。

甘氨酸络合铁制备的最佳反应条件是：pH为4，反应摩尔比为1∶1，反应温度85～90℃，反应时间2h左右。

【应用效果】母猪：妊娠母猪饲喂氨基酸螯合铁可以预防仔猪贫血，在母猪妊娠93天至哺乳21天日粮和仔猪日粮中添加蛋氨酸螯合铁，能明显提高仔猪初生时血清铁、血红蛋白浓度、肝脾和初乳铁含量及仔猪哺乳期血红蛋白和血清铁浓度，且血红蛋白浓度始终维持在8g/100mL以上。

仔猪：添加氨基酸铁螯合铁可提高早期断奶仔猪的铁表观消化率，增加体内铁贮。氨基酸螯合铁的适宜添加量应为100～120mg/kg，具有提高早期断奶仔猪生产性能的趋势。

【注意事项】氨基酸螯合物作为第三代微量元素添加剂逐渐被人们所认识和接受，但就目前来看，仍存在一些问题需要解决。

① 生产成本偏高，导致销售价格较高。目前微量元素氨基酸螯合物在生产时多使用合成氨基酸，一般价格均较高，如美国、日本等国家用人工合成的蛋氨酸、赖氨酸等单一氨基酸合成的微量元素氨基酸螯合物，价格均为无机盐的5～10倍。用蛋白废料生产的复合微量元素氨基酸螯合物尽管价位不高，但实际应用效果不理想，因此，应加强研发工作力度，并不断改进生产工艺，选择合适的工艺路线，从而大幅降低生产成本，生产出物美价廉的氨基酸螯合物产品。

② 应进一步研究氨基酸螯合物的作用机理，并深入研究适合畜禽的最佳螯合物结构形式、最佳的添加剂量，以达到最佳的使用效果，获得最好的经济效益。

③ 氨基酸螯合物的质量检测有待解决，定性定量分析方法尚待研究。微量元素氨基酸螯合物质量参差不齐是一个不争的事实。饲用氨基酸螯合物产品的质检分析是一大难题，国内外均没有很好的解决办法。已知样品是氨基酸螯合物纯品时，用红外光谱、核磁共振、X射线衍射光谱、热差分析等手段都能作出定性判定，而后再用原子吸收光谱或等离子光谱和氨基酸分析仪，可分别测定微量元素和氨基酸的含量，同时还可以判定微量元素和氨基酸的络合摩尔比。对于饲用螯合物产品，以上方法就不适用了，产品中的稀释剂和载体会严重干扰仪器分析，这种情况推荐采用先定性、后定量的分析方法。简单地说就是先用甲醇浸提待测螯合物样品，然后过滤得到滤液，滴加双硫腙试剂，如果溶液显绿色则说明待测样品为纯品，如果样品混有无机盐，随无机盐含量的增加溶液的颜色则由绿色向红色过渡。对于判定为真的螯合物样品可进一步用原子吸收光谱和氨基酸分析仪作出微量元素和氨基酸的准确定量分析。

目前，还亟须建立微量元素氨基酸螯合物的相关标准，制定螯合物质检与鉴别的有效方法，用来规范饲用氨基酸螯合物的生产、销售和使用。

【参考生产厂家】北京英美尔饲料有限公司，成都博客亚生物科技有限公司，上海源叶生物科技有限公司等。

7. 乳铁蛋白

【理化特性】乳铁蛋白是一种天然的、具有免疫功能的糖蛋白，由转铁蛋白转变而来，Sorensen于1939年首次从牛乳中分离出来，因其晶体呈红色，也有人称其为红蛋白，主要存在于母乳和牛乳中。它是母乳中含量位于第二的蛋白质，占普通母乳蛋白质的10%，在初乳中可高达7g/L，随着乳汁的成熟会有所下降，在一般乳中占1g/L左右。牛乳中也含有乳铁蛋白，但其含量比人乳中要少得多，在中期泌乳期仅为0.1g/L。

【应用效果】选用96头体重相近的21日龄杜长大三元杂交断奶仔猪，分别饲喂基础饲粮、基础饲粮＋250mg/kg乳铁蛋白、基础饲粮＋500mg/kg乳铁蛋白和基础饲粮+750mg/kg乳铁蛋白，结果表明饲粮中添加乳铁蛋白可刺激肠道有益菌生长、降低有害菌增殖，从而改善肠道功能，具有提高仔猪生长性能的作用，该试验条件下乳铁蛋白的适宜添加量为250mg/kg。

【配伍】缬氨酸、组氨酸、抗坏血酸、乳酸、柠檬酸、果糖和山梨酸等可促进铁的吸收。但磷酸盐、植酸盐、草酸盐和碳酸氢盐会抑制铁的吸收。对于所有动物，用硫酸亚铁和柠檬酸铁铵的生物学效价都是最高，而三氧化二铁最低，磷酸高铁也很差。碳酸亚铁对于猪和反刍家畜的生物学效价是中等的，但对雏鸡却是较差的。三氯化铁对反刍家畜和雏鸡都是较好的。一些有机酸的亚铁盐（苏氨酸、乳酸、富马酸等）虽然效价较高，但是价格比较贵。

【参考生产厂家】戴纬林国际贸易（上海）有限公司，上海燕尼珮尔贸易有限公司，河南景昌化工有限公司等。

（二）补铜添加剂

【理化特性】铜的化学符号是Cu，英文名Copper，它的原子序数是29，相对分子质量63.5449，是一种过渡金属。铜呈紫红色光泽，密度8.92g/cm^3。熔点(1083.4±0.2)℃，沸点2567℃。常见化合价+1和+2。电离能7.726eV。铜是人和动物必需的微量元素之一。

【生理功能与缺乏症】作为低等生物和脊椎动物必需微量元素之一，铜在机体造血、新陈代谢、生长繁殖、维持生产性能、增强机体抵抗力等方面具有不可替代的作用。总的来说，铜的营养生理功能主要体现在以下几个方面。

① 维持铁的正常代谢，有利于血红蛋白的合成和红细胞的成熟，防止动物的铜缺乏性贫血。

a. 调控黑色素的合成，维持毛皮的正常色泽和性状。黑色素是决定皮毛颜色深浅的最重要物质，它是一种具有聚醌结构的高分子蛋白质，由黑色素细胞分泌产生，广泛分布于动物的皮肤、黏膜、视网膜、软脑膜及胆囊与卵巢等处。酪氨酸在酪氨酸酶的作用下逐渐形成黑色素。铜缺乏还可影响角蛋白合成过程中多肽链的形成，使羊毛的交联结构形成障碍或纤维内长链角蛋白之间的连接受到影响。成年绵羊在缺铜时羊毛生长受阻，光泽暗淡，弯曲度下降，形成“直毛”或“钢丝毛”。

b. 参与血管、骨骼的形成，维持正常的血管弹性和骨骼强度。铜是参与纤维化的赖氨酰氧化酶、单氨氧化酶的辅助因素。缺铜可引起赖氨酰氧化酶的活性降低，导致结缔组织弹性蛋白和胶原纤维交联障碍，成熟迟缓，血管、骨骼等组织脆性增加，降低血管弹性和骨骼强度。铜缺乏的小鸡骨中明显表现出胺氧化酶活性降低，从这些骨中提取出来的骨胶原比正常骨的骨胶原易溶。铜缺乏的猪易骨质疏松、骺软骨增宽，生骨细胞活性降低。由铜缺乏的母羊所产的羔羊出现明显的骨质疏松，干骺端软骨的中间部位损害严重，生骨细胞的活性减弱或停止。饲喂严重的铜缺乏的饲料（铜含量0.7～0.9mg/kg），20周龄的母鸡表现为产蛋率下降，血浆、肝脏、鸡蛋铜水平低于正常。来自这些母鸡的胚胎由于单氨氧化酶活性降低，红细胞和结缔组织形成受损，出现贫血、生长迟缓，严重时在孵化后的72～96h出现大批出血，由于大血管的破裂而导致死亡等现象。

c. 参与能量代谢。细胞色素氧化酶（ctochrome oxidase，CCO）为含铜酶，参与能量代谢而涉足细胞或神经元膜电位的维持、细胞成分的合成、神经元内的快速轴浆运输等功能。铜缺乏可导致 CCO 活性下降，氧化磷酸化受到抑制，ATP 生成减少，从而影响许多物质的合成及生物电的产生。动物铜缺乏时，对缺氧敏感的部位，最易受到损害。Evans 和 Brar 在给饲以缺铜饲粮的鼠日粮中逐级添加铜时发现铜与脑、肝脏和胫骨生骨中心的 CCO 的活性呈正的直线或二次相关。脑中低铜导致了运动神经元里的 CCO 含铜的终端呼吸酶的欠缺，CCO 的活性降低或丧失，使有氧代谢和磷脂合成受到抑制，从而抑制了髓磷脂的合成。Howell 和 Davison 首先证实在摇背病的羔羊脑中的铜含量和 CCO 活性明显降低。

【注意事项】铜会促进不稳定脂肪的氧化而造成酸败，同时破坏维生素，使用时应注意，最好是微量元素与维生素分别预混。

【常用产品形式与规格】常用的补铜添加剂有硫酸铜、碳酸铜、氯化铜等。

1. 硫酸铜

【理化特性】五水硫酸铜又称胆矾，是蓝色透明的三斜结晶或蓝色颗粒或浅蓝色粉末。分子式 $CuSO_4 \cdot 5H_2O$，相对分子质量 249.69，含铜 25.44%，含硫 12.84%。无水硫酸铜是灰白色或微绿白色斜方结晶或无定形粉末。分子式 $CuSO_4$，相对分子质量 159.61，含铜 39.81%，含硫 20.09%。

硫酸铜水溶性好，生物利用率高，是首选补铜剂之一，也是评价其他补铜剂生物利用率高低的标准之一。

【质量标准】饲料级硫酸铜质量标准（HG 2932—1999）

项目	指标	项目	指标
硫酸铜含量/%	≥98.5	铅含量/%	≤0.001
硫酸铜含量(以 Cu 计)/%	≥25.06	水不溶物含量/%	≤0.2
砷含量/%	≤0.0004	过筛率(通过 800μm 试验筛)/%	≥95

【制法】① 生产方法

a. 金属铜-浓硫酸法：金属铜与浓硫酸直接发生化学反应：$Cu + 2H_2SO_4 \longrightarrow CuSO_4 + SO_2\uparrow + 2H_2O$。因原料成本高，产生 SO_2 会污染环境，此法很少采用。

b. 氧化铜-稀硫酸法：先将金属铜氧化成氧化铜，氧化铜与稀硫酸反应生成硫酸铜。

c. 铜矿石法：铜矿石有氧化铜矿（如孔雀石、蓝铜矿）及硫化铜矿两类。

i. 氧化铜矿-硫酸法：将矿石粉碎后，溶入稀硫酸中，反应生成硫酸铜，以孔雀石矿为例，反应式为：$CuCO_3 \cdot Cu(OH)_2 + 2H_2SO_4 \longrightarrow 2CuSO_4 + CO_2\uparrow + 3H_2O$。再经过滤、浓缩、结晶，可得产品。

ii. 硫化铜矿-焙烧法：将硫化铜矿焙烧，使其中铜转变为氧化物或硫酸盐，再用硫酸浸取即可，但硫化铜矿组成复杂，杂质含量高，净化工序较复杂。

d. 杂铜法：将含铜量低于 90%的铜合金先粉碎，再送入熔化炉熔炼，然后用稀硫酸浸取，合金中铜及其他金属组分进入溶液，加入铝、锰等金属将铜置换出，铜粉再经焙烧、酸溶，即可制得硫酸铜。

② 工艺流程　以废铜为原料，经焙烧，与硫酸作用生产硫酸铜。焙烧温度600℃左右，要求氧化率大于80%，焙烧成的CuO为深黑色。反应时，硫酸浓度在150g/L以上，升温90℃加料，当反应液相对密度达到1.30～1.32时，反应完全，再进行蒸发浓缩，当相对密度升至1.38～1.40时，转入结晶槽、冷却结晶、离心甩干，母液返回反应釜。

【添加量】饲料添加剂硫酸铜安全使用规范（中华人民共和国农业部第1224号公告，2009）

通用名称	在配合饲料或全混合日粮中的推荐添加量(以元素计)/(mg/kg)	在配合饲料或全混合日粮中的最高限量(以元素计)/(mg/kg)
硫酸铜	猪 3～6 家禽 0.4～10 牛 10 羊 7～10 鱼类 3～6	仔猪(≤30kg)200 生长肥育猪(30～60kg)150 生长肥育猪(≥60kg)35 种猪 35 家禽 35 牛精料补充料 35 羊精料补充料 25 鱼类 25

【应用效果】仔猪：高铜的促生长作用可能与提高采食量、促进生长相关激素的分泌、提高抗应激能力和免疫功能有关，100mg/kg甘氨酸螯合铜组可起到一定的替代效果，50mg/kg蛋氨酸螯合铜组具备较高的应用潜力。

绵羊：添加量为100μg/L时，绵羊瘤胃体发酵总产气量达到最高，滤纸酶活性有显著提高，在体外发酵条件下添加适量的硫酸铜对瘤胃发酵有促进作用。

【参考生产厂家】广州市益海通化工有限公司，佛山大沥奇瑞德助剂厂，上海易蒙斯化工科技有限公司等。

2. 碳酸铜

【理化特性】分子式为$CuCO_3$，相对分子质量124，最低含铜量55%，为浅绿到暗绿的细粉，流散性好，无结块，但加工时应注意保护眼睛、皮肤及呼吸器官。

【应用效果】周文艺等试验研究了碱式碳酸铜对于仔猪的生物效价。试验选取20头4周龄平均体重7.5kg左右杜长大断奶仔猪，随机分为2个处理组，分别为硫酸铜（对照组）和碱式碳酸铜组，试验进行4周。试验结果表明，碱式碳酸铜有提高平均日增重的趋势，降低了仔猪腹泻率。碱式碳酸铜的绝对生物效价为30%，高于对照组6个百分点；以CuZn-SOD活性作为判断指标时，碱式碳酸铜的相对生物效价达到了120%；而以血清铜浓度和铜蓝蛋白活性作为判断指标时，碱式碳酸铜的相对生物效价为102%和104%。碱式碳酸铜的生物效价优于硫酸铜。

【制法】分别按一定比例取$CuSO_4$溶液和Na_2CO_3溶液，水浴加热到设定温度后，在充分振荡下采用将$CuSO_4$加入Na_2CO_3溶液的加料顺序（反滴法）进行试验（相反的加料顺序称为正滴法）。开始计时，在水浴中反应，并在300r/min下搅拌，至体系颜色发生明显转变时，停止搅拌并静置，记录沉淀完全沉降所需的时间及沉淀颜色；抽滤，用适量冷蒸馏水洗涤沉淀至用 $BaCl_2$ 检验无 SO_4^{2-} 为止，将产品在100℃的干燥箱中干燥、称量，计算产率。

【参考生产厂家】阮氏化工（常熟）有限公司，广州泽隆化工科技有限公司，邹平县润梓化工有限公司等。

3. 氯化铜

【理化特性】饲料添加剂氯化铜为二水合氯化铜，又名水氯铜石，英文名 cupric chloride dihydrate，相对分子质量 170.48，分子式 $CuCl_2 \cdot 2H_2O$，有毒。纯品为正交晶系深绿色晶体，相对密度为 2.54，熔点约 100℃。加热至 110℃失去结晶水变成无水氯化铜，在湿空气中易潮解，在干燥空气中易风化，易溶于水、乙醇和甲醇，略溶于丙酮和乙酸乙酯，微溶于醚，其水溶液呈弱酸性，高浓度时呈褐色，稀薄时变成浅蓝色，氯化铜盐酸溶液呈绿色，中等浓度常温下为黄绿色，加热呈褐色。

【质量标准】饲料添加剂碱式氯化铜质量标准（GB/T 21696—2008）

项目	指标	项目	指标
碱式氯化铜含量/%(质量分数)	≥98.0	镉含量(以 Cd 计)/%	≤0.0003
铜含量(以 Cu 计)/%	≥58.12	水不溶物含量/%	≤0.2
砷含量(以 As 计)/%	≤0.002	过筛率(通过 250μm 试验筛)/%	≥95
铅含量(以 Pb 计)/%	≤0.001		

【制法】氯化铜的主要合成方法有盐酸法、硝酸氧化法、过氧化氢氧化法、氢氧化铜法等。

① 盐酸法　将一定量的氧化铜逐渐加入盛有盐酸的反应器中，边搅拌边加入进行酸解反应，生成氯化铜。当反应溶液的 pH=2 时，反应完成，经静置澄清，在清液中加入次氯酸钠，使二价铁氧化成三价铁，水解过滤除去铁杂质。滤液经蒸发浓缩、冷却结晶、离心分离、在 60～70℃下干燥，制得氯化铜成品。其反应方程式为：$CuO + 2HCl = CuCl_2 + H_2O$。

② 硝酸氧化法　通过将铜加入硝酸和盐酸的混酸中溶解，利用溶解度的差异用结晶的方法得到粗产品，用重结晶法提纯。该反应方程式为：$Cu + 4HNO_3 = Cu(NO_3)_2 + 2NO_2 + 2H_2O$。

③ 过氧化氢氧化法　以过氧化氢为氧化剂，以盐酸为酸性介质，直接氧化铜单质为氯化铜，然后通过蒸发结晶得到二水合氯化铜。反应方程式为：$Cu + H_2O_2 + 2HCl = CuCl_2 + 2H_2O$。该反应绿色环保，且不引入新的杂质，操作简便易行。但考虑到 H_2O_2 价格较贵，根据不同质量，价格在 700～2500 元/吨不等，总体来讲成本较高。

④ 氢氧化铜法　以浓 HNO_3 作为氧化剂，把 Cu 氧化成 $Cu(NO_3)_2$，然后用 NaOH 溶液将铜离子沉淀下来，把氢氧化铜分解为氧化铜后，再用盐酸将氧化铜溶解，得到氯化铜溶液，最后从氯化铜水溶液生成结晶。盐酸法生产氯化铜的工艺流程如图 2-2 所示。

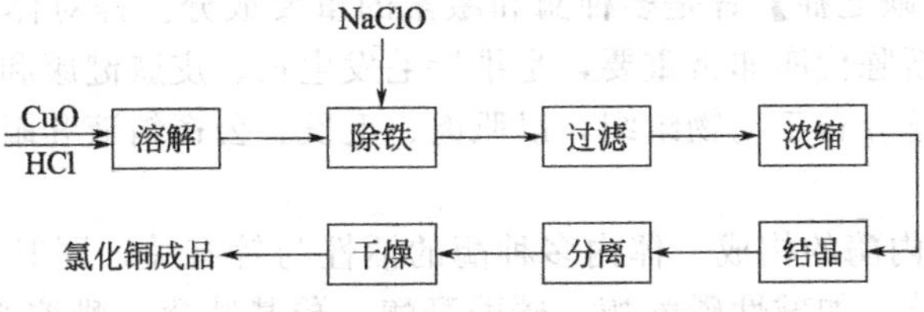

图 2-2 盐酸法生产氯化铜的工艺流程

【添加量】通常情况下仔猪日粮中铜含量为 6mg/kg，肥育猪饲料中铜含量为 3mg/kg 就能满足营养需要，参照 NRC（1998）。根据 GB/T 26419—2010，饲料中铜的允许量如下。

产品名称	允许量/(mg/kg)	产品名称	允许量/(mg/kg)
仔猪配合饲料(30kg 体重以下)	≤200	种公母猪配合饲料	≤35
生长肥育猪前期配合饲料(30～60kg 体重)	≤150	禽配合饲料	≤35
生长肥育猪前期配合饲料(60kg 体重以下)	≤35	牛精料补充料	≤35
		羊精料补充料	≤25

注：1. 浓缩饲料按添加比例折算，与相应畜禽配合饲料的允许量相同。
2. 添加剂预混合饲料按添加比例折算，与相应畜禽配合饲料的允许量相同。

【注意事项】注意添加的量，超量添加本品会引起铜中毒。饲料中添加铜会促进不饱和脂肪酸氧化酸败，同时对维生素有破坏作用，使用时应该注意。饲料中铜含量过高，会造成动物肝脏中铜积累，可能对人食用后有不良影响。猪的中毒剂量为 500mg/kg 日粮，但与日粮中其他元素含量有关。如果铁、锌不足，长期使用 250mg/kg 的含铜饲料，也有发生中毒的可能，故在使用高剂量铜时，必须增加日粮中铁、锌的添加量。据研究，每千克日粮含 130mg 的锌、150mg 的铁即可抵消 250mg 铜中毒的危险。氯化铜对皮肤有刺激作用，粉尘刺激眼睛，并引起角膜溃疡。

【应用效果】研究硫酸铜与碱式氯化铜对断奶仔猪生产性能影响的试验表明，试验各组猪的日增重、采食量、料肉比没有显著差异，说明碱式氯化铜可以替代硫酸铜作为仔猪饲料铜的来源。从生产性能的表现看，添加 175mg/kg 和 150mg/kg 低剂量来源于碱式氯化铜的铜可以替代 250mg/kg 的硫酸铜来源的铜。

【参考生产厂家】吴江枭龙精细化工有限公司，上海程欣实业有限公司，吴江市绿艳化工厂，江苏曼业化工有限公司，青岛市中鲁化工有限公司，北京恒业中远化工有限公司，上海良仁化工有限公司等。

（三）补锌添加剂

【理化特性】锌的化学符号是 Zn，英文名为 zinc，它的原子序数是 30，相对原子质量为 65.39，是一种浅灰色的过渡金属。锌是第四常见的金属，仅次于铁、铝及铜。锌作为营养性饲料添加剂中的微量元素，是目前发现的生理功能最多的必需微量元素之一。

【生理功能与缺乏症】锌是多种酶和激素的重要成分。锌对体内蛋白质、碳水化合物和脂肪的新陈代谢非常重要，是维持毛发生长、皮肤健康和组织修补必需的微量元素。锌广泛分布于动物组织，以肌肉、毛发、公畜精液和眼的脉络膜上皮中含量较高。

① 参与机体内酶的构成　体内多种酶的活性与锌有关，同时锌也是100多种重要酶的构成成分，如碱性磷酸酶、碳酸酐酶、羧基肽酶、醛缩酶、蛋白水解酶、乳酸脱氢酶和谷氨酸脱氢酶等。在不同的酶中，锌起着催化分解、合成和稳定酶蛋白质四级结构和调节酶活性等多种生化作用。

② 抗氧化作用　锌能防止细胞膜氧化，减少超阴阳离子形成，维持生物膜的正常结构和功能，防止生物膜遭受氧化损害和结构变形，锌对膜受体有保护作用。它参与维持上皮细胞和被毛的正常形态、生长和健康，保证生物膜的正常结构和功能。因而缺锌使上皮细胞角质化和脱毛。

③ 参与核酸、蛋白质和糖的代谢　锌通过调节酶的活性参与体内RNA、DNA和蛋白质的合成与代谢，还影响维生素A的代谢和生殖机能等生命活动。是多种金属酶的活化剂并维持激素的正常作用。二价锌离子对胰岛素分子有保护作用，还是胰岛素的组成成分，锌与胰岛素原形成可溶性聚合物有利于胰岛素发挥生理生化作用，即影响糖代谢过程。

锌的缺乏症表现在以下几方面。

① 种禽缺锌会导致种蛋在孵化中胚胎发育不正常，出现因股部发育不全使得孵出的雏禽不能站立，呼吸困难，甚至在胚胎发育过程中和出壳后突然死亡；产蛋母禽卵巢、输卵管发育不良，产蛋量和蛋壳品质下降；公禽睾丸发育不良，精子不能形成。生长禽缺锌则生长迟缓，腿骨短粗，跗关节或飞节肿大，皮炎，被羽发育不良，羽枝脱落，饲料利用率低，食欲减退，有时表现出啄羽、啄肛癖，胸腺、脾脏及腔上囊等淋巴器官萎缩，免疫力下降。

② 猪缺锌最初表现为食欲减退和生长受阻，继而出现典型的皮肤不全角化症，尤以幼龄仔猪发病率高。病猪表现皮肤出现红斑，上覆皮屑，随后皮肤变得干燥粗糙，形成污垢状痂块，以头、颈、背、腹侧、臀和腿部最为明显。常因蹭痒导致皮肤溃破，故锌可用于仔猪缺锌皮肤病的治疗。同时还表现为食欲差，腹泻，呕吐，背毛褪色胸腺萎缩，严重时死亡。初产母猪缺锌导致产仔少而小，血清和组织中含锌低。还导致公猪睾丸和仔猪胸腺发育受阻。仔猪缺锌时股骨变小，强度减弱。

③ 牛缺锌时，表现为精神不振，食欲下降，生长停滞，皮肤角化不全。骨骼发育异常，生殖机能低下。犊牛缺锌时日增重下降，采食量降低，精神萎靡不振，蹄肿胀开放，鳞片状损伤，脱毛，皮炎，角质化不全，伤口难以愈合。严重缺锌时，生长停止，在2周内即可显现。妊娠时缺锌，胎儿生长发育会受到严重影响。泌乳期间缺锌，导致新生犊生长缓慢。缺锌时唾液中含两个锌原子的蛋白味觉素分泌减少，故味觉、食欲减退。口腔黏膜增生和角质化。瘤胃和食道黏膜乳头状突起，面部产生湿疹，蹄叉腐烂。后肢弯曲，关节僵硬，跗关节前方呈软性肿胀，内含液体，患处掉毛，皮肤皱褶，牙周出血，牙龈溃疡，创伤愈合延迟。

④ 羊缺锌时，表现食欲下降，生长停滞，发育缓慢，皮肤增厚、皱褶，掉毛，

羔羊流涎，腕、跗关节肿胀，蹄部、眼周围皮肤出现裂缝。新角轮状结构消失，常见一种柔软的突起。未长角者可长期不长。蹄底磨损，蹄壳结构改变，被毛停止生长。公羊睾丸生长发育受阻。严重者出现睾丸萎缩，精子生成完全停止。

【注意事项】添加锌要适量，饲料中锌的使用安全性高，因而易引起麻痹思想，使饲料中锌的添加量过大，或搅拌混合不匀，导致家禽精神抑郁，羽毛蓬乱，肝、肾和脾脏肿大，肌胃角质层变脆甚至糜烂，生长迟缓，白肌病。母禽卵巢及输卵管萎缩，产蛋率降低，饲料转化率下降。1000mg/kg 日粮锌能够提高仔猪的免疫机能，但 5000mg/kg 日粮锌对仔猪免疫机能有显著抑制作用。

【配伍】当饲料中钙、铁、铜含量过高时，不利于锌的吸收。猪的高钙日粮可降低锌的吸收率，增加锌的排出量，从而提高需要量。而磷提高时，在一定程度上可降低锌的需要量。在钙、磷水平适宜的情况下，50mg/kg 锌可防止皮肤不全角化症，而当钙超过推荐量时，锌需要量提高 1 倍。锌与铜也有拮抗作用。生产上广泛使用高剂量铜作为生长促进剂，此时锌需要量相应提高；喂高锌饲料的母猪所产仔猪组织中铜含量降低，如果仔猪喂低铜饲料，会很快发生贫血。

【常用产品形式与规格】常用的补锌添加剂有硫酸锌、碱式碳酸锌、氯化锌等。

1. 硫酸锌

【理化特性】一水化合物分子式 $ZnSO_4 \cdot H_2O$，相对分子质量 179.45，含锌 36.4%，含硫 17.9%；七水化合物分子式 $ZnSO_4 \cdot 7H_2O$，相对分子质量 287.54，含锌 22.7%，含硫 11.1%；两种锌盐都是白色结晶或粉末，味涩，均溶于水，不溶于乙醇，水溶液为弱酸性。

【质量标准】饲料添加剂硫酸锌质量标准（GB/T 25865—2010）

项目		指标	
		$ZnSO_4 \cdot H_2O$	$ZnSO_4 \cdot 7H_2O$
锌含量/%	≥	34.5	22.0
砷含量/(mg/kg)	≤	5	5
铅含量/(mg/kg)	≤	10	10
镉含量/(mg/kg)	≤	10	10
过筛率(通过 250μm 试验筛)/%	≥	95	—
过筛率(通过 800μm 试验筛)/%	≥	—	95

【添加量】饲料添加剂硫酸锌安全使用规范（中华人民共和国农业部第 1224 号公告，2009）

通用名称	在配合饲料或全混合日粮中的推荐添加量(以元素计)/(mg/kg)		在配合饲料或全混合日粮中的最高限量(以元素计)/(mg/kg)
硫酸锌	猪 40～110 肉鸡 55～120 蛋鸡 40～80 肉鸭 20～60 蛋鸭 30～60	鹅 60 肉牛 30 奶牛 40 鱼类 20～30 虾类 15	代乳料 200 鱼类 200 宠物 250 其他动物 150

【应用效果】肉仔鸡：基础日粮中添加蛋氨酸锌和硫酸锌均能有效提高仔鸡生长和改善饲料效率；蛋氨酸锌组效果优于硫酸锌组；添加锌能提高胫骨、胰脏中锌含量；蛋氨酸锌组锌增加幅度高于硫酸锌组。

鱼：饲料中锌添加量为20mg/kg饲料促进了罗非鱼生长，使鱼体抗氧化功能增强。

肉牛：日粮补饲硫酸锌可以显著提高乙酸和总挥发性脂肪酸的浓度。

【参考生产厂家】招远市金涛合成材料有限公司，衡阳市东大化工有限公司，衡阳市绿野堂生物化工科技有限公司等。

2. 碱式碳酸锌

【理化特性】碱式碳酸锌为白色细微无定形粉末，无臭、无味，不溶于水和醇，微溶于氨，能溶于稀酸和氢氧化钠。与30%双氧水作用，释放出二氧化碳形成过氧化物。相对密度为4.42～4.45。在250～500℃按不同时间加热，冷至室温时可发生荧光现象。碳酸锌的热分解温度为350%。碳酸锌在90℃时放出一些二氧化碳，在350℃条件下1h完全分解。

【质量标准】饲料级碱式碳酸锌暂无国家标准，可参照企业标准HHXPQB-JSTSX—2005执行。

项　目	指　标	项　目	指　标
碳酸锌含量(以Zn计)/%	57～58	硫酸盐含量(以SO_4计)/%	0.05～0.60
灼烧失量/%	25.0～28.0	筛余率(过800μm湿筛)/%	1～3
重金属含量(以Pb计)/%	0.001～0.01	镉含量(以Cd计)/%	0.001
水分/%	1.0～2.0		

【制法】根据原料锌的溶出条件，碱式碳酸锌的制备方法分为酸浸法和氨浸法两种。

① 以菱锌矿为原料采用酸浸法制备碱式碳酸锌。

② 以高温焙烧的次氧化锌为原料采用氨浸法制备碱式碳酸锌。

③ 以工业硫酸锌为原料采用氨浸法制备碱式碳酸锌，工艺流程如图2-3所示。

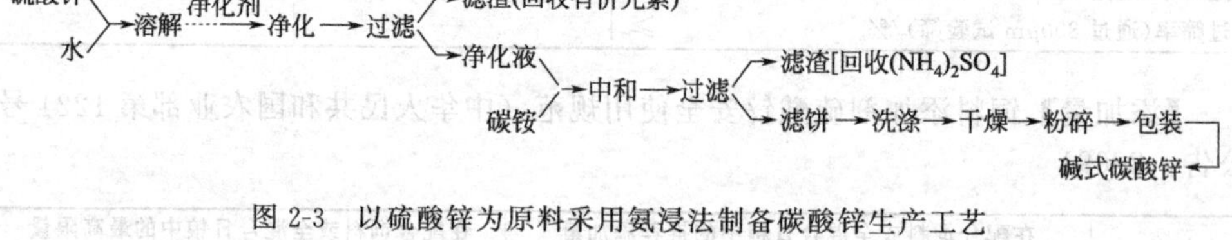

图2-3　以硫酸锌为原料采用氨浸法制备碳酸锌生产工艺

④ 以氧化锌矿粉制取锌盐的母液为原料，将母液升温到78～85℃，在不断搅拌中加入固体碳铵，控制反应物pH 6.0～6.5，反应终止，即可得到碱式碳酸锌。

⑤ 复分解法。

【应用效果】在400头4～10岁雄性梅花鹿日粮中添加0.5%碳酸氢钠，生茸期饲喂91天，其头茬三杈鲜茸增产极显著，产茸量提高14.80%，饲料利用率提高17.23%。

【注意事项】饲料级碱式碳酸锌对铅、砷、镉等重金属含量要求非常严格，这些含量超标会导致动物中毒，间接影响人类身体健康。

【参考生产厂家】江西宝海锌业有限公司，晋州市冀田锌业有限公司，湘潭银燕化工有限公司，石家庄泰鑫化工有限公司，阳谷中天锌业有限公司等。

3. 氯化锌

【理化特性】分子式 $ZnCl_2$，相对分子质量 136.29，含锌 48%，为白色六方晶系粒状结晶或粉末。熔点 283℃，沸点 732℃，易溶于水，溶于甲醇、乙醇、甘油、丙酮、乙醚，不溶于液氮。潮解性强，能在空气中吸收水分而潮解，其有溶解金属氧化物和纤维素的特性。氯化锌有毒性和腐蚀性，应慎用。

【质量标准】饲料添加剂碱式氯化锌质量标准（GB/T 22546—2008）

项目	指标	项目	指标
碱式氯化锌含量/%	≥98.0	铅含量/%	≤0.0008
锌含量(以 Zn 计)/%	≥58.06	镉含量/%	≤0.0005
氯含量(以 Cl 计)/%	12.00～12.86	过筛率(通过孔径为 0.1mm 试验筛)/%	≥99.0
砷含量/%	≤0.0005		

【制法】采用配位催化均匀沉淀法，在 pH 5.5～6.5、温度 70～80℃的条件下，采用适宜的搅拌速度、催化剂浓度、加料速度等条件，合成的碱式氯化锌纯度大于 98%，锌含量大于 60%，粒径 30～150μm，具有流动性好、粉尘小、不吸潮、不结块等优点，物化性质适合作饲料添加剂使用，且其含锌量是现在所用的饲料级 $ZnSO_4 \cdot 7H_2O$ 的 2.69 倍，可大大减少添加剂使用量，生物利用率较高，减少了排泄造成的环境污染，因而在饲料行业具有很好的应用前景。

【应用效果】仔猪：碱式氯化锌组、氧化锌高锌组显著提高仔猪日增重，碱式氯化锌组饲料转化率最高，碱式氯化锌组和氧化锌高锌组的腹泻指数较低，证明用碱式氯化锌作锌源，锌利用率更高，较低的添加水平能达到氧化锌高锌相同甚至更好的饲喂效果。

牛：$ZnCl_2$处理可以降低饲料蛋白质在瘤胃的降解率，能够保护饲料蛋白质，提高过瘤胃蛋白的数量。0.5% $ZnCl_2$处理可分别降低豆粕、棉籽粕、菜籽粕和胡麻粕蛋白质有效降解率 8.2%、3.8%、14.9%和 9.8%。从降解动力学分析，$ZnCl_2$处理降低了饲料蛋白质的快速降解部分和降解速度，从而降低了蛋白质的有效降解率。

【参考生产厂家】东台市沿海锌业有限公司，潍坊东方盛化工有限公司等。

(四) 补锰添加剂

【理化特性】锰的化学符号为 Mn，英文名 manganese，原子序数 25，在元素周期表Ⅶ族元素，相对原子质量 54.93。在自然界中没有发现游离状态的锰，一般以化合物的形式存在于动物和植物中。

【生理功能与缺乏症】① 生理功能

a. 酶的组成成分　锰是机体中精氨酸酶、脯氨酸肽酶、丙酮酸羧化酶、RNA

多聚酶、超氧化物歧化酶等酶的组成成分。近年的研究发现，哺乳动物的衰老，可能与Mn-SOD减少所引起的抗氧化作用减弱有关，锰作为金属辅基为Mn-SOD活性所必需。增加锰可以提高非特异性免疫中酶的活性，从而增强巨噬细胞的杀伤力。钙是补体的激活剂，对免疫系统有多种作用，钙与锰在激活淋巴细胞作用上有协同作用。锰影响嗜中性白细胞对氨基酸的吸收。锰缺乏会造成白细胞机能障碍，机体特定免疫力下降。

b. 锰与生殖　锰是促进动物性腺发育和内分泌功能的重要元素之一。缺锰时雄性动物睾丸的曲精细管发生退行性变化，精子数量减少，性欲减退或失去配种能力；雌性动物的性周期紊乱、受胎率降低、发情期延迟和患不育症等。锰可刺激机体中胆固醇的合成，缺锰所引起的不育症是由于影响了以胆固醇为原料的性激素合成的结果。

c. 锰与造血及其他　锰与造血功能密切相关，在胚胎早期肝脏里就聚集了大量的锰，胚胎期的肝脏是重要的造血器官。若给贫血动物补充小剂量的锰或锰与蛋白质的复合物，就可以使血红蛋白、中幼红细胞、成熟红细胞及循环血量增多。锰还可以改善机体对铜的利用，铜可调节机体对铁的吸收利用以及红细胞的成熟与释放。锰还与卟啉的合成有关。锰具有刺激胰岛素分泌、促甲状腺和促红细胞生成的作用。缺锰则动物的胰腺发育不全，胰岛素中的B细胞和胰岛素分泌均减少，致使机体中葡萄糖的利用率降低。锰可以与氨基酸形成螯合物参与氨基酸代谢。骨骼和肝中贮存大量的锰，这些锰在机体需要时可以稳定地释放出来，胎盘也可以稳定快速地转运锰来满足胎儿的发育。

② 锰缺乏症

a. 禽　家禽缺锰会导致骨骼异常，啄癖现象加重。雏鸡表现为"滑腱症"，运动失调，难以觅食和饮水，逐渐消瘦以致死亡。母鸡表现为产蛋量下降，蛋壳变薄，无壳蛋发生率增加，种蛋受精率和孵化率明显降低。周明等试验表明，AA肉仔鸡（1~7周龄）采食低锰（23~24mg/kg）饲粮，可产生较典型缺锰症，主要表现为腿异常。组织生化分析表明，缺锰鸡血清、心、肝、胰、胸肌中锰含量和含锰酶Mn-SOD活性都低，导致鸡生长速度下降，鸡体重较小。鸡缺锰还特异地影响胸肌生长发育，表现为胸肌纤维直径较小。

b. 猪　缺锰的幼猪及生长猪表现为生长迟缓，骨质疏松，运动失调，关节肿大；母猪则出现发情周期不正常，流产及死仔数增加，泌乳量低；公猪睾丸退化，丧失生殖能力。

c. 反刍家畜　奶牛日粮中锰缺乏将表现出脂肪合成代谢受阻、骨骼变态、伴有无繁殖机能、怀孕牛流产和新生犊牛骨骼变态等症状。Ahke等试验证明，锰能加强胚胎的着床，提高产仔数；缺锰时往往使奶牛发情不明显，且导致雌性胎儿死亡，致使其后代的性别移位，出生的公犊增加，并因此而推断雌性胎儿对锰的需要量较大。锰缺乏将会导致牛生长缓慢，犊牛和母牛的毛色不齐，囊性卵巢的发病率增加。正常奶牛卵巢中锰的含量高于患有囊性卵巢病奶牛卵巢中的锰含量。锰可以改变母牛雌激素和孕酮等性激素的合成，影响卵巢黄体的代谢，降低高产奶牛产乳热的发病率。

【常用产品形式与规格】常用的补锰添加剂有五水硫酸锰、碳酸锰、氯化锰等。

1. 五水硫酸锰

【理化特性】分子式 $MnSO_4 \cdot 5H_2O$，相对分子质量 277.10，含锰 19.8%，含硫 13.3%。淡红色结晶，结晶水多的颜色稍深。易溶于水，不溶于乙醇，室温下稳定。

【质量标准】饲料级硫酸锰质量标准（HG 2936—1999）

项　目	指　标	项　目	指　标
硫酸锰含量(以 Mn 计)/%	≥98.0	铅含量/%	≤0.001
硫酸铜含量/%	≥31.8	水不溶物含量/%	≤0.05
砷含量/%	≤0.0005	过筛率(通过 250μm 试验筛)/%	≥95

【制法】软锰矿法：将软锰矿与煤粉按一定比例混合，经还原焙烧得到一氧化锰，冷却后的一氧化锰与硫酸进行酸解反应即得硫酸锰，经压滤、静置沉降除去杂质、过滤、浓缩、结晶、分解、干燥得成品为含一个分子结晶水的硫酸锰。分离母液返回酸解反应循环使用。

对苯二酚副产物回收法：对苯二酚生产副产废液中含有硫酸锰和硫酸铵，加入石灰乳使硫酸铵生成硫酸钙沉淀析出，再经脱氨后即得硫酸锰，经浓缩结晶、分离，干燥即得含一个分子结晶水的硫酸锰，除去硫酸铵反应如下：$(NH_4)_2SO_4 + Ca(OH)_2 \longrightarrow CaSO_4\downarrow + 2NH_3\uparrow + 2H_2O$。

【添加量】饲料添加剂硫酸锰安全使用规范（中华人民共和国农业部第 1224 号公告，2009）

通用名称	在配合饲料或全混合日粮中的推荐添加量(以元素计)/(mg/kg)		在配合饲料或全混合日粮中的最高限量(以元素计)/(mg/kg)
硫酸锰	猪 2～20 肉鸡 72～110 蛋鸡 40～85 肉鸭 40～90 蛋鸭 47～60	鹅 66 肉牛 20～40 奶牛 12 鱼类 2.4～13.0	鱼类 100 其他动物 150

【注意事项】硫酸锰具刺激性。吸入、摄入或经皮吸收有害。长期吸入该品粉尘，可引起慢性锰中毒，早期以神经衰弱综合征和神经功能障碍为主，晚期出现震颤麻痹综合征。对环境有危害，对水体可造成污染。

【应用效果】选用 1 日龄 AA 肉仔鸡 180 只进行饲养试验，以玉米-豆粕型日粮为基础日粮，添加硫酸锰 120mg/kg，蛋氨酸螯合锰 60mg/kg，蛋氨酸螯合锰 30mg/kg 和硫酸锰 60mg/kg，结果表明 3 种方式添加锰对肉仔鸡生产性能无显著影响，但共同添加组的饲料成本有所降低，在肉仔鸡日粮中以共同添加蛋氨酸螯合锰和硫酸锰效果最佳。

【参考生产厂家】中信大锰矿业有限责任公司，广西远辰锰业有限公司，广西钦州蓝天化工矿业有限公司，广西德天化工循环股份有限公司，邵阳市天龙化工厂，广西南宁骏威饲料有限公司，成都蜀星饲料有限公司等。

2. 碳酸锰

【理化特性】又称碳酸亚锰，分子式 $MnCO_3$，相对分子质量 114.94，含锰 47.79%。白色或淡褐色粉末，难溶于水，稍溶于含有 CO_2 的水，可溶于稀酸，不溶于乙醇。

【制法】碳酸锰的生产方法主要有金属锰法、复分解法、软锰矿法、菱锰矿法等。

① 金属锰法　将金属锰溶解于硝酸进行反应，生成的硝酸锰溶液用硫化氢净化除重金属，过滤后将硝酸锰净化液与碳酸氢铵进行复分解反应，生成碳酸锰，沉淀物经洗涤、过滤、脱水、干燥，制得高纯碳酸锰成品，金属锰法制备碳酸锰的工艺流程见图 2-4。

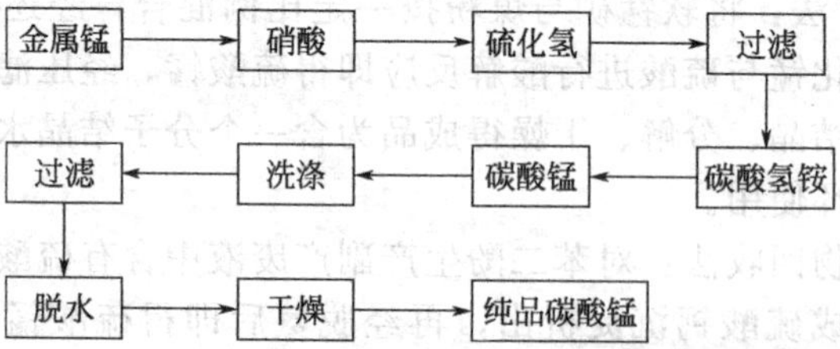

图 2-4　金属锰法制备碳酸锰的工艺流程

② 复分解法　在反应器中用水或蒸气溶解硫酸锰，过滤除去不溶物，再用硫化氢净化以除去重金属等杂质，加热煮沸、趁热过滤，制得纯净的硫酸锰溶液。然后在反应器中与碳酸氢铵溶液于 25～30℃下进行复分解反应，生成碳酸锰，沉淀再经吸滤、洗涤、脱水后，在 80～90℃下进行热风干燥，制得碳酸锰成品。

③ 软锰矿法　软锰矿粉与煤粉混合，经还原焙烧、硫酸浸取，得硫酸锰溶液，过滤后与碳酸氢铵中和，再经真空过滤、脱水、干燥，制得碳酸锰。

④ 菱锰矿法　将硫酸溶液和菱锰矿粉按一定比例混合进行反应，生成的硫酸锰溶液经净化、分离，加碳酸氢铵中和，再经洗涤、脱水、干燥，制得碳酸锰产品。

⑤ 氯化锰法　用氯化锰制取低重金属碳酸锰，其氯化锰来源，可利用浓盐酸与经还原焙烧的一氧化锰或与菱锰矿反应制取，或用制取硫酸锰后的渣或其他锰盐下脚料与盐酸反应制得。将氯化锰溶液在 pH 约为 5 的条件下，加入硫氢化钠除去重金属离子，然后加入沉降剂进行沉降，过滤得氯化锰净化液，滤液中加入计算量的固体碳酸氢铵进行中和反应，经过滤、洗涤、干燥，制得低重金属含量碳酸锰成品。中和后过滤母液为氯化铵溶液，经蒸发浓缩、结晶分离、干燥可回收氯化铵。

⑥ 硝酸锰法　将经过提纯的硝酸锰和碳酸氢钠分别溶解于水，制成 10% 的溶液，然后在搅拌下将硝酸锰溶液加热到浓度为 50%，加到碳酸氢钠溶液中，进行反应：$Mn(NO_3)_2 + 2NaHCO_3 = MnCO_3 + 2NaNO_3 + CO_2\uparrow + H_2O$。当 CO_2 不再逸出时，静置，待澄清后倾出上层清液，用被 CO_2 饱和的冷水洗涤至滤液中不含硝酸钠，抽滤后，在 80℃左右的干燥热风中干燥即可。

【注意事项】碳酸锰有止泻作用，一般用量不应超过0.5%。

【应用效果】日粮添加碳酸锰饲喂雏鸭，可以降低心和肾锌含量，提高骨铁和铜含量，饲粮锰不足导致雏鸡钴和铜缺乏，心和肾锌含量上升。

【参考生产厂家】上海祥钛化工有限公司，上海罗普斯金科技有限公司，上海龙曼化工有限公司，上海高全化工有限公司，宜昌金川生物科技开发有限公司，上海江沪化工有限公司，衡阳市绿野堂生物化工科技有限公司，江苏康维生物有限公司等。

3. 氯化锰

【理化特性】分子式 $MnCl_2 \cdot 5H_2O$，相对分子质量 197.90，含锰 27.8%，玫瑰色单斜晶体，熔点 58℃，易溶于水，溶于醇，不溶于醚，有吸水性，易潮解。

【质量标准】氯化锰质量标准（美国《食品化学药典》）

项　目	指　标	项　目	指　标
氯化锰含量(以 $MnCl_2 \cdot 5H_2O$ 计)/%	≥98.0～102.0	硫酸盐含量(以 SO_4^{2-} 计)/%	≤0.02
硫化氢不沉淀物含量(灼烧后)/%	≤0.2	重金属含量(以 Pb 计)/%	≤0.001
水不溶物含量/%	≤0.005	砷含量(以 As 计)/%	≤0.0003
		pH 值(5%水溶液)	4.0～6.0

【制法】① 菱锰矿-盐酸法　经粉碎的菱锰矿在反应器中与过量盐酸反应完全后，加入石灰进行中和过量盐酸，控制 pH=4 左右，加入过氧化氢除去铁。然后在溶液中加入硫酸锰除去钙，净化后的溶液经蒸发、过滤，再蒸发浓缩、冷却结晶、离心分离，制得氯化锰成品。菱锰矿-盐酸法制各氯化锰的工艺流程，见图 2-5。

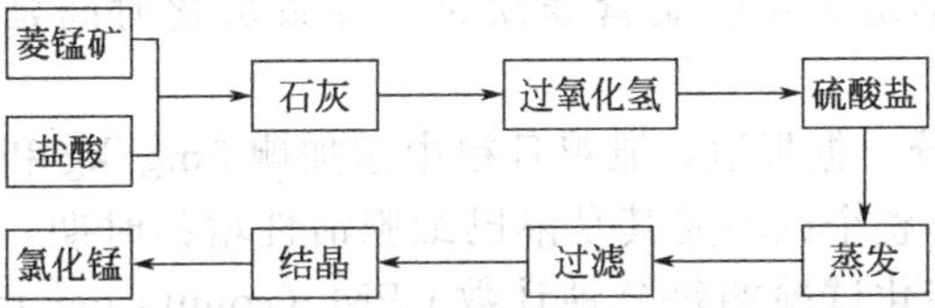

图 2-5　菱锰矿-盐酸法制各氯化锰的工艺流程

② 软锰矿-盐酸法　将软锰矿与煤粉混合、还原焙烧生成一氧化锰，或锰矿直接与盐酸反应，经过滤除杂、浓缩、冷却结晶、离心分离，制得氯化锰成品。

【添加量】饲料添加剂安全使用规范（中华人民共和国农业部第 1224 号公告，2009）

通用名称	在配合饲料或全混合日粮中的推荐添加量(以元素计)/(mg/kg)	在配合饲料或全混合日粮中的最高限量(以元素计)/(mg/kg)	
氯化锰	猪 2～20 肉鸡 74～113	鱼类 100 其他动物 150 猪 400 禽 300	牛、羊 1000 马 5 兔 400

【注意事项】超量添加本品会引起锰中毒，锰中毒可以分急性和慢性中毒。急性中毒主要是由含锰的微尘引起的，其毒性的大小和微尘的颗粒有关，颗粒越微小，毒性越大。锰蒸气的毒性大于锰尘，而锰尘又以自然来源的新鲜粉尘毒性较大，误服高锰酸钾也可发生急性中毒。

大量吸入新生的氧化锰烟雾后，人可出现头昏、头痛、恶心、胸闷、咽干、气短、寒颤、高热。数小时以至1～2天后热退，全身大汗，四肢无力，即锰的"金属烟雾热"。在长期接触锰的职业活动中，常因防护不当而引起慢性锰中毒。为保护接触者的身体健康，应有效地防止慢性锰中毒。

【参考生产厂家】南京迈斯特凯化工有限公司，淮安市蓝天化工有限公司，天津金汇太亚化学试剂有限公司，天津市百世化工有限公司，北京恒业中远化工有限公司等。

（五）补碘添加剂

【理化特性】碘是一种卤族化学元素，它的化学符号是I，它的原子序数是53，碘是动物的必需微量元素。

【生理功能与缺乏症】① 调节代谢和维持体内热平衡　甲状腺参与氧化磷酸化过程，促进三磷酸循环中的生物氧化过程。

② 影响组织系统的生长发育　甲状腺激素对中枢神经系统、骨骼系统、心血管系统和消化系统的发育很重要。

③ 影响繁殖机能　碘刺激促甲状腺释放激素（TRH）的分泌。而TRH又可促进有关生殖激素的分泌，从而间接影响动物的繁殖机能。碘摄入不足使甲状腺激素合成与分泌受阻，使其不能有效地调节垂体前叶促甲状腺素及促性腺素的释放。缺碘导致动物生殖紊乱，发情受抑制甚至不育。公鸡缺碘性欲降低，精液品质下降。种蛋中碘不足引起胚胎营养缺乏，导致孵化时间延长，雏鸡腹部收缩不全。

④ 影响免疫系统　据报道，雏鸡日粮中添加碘5mg/kg和50mg/kg对细胞免疫有明显增强作用，整个试验尤其是淋巴细胞活性增强时期，加碘组的T细胞百分含量和淋巴细胞转化试验的每分钟计数CPM（counts per minute）值均显著高于对照组，表明其细胞免疫增强。

⑤ 影响动物毛皮状况　缺碘会导致被毛、皮肤干燥、污秽、生长缓慢，甚至脱毛、皮肤增厚、羽毛失去光泽、被毛纤维化。

动物缺碘可导致一系列生化紊乱及生理功能异常，主要导致基础代谢率及活力下降。表现为：甲状腺肿大，缺碘幼畜生长迟缓，骨架短小成侏儒；母畜则引起胚胎早期死亡，胚胎被吸收，流产，产"无毛猪"，全身黏液性水肿，皮变厚，颈粗，弱仔，成活率低。奶牛产奶需较多的碘，易引起缺碘，造成代谢紊乱，影响泌乳。缺碘奶牛还表现为不排卵，出现软骨病。动物对碘有较高的耐受性，安全限较宽，不易产生中毒。

【配伍】铁和碘有相互影响的作用，增加铁可减少碘过多的不良影响。

【常用产品形式与规格】常用的补碘添加剂有碘化钾、碘酸钾、碘酸钙等。

1. 碘化钾

【理化特性】分子式 KI，相对分子质量 166.00，含碘 76.4%，含钾 23.6%。无色或白色立方晶体，无臭，有浓苦味，熔点 681℃，沸点 1330℃。易溶于水，溶于乙醇、甲醇、丙酮、甘油和液氨，微溶于乙醚。在湿空气中易潮解，遇光或空气能析出游离碘而呈黄色，在酸性溶液中更易变黄。游离出的碘对维生素、抗生素等有破坏作用。

【质量标准】饲料级碘化钾质量标准（HG 2939—2001）

项　目	指　标	项　目	指　标
碘化钾含量(以 KI 计)/%	≥99.0	钡含量(以 Ba 计)/%	≤0.001
碘化钾含量(以 I^- 计)/%	≥75.7	澄清度	澄清
砷含量/%	≤0.0002	过筛率(过孔径 800μm 试验筛)/%	≥95
重金属含量(以 Pb 计)/%	≤0.001		

【制法】① 还原法　将工业碘片加入带搅拌的反应器，加水，缓慢加入氢氧化钾溶液，反应完全时，pH 为 5～6，溶液呈紫褐色，容器中出现部分碘酸钾结晶，再慢慢加入甲酸，还原碘化钾，经甲酸还原后的溶液再去不溶物，蒸发浓缩至大部分结晶析出，再经冷却结晶，离心分离，将结晶在 110℃干燥，得成品。

② 铁屑法　铁屑法的原料为碘片、铁屑、碳酸钾，碘与铁屑之比为 3.3∶1。

③ 中和法　氢碘酸与碳酸钾在氢气流中反应而得，$K_2CO_3+2HI \longrightarrow 2KI+H_2O+CO_2$。

④ 硫化物法　由硫酸钾与硫化钡作用生成硫化钾，后者再与碘反应，除去硫黄，浓缩、干燥而得成品。

铁屑原料易得，廉价、安全、易操作，但收率较低；还原法工艺较简单，但生产过程中有碘酸盐生成，不宜作食品、饲料添加剂。中和法产品纯度高，但用到腐蚀性强的氢碘酸，需注意安全防护。另外，有利用碘化铵废水提取后与铁屑、碳酸钾反应制取碘化钾的综合利用法。碘化钾生产流程见图 2-6。

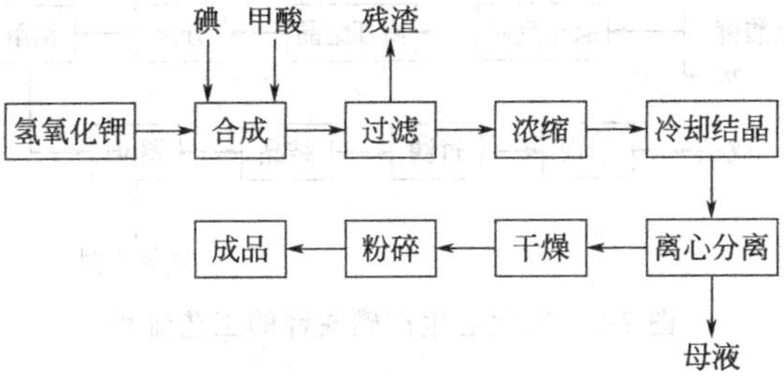

图 2-6　碘化钾的生产流程

【添加量】饲料添加剂安全使用规范（中华人民共和国农业部第 1224 号公告，2009）

通用名称	在配合饲料或全混合日粮中的推荐添加量(以元素计)/(mg/kg)	在配合饲料或全混合日粮中的最高限量(以元素计)/(mg/kg)
碘化钾	猪 0.14 家禽 0.1～1.0 牛 0.25～0.80 羊 0.1～2.0 水产动物 0.6～1.2	蛋鸡 5 奶牛 5 水产动物 20 其他动物 10

【注意事项】按规定量添加，碘用量过大，可导致高碘甲状腺肿大，引起动物中毒。

【参考生产厂家】四川省简阳市双鹏化工厂，南京大唐化工有限公司，南京汉合实业有限公司，青岛金海碘化工有限公司，青岛华尔威化工有限公司，中山市科佳力饲料发展有限公司，广州市益海通化工有限公司等。

2. 碘酸钾

【理化特性】分子式 KIO_3，相对分子质量为 214.02，含碘 59.3%，含钾 18.3%。无色单斜晶系结晶或白色粉末，无臭，熔点 560℃，溶于水、稀酸、乙二胺和碘化钾水溶液中，微溶于液体二氧化硫，不溶于醇和氨水。本品具有较高的稳定性，加热至约 500℃时分解为碘化钾和氧气。160℃以下不吸收水分，与可燃物体混合，如遇撞击即发生爆炸。

【质量标准】饲料级碘酸钾质量标准（NY/T 723—2003）

项　目	指　标	项　目	指　标
碘酸钾含量/%	≥99.0	重金属含量(以 Pb 计)/%	≤0.001
碘酸钾含量(以 I^- 计)/%	≥58.7	氯酸盐含量/%	≤0.01
总砷含量/%	≤0.0003	干燥失重率/%	≤0.5

【制法】① 直接氧化法　国内碘酸钾生产一般采用氯酸钾氧化法，在酸性环境下（pH=1），将碘和氯酸钾按配料比为 I_2 ∶ $KClO_3$ = 21 ∶ 20 和水加入反应器中，用硝酸调节溶液 pH 为 1～2，在搅拌下于 80～90℃使溶液沸腾 1h 反应完全，并逐出氯气，该过程为氧化还原反应，生成碘酸氢钾，经冷却结晶脱水，得碘酸氢钾干品，俗称粗晶。粗晶用氢氧化钾溶液中和精制，经过滤、重结晶、脱水、干燥，得碘酸钾成品。氧化法生产碘酸钾的工艺流程见图 2-7。

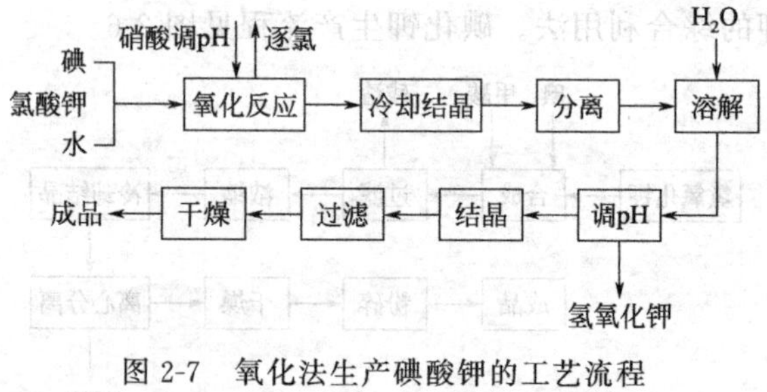

图 2-7　氧化法生产碘酸钾的工艺流程

② 电解法　食品级碘酸钾常采用电解法制取。与直接氧化法相比，电解法制备 KIO_3，可提高原料利用率，减少对环境污染。常用的电解法又有两种，以氯为媒介的间接氧化法和碱介质直接电解法。

a. 以氯为媒介的间接氧化法　将 200 目细度 CP 级碘粉、AR 级 KCl 加入阳极中，阴极加入 AR 级 KCl，阴、阳极各加蒸馏水 80mL，TiO_2/RuO_2 金属阳极，Pt 丝阴极，阳离子交换树脂隔膜，冷却水温度为 8℃，剧烈搅拌，使 I_2 粉悬浮。恒电流电解，电流强度 20mA/cm^2。电解结束后取出阳极液（pH=1～2)。加热赶出

Cl_2，在酸度计控制下用 KOH 溶液调 pH=7，蒸发、结晶、过滤后再重结晶一次得白色结晶。

b. 碱介质直接电解法 将 CP 级 I_2 粉、AR 级 KOH 加入阳极中，阴极加入 AR 级 KOH。TiO_2/RuO_2 金属阳极，Pt 丝阴极。恒电流电解，电流强度 50mA/cm^2。电解结束后取出阳极液，蒸发结晶得白色疏松状晶体，过滤洗涤后溶于水，在酸度计监控下加入稀 HCl 至 pH=7，蒸发结晶过滤后得白色结晶。反应式为：$KI+3H_2O \xlongequal{\text{通电}} KIO_3+3H_2\uparrow$。

【添加量】饲料添加剂碘酸钾安全使用规范（中华人民共和国农业部第 1224 号公告，2009）

通用名称	在配合饲料或全混合日粮中的推荐添加量（以元素计）/(mg/kg)	在配合饲料或全混合日粮中的最高限量（以元素计）/(mg/kg)
碘酸钾	猪 0.14 家禽 0.1～1.0 牛 0.25～0.80 羊 0.1～2.0 水产动物 0.6～1.2	蛋鸡 5 奶牛 5 水产动物 20 其他动物 10

【注意事项】碘酸钾助燃，具刺激性，具燃爆危险和健康危害。与还原剂、有机物、易燃物如硫、磷或金属粉末等混合可形成爆炸性混合物。与可燃物形成爆炸性混合物。对上呼吸道、眼及皮肤有刺激性。大剂量摄入会造成人及动物机体一些组织器官损伤。

【参考生产厂家】自贡市金典化工有限公司，湖南省湘澧盐矿盐兴实业有限公司，郑州金利生物科技有限公司，上海津颂实业有限公司，青岛华尔威化工有限公司等。

3. 碘酸钙

【理化特性】六水碘酸钙分子式 $Ca(IO_3)_2 \cdot 6H_2O$，相对分子质量 498.02，含碘 25.2%；一水碘酸钙分子式 $Ca(IO_3)_2 \cdot H_2O$，相对分子质量 407.90，含碘 62.22%，含钙 9.83%；无水碘酸钙分子式 $Ca(IO_3)_2$，相对分子质量 389.90，含碘 65.1%，含钙 10.3%；都是白色结晶性粉末。稳定性比碘化钾高。无味、难溶于水和乙醇，在硝酸和盐酸溶液分解，在草酸溶液里完全分解。不溶于硫酸，但与稀硫酸一起加热，碘酸钙大部分转化为 $CaSO_4$ 和 HIO_3。$Ca(IO_3)_2 \cdot 6H_2O$ 在100～160℃脱去 5 个结晶水，在 160～540℃生成 $Ca(IO_3)_2$，继续加热则分解成 $Ca_5(IO_6)_2$、I_2 和 O_2。

【质量标准】饲料级碘酸钙质量标准（HG/T 2418—2011）

项 目	指 标
碘酸钙含量[以 $Ca(IO_3)_2 \cdot H_2O$ 计]/%(质量分数)	99.32～101.1
碘酸钙含量(以 I^- 计)/%(质量分数)	61.8～62.8
砷含量(以 As 计)/%(质量分数)	≤0.0005
重金属含量(以 Pb 计)/%(质量分数)	≤0.001
氯酸盐	通过试验
过筛率(通过 180μm 试验筛)/%	≤95

【制法】① 直接合成法 以碘为原料，在 10～15℃时，在碘和水的混合物中通入氯气，使之全部变为碘酸，然后加氢氧化钙或氧化钙，调 pH=7，沉淀物经洗

涤，110℃烘干得 $Ca(IO_3)_2 \cdot H_2O$。在饱和的 $Ca(OH)_2$ 溶液里加入过量的碘，也可制得碘酸钙。

② 钙盐-碘酸钾复分解法　在搅拌下，向氯化钙（或硝酸钙）溶液中，加入理论量的碘酸钾（碘酸钠）溶液，反应产生的沉淀，经水洗、室温干燥，即得六水碘酸钙，在110℃下干燥得一水碘酸钙，复分解法工艺流程见图2-8。

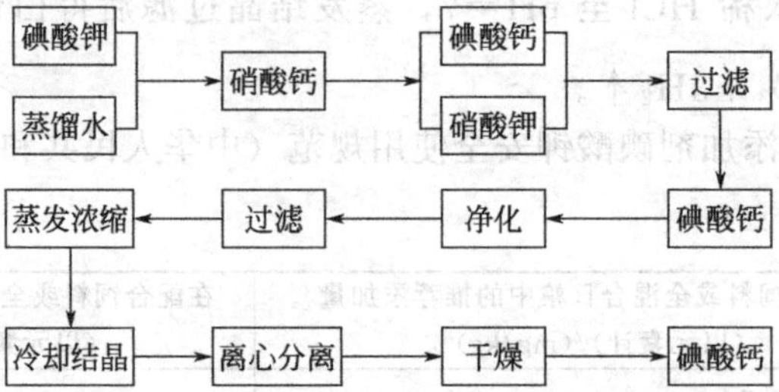

图2-8　复分解法制备碘酸钙的工艺流程

③ 碘酸-碳酸钙合成法　将碘酸与碳酸钙在浓盐酸溶液中反应，然后浓缩，即得碘酸钙结晶。

④ 碱金属碘化物法　以碱金属碘化物为原料，在其水溶液中加入 Na_2CO_3，再通氯气，反应温度控制在40～60℃，当反应混合物的 pH 达到6～8时，停止通氯，然后加入氯化钙水溶液产生沉淀，将沉淀洗涤，干燥得成品。

【添加量】饲料添加剂碘酸钙安全使用规范（中华人民共和国农业部第1224号公告，2009）

通用名称	在配合饲料或全混合日粮中的推荐添加量（以元素计）/(mg/kg)		在配合饲料或全混合日粮中的最高限量（以元素计）/(mg/kg)	
碘酸钙	猪 0.14 家禽 0.1～1.0 牛 0.25～0.80	羊 0.1～2.0 水产动物 0.6～1.2	蛋鸡 5 奶牛 5	水产动物 20 其他动物 10

【应用效果】随饲料中碘酸钙添加量增加，鸡蛋中碘的含量随之显著提高。饲料中添加碘酸钙可以有效地调控鸡蛋中碘的含量，饲料中添加20mg/kg的碘酸钙较为适宜。

【注意事项】碘酸钙有毒，对眼睛、皮肤、黏膜有刺激作用。接触皮肤后应立即脱去被污染的衣着，用大量清水冲洗，至少15min。接触眼睛后，立即提起眼睑用大量流动清水或生理盐水冲洗至少15min。饲料中超量添加碘酸钙易引起中毒。

【参考生产厂家】百灵威科技有限公司，萨恩化学技术（上海）有限公司，北京恒业中远化工有限公司，自贡市金典化工有限公司，山东科伦化工科技开发总公司，河北远大动物药业有限公司，黄骅市津骅添加剂有限公司，哈尔滨环邦化工有限公司等。

（六）补硒添加剂

【理化特性】硒是一种化学元素，化学符号是Se，英文selenium，相对原子质量 78.96，硒是人和动物必需的微量元素之一。硒能使大鼠免遭膳食性的肝坏死，硒是机体不可缺少的一种微量元素。

【生理功能与缺乏症】① 抗氧化作用，清除自由基。作为 GSH-Px 的活性中心，能减轻自由基所致的脂质过氧化连锁反应，保护蛋白质、DNA 及生物膜的完整性，防止心肌病发生，延缓衰老。

② 是肌肉的正常成分。适当提高日粮中硒水平可改善肉品质量。

③ 影响繁殖机能。硒能影响雄性生殖器官的发育和精子生成。日粮中添加充足的硒对精子生成和提高母猪的受胎率有非常重要的意义。硒的摄入量不足会降低母猪肌肉弹性和肌肉强度，从而延长分娩时间，提高死亡率。

④ 改善羽毛的生长。硒广泛存在于家禽体内各组织中，肌肉中占 50%，其次为羽毛，占 14%～15%。补充足量的硒可增加硒在体内的沉积，增加羽中硒含量，促进羽毛中角蛋白的合成。

⑤ 调节免疫系统。缺硒可影响免疫系统的各个方面。补硒可使细胞免疫、体液免疫、非特异性免疫功能得到改善。作用机制之一可能是含硒的 GSH-Px 的活性增强，可以减少免疫细胞内过氧化脂质的堆积，从而增强免疫细胞的功能。

⑥ 解毒。硒有解毒的作用，可减轻重金属镉、铅对机体造成的伤害。

⑦ 抗癌作用。硒能抑制淋巴肉瘤的生长，对人的急性和慢性白血病有治疗作用。缺硒可致羊的肌营养不良，特别是骨骼肌和心肌颜色变浅，称为白肌病。在其他家畜及野生动物中也发现白肌病，动物可发生广泛的心肌坏死。单纯缺硒而维生素 E 正常时，禽类生长障碍，羽毛失常，胰腺纤维变性。缺硒的大鼠可出现发育障碍、生殖障碍和精子异常。

【常用产品形式与规格】常用的补硒添加剂有亚硒酸钠、硒酸钠。

1. 亚硒酸钠

【理化特性】分子式 Na_2SeO_3，相对分子质量 163，含硒 45.7%。无色至粉红色结晶性粉末，易溶于水，不溶于乙醇，剧毒。

【质量标准】饲料级亚硒酸钠质量标准（NY 47—1987）

项　目	指　标	项　目	指　标
亚硒酸钠含量(以 Na_2SeO_3 干基计)/%	≥98.0	水分/%	≤2.0
亚硒酸钠含量(以 Se 干基计)/%	≥44.7	稀酸盐及硫酸盐	合格
澄清度	澄清		

【制法】在一定条件下，硒与氧反应生成二氧化硒，再将二氧化硒制成硒酸，用氢氧化钠中和，即生成亚硒酸钠。将硒粉置于合成塔内，通入干燥氧气流加热到 800℃，在催化剂（硝酸钠、氯酸钠）作用下，氧化成 SeO_2，冷却后用水吸收。亚硒酸溶液与氢氧化钠中和反应放热，需用水冷却。在 40℃以下结晶为五水化合物，40℃以上结晶为无水化合物。常采用 50℃以上温度结晶。中和时 pH 控制在 10～11，结晶前可加活性炭脱色、过滤。

【添加量】饲料添加剂亚硒酸钠安全使用规范（中华人民共和国农业部第 1224 号公告，2009）

通用名称	在配合饲料或全混合日粮中的推荐添加量（以元素计）/(mg/kg)	在配合饲料或全混合日粮中的最高限量（以元素计）/(mg/kg)
亚硒酸钠	畜禽 0.1～0.3 鱼类 0.1～0.3	0.5

【应用效果】牛：在预产期前60～70天奶牛肌注亚硒酸钠50mL/头，出生犊牛再肌注5ng/头，母牛产后胎衣滞留率和发烧头数均有所降低，而产后60天日产奶量极显著提高，处理组犊牛的初生重及60日龄个体日增重也极显著提高，其发病率和死亡率显著降低。

肉鸡：亚硒酸钠组、酵母硒组和蛋氨酸硒组肉鸡日增重、采食量和料肉比差异均不显著；亚硒酸钠组、酵母硒组和蛋氨酸硒组，肉色、肌肉pH值、水分、肌间脂肪、剪切力差异均不显著；酵母硒组和蛋氨酸硒组，肌肉滴水损失均显著降低；酵母硒组和蛋氨酸硒组浆、肝脏、肌肉硒含量和GSH-Px活性均比对照组和亚硒酸钠组显著提高。

【注意事项】亚硒酸钠毒性很大，易引起家畜的急、慢性中毒。

【参考生产厂家】山西乐达生化有限公司，济南华鲁中牧化工有限公司，黄骅市津骅添加剂有限公司，郑州兴禾化工产品有限公司，郑州四阳化工产品有限公司等。

2. 硒酸钠

【理化特性】分子式 $NaSeO_4 \cdot 10H_2O$，相对分子质量369.11，含硒21.4%。白色结晶，易溶于水。稳定性弱于亚硒酸钠。本品是硒与碳酸钠共热生成的。

【应用效果】本品既可以补钠又可以补硒，但是补硒一般用亚硒酸钠和酵母硒。

（七）补钴添加剂

【理化特性】钴的符号为Co，英文名cobalt，原子序数27，属过渡金属，具有磁性。钴是中等活泼的金属元素，有二价和三价两种化合价。钴可经消化道和呼吸道进入人体，一般成年人体内含钴量为1.1～1.5mg。在血浆中无机钴附着在白蛋白上，它最初贮存于肝和肾，然后贮存于骨、脾、胰、小肠以及其他组织。体内钴14%分布于骨骼，43%分布于肌肉组织，43%分布于其他软组织中。

【生理功能与缺乏症】① 钴的生物学功能　钴参与机体酶的组成和对酶的活化作用，现已从生物体内分离出的含钴酶有转移羧化酶、脂肪氧化酶等。钴可活化脑内的肽酶，引起氨的释放，以保持pH的稳定，并可调节组织巯基的浓度。钴可治疗多重贫血；钴盐对低色素小细胞性贫血疗效较好；维生素 B_{12} 对高色素巨细胞性贫血疗效显著。据报道，钴可防止脂肪在肝内沉着，具有趋脂作用。钴、铜、锰合用可加速生长发育，增强体质。总结起来就是以下几点。

a. 增强机体造血功能　钴在胚胎期就已经参与造血。钴可治疗多种贫血，尤其对低色素小细胞贫血效果好。动物越缺钴，肝内维生素 B_{12} 的含量越少。钴刺激造血机能的机制可能为直接刺激和代偿性刺激造血，有补钴提高血红蛋白及增重水平的报道。

b. 参与甲基转移和糖代谢　钴主要通过维生素 B_{12} 参与上述过程，其活性形式为甲基钴胺素和5-腺苷钴胺素，二者为辅酶，可以使蛋氨酸去甲基，特别在反刍动物糖代谢中。维生素 B_{12} 激活甲基丙二酰辅酶 A，使丙酸供能。当肝内维生素 B_{12} 浓度下降时，这种变位酶的活性严重受抑，丙酸利用障碍。

c. 增强反刍动物的消化功能　反刍动物瘤胃微生物的生长繁殖需要钴，当饲料中钴含量低时，瘤胃内微生物的生长受阻，从而导致反刍动物消化功能下降。

d. 少量钴可以增强牛、羊繁殖能力　缺钴可导致动物贫血和发育不良。母畜缺钴时最常见的症状是受胎率低。缺钴性贫血的母畜不能发情，初情期延迟、卵巢机能丧失、易流产、产弱胎。Plyashchenkol 的研究表明，给经产母猪的基础日粮中补氯化钴和维生素 E、维生素 C，每年的窝产仔数、产乳量都显著增加。

② 患钴缺乏症时，会食欲不振、皮肤粗糙、消瘦无力、黏膜苍白、乳汁减少，继而贫血，严重时死亡。

【常用产品形式与规格】常见的补钴添加剂有氯化钴、碳酸钴等。

1. 氯化钴

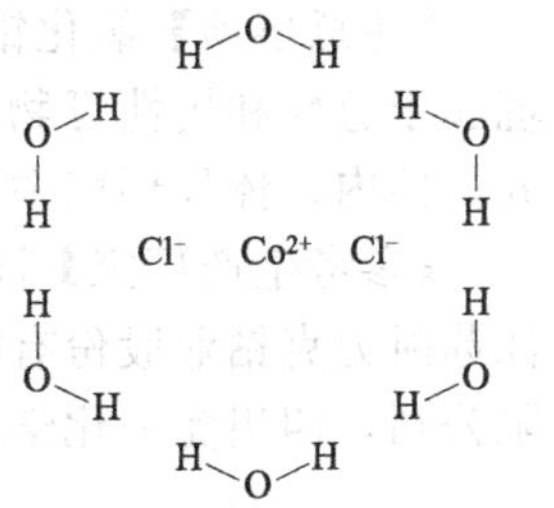

【理化特性】无水化合物分子式 $CoCl_2$，结构式见右，相对分子质量 129.85，含钴 45.4%，含氯 54.6%；一水化合物分子式 $CoCl_2 \cdot H_2O$，相对分子质量 147.85，含钴 39.9%；六水化合物分子式 $CoCl_2 \cdot 6H_2O$，相对分子质量 237.95，含钴 24.8%。红色单斜晶系晶体，随着结晶水的增加，本品为淡蓝色、浅紫色、红色或红紫色结晶。相对密度 1.924，熔点 86℃，在室温下稳定，遇热变成蓝色，在潮湿空气中放冷又变为红色，易溶于水，溶于乙醇、丙酮和醚。其水溶液加热或加浓硫酸，氯化物或有机溶剂变为蓝色。将水溶液沸腾，再加入氨水就会生成氯化钴的碱式盐。溶液遇光也呈蓝色。在 30～50℃结晶开始风化并浊化，在 45～50℃下加热 4h 变成四水氯化钴，加热至 110～120℃时完全失去 6 个结晶水变成无水氯化钴，有毒。

【质量标准】饲料级氯化钴质量标准（HG 2938—2001）

项　　目	指　　标	项　　目	指　　标
氯化钴含量(以 $CoCl_2 \cdot 6H_2O$ 计)/%	≥96.8	铅含量/%	≤0.001
氯化钴含量(以 Co 计)/%	≥24.0	水不溶物含量/%	≤0.03
砷含量/%	≤0.0005	过筛率(通过 800μm 试验筛)/%	≥95

【制法】① 金属钴法　将盐酸加入反应器中，再逐渐加入金属钴，使其溶解并加热至 80℃，并视金属钴溶解情况适当加入硝酸。溶液用过氧化氢净化去除铁等杂质，用碳酸钠或氨水调节 pH，以保证净化完全，得氯化钴溶液，用盐酸调节 pH 2～3，经过滤、蒸发、冷却结晶、离心、干燥而得产品。反应式为：$Co + 2HCl \longrightarrow CoCl_2 + H_2\uparrow$。

② 含钴废料法　将各种含钴废料（下脚料），经硝酸、盐酸、硫酸溶解，加入硫化钠转化成 NiS、CoS，经通入空气氧化得到 $NiSO_4$、$CoSO_4$，加入烧碱，通入氯气，分离得到氢氧化钴和硫酸镍溶液，取出固体氢氧化钴，加入盐酸反应生成氯化钴，过滤后水洗，得到粗制氯化钴，再加双氧水净化除铁，经蒸发浓缩，冷却后

结晶离心分离、干燥而得成品。反应式为：$Co(OH)_2 + 2HCl \longrightarrow CoCl_2 + 2H_2O$。

【添加量】饲料添加剂安全使用规范（中华人民共和国农业部第1224号公告，2009）

通用名称	在配合饲料或全混合日粮中的推荐添加量（以元素计）/(mg/kg)		在配合饲料或全混合日粮中的最高限量（以元素计）/(mg/kg)
氯化钴	牛、羊 0.1～0.3	鱼类 0～1	2

【应用效果】硫酸钴和氯化钴合成维生素 B_{12} 的效率相近、乙酸钴次之、氧化钴最低；相对于乙酸钴和氧化钴，硫酸钴和氯化钴明显促进了瘤胃挥发性脂肪酸的产生，并提高了丙酸比例，降低了戊酸和异酸的比例。硫酸钴和氯化钴对肉羊瘤胃维生素 B_{12} 合成及瘤胃发酵的效果相近，乙酸钴稍低，氧化钴较差。

【注意事项】氯化钴虽急性毒性较弱，但属于呼吸道和皮肤过敏源，对水产环境属于急性和慢性毒物，经呼吸道进入人体的话还可能具有致癌作用。据有关研究，体内、体外环境中的二价钴离子还具有基因毒性。

【参考生产厂家】浙江嘉利珂钴镍材料有限公司，浙江华友钴业股份有限公司，江苏凯力克钴业股份有限公司，佳远钴业控股有限公司，浙江清峰钴合金新材料有限公司，四川竞一化学品有限公司等。

2. 碳酸钴

【理化特性】碳酸钴包括 $CoCO_3$ 和 $2CoCO_3 \cdot 3Co(OH)_2 \cdot H_2O$（也称碱式盐）。红色单斜晶系结晶或粉末，几乎不溶于水、醇、乙酸甲酯和氨水，可溶于酸，但不与冷的浓硝酸和浓盐酸起作用，加热400℃开始分解，并放出二氧化碳。

【添加量】饲料添加剂碳酸钴安全使用规范（中华人民共和国农业部第1224号公告，2009）

通用名称	在配合饲料或全混合日粮中的推荐添加量（以元素计）/(mg/kg)	在配合饲料或全混合日粮中的最高限量（以元素计）/(mg/kg)
碳酸钴	牛、羊 0.1～0.3	2

【应用效果】在草鱼幼鱼日粮中分别添加氯化钴、碳酸钴、乙酸钴和氧化钴4种钴源（钴的添加量为0.20mg/kg），结果表明氯化钴组草鱼的特定生长率和体质量增加率显著高于氧化钴组和乙酸钴组，饲料系数显著低于氧化钴组和乙酸钴组，蛋白质效率显著高于乙酸钴组；氯化钴组草鱼的肝脏、肾脏和肌肉钴含量均最小，显著低于氧化钴组；血清维生素 B_{12} 和叶酸浓度均以氯化钴组最高，碳酸钴组稍低，氧化钴和乙酸钴组显著下降。证明氯化钴对草鱼生长性能、组织钴含量及血清指标的影响效果最为明显，其次为碳酸钴，两者均优于乙酸钴和氧化钴。

【参考生产厂家】郑州市荣昌化工有限公司，大连星化工有限公司，河南金誉化工有限公司等。

（八）补铬添加剂

【理化特性】铬属第一过渡系的第六副族，原子序数为 24，相对原子质量为 51.996，银白色金属，质硬而脆。铬常见的氧化态是 0、+2、+3 和+6 价铬，Cr^{2+}是强还原剂，在空气中不稳定，可被迅速氧化成Cr^{3+}，因此Cr^{2+}在生物体内存在的可能性极小。Cr^{3+}是最稳定的氧化态，也是生物体内最常见的一种。它易于形成化学活性极低的配位化合物，最重要的铬化合物是Cr_2O_3和$Cr(OH)_3$。Cr^{6+}是一种很强的氧化剂，主要与氧结合成铬酸盐和重铬酸盐，而在酸性溶液中易被还原成Cr^{3+}。

【生理功能与缺乏症】铬主要以Cr^{3+}的形式构成葡萄糖耐受因子（GTF）协助胰岛素作用，影响糖类、脂类、蛋白质和核酸的代谢。GTF 是维持动物血液中葡萄糖水平的一种物质，其化学结构目前尚不完全清楚，普遍认为它是一种含铬的烟酸盐，是以烟酸-铬-烟酸为轴的连接有谷氨酸、甘氨酸和半胱氨酸的络合物。没有铬，GTF 就无活性。

铬对脂类代谢的作用主要是维持血液的正常胆固醇水平，影响脂肪和胆固醇在动物肝脏中的合成与清除。

铬还能影响氨基酸合成蛋白质：已知受铬影响的氨基酸有甘氨酸、丝氨酸和蛋氨酸，但没有发现对其他氨基酸有影响。铬促进了骨骼肌细胞对氨基酸的吸收，铬也与维持核酸结构的完整性有关，铬能保护 RNA 免受热引起的变性作用。

【配伍】氨基酸促进铬的吸收，过量的色氨酸可转化为烟酸或生物活性形式的甲基吡啶羧酸的前体，三肽-谷胱甘肽是易于吸收且有生物活性的 GTF 的组成部分。血浆蛋白和转铁蛋白均可增加无机铬的吸收。某些氨基酸刺激胰岛素的分泌，从而影响铬的维生素需要量。烟酸与无机铬结合，增加其吸收及生物活性。抗坏血酸可增加无机铬的吸收，在降低皮质醇及糖皮质方面与铬有协同作用。

【常用产品形式与规格】常用的补铬添加剂有吡啶羧酸铬、酵母铬、无机铬等。

1. 吡啶羧酸铬

【理化特性】又称吡啶羧酸铬，分子式为$Cr(C_5H_4NCO_2)_3$，相对分子质量 430.0，棕红色粉末，含铬量 12.1%。优质的吡啶羧酸铬纯度可达 98%，家畜对其利用率为 10%～25%。

【应用效果】在生长育肥猪日粮中补充 2.0mg/kg 饲料添加量的吡啶羧酸铬，猪生长发育、饲料报酬等都有明显提高，生长前期表现更为明显：日增重前期提高了 8.34%，后期提高了 4.87%；料重比前期降低了 5.96%，后期降低了 5.01%。同时，明显地改善猪的胴体品质，屠宰率提高 1.12%，皮厚降低 0.3mm，膘厚降低了 0.6mm，眼肌面积增加 $2.08cm^2$，瘦肉率提高 3.75%，后腿比例提高 3.82%。

【参考生产厂家】西安瑞盈生物科技有限公司，陕西帕尼尔生物科技有限公司，西安丰足生物科技有限公司，陕西森弗天然制品有限公司等。

2. 酵母铬

【理化特性】酵母铬是一种新型的有机铬添加剂，同吡啶羧酸铬一样，其铬的吸收率可达到10%～25%。在牛羊应激研究中应用较多。使用安全，既能为家畜提供铬元素，又能提供菌体蛋白。

【应用效果】肉仔鸡：在15日龄AA肉仔鸡基础日粮中分别添加0（对照）、1.0mg/kg、2.0mg/kg、3.0mg/kg、4.0mg/kg、5.0mg/kg铬，结果表明，酵母铬可以使热应激肉鸡血清中葡萄糖、总胆固醇含量和肌酸激酶活性下降，使血清总蛋白含量上升，酵母铬能改善热应激肉鸡生长性能，以3.0mg/kg铬添加水平效果最佳。

生长猪：添加酵母铬可显著提高猪平均日增重和降低料肉比；可显著提高眼肌面积和后腿与胴体的比率，改善肉色和肌肉大理石纹，显著降低肌肉失水率、滴水损失率和平均背脂厚度；添加酵母铬降低了血清中甘油三酯、葡萄糖、总胆固醇、尿素氮及肌酐的含量，显著提高血清总蛋白和胰岛素的含量，血清高密度脂蛋白胆固醇亦略有所提高；添加酵母铬制剂可提高动物机体对葡萄糖的耐受量。由此可见，在饲粮中添加酵母铬不仅可促进猪的生长，而且可提高胴体及屠宰品质。

【参考生产厂家】郑州康源化工产品有限公司，威海荣成市兴洋鱼粉厂，山东远大工贸有限公司，沧州市东方兽药有限公司等。

3. 无机铬

铬是重要的合金元素。铬以金属铬和铬铁形式加入钢与合金中。银白色金属，质极硬，耐腐蚀。密度7.20g/cm^3，可溶于强碱溶液。铬具有很高的耐腐蚀性，在空气中，即便是在炽热的状态下，氧化也很慢。不溶于水。铬的种类很多，例如$Cr_2(SO_4)_3\cdot 18H_2O$、K_2CrO_7、Na_2CrO_4、$CrCl_3\cdot 6H_2O$等，主要为氯化铬（$CrCl_3\cdot 6H_2O$）和硫酸铬［$Cr_2(SO_4)_3$］。无机铬的生物利用效率低于有机铬，其营养生理作用也略比有机铬差。皮革中含铬较多，因此制革工业的副产物是一种天然铬来源，经适度深加工，即可作为铬添加剂利用。

【应用效果】兔：饲喂日本白兔含铬量0、2.50mg/kg、5.0mg/kg、10.0mg/kg、20.0mg/kg的三氯化铬，结果表明4个试验组不仅家兔日增重有显著提高，料重比和日采食量显著降低，而且家兔全血淋巴细胞转化率和血清免疫球蛋白的含量也有显著提高。

肉仔鸡：无机三氯化铬与有机吡啶羧酸铬均可提高热应激肉仔鸡的免疫功能，具有缓解肉仔鸡高温热应激的营养作用。

【参考生产厂家】河南帝诺化工产品有限公司，山东科兴化工有限责任公司，佛山市海纳化工有限公司等。

（九）补砷添加剂

【理化特性】砷和硒、钼、碘、氟等一样，既是必需微量元素，又是有毒有害元素。虽然从20世纪70年代，人们已经认识到砷对有些动物可能是必需微量元素，但还不能完全证实砷作为必需元素的基本特征，砷化合物及砷制剂中砷含量如下：砷100%，胂96.2%，砒霜75.8%，雄黄61.0%，硝羟基苯砷酸2.9%，对氨基苯砷酸2.8%。

【生理功能与缺乏症】① 加强机体的同化作用、抑制异化作用 小剂量砷在机体内与氧化酶的巯基相互作用，从而加速了蛋白质的合成，减弱了蛋白质的分解。

② 增强骨髓的造血机能　砷能直接通过血液中红细胞的分解产物来刺激造血器官。小剂量时，能加速骨骼生长，使骨髓造血机能活跃，促使红细胞和血色素增多。但过量时，毛细血管通达性增加，血管扩张，出现水肿性病变。

③ 提高营养物质的消化率　砷能兴奋机体神经系统，增进食欲，提高营养物质的消化率。添加阿散酸能改善猪小肠壁组织结构，提高日粮能量利用率和干物质、有机物、粗蛋白质和氨基酸的消化率。

④ 具有类似驱虫剂和抗生素的作用　阿散酸可杀死有害菌，使肠壁变薄，有利于营养物质的吸收和转运。洛克沙胂有抗球虫作用，减少了胡萝卜素的破坏，从而改善了家禽色素的沉积，可防止家禽褪色。

【注意事项】防止硒中毒：砷可对抗硒中毒，曾有报道指出，可用苯砷酸钠缓解鼠的硒中毒，还可以预防鸡饲料硒的过量。

砷制剂的残留：从消化道进入体内的有机砷制剂，经血液运行到肝脏，然后由肝脏再释放到其他组织。在体内，五价砷先被还原成三价砷，三价砷在酶作用下进一步甲基化和二甲基化，最终代谢成甲胂酸排出体外。砷的排泄途径主要是通过尿和粪，也可以经肝和乳汁排泄。正常情况下，经过24～48h后大部分被很快排出体外。如果机体摄入量超过自身的排泄能力时，砷会在机体内蓄积。砷的残留量与机体部位、砷的添加量和休药期的长短有关。一般而言，机体各部位砷的残留量随砷的添加量增加而增加，其中肝脏中砷的残留量最多，其次为肾脏，肌肉中残留量最低。

【常用产品形式与规格】常用的补砷添加剂有有机砷和无机砷两类。

1. 有机砷

【理化特性】砷的化合物种类很多，具有不同程度的毒性。一般来说，无机砷化合物的毒性比有机砷化合物大，三价砷（As^{3+}）比五价砷（As^{5+}）的毒性大。由于有机砷化合物的毒性较无机砷化合物的毒性小，因此，国外从20世纪50年代就开始研究将有机砷化合物作为饲料添加剂应用。我国从20世纪90年代开始，有机砷化合物作为抗菌药促生长类饲料添加剂逐步在动物生产中得到广泛应用，目前在动物生产中应用的有机砷制剂主要有以下两种。

① 对氨基苯砷酸，又名阿散酸，分子式为 $C_6H_8AsNO_3$，相对分子质量为217.06。该分子中砷元素（As）含量为34.52%。添加量为50～100mg/kg。

② 3-硝基-4-羟基苯砷，又名洛克沙胂，分子式为 $C_6H_6AsNO_6$，相对分子质量为263.04，该分子中砷元素（As）含量为28.48%，添加量为30～50mg/kg。

【添加量】美国食品与药物管理局（FDA）规定了有机砷制剂在日粮中的使用范围，可供参考，详细如下。

动物	阿散酸/(mg/kg)	洛克沙胂/(mg/kg)
猪	50～100	25～75
鸡	50～100	25～50

【应用效果】仔猪：洛克沙胂和阿散酸分别比对照组平均日增重提高13.4%、106%，料肉比降低13.3%、11.3%，腹泻频率降低73.0%、72.2%，以对照组为100%作效益比较，55mg/kg洛克沙胂和100mg/kg阿散酸中平均每头仔猪分别提高47.7%和39.4%，说明有机砷洛克沙胂和阿散酸制剂饲喂仔猪具有良好的饲养效果及明显的经济效益。

禽：在蛋鹌鹑基础日粮中分别添加50mg/kg、100mg/kg的阿散酸，经25天饲养后，添加阿散酸组鹌鹑肌肉组织、脏器、蛋及粪便中总砷含量显著提高，且随阿散酸添加水平的增加而增加，但都未超过我国食品砷允许量标准。经5天休药期后，各组肌肉组织、脏器、蛋及粪便中总砷含量已无明显差异。

【注意事项】① 掌握适度的有机砷制剂的添加量　由于有机砷制剂具有较大毒副作用，应用时要按有关标准来添加。

② 注意停药期　有机砷制剂很容易在动物消化道中被吸收，但沉积量较少，大部分以甲胂酸和二甲基次胂酸等甲基化产物随尿迅速排出体外，生物半衰期仅10～30h，全部排泄则需2～3天。因此，畜禽使用有机砷制剂时，在上市前5天停药是相当安全的。

③ 合理与其他促生长剂轮流使用　与抗生素和驱虫剂类似，细菌和寄生虫对含砷药物也存在耐药性。更为重要的是，长期使用有机砷制剂还会导致畜牧场周围土壤和水资源中的含砷量逐年累积增加，从而危害生态环境。因此，合理与其他促生长剂轮流使用不但能有效解决有机砷制剂的耐药性问题，而且能使生态环境走上良性循环道路。

【参考生产厂家】沈阳试剂三厂生化科技开发有限公司，沈阳市新光化工厂，沈阳市试剂五厂等。

2. 无机砷

【理化特性】在自然界中，砷多以无机砷化合物的形式存在于火成岩和沉积岩中。工业与矿产开发排放的含砷废水和废弃物及农业中使用的含砷杀虫剂、除草剂，也是砷来源之一。无机砷，是砷的一种存在方式，短时间大量进食会引致急性中毒，长期过量摄入会损害皮肤以及慢性肝脏病变，无机砷俗称“砒霜”。无机砷是指一些砷的无机盐，如Na_3AsO_3、Na_3AsO_5等，为银灰色发亮的块状固体，质硬而脆。

【添加量】从已有的研究结果推测，饲料中1～4.5mg/kg砷即可满足大多数动物的需要，在生产中尚未见由于缺砷而影响动物生产性能和健康的报道。

【应用效果】现在生产上添加的一般为有机砷。

【参考生产厂家】沈阳试剂三厂生化科技开发有限公司，沈阳市新光化工厂，沈阳市试剂五厂等。

四、天然矿物元素添加剂

（一）沸石

【理化特性】天然沸石是一种无毒、无污染、价格低廉的材料，具有离子交换及吸附等作用，因此已经被广泛应用于工业、农业、生态及医药等各种行业中；沸石在畜牧生产中多被用作饲料添加剂。用于饲料的天然沸石，是斜发沸石和丝光沸石。

【质量标准】饲料级沸石质量标准（GB/T 21695—2008）

项目		指标	
		一级	二级
吸氨量/(mmol/100g)	≥	100.0	90.0
干燥失重率/%	≤	6.0	10.0
砷含量/%(质量分数)	≤	0.002	
汞含量/%(质量分数)	≤	0.0001	
铅含量/%(质量分数)	≤	0.002	
镉含量/%(质量分数)	≤	0.001	
过筛率(过孔径 0.9mm 的试验筛)/%	≥	95.0	

【功能】饲料中添加 0.2%～0.4%的沸石，可延长饲料在动物消化道内的停留时间，使饲料养分被充分吸收；能改善畜禽肠胃功能，抗菌防病，增强体质，提高禽类产蛋率。

饲料中添加沸石可以增进生长、节省饲料、降低成本，并且无损产品质量，提高繁殖性能，改善环境，增进健康、防病治病、减少死亡，促进营养物质吸收利用。沸石可以保证配合饲料的松散性，在美国，配合饲料中加 2%左右的沸石，目的在于不使饲料结块。

天然沸石在畜牧中除用作饲料添加剂外，还用作畜禽舍的吸附剂。在前捷克斯洛伐克和日本的养畜和养禽场，用廉价的斜发沸石和丝光沸石处理畜禽舍的铺垫物和排泄物，消除臭味和潮湿，改善小气候，防止蹄腐病和呼吸道传染病的发生。

【添加量】3 周龄雏鸡，沸石占到日粮的 3%～6%，雏鸡 5 周龄后日粮中沸石 8%～10%，不会带来什么害处。究竟喂多少，要看沸石品质和价格、日粮类型、鸡的日龄和用途、实际使用结果等来定。猪饲料中添加量相似。

【应用效果】饲喂沸石与未饲喂沸石仔猪相比，患消化道病的仔猪数分别为 17.3%和 72.7%，复发率分别为 14%和 54%，仔猪死亡率为 2.5%和 12%，患猪的病程缩短 4 天。

【注意事项】沸石是制水泥的一种原料，因此不是所有沸石都可以饲用，要经化学成分分析，特别是沸石中的重金属成分对畜禽健康是不利的。据悉，我国即将公布的饲料规格中，会对饲用沸石的标准作详细规定。

【参考生产厂家】上海有新分子筛有限公司，灵寿县诚恒矿物粉体厂，巩义市永顺净化材料有限公司等。

（二）膨润土

【理化特性】膨润土又名斑脱岩，是一种黏土型矿物，主要属蒙脱石族矿物。主要成分为硅铝酸盐，其焙烧物中 SiO_2约占 50%～75%，Al_2O_3约占 15%～25%；其次为铁、镁、钙、钠、钾、钛等。同时也含有动物生命所必需的某些微量元素，如锌、铜、锰、钴等。膨润土相对密度为 2.4～2.8，具有比一般黏土更强的吸水能力和吸附能力，吸水后体积膨胀可达干物质的 10～15 倍，同时具有较强的碱基阳离子交换作用。

【功能】膨润土具有良好的吸水性、膨胀性、分散性和润滑性等，能提高饲料的适口性和改进饲料的松散性，还可延缓饲料通过消化道的速度，加强饲料在胃肠中的消化吸收作用，提高饲料的利用率。同时，由于其吸附性能和离子交换性，能对肠道有害物质如细菌和有害气体及畜禽体内的有毒元素如氟、铅、砷等进行吸附，从而使机体免受疾病及有害物的危害，提高抗病能力，保持体格健壮，增强食欲和消化机能，促进生长发育。

① 反刍动物　应用于肥育牛，可促进牛体质健康，提高饲料效率。

② 猪　饲料中添加2%膨润土可使猪生长速度和饲料利用率提高。研究表明，添加膨润土可使猪体重增加3.7%，体长增加1.6%。

③ 禽　应用于蛋鸡，可提高产蛋率、蛋重、蛋壳厚度、饲料利用率和蛋中铁、铜、钴、锰及必需氨基酸的含量。应用于肉鸡，可促进增重，降低由于饲喂黄曲霉素的饲料时对鸡的影响。

④ 兔　可明显降低死亡率，饲料报酬有所增加。

⑤ 环境　可减除舍内粪臭，改善舍内环境卫生。

【添加量】在饲料中，膨润土的用量一般为1%～3%。试验表明，猪饲料中添加1%～2%，日增重提高7%，耗料减少3%～3.6%；肉鸡饲料中添加3%，日增重提高8%，降低饲料成本10%～12%，成活率提高6%左右，在尿素浓缩料中添加5%饲喂牛和羊，其经济效益非常可观。

【应用效果】在饲料中添加膨润土饲喂蛋鸡，对提高蛋鸡产蛋率、蛋重、饲料转化率和减少破损蛋、增加经济效益均有明显的作用。

【参考生产厂家】潍坊市坊子区兴隆膨润土厂，信阳市平桥区茂源珍珠岩厂，灵寿县德洋矿产品加工厂等。

（三）海泡石

【理化特性】海泡石（sepiolite）是一种纤维状富镁黏土矿物。灰白色，有滑感、无毒、无臭，具有特殊的层链状晶体结构和热稳定性、抗盐性、脱色吸附性强，有除毒、去臭、去污能力，有很好的阳离子交换和流变性能，比表面积很高。其矿物质组成因海泡石品位不同而差异很大，一般仍以SiO_2为主，约占30%～60%。

【功能】① 吸附性　海泡石是有很强吸附能力的天然矿物。海泡石矿物表面，可以分出三种类型吸附活性中心：硅氧四面体中的氧原子，与边缘镁离子配位的水分子，能形成与吸着物结合的氢键。Si—OH 组合，由四面体外表面上，Si—O—Si 键的破坏而形成，接受一个质子或烃基分子补偿剩余的电价。这些 Si—OH 组合，能与海泡石外表面吸附的分子相互作用，并具有与某些有机试剂形成共价键的能力。这些决定了海泡石具有极强的吸附能力。按海泡石晶体结构模型计算，海泡石的外比表面积可达400m^2/g，内比表面积可达500m^2/g。尽管由于各种因素影响，实测值不可能达到上述数值，但也足以说明海泡石比表面积很大、吸附能力很强。

② 流变性　海泡石颗粒具不等轴针状结构，呈集块状，形成晶束。这些晶束遇到水或其他极性溶剂时迅速溶胀并解散，形成的单体纤维或较少的纤维束无规律

地分散成相互制约的网络，并且增加体积。在非极性溶剂中，海泡石能形成稳定的悬浮体，但必须用表面活性剂处理其亲水表面。

③ 耐久性 E. Angulo 等研究了不同脂肪和纤维成分日粮中添加海泡石对颗粒耐久性的影响，测量颗粒加工的三个温度点、破损率、良好率，结果表明海泡石载体颗粒的耐久性与脂肪显著相关，当脂肪水平高时，效果更明显。E. Angulo 等认为，海泡石产品提高耐久性独立于颗粒大小，海泡石的添加增加了破损时的温度，海泡石产品提高育雏鸡日粮颗粒的耐久性，但对肉鸡没有影响。育雏鸡的效果与剂量有关。

【添加量】在畜禽饲料中添加 0.5%～1.5%的海泡石，可促进生长，加快畜禽生长和肥育，提高蛋、奶、肉产量和饲料的生物效价。

【应用效果】仔猪：饲料中添加海泡石饲喂仔猪，有促进肉猪生长的作用，添加 2%煅烧过的海泡石饲料比未煅烧过的效果更明显。

生长育肥猪：饲喂经焙烧处理的海泡石给生长肥育猪，日增重提高 16%左右；未经处理的海泡石添加剂则与对照组无显著差异。

【参考生产厂家】金良川矿业有限公司，湖南九华碳素高科有限公司，湖南天捷海泡石有限公司等。

（四）凹凸棒石

【理化特性】凹凸棒石（attapulgite）是一种稀有的非金属矿产，因其首次在美国佐治亚州阿塔普尔格斯（Attapulgus）发现而得名。凹凸棒石是一种含结晶水的富镁铝硅酸盐矿物。它的主要成分及含量为：常量元素中，钙 16.58%、磷 0.02%、钾 0.23%、钠 0.03%、镁 10.72%；微量元素中，铜 21mg/kg、铁 13100mg/kg、锌 41mg/kg、锰 1382mg/kg、钴 11mg/kg 和硒 2mg/kg。理论分子式为 $(Mg, Al)_2Si_4O_{20}(OH)\cdot 4H_2O$。它具有独特的链状棒状结构，且有一定范围大小不均的空腔和孔道，赋予自身较大的比表面积，又有较强的承载能力、选择性吸辨能力和离子交换能力以及催化作用等特性。

【质量标准】食品添加剂凹凸棒石黏土质量标准（GB/T 29225—2012）

项　目	指　标	项　目	指　标
脱色率/%	≥70	堆积密度/(g/cm³)	0.5～1.0
水分/%	≤10.0	重金属含量(以 Pb 计)/(mg/kg)	≤40
游离酸含量/%(质量分数)	≤0.20	总砷含量/(mg/kg)	≤3
过筛率(过 75μm 筛网)含量/%	≥85		

【功能】① 凹凸棒石具有强力吸附特性，可减少或消除随饲料和饮水进入的、或消化过程产生的有毒有害金属、气体、病原微生物及其毒素的不良影响，净化胃肠腔内环境，能明显地防治动物腹泻，大大降低家畜粪便的异臭味。由于沸石和凹凸棒石粉价廉，也有人将它们作为圈栏垫料和畜舍环境净化剂。

② 凹凸棒石有可逆的离子交换特性，在家畜消化腔内起着贮存器、缓冲剂、分子筛和类似活性炭等作用，能调节机体内钙、镁、钠、钾等元素的适当比例。沸石能刺激消化液分泌，催化消化酶的活性，保护氨基酸不被破坏和增强细胞内的生

物合成等，可促进营养物质的消化吸收，提高饲料的利用率。

③ 凹凸棒石含有二十多种矿物元素，可为家畜补充营养必需的多种常量元素和微量元素。毒理学检测表明，汞、铅、砷等有毒元素含量均低于食品允许的标准。也未见凹凸棒石粉有蓄积毒性或致突变效应。

④ 凹凸棒石具有一定的驱虫和抗菌作用，能增强畜禽对疾病抵抗力，减少动物，尤其是仔畜的发病率和死亡率。

⑤ 促进家畜生长发育，提高生产效能，减少饲料消耗和药费开支，增加经济效益和生态效益。

⑥ 凹凸棒石适宜作预混饲料载体、兽药载体、颗粒饲料的黏结剂或润滑剂等。该种材料可根据用途要求加工成 30～300 目的粒粉，甚至 800～1000 目的超细粉。

【添加量】凹凸棒石在饲料中添加量一般为1%～5%。

【应用效果】肉鸡：在日粮中添加 5%的凹凸棒石可提高肉鸡体增重和饲料转化率，粗蛋白质利用率提高了 7.4%，必需氨基酸利用率提高了 3.34%，总氨基酸利用率提高了 4.23%。

兔：在日粮中添加 10%的凹凸棒石，能够明显促进肉兔的生长，提高其平均日增重。此外，凹凸棒石所含的矿物元素在动物消化道内被吸收后，可以沉积到畜产品中，改善畜产品质量。

蛋鸡：日粮中添加 1%～2%的凹凸棒石不仅可提高产蛋鸡的产蛋率和蛋重，而且能增加鸡蛋中碘、硒和锌的含量。

【参考生产厂家】江苏盱眙青云矿业科技有限公司，靖远县昊地工贸有限责任公司，明光市中天工贸有限公司等。

（五）麦饭石

【理化特性】麦饭石在医药中称为药石，又称长寿石。麦饭石在我国分布较广，贮藏量也大，主要分布于内蒙古、甘肃、吉林、黑龙江等地。麦饭石是一种硅铝酸盐，它富含动物所需的多种微量元素和稀土元素，是一种优良的天然矿物添加剂。

【质量标准】饲料级麦饭石质量标准（Q/LHN 002—2008）

项　　目	指　标	项　　目	指　标
铅含量/(mg/kg)	≤30	氟含量/(mg/kg)	≤1000
砷含量/(mg/kg)	≤10	铬含量/(mg/kg)	≤10

【作用】① 吸附作用　麦饭石像沸石一样具有多孔性。它可吸附鱼类肠道中各种有毒气体、有害细菌和重金属。另外它还可净化鱼池水质，使水中含氧量增加。

② 离子交换作用　麦饭石中矿物元素呈可交换离子状态，鱼能很好地利用这些矿物元素。

③ 保健作用　麦饭石是一种保健性较强的矿石。它可增加鱼体中 DNA 和 RNA 的含量，使蛋白质合成量增加；还可增加血清中抗体，使机体抗病力增强；还能提高鱼体的耐氧能力，并提高机体的抗疲劳能力；另外它还可促进鱼对饲料营养物质的吸收和消化。

【应用效果】奶牛：饲喂麦饭石复合剂与对照组相比，奶牛平均日产奶量提高6.57%，乳锌提高9.76%，乳硒提高8.22%，乳铜提高8.40%。

鸡：雏鸡饲料中添加麦饭石，试验组比对照组多增重13.9kg、平均每只多增重33g，提高增重14%，成活率提高9.6%。

【参考生产厂家】灵寿县中川矿物粉体加工厂，灵寿县天隆矿产品加工厂，石家庄辉煌园商贸有限公司等。

（六）稀土

【理化特性】稀土元素（REE）包括原子系数从57～71的镧系元素以及钪和钇，共17个元素，根据它们的电子层结构、密度、化学、地理化学及矿物化学等性质上的某些区别划分为轻稀土元素和重稀土元素，它们常以氧化物形式存在或与含氧酸盐物种伴生，天然丰度较低。

【作用】稀土是一种生理激活剂，可激活动物体内的促生长因子，促进酶的活化，改善体内新陈代谢，提高饲料转化率，加速动物生长和生产，主要作用表现在以下方面。

① 影响酶系统的活性　稀土元素是体内许多酶的激活剂或抑制剂。在鲤鱼饲料中添加100～200mg/kg稀土，结果表明，添加适量稀土，可提高鲤鱼蛋白酶、脂肪酶、淀粉酶和过氧化氢酶活性，促进鱼体对营养物质的吸收。添加稀土提高蚕体内过氧化氢酶、小肠组织的蛋白酶活性，促进过氧化氢分解，加强蛋白质的代谢，且稀土可与动物体内ATP形成络合物，抑制已糖的催化活性。

② 影响核酸代谢　稀土元素通过对核糖核酸聚合酶的影响，调节核酸代谢。稀土元素还是腺肝酸环化酶的抑制剂，轻稀土元素在体外可抑制大鼠肝细胞合成RNA，而重稀土元素则有轻微的刺激作用。

③ 对糖和脂类代谢的影响　稀土元素通过在胰岛β-细胞原生质膜上的键合刺激胰岛β-细胞分泌胰岛素，降低血糖浓度，对高血糖有缓解作用；它还能降低血液中的胆固醇含量，影响三羧酸循环，调节脂类代谢。

④ 与矿物元素间的关系　稀土元素通过与体内矿物元素的互作效应，间接调节体内物质代谢。稀土的离子半径与钙离子相似，在动物体内作为钙的拮抗剂或取代剂，干扰钙的正常生理功能，但不是所有依赖于钙吸收或与钙有特异性结合的反应都对稀土敏感。镱影响硒在眼睛中的浓度和分布，还可降低大脑中的锌水平。

⑤ 稀土对微生物的作用　稀土能调节细菌生长，对细菌生长有调控作用。稀土有机复合物配合形式的不同对细菌生长有不同作用。稀土可改善反刍动物瘤胃微生物区系，使瘤胃保持稳定的酸性环境，各种微生物比例达到理想状态，促进瘤胃对营养物质的有效利用，但高剂量的稀土可破坏瘤胃的缓冲体系，使瘤胃内环境发生异常变化。

【添加量】稀土元素对畜禽生长性能的作用表现出生长最快阶段效果最好的特点。且其用量要求严格，每种畜禽都有一个最佳饲喂剂量，低于或高于最佳剂量，不但不能显示促生长的优势，而且还有可能产生不良影响。因此，添加稀土要根据畜禽品种、性别、年龄、饲养条件、日粮营养水平及稀土产品品质来确定合适的剂量。

【应用效果】生产性能：肥育牛日粮中添加500mg/kg、1000mg/kg BW稀土，经45天肥育，增重分别比对照组提高9.47%和15.61%，饲料转化率分别提高26.63%和25.3%。

【添加方法】①溶液喷施法：将稀土溶入水，再喷入饲料。②预混法：将稀土与少量沸石粉、膨润土或者骨粉、贝壳粉等混均匀制成包裹稀土，再均匀混入饲料。

【参考生产厂家】广西助农畜牧科技有限公司，广西动保原料科技超市，鞍山新兴达矿物质有限公司等。

五、氨基酸金属元素螯合物

螯合物是一种由金属离子与多基配位体形成的具有环状结构的物质。微量元素氨基酸螯合物是由可溶性金属元素盐中的一个金属元素离子同氨基酸按一定摩尔比（1～3）：1，以共价键结合而成的螯合物。水解氨基酸的平均相对分子质量约为150，所生成螯合物的相对分子质量不超过800。其命名方法是：中心离子名在前，配位体名在后，最后缀以成品的分类性质。如锌蛋氨酸螯合物。

【特点】① 化学结构稳定，吸收利用率高　微量元素离子被封闭在螯合物的螯环内，形成的五元环或六元环，具有良好的稳定性，保护了微量元素不被植酸夺走而排出，避免了其他常量二价金属离子的拮抗作用，在体内pH环境下溶解度好，相对地改善了微量元素在机体内的存留和释放利用，从而提高了消化吸收和利用的速度，因此容易被小肠黏膜吸收进入血液。而无机盐分子中，由于阴、阳离子是靠静电形成结构不够稳定的离子键，易与其他物质发生化学反应，生成难溶性化合物，因此不易被吸收利用。

② 生物学效价高　无机离子所带的正电荷，很难通过富含有负电荷的肠壁内膜，而容易在体内形成阻力，最后形成沉积物随粪便排出体外。而金属螯合物由于分子是电中性的，在肠道中不经历相反电荷的作用过程，不会形成阻力和沉积现象。并且，氨基酸螯合物是动物机体吸收金属离子的主要形式，又是动物体内合成蛋白过程的中间物质，不仅吸收快，而且可以减少许多生化过程，节约体能消耗，因此表现出较高的生物利用率。也有人认为，氨基酸螯合物在小肠可利用肽或氨基酸的吸收通道，从而避免了与利用同一通道吸收的矿物元素之间的竞争。

③ 进入特定目标组织，发挥特定功能　有人认为，氨基酸螯合物利用率的提高并不是畜禽日粮中使用的主要原因，螯合态的矿物元素在特定组织、靶器官或功能位点可能发挥特定功能。如改进动物毛皮状况、减少早期胚胎死亡等，而这些不能用添加高水平的无机状态下的微量元素来代替。当微量元素以氨基酸或肽的螯合物形式被完整吸收进入动物体后，其命运以其所螯合的特定氨基酸或肽而定。由于动物体内不同组织和酶系统对某种氨基酸的需要比例和数量不一样，因此通过螯合特定氨基酸或肽类的微量元素，即可增加把相应微量元素运输到各特定组织或酶系统中的机会。

④ 增强免疫力　近年来有不少研究证明微量元素氨基酸螯合物对改善畜禽的

体质，增强免疫力，缓解应激反应，提高其抗病能力有显著的影响。微量元素氨基酸螯合物还具有一定的杀菌和改善免疫功能的作用，对某些肠炎、皮炎、痢疾、贫血有治疗作用。对牛的研究表明，蛋氨酸锌不仅可改善奶牛的产奶性能，而且可减少乳房炎及腐蹄病的发生率。尽管关于有机锌提高抗病力的机理尚不清楚，但根据以往的研究，作者认为首先它与有机锌的高生物学效价有关。

⑤ 毒副作用小、环保、适口性好　长期以来，微量元素均以硫酸盐等形式添加于配合饲料中，硫酸根的存在不仅对饲料加工设备易造成腐蚀、影响维生素的稳定性，更为严重的是大量的硫酸根被动物摄取后会影响动物肠道的健康。再加之动物对无机微量元素利用率低，大量元素随排泄物排放，对环境造成了严重的威胁。有试验报道，低剂量的微量元素螯合物替代高剂量的无机微量元素添加剂，可达到相同改善生产性能的效果。微量元素被氨基酸螯合后，金属离子在配位体氨基酸的保护下，形成较稳定的化学结构，既避免了矿物质之间的颉颃作用，又消除了无机金属离子催化维生素氧化的弊端，而且由于生物学效价高，在日粮中添加低剂量的氨基酸螯合物即可代替高剂量的无机盐，减少养殖场向环境排放金属元素。一般的无机微量元素有特殊味道而影响动物的适口性，而微量元素螯合物具有氨基酸特有的气味，易于被动物接受。

（一）单体氨基酸微量元素螯合物

【理化特性】由某种可溶性金属盐中的一个金属元素离子同氨基酸按一定摩尔比（1～3）：1，以共价键结合形成，水解氨基酸的平均相对分子质量为 150 左右，生成的螯合物的相对分子质量不得超过 800。金属二价阳离子（如锌、铜、铁、钴等）与氨基酸（蛋氨酸、赖氨酸、甘氨酸等）中给电子体的氨基形成配位键，又与给电子体的羧基构成离子键（见右，M 表示金属离子），这样的螯合盐使分子电荷趋于中性。螯环的形成导致螯合离子比非螯合离子在水溶液中较难解离，因此具有较高的稳定性。

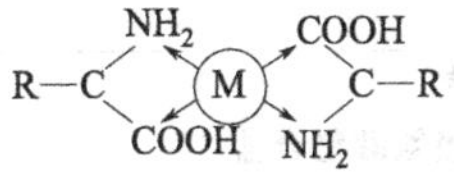

单一氨基酸微量元素螯合物，即由单一种类的氨基酸与单一种类的微量元素通过螯合形成的螯合物。氨基酸微量元素螯合物，是一类新型高效添加剂，它比单独使用氨基酸中金属盐类的相对生物效价高得多，可以提高氨基酸相对生物学效价 2～3 倍和无机盐利用率 5～10 倍。

【质量标准】① 氨基酸螯合铁产品质量标准

指标名称		甘氨酸螯合铁含量/%	赖氨酸螯合铁含量/%	蛋氨酸螯合铁含量/%	
				Ⅰ	Ⅱ
铁	≥	10.0	5.0	14.0	10.0
甘氨酸	≥	25.0			
赖氨酸螯合盐	≥		30.0		
蛋氨酸	≥			80.0	45.0
水分	≤	10.0	10.0	6.0	10.0
砷	≤	0.0005	0.0005	0.0005	0.0005
重金属	≤	0.002	0.002	0.002	0.002

② 氨基酸螯合锌产品质量标准

指标名称		赖氨酸螯合锌含量/%	蛋氨酸螯合锌含量/%	
			Ⅰ	Ⅱ
锌	≥	5.0	170	10.0
赖氨酸螯合盐	≥	25.0		
蛋氨酸	≥		73.0	45.0
水分	≤	10.0	10.0	10.0
砷	≤	0.0005	0.0005	0.0005
重金属	≤	0.002	0.002	0.002

③ 氨基酸螯合锰产品质量标准

指标名称		赖氨酸螯合锌含量/%	蛋氨酸螯合锌含量/%	
			Ⅰ	Ⅱ
锰	≥	5.0	14.0	10.0
赖氨酸螯合盐	≥	30.0		
蛋氨酸	≥		84.0	45.0
水分	≤	10.0	6.0	10.0
砷	≤	0.0005	0.0005	0.0005
重金属	≤	0.002	0.002	0.002

④ 氨基酸螯合铜产品质量标准

指标名称		赖氨酸螯合锌含量/%	蛋氨酸螯合锌含量/%	
			Ⅰ	Ⅱ
铜	≥	5.0	17.0	10.0
赖氨酸螯合盐	≥	30.0		
蛋氨酸	≥		78.0	45.0
水分	≤	10.0	10.0	10.0
砷	≤	0.0005	0.0005	0.0005
重金属	≤	0.002	0.002	0.002

⑤ 氨基酸螯合钴产品质量标准

指标名称		赖氨酸螯合锌含量/%	蛋氨酸螯合锌含量/%	
			Ⅰ	Ⅱ
钴	≥	5.0	14.0	10.0
赖氨酸螯合盐	≥	25.0		
蛋氨酸	≥		80.0	45.0
水分	≤	10.0	10.0	10.0
砷	≤	0.0005	0.0005	0.0005
重金属	≤	0.002	0.002	0.002

【制法】单体氨基酸微量元素螯合物生产工艺流程见图 2-9，工艺要点如下。

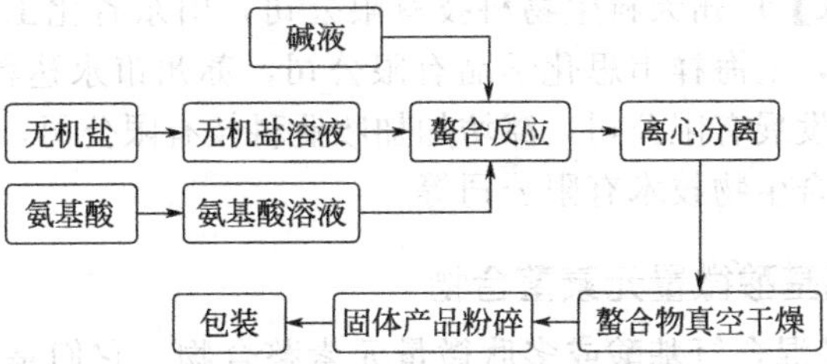

图 2-9 单体氨基酸微量元素螯合物生产工艺流程

① 投料摩尔比 氨基酸配体与金属离子摩尔比即投料比是影响螯合反应的重要因素。选择 2∶1 的投料比作为制备氨基酸微量元素螯合物的最佳条件，既能保证获得稳定的螯合物，又能充分利用氨基酸。

② pH 以 NaOH 溶液调节反应体系的酸度，发现 pH 为 6～7 时，螯合反应进行得较快，螯合率最大。

③ 反应温度及时间 研究表明，反应温度控制在 70～80℃，反应时间控制在 1h 左右，螯合反应进行得较快且较完全。

④ 螯合物的分离 加入一定量的无水乙醇来分离提纯水溶性的甘氨酸铜、甘氨酸锌、赖氨酸锌螯合物，可制得纯度较高的氨基酸微量元素螯合物，有机溶剂可通过回收利用来降低成本。

【常用产品形式与规格】氨基酸螯合铁：无臭粉末，微溶于水，不溶于乙醇、乙醚和氯仿。

氨基酸螯合锌：无臭粉末，微溶或不溶于水，不溶于乙醇、乙醚及氯仿。

氨基酸螯合锰：无臭粉末，微溶或不溶于水，不溶于乙醇、乙醚及氯仿。

氨基酸螯合铜：无臭粉末，微溶或不溶于水，不溶于乙醇、乙醚及氯仿。

氨基酸螯合钴：无臭粉末，微溶或不溶于水，不溶于乙醇、乙醚及氯仿。

【添加量】由于微量元素氨基酸螯合物的产品质量尚未保证，且国内对其检验方法也存在争议，而导致添加量存在较大分歧，生物利用率的变异较大。蛋氨酸螯合锰的利用率可达到 125%。氨基酸螯合锰作为功能性添加剂，代替无机微量元素按需要添加，预稀释后添加于饲料中，并混合均匀。蛋鸡、种鸡和雏鸡，均可按每 100kg 饲料加 8g 硫酸锰的比例添喂，即可满足需要。当饲料中钙、磷含量高时，应增加锰的供给量。

【应用效果】鸡：向基础饲粮中添加 30mg Zn/kg 蛋氨酸螯合锌，鸡的生长性能略优于 60mg Zn/kg 的硫酸锌组（全期日增重提高 1.86%，料重比降低 3.56%），而以 60mg Zn/kg 添加蛋氨酸螯合锌，试鸡的生长性能显著优于 60mg Zn/kg 的硫酸锌组（全期日增重提高 8.47%，料重比降低 8.74%），说明蛋氨酸螯合锌具有促进黄羽肉鸡生长的效应。

猪：在基础日粮中添加 0.05%甘氨酸螯合铁后，显著提高仔猪的平均日增重，比对照组提高了 9.1%，而料重比为 1.46，比对照组降低 6.2%。腹泻率也比对照组降低了 56.3%，试验组和对照组中仔猪均未死亡。与对照组相比，每头猪平均所获毛利增加了 16.2%，经济效益明显提高。

【参考生产厂家】广州天科生物科技有限公司，山东省化工研究院，济宁和实生物科技有限公司，上海祥韦思化学品有限公司，苏州市永达精细化工有限公司，中山市科佳力饲料发展有限公司，潍坊加加牧业科技有限公司，黄骅市津骅添加剂有限公司，成都螯合生物技术有限公司等。

（二）复合氨基酸微量元素螯合物

【理化特性】是混合氨基酸或多肽微量元素螯合物。它们是由蛋白质原料水解而来的氨基酸或多肽的混合物与某种微量元素螯合而成。这类产品的组成不固定、稳定性差，并且由于水解的多肽微量元素螯合物相对分子质量较大，溶解度低，吸收时多肽难以透过细胞膜进入机体，生物学利用率较低。复合氨基酸为配位体生产的氨基酸螯合微量元素比单体氨基酸螯合盐价格低廉，在生产中得到推广和普遍接受。

【质量标准】① 复合氨基酸螯合铁产品质量标准

指标名称	复合氨基酸螯合铁含量/%	指标名称	复合氨基酸螯合铁含量/%
铁	≥10.0	水分	≤10.0
粗蛋白	≥30.0	砷	≤0.0005

② 复合氨基酸螯合锰产品质量标准

指标名称	复合氨基酸螯合锰含量/%	指标名称	复合氨基酸螯合锰含量/%
锰	≥10.0	砷	≤0.0005
粗蛋白	≥35.0	重金属	≤0.002
水分	≤10.0		

【制法】复合氨基酸微量元素螯合物生产工艺流程见图 2-10，制备工艺说明可参考单体氨基酸微量元素螯合物生产制备工艺说明。

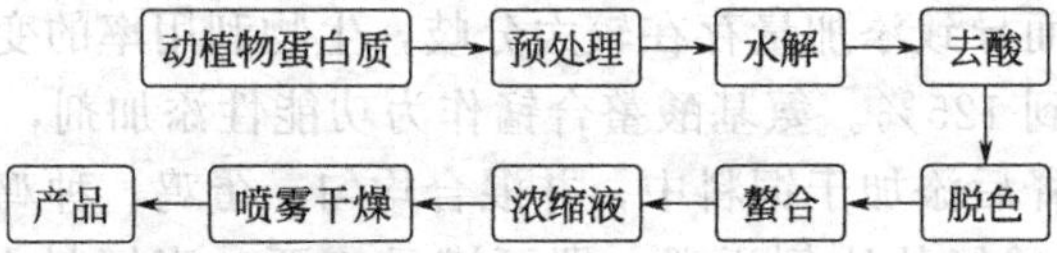

图 2-10 复合氨基酸微量元素螯合物生产工艺流程

【常用产品形式与规格】复合氨基酸螯合铁、复合氨基酸螯合锌、复合氨基酸螯合锰、复合氨基酸螯合铜、复合氨基酸螯合钴。

【添加量】没有明确的规定，视复合氨基酸微量元素螯合物的利用率确定。

【应用效果】母猪：日粮中添加 1%复合氨基酸微量元素螯合物对母猪的繁殖性能、经济效益等作用效果明显，初产母猪首次配种受胎率平均提高了 5%，胎产平均窝产活仔数增加了 3.6%，断奶仔猪成活率提高了 5%，断奶至产后发情配种的间隔时间平均缩短 3 天。

肥育猪：日粮中添加复合氨基酸螯合铁和锌各 100mg/kg 时，可显著提高杜长大肥育猪生产性能，同时提高血液中总蛋白、铁、锌水平和肌肉中铁、锌的沉积，提高饲料转化效率。

【参考生产厂家】南宁市泽威尔饲料有限责任公司，北京久然生物研究中心，成都鳌合生物技术有限公司等。

第四节 糖类添加剂

一、寡糖

寡糖亦称低聚糖，是指由2～10个糖单位组成的碳水化合物。也叫化学益生素。寡糖分为普通寡糖和功能性寡糖，普通寡糖包括麦芽糖、蔗糖、乳糖等，可在动物消化道的内源酶作用下分解为单糖而吸收。功能性寡糖则不能被动物消化道分泌的酶所降解，但可被动物肠道的微生物利用。饲料添加剂学对这类物质感兴趣的方面是一些不能被动物消化吸收作为营养素的低聚糖的特殊生物学作用和对动物健康的影响。

【质量标准】低聚异麦芽糖质量标准（GB/T 20881—2007）

项目		指标			
		IMO-50 型		IMO-90 型	
		糖浆	糖粉	糖浆	糖粉
IMO 含量(以干物质计)/%	≥	50		90	
IG_2+P+IG_3 含量(以干物质计)/%	≥	35		45	
干物质含量(固形物)/%	≥	75	—	75	—
水分/%	≤	—	5	—	5
pH 值		4.0～6.0			
透射比/%	≥	95	—	95	—
溶解度/%	≥	—	99	—	99
硫酸灰分%	≤	0.3			

【生理功能】① 防止有害病菌在肠壁的吸附，清除已经吸附了的有害微生物。试验证明，一些不能被动物消化的碳水化合物，特别是低聚糖或共轭葡萄糖具有与微生物毒素-凝结素竞争与肠壁结合的作用。这样，微生物凝结素失去了与肠壁细胞受体结合的可能性，失去了致病作用。而且经研究还发现，某些低聚糖还具有干扰微生物毒素的细胞受体识别能力的作用。从而既改变微生物黏附于肠壁的寄生过程，又改变微生物的代谢平衡。

② 促进消化道有益细菌的生长，抑制有害微生物的繁殖，保证肠道微生态平衡。

③ 提高动物免疫力。低聚甘露寡糖能增强巨噬细胞的吞噬作用，提高血清溶菌酶水平，增强细胞呼吸，使肿瘤坏死因子、白细胞介素、干扰素水平升高。

【常用产品形式】目前常用的寡糖主要有MOS（甘露寡糖）、FOS（果寡糖）、α-GOS（异麦芽低聚糖）、乳聚糖、水苏糖等。实际生产中应选择能被有益菌利用，但不能被有害菌利用者。

【应用效果】研究发现，断奶仔猪日粮用0.3%～0.4%低聚糖，对小猪明显起着健康保护因子的作用。但是，用量超过1%，则明显具有负效应。因此，不能过量利用，如果日粮中过量，不但不具有健康保护作用，而且可能引起仔猪腹泻。大豆、豆粕大量使用，容易产生腹泻，低聚糖过量可能是一个原因。另外，化学益生素与益生素结合使用，效果更好。不但明显提高动物生产性能，而且见效快。饲用后两周即可表现出明显效果。与益生素相比较，化学益生素的优势在于其耐氧、耐胃酸、耐高温和耐加工，更适于添加剂使用。但也存在一些问题，如种类特性不明确。

二、日粮纤维

日粮纤维主要是指纤维素、半纤维素、果胶、木质素等不能被动物直接利用的有机物质。

【生理功能】日粮纤维的非营养生理作用包括以下两项。

① 解毒作用　日粮纤维可吸附消化道内有毒有害物质，使其排出体外，保证动物健康。因此可预防仔猪大肠杆菌毒素中毒和有毒有害菌引起的腹泻，增加动物对毒性物质的耐受程度。

② 日粮纤维的代谢效应　日粮纤维在代谢过程中可刺激胆汁排泄，防止胆囊或胆管结石。也能降低血清胆固醇和血脂水平，而且具有防止产生脂肪肝的作用。

【添加量】日粮纤维的利用方法：小猪用5%的日粮纤维，具有健康保健作用。特别是刚断奶的小猪，效果更好。大猪饲粮中日粮纤维用量以不超过10%为宜。

【注意事项】日粮纤维的质量受纤维中木质素含量的影响。降低木质素含量，有利于提高纤维的饲用效果。日粮纤维中半纤维素和纤维素在消化道中经过微生物的作用，可以产生一些有利的影响，主要是能产生有利于动物健康的低聚糖。日粮纤维中的纤维素和半纤维素及其他非淀粉多糖或低聚糖是决定日粮纤维质量的主要成分。

三、糖萜素

糖萜素是由糖类（≥30%）、配糖体（≥30%）和有机酸组成的天然生物活性物质，是从山茶属植物种子饼粕中提取的三萜皂苷类与糖类的混合物，是一种棕黄色、无灰微细状结晶。它不溶于乙醚、氯仿、丙酮、苯等溶剂；可溶于温水、二硫化碳、乙酸乙酯；易溶于含水甲醇、含水乙醇、正丁醇以及冰醋酸。可分别与乙酸酐、钼酸铵、三氯化铁、香荚兰素起化学反应、呈色反应。

【质量标准】饲料添加剂糖萜素质量标准（GB 25247—2010）

项目	指标	项目	指标
油茶总皂苷含量/%	≥30.0	汞含量(以 Hg 计)/(mg/kg)	≤0.1
总含糖量/%	≥30.0	铬含量(以 Cr 计)/(mg/kg)	≤1.0
粗灰分/%	≤26.0	黄曲霉毒素 B_1 含量/(μg/kg)	≤50
粗蛋白/%	≥7.0	霉菌总数/(CFU/g)	≤1×10^4
干燥失重率/%	≤7.0	沙门菌	不得检出
砷含量(以总砷计)/(mg/kg)	≤3.0	筛余率(0.25mm 孔径分析筛)/%	≤5.0
铅含量(以 Pb 计)/(mg/kg)	≤5.0		

【生理功能和缺乏症】糖萜素的有效成分是寡糖和三萜皂苷类，所以糖萜素的作用与寡糖和三萜皂苷的作用有关。试验证明，饲料中添加糖萜素有如下功能：①促进动物生长，改善饲料转化效率；②提高动物机体免疫功能和抗病抗应激作用；③清除自由基和抗氧化功能。糖萜素可降低饲料酸值和过氧化值，对饲料中维生素 A 和粗脂肪具有抗氧化保护作用；④糖萜素具有调节动物机体 cAMP/cGMP 系统的功能，可促进动物蛋白质合成和消化酶的活性。

【添加量】猪饲料：200～500mg/kg；肉鸡饲料：600～1000mg/kg；蛋鸡饲料：500～800mg/kg。

四、壳聚糖

壳聚糖是甲壳素的衍生物，化学名称为 (1,4)-2-氨基-2-脱氧-β-D-葡聚糖。自然界中，壳聚糖广泛存在于低等植物菌类、藻类的细胞，节肢动物虾、蟹和昆虫的外壳，贝类、软体动物（如鱿鱼、乌贼）的外壳和软骨中，高等植物的细胞壁等。壳聚糖是自然界中产量仅次于纤维素的天然高分子，是地球上第二大可再生资源。

【质量标准】食品添加剂脱乙酰甲壳素（壳聚糖）(GB 29941—2013)

项目	指标	项目	指标
脱乙酰含量/%(质量分数)	≥85	酸不溶物含量/%	≤1.0
动力黏度(10g/L,20℃)/mPa·s	符合声明	pH 值(10g/L 溶液)	6.5～8.5
水分/%	≤10.0	无机砷含量(以 As 计)/(mg/kg)	≤1
灰分/%	≤1.0	重金属含量(以 Pb 计)/(mg/kg)	≤2

【生理功能】壳聚糖的生物学性质包括：①降低血脂及胆固醇；②抗菌抑菌作用；③免疫增强作用；④改善动物消化机能、促进乳清的利用；⑤调节 pH 值及改善机体内环境；⑥减少体内重金属的积蓄，具有向体外排除有毒有害物质的作用；⑦具有絮凝作用、螯合作用。

第五节 脂类添加剂

一、卵磷脂

卵磷脂一词是由希腊文 *Lecithos*（蛋黄）派生出来的。1884 年，德国人

Gohley从蛋黄中分离出含氮、磷的脂肪化合物，即粗卵磷脂。一只鲜蛋黄中约含10%的卵磷脂，因此蛋黄曾被作为提炼卵磷脂的原材料，而现在则用大豆作为生产原料。

卵磷脂广义上指含有磷脂质的产品，它包括磷脂酰胆碱（卵磷脂）、磷脂酰乙醇胺、磷脂酰肌醇、磷脂酰丝氨酸、磷脂酸等。狭义的卵磷脂就指磷脂酰胆碱，是蛋黄中的主要磷脂，约占蛋黄磷脂的2/3。

卵磷脂主要存在于蛋黄、大豆、动物内脏中，以禽卵卵黄中的含量最为丰富，达干物质总重的8%～10%。精制的蛋黄卵磷脂总磷含量为35%～42%，总氮含量为16%～20%，呈白色至橘黄色粉末或团块状，有微弱的特异气味，味淡；易溶于氯仿，可溶于乙醚、乙醇，不溶于丙酮、水。卵磷脂需在低温干燥条件下保存。

【生理功能】① 维持细胞膜的功能。细胞膜的磷脂/胆固醇的比例下降会使膜硬化、流动性变差，而且膜磷脂中饱和脂肪酸过多，也会使膜变硬，硬化的膜会减慢对维持生命活动重要的营养物质的交换。增加磷脂的摄入量，特别是像大豆磷脂这类富含不饱和脂肪酸的磷脂，能调整细胞中磷脂/胆固醇的比例，增加磷脂中脂肪酸的不饱和度，有效改善膜功能，提高机体的代谢能力、自愈能力和机体组织的再生能力。因此，卵磷脂对机体内的细胞活化、器官功能的维持、肌肉关节的活化均有重要的作用。

② 卵磷脂具有表面作用效应，可改进动物对脂类的消化吸收。由于卵磷脂分子同时有亲水性磷酸酯酯基、胆碱或胆胺等（极性基团）和疏水性脂肪酸基（非极性基团），因此它是一种两性表面活性剂，能形成水包油型乳剂，具有乳化特性和保湿作用。卵磷脂在消化道能产生适宜的油水乳化环境，促进脂类以及碳水化合物和蛋白质的消化。

③ 调节脂类代谢。卵磷脂能够促进脂类的代谢，改变脂类的转运和机体脂类及脂肪酸组成状况，保证血管的通畅及正常的肝脏功能。卵磷脂可显著地降低血中的胆固醇、甘油三酯、低密度脂蛋白的浓度，同时使对机体有益的高密度脂蛋白含量上升，阻止胆固醇在血管内壁沉积，并可清除部分沉淀物，降低血液黏度，促进血液循环。

④ 卵磷脂同时具有真脂与超脂效应。卵磷脂的真脂效应是指卵磷脂为细胞的形成和更新提供磷脂，还提供能量、必需脂肪酸、胆碱和肌醇。超脂效应是指卵磷脂可以影响其他营养物质的利用效率。

⑤ 促生长作用。卵磷脂用作幼小哺乳动物代乳料的乳化剂可提高饲料中脂肪和脂溶性营养物的消化率，促进生长。

⑥ 改善饲料特性，包括：a. 改善饲料的适口性；b. 提供胆碱、肌醇、亚油酸和亚麻酸等营养素，提高饲料的营养价值；c. 有助于动物对油脂和脂溶性维生素的消化吸收；d. 保护饲料中的不饱和脂肪酸；e. 提高制粒的物理质量和产量，减少饲料在挤压成型时的粉料损失和能量消耗；f. 降低挤压膨化设备的磨损；g. 防止粉尘飞扬，提高饲料的混合质量。

【制法】大豆磷脂是饲料添加剂中最常使用的卵磷脂，是从生产大豆油的油脚中提取出来的产物。根据大豆磷脂加工工艺的不同，可将其分为以下几个类型。

① 天然粗制磷脂 它是由大豆精炼油的副产品（油脚）真空脱水而制得，亦称为浓缩大豆磷脂。产品的丙酮不溶物（磷脂和糖脂）含量为60%～64%，大豆油含量为36%～40%。

② 改性大豆磷脂 它是由浓缩大豆磷脂经化学改性而制成，具有较好的亲水性和水包油（O/W）乳化功能。改性方法主要有3种：物理法、化学法和酶法。其丙酮不溶物含量与天然粗磷脂含量相同，但其乳化性和亲水性能较浓缩大豆磷脂有显著提高，因此在饲料添加性能、液体饲料制备和能量的消化吸收方面有更大的优势，在饲料中应用广泛。

③ 粉末大豆磷脂 它是浓缩大豆磷脂经丙酮脱除油脂后的高纯度磷脂产品，也称脱油磷脂粉。色泽为米黄色或浅棕黄色，呈粉粒状，丙酮不溶物含量为95%～98%。

④ 精制大豆磷脂 经丙酮沉淀制得的粉末大豆磷脂可经乙醇抽提进行纯化，乙醇处理后分为醇溶部分和醇不溶部分。醇溶部分磷脂酰胆碱含量高，增强了其亲水性，是O/W型乳化剂；醇不溶部分分为磷脂酸乙醇胺和磷脂酰肌醇，是W/O型乳化剂。

⑤ 磷脂油 它是植物油和脂肪酸稀释的磷脂产品，黏度低，易于泵送或喷涂。磷脂含量一般为30%～52%。

⑥ 粉状大豆磷脂 它是液态磷脂加载体而形成的固体粉状产品。磷脂含量为10%～50%。适于配合饲料添加。

⑦ 漂白大豆磷脂 粗磷脂经过过氧化氢漂白后进一步脱水所得的产品，含水量小于1%。

天然存在的饲料资源中，一般的鱼虾粉中磷脂含1.78%～3.3%；牡蛎粉中含量可达1.6%；金枪鱼肝粉1.27%～6.36%；酵母1.27%。这些都是很好的磷脂来源，也容易开发利用。

【质量标准】磷脂作为饲料添加剂的质量标准一般为：水分＜22%，丙酮不溶物＞45%，乙醚不溶物＜4%，酸值＜5.5。

【添加量】卵磷脂在实际应用中应根据饲料本来含有的磷脂量、动物的大小、饲料中的脂肪及饱和脂肪酸含量、饲料成本以及磷脂的种类和浓度来确定其适宜的添加量。一般来说，用于淡水鱼的添加量以5%为宜，用于肉猪配合饲料的添加量以2%为宜，用于对虾的添加量以5.5%为宜，用于肉仔鸡的添加量以2%为宜。

【应用效果】① 预防脂肪肝。饲料中补充一定量的卵磷脂，可使脂蛋白的合成顺利进行，肝内的脂肪便可输运出，预防动物脂肪肝的发生。

② 改善动物的体脂构成。在饲料中添加适量的卵磷脂可提高屠宰率、降低腹脂和改善肉质。

③ 提高动物生产性能和饲料转化率。在仔猪、肉仔鸡、犊牛上的研究表明，卵磷脂可提高蛋白、能量消化率，改善机体代谢状况，从而促进动物增重，提高饲料利用效率。对鱼虾饲料，磷脂是一种必需的营养物质。虾一般不能合成磷脂。鱼越小，补充磷脂的效果也越好。所以越小的鱼、虾磷脂需要越多。日粮脂肪含量越高，磷脂需要越多。

二、胆固醇

1. 水生动物对胆固醇的需求

甲壳类动物包括虾，体内不能合成胆固醇，需要从饲料中供给。为了保证胆固醇的有效利用，日粮中适宜的磷脂也很重要。胆固醇在体内是维生素 D 的先体，还有体内的固醇激素特别是脱皮激素都需要胆固醇。越小的虾，越需要胆固醇。饲料中胆固醇占日粮的 0.5%才能满足动物体内胆固醇的需要。

2. 陆生动物对胆固醇的需求

一般而论，成年动物对外源性的胆固醇没有特殊要求。体内代谢过程已能维持对胆固醇的需要。年幼动物，特别是刚出生的幼小动物，因生长速度快，对胆固醇的需要量大。常用饲料，包括奶产品，均不能满足动物对胆固醇的需要。已有研究表明，仔猪日粮添加胆固醇，可以进一步促进生长。其他幼小动物如犊牛、羔羊、雏鸡是否也需要补充胆固醇，还需试验证明。

3. 胆固醇的开发途径

① 天然原料中提取　这一资源中最有开发价值的是一些动物来源的组织器官。一般说来，动物肝、脑、脂肪组织中，胆固醇含量较高。一些软体动物，如牡蛎体内胆固醇含量也很高，这些资源只需要作适宜浓缩，即可形成粗制产品作饲料添加剂使用。

② 化学合成　胆固醇是一种由环戊烷多氢菲和含 8 个碳原子组成的烃基侧链构成的化合物。含 8 个碳原子的烃基侧链物质与环戊烷多氢菲结合，就可能生成胆固醇。但生成胆固醇的环戊烷多氢菲的第五碳位和第六碳位之间必须是双键连接。

三、植物甾醇

植物甾醇通常以多种形式存在，是一种类似于环状醇结构的物质，广泛分布于自然界，代表了植物代谢的一个终产物。植物的根、茎、叶、果实和种子中均含有，但主要存在于植物种子中，以游离型、脂肪酸酯和糖苷等形式存在。植物甾醇不溶于水、碱和酸，常温下微溶于丙酮和乙醇，溶解于乙醚、苯、氯仿、乙酸乙酯、二硫化碳、石油醚。经溶剂结晶获得的植物甾醇通常为针状或鳞片状白色结晶，其商品则多为粉末状或片状。

1. 植物甾醇的生物学作用

① 乳化特性　植物甾醇是植物细胞膜的基本构成成分，因其结构上带有羟基基团，因而同时具有亲水基团和亲油基团从而具有乳化特性。植物甾醇的乳化性可通过对羟基基团进行化学改性而得到改善，植物甾醇具有两性的特征使得它具有调节和控制反相膜流动性的能力。

② 降低血液中胆固醇含量　植物甾醇的降血清胆固醇作用，主要是通过抑制小肠内胆固醇的吸收而降低血清胆固醇的浓度。胆固醇的吸收是通过在十二指肠内被胆汁酸乳糜微粒吸附，进而在小肠中被吸收。植物甾醇和胆甾醇（胆固醇）结构

极其相似，它们仅在分子骨架的侧链上存在差异，在生物体内以胆固醇相同的方式吸收。植物甾醇能与胆固醇竞争在胆汁酸乳糜微粒中的位置，从而使没有被胆汁酸乳糜微粒所吸附的胆固醇通过粪排出体外，进而抑制了胆固醇在小肠的吸收，而植物甾醇由于吸收比率比胆固醇低，一般只有5%～10%，几乎不被动物吸收。

2. 植物甾醇的功能及应用效果

① 降低禽蛋和禽肉中胆固醇的含量　鸡蛋所含营养物质丰富且均匀，是人们喜爱的营养食品之一，不足之处是其蛋黄胆固醇含量高（200～300mg/枚），过多食用可能造成对身体的危害。研究表明，在饲料中添加植物甾醇，降低了肝脏血浆胆固醇量，抑制了鸡体内胆固醇合成的活性，能使鸡蛋和鸡肉中胆固醇含量减少。

② 促进动物生长和健康　吲哚乙酸、赤霉素等植物生长激素作为动物生长剂虽然也有一定效果，但由于它们是一种极不稳定的化合物，不仅在生物体外，而且进入生物体内以后也容易分解，往往在发挥其生理作用之前就变成不活泼的物质而逐渐失去效力。植物甾醇和植物生长激素与能在水中形成分子膜的脂质结合，生成植物激素-植物甾醇-核糖核蛋白，增加了原植物激素对环境温度、动物体温和体内分解的稳定性。这种含有植物甾醇的核糖核蛋白具有促进动物蛋白质合成功能，从而促进动物生长。

③ 改善动物肝功能　植物甾醇可改善受损害的肝功能状况，同时还可作为肝功能障碍的预防剂，且具有毒性低的特点。改善肝功能的有效剂量，因家畜家禽的种类、体质、年龄、性别、给药时间、植物甾醇的种类、肝功能损害的程度等不同而异。

④ 其他功能　植物甾醇还具有清除自由基抗氧化作用、抗癌作用、免疫调节作用、抗炎退热等作用。

3. 植物甾醇的安全性

大量研究显示，一般剂量的植物甾醇对人体和其他动物没有任何明显的毒害或副作用。在较高剂量下，少数研究发现其对一部分人可能会引起某些副作用，如腹泻以及便秘等，但其发生概率很低。

四、过瘤胃脂肪

过瘤胃脂肪是指将添加到日粮中的脂肪采用物理或化学等手段保护起来，使其在瘤胃中不易降解，而直接进入真胃和小肠中进行消化、吸收和利用的一类脂肪。

1. 过瘤胃脂肪的作用

反刍动物日粮添加过瘤胃脂肪能有效增加日粮能量浓度，日粮中添加过瘤胃脂肪不但能够有效降低精料的饲喂量，防止奶牛由于精料尤其是淀粉类精料采食过多而造成瘤胃酸中毒，而且还有利于提高瘤胃对粗纤维的利用率。日粮中添加过瘤胃脂肪能显著提高反刍动物产奶量，也是生产多不饱和反刍动物源性食品的最佳方法之一，而且对乳脂率的提高也非常有效。此外，还可提高反刍动物繁殖率。

2. 过瘤胃脂肪的种类及作用机理

① 甲醛-蛋白复合包被油脂　甲醛可以防止饲料中的不饱和脂肪酸转化为饱和

脂肪酸。甲醛-蛋白复合保护膜在 pH 值为 5～7 的瘤胃环境不能分解；而在 pH 值为 2～3 的真胃环境中保护膜被破坏，释放出包被的脂肪，因而不影响油脂在后消化段的消化。甲醛－蛋白复合物对脂肪的保护程度可达 85%。就目前的研究情况看，加牛油与蛋白混合的植物油经甲醛处理后可得最理想的包被的油脂，它可以明显提高乳脂中的 C18:1、C18:2、C18:3 等不饱和脂肪酸比例。饲料中添加甲醛－蛋白复合包被脂肪可以提高泌乳反刍动物产奶量，提高乳脂率和乳蛋白的含量。甲醛在畜产品中的残留限制了该产品的应用。

② 血粉包被油脂　血粉在瘤胃内完全不被降解。血浆白蛋白能在饲料颗粒表面形成保护膜，可防止养分在瘤胃内扩散溶解以及消化吸收，这就是血粉包被油脂的基本营养原理。其加工工艺根据不同需要有所不同，主要是通过喷雾法将血浆喷向油脂，形成血粉包被。该法成本较高。

③ 饱和（或氢化）脂肪　通过对脂肪加氢饱和生产的过瘤胃脂肪，熔点为 50～55℃，而瘤胃内的温度一般为 38～90℃，所以这些脂肪在瘤胃中保持固体形态而不溶解，不会对瘤胃细菌和原虫造成不良影响，自身的结构也不变。然而，存在于小肠中胃液的酶可以消化这些饱和脂肪酸，由于这种过瘤胃脂肪产品含饱和脂肪酸很高，它较含不饱和脂肪酸高的产品被消化的相对较少。

④ 脂肪酸钙　脂肪酸钙在瘤胃中（pH 值为 6.5～6.8）可保持完整，不被溶解，也不会受到瘤胃微生物影响，更不会破坏瘤胃正常酸度，能有效地保持稳定并通过瘤胃。当脂肪酸钙进入皱胃时（pH 值为 2～3），解离成 Ca^{2+} 和脂肪酸，游离的脂肪酸就可以被有效地吸收。

加工脂肪酸钙可以按 1kg 脂肪加热熔化后加 NaOH 固体 340g，加热搅拌为糊状，然后加水、加热成乳白色液体再加入 $CaCl_2$ 固体 240g，即有大量沉淀生成，过滤沉淀并用水洗涤至中性，加热干燥，即为脂肪酸钙产品。生产脂肪酸钙可以用牛油、硬脂酸或棕榈酸，以棕榈油制成的棕榈酸钙效果最佳。

除了脂肪酸钙，国外研究较多的是脂肪酸酰胺。脂肪酸与胺反应形成脂肪酰胺，可以有效地防止瘤胃微生物的降解作用与氢化作用，添加后对瘤胃微生物的有害作用也小。但存在着小肠消化率低、乙酸比例有下降的趋势以及降低动物采食量等方面的缺陷。

3. 过瘤胃脂肪的添加方法

过瘤胃脂肪的添加量受到多种因素的限制，如反刍动物的种类、健康状况、产量的高低、不同的生理阶段及日粮组成等。有学者建议奶牛过瘤胃脂肪的添加为干物质采食量的 3%。也有试验表明，在奶牛日粮中添加 200g/(d·头) 过瘤胃脂肪效果最好。有关肉羊和肉牛过瘤胃脂肪的合适的添加量报道不多。

饲喂过瘤胃脂肪应注意：过瘤胃脂肪的饲喂需要有一个过渡期，一般为 7 天。日粮中干物质中粗脂肪要保持在 5%～7%，过多则会引起负效应。添加脂肪时，日粮干物质中的 NDF 和 ADF 应保持在 25%和 21%左右。添加过瘤胃脂肪的同时，需要饲喂充足粗饲料及补充一定量的钙和镁。钙皂、氢化脂肪的适口性差，应用时应注意逐渐添加。添加脂肪有降低乳蛋白的可能性，可考虑增加日粮瘤胃蛋白的比例。过瘤胃脂肪的添加应适时，一般在泌乳高峰期和炎热夏季。

五、特殊脂肪酸

1. 概况

传统营养学中脂肪酸除了亚油酸（C18:2ω6）、亚麻油酸（C18:3ω3）和花生油酸（C20:4ω6）外，其他脂肪酸在体内只作供能用。目前的研究发现，ω3 系列的脂肪酸，除了（C18:3ω3）以外，其他 ω3 类的脂肪酸，尽管营养上不需要，但对生物功能具有特殊影响，主要包括：C18:3、C18:4、C20:4、C20:5(EPA)、C22:6(DHA) ω3 脂肪酸。

2. 特殊脂肪酸的作用

ω3 系列脂肪酸可减少人的心脏和血管系统疾病，延长寿命，改善健康状况。动物饲料中利用 ω3 系列脂肪酸，可减少死亡率，提高生产性能。

3. ω3 脂肪酸的开发途径

天然 ω3 脂肪酸主要来源于水生动物油，其中鱼油中 ω3 脂肪酸含量特别丰富。开发天然 ω3 脂肪酸用作人的保健品已有市售产品，开发作为饲料添加剂的还比较少。

六、共轭亚油酸（CLA）

1. 概况

CLA，又名瘤胃酸，是指由亚油酸（LA）分子两个双键中的任一个双键在碳原子上的位置发生改变而形成的含有两个共轭双键的一组十八碳二烯酸混合物的总称。CLA 的种类十分丰富，而且不同异构体的生物活性、生理功能也不同。

2. 共轭亚油酸的功能与作用机理

① 营养再分配作用　CLA 可以提高肉毒碱棕榈酸转移酶（脂肪酸 β-氧化的限速酶）和脂肪敏感酯酶（负责脂肪水解释放至血液中的酶）的活性，降低脂蛋白脂肪酶（促进脂肪吸收）的活性，抑制动物体内脂肪的合成和加速脂肪的 β-氧化分解，使背膘厚度降低，瘦肉率增加。在日粮中添加，可使动物采食量减少，但动物体蛋白含量增加，即肌肉组织增加，同时脂肪组织明显减少。因此 CLA 是一种最新认识的代谢调节剂，具有极好的安全性，可以作为 β-兴奋剂的代替品，是一种绿色饲料添加剂。

② 改善产品的品质　CLA 能够增加腹部肌肉产出率，增加猪腹肉的硬度，提高肌肉剪切力，提高持水力、肉色以及大理石纹。在鸡的日粮中添加 CLA，屠宰后鸡肉的保鲜期显著延长，贮存后产生的乙醛和正戊醛数量减少，这主要是由肉中饱和脂肪酸和 CLA 的数量增加所致。

③ 降低胆固醇的含量　CLA 可降低血脂中总胆固醇、低密度脂蛋白胆固醇及血清中甘油三酯的含量，抑制动脉粥样硬化。

④ 抗氧化作用　CLA 可抑制过氧化物的形成。在磷酸盐缓冲液/乙醇溶液中 CLA 可以抑制不饱和脂肪酸的过氧化，其效果与丁羟基甲苯（BHA）相近，而优

于维生素 E。

⑤ 增强机体免疫力　CLA 能够促进细胞分裂，阻止肌肉退化，延缓机体免疫机能的衰退，还能增强淋巴细胞的免疫功能，降低过敏性反应。目前认为为 CLA 可能是通过基因调控来增强细胞免疫机能的。据报道，前列腺 E_2（PGE_2）能抑制细胞免疫，减少白介素-2（IL-2）含量，PGE_2 受核酸转移因子的控制，而 CLA 能促进核酸转移因子的表达。

⑥ 改善骨组织代谢　CLA 能够促进骨组织细胞的分裂和再生，促进软骨组织细胞的合成及矿物质在骨组织中的沉积，对骨质的健康有积极作用。这可能是 PGE_2 浓度调节的结果，PGE_2 浓度过高能够抑制骨质的合成，而 CLA 能够有效降低 PGE_2 的浓度，因而有促进骨质的形成的作用。

⑦ 防霉作用　CLA 的钾盐或钠盐可以抑制霉菌的生长，且无毒副作用、性质相对比较稳定和无使用上限。

⑧ 提高动物生产性能　日粮中添加 CLA 可使奶牛产奶量提高，乳脂率下降，降低乳腺小叶腺泡的增生活性，还对乳腺组织中脂质过氧化产物的形成具有明显的抑制作用。

3. 共轭亚油酸的开发途径

共轭亚油酸主要存在于大豆油、亚麻油、核桃油和葵花油等当中。还存在于反刍动物牛和羊等的肉和奶中，也少量存在于其他动物的组织、血液和体液中。植物性饲料中也含有 CLA，但其异构体的分布状况与动物性饲料显著不同，特别是有生物活性的 C-9、C-11 异构体在植物性饲料中的含量很少。

第六节　蛋白质类添加剂

一、免疫球蛋白

幼小哺乳动物免疫球蛋白是一个十分重要的健康保护因子，特别是 γ-球蛋白对三周龄左右的小猪，可增强抗病力，减少腹泻，减少死亡，是一项重要的营养饲养措施。

免疫球蛋白来源包括以下几方面。

1. 精制免疫球蛋白

这类产品用于人的疾病治疗和保健较多。用作饲料添加剂则经济成本太高。生产这类产品的原料一般来源于含有免疫球蛋白的动物组织或器官，也包括血液。经过浸提、冷冻、沉淀、透析等工艺过程，将免疫球蛋白分离出来，再进行消毒防腐处理即成。如果生产注射用产品，还应调节离子平衡，使其具有生理条件下一样的渗透压，如人用胎盘球蛋白即属此类产品。

2. 初乳中的免疫球蛋白

开发奶牛初乳粉是一条经济有效的途径。小牛出生后适宜吮吸初乳后，其余初乳，甚至包括母牛头一周的泌乳，均可收集干燥成初乳粉。按免疫球蛋白含量不同，生产成不同免疫能力初乳粉。初乳粉最高免疫球蛋白含量可达到20%～28%左右，产奶一周左右免疫球蛋白可保持10%～15%。用于生产代乳料，用于小猪诱食料，可有效保护幼畜健康。

猪和反刍动物初乳中的免疫球蛋白对幼小动物有两方面的健康保护作用。一是出生后24～36h以内，初乳中免疫球蛋白可直接吸收进入体内起免疫作用。二是没有进入体内的免疫球蛋白，可在消化道内起着抵抗有害微生物的作用。

二、血清制剂

血清制剂是利用淘汰母畜血液在无菌条件下制备成血清产品，主要为新生幼畜作为外源性饲料添加剂使用，可显著降低腹泻发生率。小猪在出生后6h，一次经口给予5mL血清可明显减少腹泻发生或降低腹泻的严重程度。血清是一种幼畜的健康保护因子，有人把这种产品称为新生免疫力增强剂，特别能有效保护小猪不受疾病侵袭。可使小猪死亡率下降10%以上，明显提高生长速度。

猪血清制备，最好用成年母猪血液，以利于血清具有更广的免疫力范围。母畜产仔胎次越多，经受疾病的干扰越多，体内免疫机能越强。若用腹泻仔猪粪便饲喂过的母猪的血清，效果更好。制备血清要求无污染，制备过程时间短，不宜超过4h。制备产品保存于－10℃待用。

三、卵黄抗体

1. 卵黄抗体的概念与特点

母鸡受免疫刺激后产生免疫反应，在输卵管内卵黄成熟期，血液中IgG可被选择性地转移至卵黄中，并且成为卵黄中唯一的免疫球蛋白类，这种由血液转移入卵黄液的IgG类抗体即为卵黄抗体（egg yolk immunoglobulin，IgY）。它是一种7S免疫球蛋白，分子质量约为180kDa，含两个亚单位，即67～70kDa的重链和22～30kDa的轻链。卵黄中IgG的含量等于甚至要高于母鸡血清中的IgG。

卵黄作为特异性抗体的来源有产量高、生产成本低、产生有效免疫反应所需抗原量小等特点。卵黄抗体化学性质稳定，耐热、耐酸、耐碱、耐高渗性能，有良好的抵抗胃蛋白酶消化的能力，收集和提纯方便，对肠道正常菌群无副作用，也不存在抗药性和药物残留问题。而且IgY本身是一种优质的蛋白源，有促生长作用。

2. 卵黄抗体的作用机理

针对特定病原菌的卵黄抗体能直接黏附于病原菌的细胞壁上，改变病原细胞的完整性，直接抑制病原菌的生长。卵黄抗体也可黏附于细菌的菌毛上，使之不能黏附于肠道黏膜上皮细胞。部分卵黄抗体在肠道内被消化酶降解为可结合片段，这些片段含有抗体末端的可变小肽（Fab部分），这些小肽很容易被肠道吸收，进入血液后能与特定病原菌黏附因子结合，使病原菌不能黏附易感细胞而失去致病性，而IgY的稳定区（Fe部分）留在肠道内。从而可对非肠道病原菌发挥抑菌作用，同时，这些小肽还能与宿主血液中球蛋白结合，使其免遭机体破坏。另外，卵黄抗体也含有一些营养成分，作为饲料添加剂使用时能被动物所利用。

3. 应用效果

卵黄抗体可用于口服免疫防治肠道感染，也可作为饲料添加剂添加。研究表明，在饲料中添加抗 F18 菌毛卵黄抗体对感染 F18＋ETEC 的断奶仔猪可获得很好的保护效果，降低了腹泻的发生率和严重程度，提高了仔猪的增重。用甲醛灭活的 26 种病原细菌免疫母鸡，其产生的 IgY，可抑制假单孢菌的生长、葡萄球菌肠毒素 A 的产生量以及肠炎沙门菌的黏附，能够有效预防多种肠道疾病。

4. 开发生产方式

禽类的免疫系统包括细胞免疫和体液免疫，分别受胸腺和法氏囊的控制。当机体受到外来抗原刺激后，法氏囊内的 B 细胞分化成为浆细胞，分泌特异性抗体进入血液循环，当血液流经卵巢时，特异性抗体（主要是 IgG）在卵细胞中逐渐蓄积，形成卵黄抗体；当卵细胞分泌进入输卵管时，流经输卵管的血液中含有的特异性抗体（主要是 IgA 和 IgM）进入卵清中，形成卵清抗体，移行进入卵细胞是受体作用的结果，因而 IgG 可在卵细胞中大量蓄积，浓度高于血液中的 IgG。

二十几年来，人们已建立了许多较为高效而经济的提取制备卵黄抗体的方法，如盐析、乙醇和聚乙二醇沉淀法、疏水色谱法、辛酸沉淀法（CA 法）等，产量约为每毫升卵黄提取 IgY 5～715mg，纯度 87%～89%。此外，其他应用于多克隆抗血清制备的方法也皆可用于 IgY 的制备。一般需将多种方法综合应用。

四、肽类添加剂

1. 肽的概念与分类

肽是分子结构介于氨基酸和蛋白质之间的一类化合物，氨基酸是构成肽的基本单位。含氨基酸残基 50 个以上的通常称为蛋白质，低于 50 个氨基酸残基的称为肽，肽中氨基酸残基低于 10 个的称为寡肽，含 2 或 3 个氨基酸残基的为小肽，即一般所说的二肽和三肽。

按照肽所发挥的功能可将其分为两大类：功能性肽和营养性肽。功能性小肽是指能参与调节动物的某些生理活动或具有某些特殊作用的小肽，也可称为生物活性肽。它们是一类相对分子质量小（小于 6000Da）、构象松散、具有多种特殊生物功能的小肽，如免疫活性肽、抗氧化活性小肽、食欲肽、调味肽、抗菌肽、神经活性小肽等。这类小肽不仅具有营养学意义，能为动物提供氨基酸，还可作为生理调节物质或通过刺激肠道激素、酶的分泌而发挥生理作用，且具有安全无残留、无环境污染的特点。营养性小肽是指不具有特殊生理调节功能，只为蛋白质合成提供氮架的小肽。

2. 肽吸收理论的建立

传统的蛋白质消化吸收理论认为，蛋白质在肠腔内，由消化道酶作用生成游离氨基酸和寡肽；其中寡肽在肽酶的作用下完全水解为游离氨基酸，并以游离氨基酸的形式进入血液循环。根据这种理论，蛋白质营养实质就是氨基酸的营养，只要给动物提供充足的必需氨基酸，动物就能获得满意的生产性能。但近几年，一些学者提出了肽营养学说，即机体可以直接吸收、利用肽，而且对完整蛋白质或肽有特殊需要，动物要获得最佳生产性能，日粮中必须有一定数量的完整蛋白质和肽。

3. 小肽的吸收机制

游离氨基酸的肠细胞主动转运，存在着中性、酸性、碱性和亚氨基酸 4 类转运系统，它们是依赖 Na^+ 泵逆浓度梯度进行的。而小肽的吸收机制与其完全不同。

① 单胃动物体内小肽的吸收机制　单胃动物吸收肽是在肠系膜系统，单胃动物的小肠是小肽吸收的主要场所，由小肠黏膜上皮细胞来完成。小肽的转运可能有以下 3 种途径：a. 需要消耗 ATP 的主动转运过程，依赖氢离子浓度和钙离子浓度进行电导。大多数小肽的吸收和转运需要一个酸性环境，1 分子肽需 2 个 H^+。b. 具有 pH 值依赖性的 H^+/Na^+ 交换转运体系，不消耗 ATP。c. 谷胱甘肽（GSH）转运系统，谷胱甘肽的跨膜转运与 Na^+、K^+、Li^+、Ca^{2+}、Mn^{2+} 的浓度梯度有关，而与 H^+ 的浓度无关。

② 反刍动物体内小肽的吸收机制　反刍动物对小肽的吸收与单胃动物不同。反刍动物氨基酸和肽的吸收存在肠系膜系统和非肠系膜系统两种途径。空肠、结肠、回肠、盲肠吸收的小肽进入肠系膜系统，而由瘤胃、瓣胃、网胃、皱胃、十二指肠吸收的肽则进入非肠系膜系统。在反刍动物体内，肽的吸收以非肠系膜系统为主要途径，其吸收的主要部位在瘤胃与瓣胃。反刍动物对小肽的吸收有的以被动扩散的形式进行，有的则是由载体介导的主动转运过程。

4. 小肽的吸收特点及影响因素

小肽的转运系统具有转运速度快、耗能低、载体不易饱和以及各种肽之间运转无竞争性和抑制性等特点。而氨基酸则吸收慢、载体易饱和、吸收时耗能高。

小肽在体内能迅速吸收可能有以下原因：①肽吸收机制的高效性，肽载体吸收能力可能高于各种氨基酸载体吸收能力总和；②小肽自身对氨基酸或其残基吸收有促进作用，作为肠腔吸收底物，小肽除能增加小肠刷状缘氨基肽酶和二肽酶活性外，还能提高氨基酸载体数量；③减少了游离氨基酸在吸收上的竞争。

影响小肽吸收的因素包括：①肽的构型，氨基酸位于 N 端还是 C 端是影响肽吸收的一个重要因素。当赖氨酸位于 N 端与组氨酸构成二肽时，要比它位于 C 端吸收快，而它在 C 端与谷氨酸构成二肽时，吸收速度更迅速；②肽的氨基酸组成；③蛋白质的含量与品质，饲喂高蛋白质含量饲料时，动物肠道刷状缘肽酶的活性增加，饲喂低蛋白或去蛋白饲料时，肽酶的活性降低，肽的吸收也随之增加或减少；小肽形成的数量和比例与日粮蛋白质的品质有关，氨基酸平衡的蛋白质产生数量较多的小肽，否则产生大量的游离氨基酸和少量相对分子质量大的肽片段；④小肽载体，小肽载体对疏水性、侧链体积大的底物，如含支链氨基酸、蛋氨酸或苯丙氨酸的肽，具有较高的亲和力，而对亲水性、带电荷的小肽亲和力较小。

5. 大分子寡肽的吸收

大于三肽的寡肽的吸收可能是以渗透作用而不是通过肽载体载运，即寡肽的完整吸收可能与小肽载体通道吸收无关。目前，在微生物体中发现了有独立的依能量寡肽转运体系，4～5 肽可依靠 ATP 或相关的高能物质驱动转运。在动物体内虽然尚未发现大分子寡肽载体，但越来越多的试验发现，动物肠道可以吸收大分子肽，并且这些肽可能本身就具有各种类似激素的功能。

6. 小肽的营养及生理作用

① 明显提高蛋白质的消化吸收效率和利用效率。以小肽形式作为N源的饲粮，其整体蛋白质沉积效率高于相应的以氨基酸或完整蛋白质作为N源的饲粮。小肽的吸收机制决定其提高蛋白质的消化吸收效率。小肽对蛋白质代谢的调节作用可能在于：a. 肠道肽载体对含疏水性与体积大的侧链氨基酸（支链氨基酸、蛋氨酸、苯丙氨酸等）的肽的亲和力高。而这些氨基酸对组织蛋白质的合成和降解起着重要的调节作用。如亮氨酸和蛋氨酸可促进蛋白质的合成，抑制蛋白质的降解，因为它们能抑制胰高血糖素的分泌和促进胰岛素的分泌。另外，谷氨酰胺肽无论是以肠道或非肠道形式供给均有抑制蛋白质降解的作用。b. 小肽和氨基酸在体内的代谢利用不同。小肽形式供给的色氨酸，不易用于合成尼克酰胺，而更易用于蛋白质合成。c. 机体组织有较好的直接利用吸收进入血液的肽合成蛋白质的能力，而且吸收进入血液的肽还能促进蛋白质的合成。d. 蛋白质合成率与动静脉氨基酸差值存在相关性，在吸收状态下，其差值越大，蛋白合成率越高。由于小肽吸收速度快，吸收峰高，因此能快速提高动静脉氨基酸差值，从而提高蛋白质合成效率。

② 促进矿物质元素的吸收利用。有些小肽具有与金属结合的特性，可与 Ca^{2+}、Zn^{2+}、Cu^{2+} 和 Fe^{2+} 等离子形成螯合物增加其可溶性，从而促进 Ca^{2+}、Zn^{2+}、Cu^{2+} 和 Fe^{2+} 的被动转运过程及在体内的贮留。

③ 生理调节作用。经过大量的研究，人们发现了许多具有特殊生理作用的小肽，称为生物活性肽。这些生物活性肽对动物体起到抗病毒、抗菌、促进生长、免疫调节、改善适口性及保护环境等重要作用。a. 免疫调节功能：免疫活性肽能刺激、调节机体的免疫应答中心，增强机体的免疫力；刺激淋巴细胞的增殖和巨噬细胞的吞噬能力；还能加强有益菌群繁殖，促进菌体蛋白合成，增强动物的抗病能力；促进幼小动物的小肠发育成熟及小肠绒毛的生长，提高机体的免疫力。b. 抗氧化功能：有报道，肌肽是具有多种抗氧化活性的生物物质。它不仅具有缓冲生理pH的能力，减少因pH变化而产生的脂质过氧化，还能作为一种自由基清除剂、金属螯合剂和供氢体，抗油脂氧化。c. 神经调节作用：神经活性小肽具有神经递质的作用，在肠道内能被完整吸收进入血液，作为神经递质发挥生理作用。如β-酪蛋白水解生成的六肽（Tyr-Pro-Phe-Pro-Gly-Ile）和四肽（Tyr-Pro-Phe-Pro），在体外均具有阿片肽的活性。d. 一些生长促进肽具有促进动物生长的功能。e. 改善饲料适口性，一些肽能够促进甜、酸、苦、咸4种味觉。例如酸味肽 Lys-Gly-Asp-Glu-Ser-Leu-Ala 最初是从经木瓜蛋白酶处理的牛肉中提取得到的；苦味肽已从发酵食品如奶酪、可可、米酒和蛋白水解产物中分离得到。一些肽还被用作鱼饲料的化学诱食剂。通过模拟、掩盖或增进口味，肽可以被设计并用来改善适口性。

7. 肽的制备

制备肽所需原料主要为蛋白质，包括动、植物蛋白。生产方法包括以下几种。①化学合成法：根据人们所需肽的氨基酸序列进行人工合成。②化学水解法：包括碱水解法和酸水解法，以天然蛋白质为原料，经酸或碱水解，使蛋白中的肽链断裂得到所需的肽。③提取法：从富含肽的生物机体内通过不同的工艺分离、纯化天然活性肽。④酶解法：采用蛋白酶在体外直接进行酶解反应生产肽制品。⑤微生物发酵法：此方法的关键是筛选出合适的菌种，菌种本身及其分泌物对人畜安全无害，并能够在蛋白底物上表达良好，菌种能分泌合适的蛋白酶在体外将蛋白切成长短合适的肽段。⑥重组 DNA 法：此法避免了化学合成法的缺点，但使用重组 DNA 技术只能合成大分子肽类和蛋白质。

第七节 新型营养性添加剂

一、异位酸

【理化性质】2-甲基丁酸（2-methyl butyrate）、异丁酸（isobutyrate）和异戊酸（isovaleric acid）是含 4 个或 5 个碳原子的支链脂肪酸（branched-chain fatty acid），与戊酸（valeric acid）合称为异位酸（isoacids），又称支链脂肪酸（BCFA）。2-甲基丁酸的分子式为 $C_5H_9O_2$，相对分子质量为 101.12，异丁酸分子式 $C_4H_8O_2$，相对分子质量为 88.11；异戊酸、戊酸分子式均为 $C_5H_{10}O_2$，相对分子质量 102.12。各自分子结构见下。异位酸具有化学纯、无色透明液体、有刺激性气味、含量均为≥99.0%的特点。

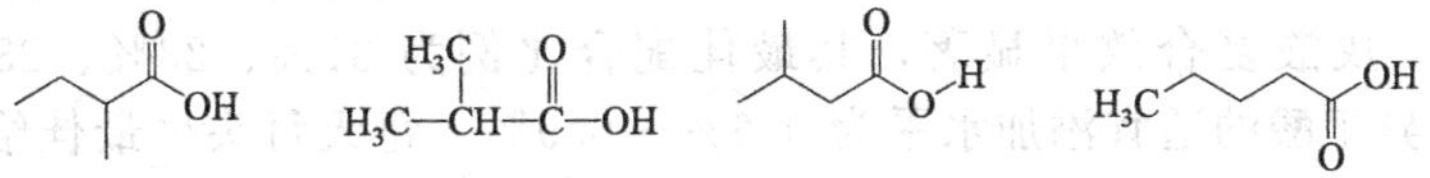

2-甲基丁酸　　异丁酸　　异戊酸　　戊酸

【质量标准】异位酸作为饲料添加剂，产品应符合 GB 13078—2001 的卫生要求，质量标准应达到表 2-1 的要求，重金属和游离化合物含量应达到表 2-2 的要求。

表 2-1 食品添加剂 2-甲基丁酸质量标准（GB 28336—2012）

项 目	指 标
溶解度(25℃)	1mL 试样全溶于 1mL 95%(体积分数)乙醇中
2-甲基丁酸含量/%(质量分数)	≥98.8%
遮光指数(20℃)	1.404～1.408
相对密度 n_{25}^{25}	0.931～0.936

表 2-2 饲料级有机酸化剂重金属和游离化合物含量指标要求

项 目	允许含量/%
砷含量(以 As 计)	≤0.0002
铅含量(以 Pb 计)	≤0.0005
氟含量(以 F 计)	≤0.0100
磷酸盐含量(以 P 计)	≤0.50
氯化物含量(以 Cl^- 计)	≤0.0180
硫酸盐含量(以 SO_4^{2-} 计)	≤0.0400

【生理功能与缺乏症】异位酸是反刍动物瘤胃微生物发酵过程中通过支链氨基酸代谢产生的中间产物，是专用于泌乳期反刍动物的有机酸制剂，饲料中添加异位酸的作用包括以下几方面。

① 可增加纤维分解菌的数量，提高瘤胃细菌对植物细胞壁的消化能力，从而提高纤维饲料的消化率。

② 可减少支链氨基酸在乳腺组织的分解代谢，未被分解的支链氨基酸可用于非必需氨基酸的生物合成或参与其他生物合成反应，进而使微生物蛋白的合成增加，使动物氮沉积增加，提高产奶量。

③ 抑制脲酶的活性，因为异位酸都有一个供氢基团，可与脲酶的活性中心相结合，使之失活，从而达到控制氨气释放的作用。但这种抑制是可逆的，这就保证尿素在瘤胃中被脲酶作用缓慢释放氨以满足瘤胃微生物增殖对氨的需要。

④ 异位酸增加了血液中上皮生长因子、类胰岛素生长因子、生长激素、转移生长因子等生物活性物质的浓度，而这些生物活性物质在调节小肠葡萄糖转运过程中发挥重要作用。

缺乏支链脂肪酸时，反刍动物瘤胃微生物的代谢受到抑制。

【制法】异位酸制取一般采用氧化合成的方法。例如 2-甲基丁酸由杂醇油氧化而得或由甲基乙基丙二酸加热脱羧基而得；异丁酸由异丁醇氧化而得；异丁醛与空气或氧气直接进行氧化反应而得；异戊酸由异戊醇或异戊醛氧化而成或由缬草直接分馏而得。

【常用产品形式与规格】用异位酸营养添加剂饲喂动物时，将异丁酸、异戊酸、2-甲基丁酸、戊酸复合效果显著，其最佳配合比例为 31%、23%、23%、23%，奶牛饲料中异丁酸的适宜添加水平为 0.6%～0.9%。每天每头牛最佳给量为 89g，用法是将此异位酸配成 74%的水溶液拌于精料中。

【添加量】在奶牛异位酸型添加剂的研究结果表明，在体外产气试验条件下饲料中添加 2-甲基丁酸、异丁酸、戊酸和异戊酸的适宜添加水平分别为 0.3%～0.6%，0.6%～0.9%，0.6%和 0～0.3%，考虑不同添加水平复合异位酸对瘤胃产气量、细菌氮的合成和中性洗涤纤维的降解率等指标的影响得出复合异位酸的适宜添加水平为 0.2%～0.4%，异位酸在奶牛中的推荐用量为产前 45g/(头・d)，产后 86g/(头・d)。

【注意事项】实际应用中，饲料中的异位酸一般都需要用载体稀释或者加工成钙盐后遮掩气味。因为异位酸具有比较强烈的刺激性气味，适口性不是很好，有可能降低采食量。

【配伍】当日粮富含非蛋白氮或在瘤胃降解率低的蛋白质时，富含细胞壁的日粮与异位酸混饲会起到增效作用；此外在含有高浓度异位酸日粮中同时补充 N，会提高瘤胃乙酸、奶产量和乳蛋白的产量。

【应用效果】平均体重 500kg、处于干奶期、装有永久性瘤胃瘘管的中国荷斯坦奶牛分别饲喂基础饲粮、基础饲粮＋0.6%DM 异位酸、基础饲粮＋0.8%DM 异位酸（异位酸由异丁酸、异戊酸、2-甲基丁酸混合组成，比例为 45∶33∶22），当混合异位酸的添加水平为干物质 0.6%更有利于生长奶牛瘤胃发酵，从而提高奶牛产奶量；异位酸是瘤胃纤维分解菌正常生长和活动所需的化合物，饲料中添加异位酸型添加剂可使奶牛产奶量增加并提高牛奶乳脂率。

【参考生产厂家】邹平铭兴化工有限公司，苏州泛华化工有限公司，盐城鸿泰生物工程有限公司，上海卓锐化工有限公司，盐城华德生物工程有限公司等。

二、牛磺酸

【理化性质】牛磺酸（taurine）的化学命名为2-氨基乙磺酸。于1827年首次从牛胆中分离出来，故又称牛胆碱和牛胆素。分子式为 $C_2H_7NO_3S$，相对分子质量125.15。分子结构见右。牛磺酸为白色、无臭、结晶或结晶性粉末，味微酸，化学性质稳定，在水中易溶解，微溶于95%的乙醇，不溶于无水乙醇和乙醚，熔点为310℃，是一种非常重要的含硫氨基酸，具有重要的生理功能。

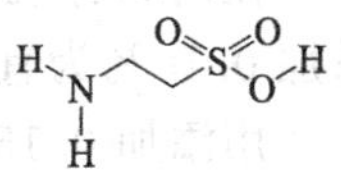

【质量标准】食品添加剂牛磺酸质量标准（GB 14759—2010）

项目	指标	项目	指标
牛磺酸含量（$C_2H_7NO_3S$，以干基计）/%（质量分数）	98.5～101.5	澄清度试验	通过试验
		氯化物含量（以 Cl^- 计）/%（质量分数）	≤0.02
电导率/（μs/cm）	≤150		
pH 值	4.1～5.6	硫酸盐含量（以 SO_4^{2-} 计）/%（质量分数）	≤0.02
易炭化物	通过试验		
灼烧残渣率/%（质量分数）	≤0.1	铵盐含量（以 NH_4^+ 计）/%（质量分数）	≤0.02
干燥失重率/%（质量分数）	≤0.2		
砷含量（以As计）/（mg/kg）	≤2	重金属含量（以Pb计）/（mg/kg）	≤10

【生理功能与缺乏症】牛磺酸的生理功能包括以下几方面。

① 对神经系统的作用　牛磺酸是新生动物脑中含量最丰富的游离氨基酸。它可使人脑神经细胞增殖，促进神经细胞突触的形成，加速神经细胞的分化形成。

② 渗透压调节作用　海洋动物的渗透压主要靠牛磺酸来调节和维持。对哺乳动物，牛磺酸在中枢神经系统、视网膜、血小板、骨骼肌和心脏等许多器官中起渗透调节作用。

③ 抗氧化作用　牛磺酸能够增强细胞膜抗氧化、抗自由基损伤及抗病毒损伤的能力。

④ 调节细胞钙稳态　牛磺酸对钙离子有调节作用，低 Ca^{2+} 时促进 Ca^{2+} 的内流，高 Ca^{2+} 时减少 Ca^{2+} 的内流和增加 Ca^{2+} 与细胞的亲和力，以降低游离 Ca^{2+} 水平，通过消除 Ca^{2+} 超载达到细胞保护作用。

⑤ 牛磺酸参与胆酸的合成，促进脂肪和脂溶性物质的消化吸收，还可降低动物血液及肝脏中的胆固醇水平，也可减少胆固醇结石的形成。

此外，牛磺酸对动物繁殖性能、免疫机能和某些激素如生长素和催乳素的分泌有调节作用。但牛磺酸在畜禽饲料中的应用效果还有待进一步研究证实。

【制法】牛磺酸的生产方法主要有3种，即天然提取法、微生物发酵法和化学合成法。牛磺酸的天然提取法主要通过牛胆汁水解或以乌贼、蛸、珠母贝等海产品为原料，通过水萃取、纯化、浓缩来制得产品。目前，牛磺酸基本上采用化学合成的方法生产，如乙醇胺法、环氧乙烷法、二氯乙烷法、巯基乙醇法等，但工业上主要采用乙醇胺法和环氧乙烷法两种方法生产牛磺酸。

【常用产品形式与规格】化学合成的牛磺酸作为营养型饲料添加剂商品，其纯度可达99%。

【添加量】牛磺酸对鲤鱼有明显的诱食作用，其中0.4%的剂量组诱食效果最佳。

在肉鸡育雏期中，1～5日龄饲粮中添加牛磺酸0.10%～0.15%，6～21日龄添加0.10%为宜，更显著提高肉仔鸡的生长性能，增强机体的抗氧化功能。

用添加0.15%牛磺酸的饲料饲喂断奶仔猪能提高仔猪生长速度和饲料效率。

【注意事项】牛磺酸在使用过程应注意添加剂量，因为所有的氨基酸都有一个标准的使用量，用量少的时候达不到添加效果，用量过多有可能会中毒。

【配伍】饲料中添加适量的β-胡萝卜素和牛磺酸能够提高鸡蛋重和改善蛋黄色泽；牛磺酸和维生素E混合加入饲料，进入动物体内可能通过调节体内的锌、铜代谢而影响脂质代谢及动脉粥样硬化的形成。

【应用效果】在饲粮中添加牛磺酸能显著降低断奶仔猪的腹泻频率，且大幅度减少了断奶后第二个星期的仔猪腹泻头/次数。日粮中添加0.1%的牛磺酸可提高钙、磷、干物质、有机物的消化率、调节肠道吸收功能，改善仔猪断奶后四个星期内的腹泻指数和腹泻频率。

【参考生产厂家】衢州明锋化工有限公司，上海亨代劳生物科技有限公司，湖北远大富驰医药化工股份有限公司，武汉阿米诺科技有限公司，郑州明欣化工产品有限公司，沈阳化学试剂厂等。

三、甜菜碱

【理化性质】甜菜碱（betaine）也称甘氨酸三甲胺内盐，是一种广泛存在于动植物体内的代谢中间产物季铵盐型生物碱。化学名为三甲基甘氨酸（trimethyl glycine）和三甲胺乙内酯（trimethylamine ethyl ester），分子式$C_5H_{11}NO_2$，相对分子质量117.15，分子结构见右，属两性化合物，在水溶液中呈中性，白色棱状或叶片状结晶，熔点293℃，能耐低于200℃的高温，具有很强的抗氧化能力。其水合式溶于水、甲醇和乙醇，微溶于乙醚。室温下在空气中极易吸潮而潮解。其味甘甜。其分子结构有2个特点：一是电荷在分子内分布呈中性；二是具有3个活性甲基。

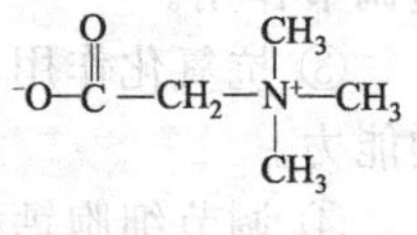

甜菜碱根据制取工艺分为天然甜菜碱和合成甜菜碱两种。天然提纯甜菜碱含甜菜碱95%～98%，甜菜碱盐酸盐含甜菜碱75%，吸附型产品含甜菜碱30%～35%。制糖过程中产生的废糖蜜含甜菜碱3%～8%，是提取甜菜碱的主要原料。

【质量标准】饲料添加剂天然甜菜碱质量标准（GB/T 21515—2008）

项　目	允许指标	项　目	允许指标
甜菜碱含量(以干物质计)/%(质量分数)	≥96.0	重金属含量(以 Pb 计)/%(质量分数)	≤0.001
干燥失重率/%(质量分数)	≤1.5	砷含量(以 As 计)/%(质量分数)	≤0.0002
抗结块剂含量(硬脂酸钙)/%(质量分数)	≤1.5	硫酸盐含量(以 SO_4^{2-} 计)/%(质量分数)	≤0.1
炽灼残渣率/%(质量分数)	≤0.5	氯含量(以 Cl^- 计)/%(质量分数)	≤0.01

【生理功能与缺乏症】甜菜碱的作用包括以下几方面。

① 作为甲基供体，参与蛋白质代谢。目前饲料中普遍采用的甲基供体是氯化胆碱和蛋氨酸，胆碱在线粒体内只有转化成甜菜碱才能提供甲基。在三种甲基供体中，蛋氨酸只有一个非稳态甲基，而甜菜碱有三个非稳态甲基，是更有效的甲基供体。

② 调节脂肪代谢。甜菜碱促进体内磷脂的合成，降低肝脏中脂肪生成酶的活性，促进肝脏中极低密度脂蛋白的合成，促进肝脏中脂肪的迁移，降低肝脏中甘油三酯的含量；甜菜碱通过肝脏合成大量的肉碱，增强脂肪酸的转运，促进肌细胞线粒体内脂肪酸的 β-氧化。

③ 甜菜碱具有渗透压调节功能和抗应激作用。

④ 对抗球虫作用，特别是巨型艾美耳球虫。

⑤ 减少氯化胆碱用量，保护维生素不被破坏。

⑥ 诱食作用。研究表明，0.0001mol/L 的甜菜碱就能引起所有鱼的味觉感受反应。

⑦ 改善肌肉品质。甜菜碱能抑制脂肪沉积，从而提高瘦肉率及胴体品质。

⑧ 提高动物抗应激能力。甜菜碱促进体内一种兴奋性氨基酸——高半胱氨酸含量降低，从而对动物有镇静作用，有助于抗应激。

【制法】甜菜碱制备方法有天然物质提取法、化学合成法两种。天然提取法的提取工艺有两种：离子交换提取法和离子排斥法。化学合成的方法是以三甲胺和氯乙酸为原料，在水溶液中反应合成，然后采用重结晶等方法分离提纯制得产品。

【常用产品形式与规格】目前养殖业中使用的甜菜碱有两种，一种是从甜菜制糖后的废糖蜜中提取的生物甜菜碱，另一种是用化学合成方法生产的盐酸甜菜碱。常用产品形式包括生物甜菜碱、盐酸甜菜碱。生物甜菜碱的商品名称为 NMF-50。生物甜菜碱纯度为 99%，盐酸甜菜碱纯度为 98%。

【添加量】甜菜碱的添加剂量因动物的年龄、种类、环境及甜菜碱的种类不同而有所差异。甜菜碱在一些饲料中的添加量见表 2-3。作用于不同动物中，一般用量在 0.01%～1.5%，见表 2-4。

表 2-3　部分饲料原料甜菜碱含量　　单位：mg/100g

饲料原料	甜菜碱含量	饲料原料	甜菜碱含量	饲料原料	甜菜碱含量
小麦	396.00	燕麦麸	35.68	芝麻粕	未检出
豌豆	0.15	鱼粉	118.00	甜菜	128.63
花生	0.63	黄玉米	0.17	苜蓿籽	0.39
花生粕	252.00	大豆	2.08	紫花苜蓿	177.00
小麦麸	1505.60	豆粕	未检出		

表 2-4 不同动物适宜的添加量 单位：g/kg

动物	添加量	动物	添加量	动物	添加量
妊娠母猪	0.5～1.5	肉鸡	0.5～2.0	鲤鱼	1.0～5.0
断奶仔猪	0.2～2.0	蛋鸡	0.5～1.0	河蟹	1.5
育肥猪	1.0～2.0				

【注意事项】① 甜菜碱在使用过程应注意添加剂量，用量少时达不到添加效果，当添加的甜菜碱过量时，会增加蛋氨酸不可逆的氧化作用。因此，尽管甜菜碱没有毒性，添加过量可能会降低满足动物体生长需要的蛋氨酸的利用率，从而阻碍动物的生长。

② 甜菜碱在提高采食量和日增重方面，公猪或阉公猪优于小母猪。而在提高饲料转化率方面，小母猪优于公猪或阉公猪。在降低肥育猪背膘厚方面，阉猪效果优于小母猪。

【配伍】用甜菜碱替代肉鸭日粮中部分蛋氨酸是安全、可行的；肉仔鸡日粮中添加 1.5mg/kg 或 2.25mg/kg 叶酸，同时添加 300mg/kg、600mg/kg 或 900mg/kg 甜菜碱，即可达到节约部分蛋氨酸和全部胆碱的目的。

甜菜碱与蛋氨酸螯合铬均能促进脂肪代谢，减少脂肪沉积。并且以复合形式添加效果较好。二者存在一定的交互效应。

甜菜碱可与日粮中的粗蛋白产生交互作用，影响育肥猪的生长性能。日粮低蛋白水平时添加甜菜碱对猪的生长性能无影响。高蛋白水平时添加甜菜碱提高了猪的日增重，改善其饲料利用率。

【应用效果】仔猪：饲粮中添加甜菜碱可以提高仔猪平均日增重，降低料重比，改善仔猪的生长性能，促进机体蛋白质的合成和沉积，显著降低血清中甘油三酯和低密度脂蛋白含量，促进猪体的脂肪代谢，其中添加量以 600mg/kg 为效果最好。

犊牛：日粮中添加甜菜碱能提高犊牛的日增重，当甜菜碱的添加量达到 16g/d 时，增重效果显著；日粮中添加甜菜碱在改善犊牛蛋白质代谢方面有一定作用。

【参考生产厂家】上海亨代劳生物科技有限公司，山东省鲁科化工有限责任公司，上海一基实业有限公司，岳阳湘茂医药化工有限公司等。

四、肉碱

【理化性质】肉碱（carnitine）又称维生素 Bt 或者肉毒碱，是存在于动物组织、植物和微生物中的一种类维生素营养物质。肉碱有左旋（L 型）和右旋（R 型）两种变异体，自然界只存在左旋肉碱。D 型和 DL 型（外消旋）肉碱均为人工合成物，无生物活性，且 D 型可以抑制 L 型的生理活性。化学名为 β-羟基-γ-三甲铵丁酸。结构式见右，肉碱为 $C_7H_{15}NO_3$，相对分子质量为 161.2。结构中含有一个可供脂肪酸脂化的羟基，其饱和键和极性官能团有良好的水溶性和吸湿性，200℃以上它仍稳定存在，可在 pH 值 3～6 的溶液中放置一年以上而不变坏。本品为白色或白色结晶性粉末，略有鱼腥味，有吸湿性，在水中极易溶解。

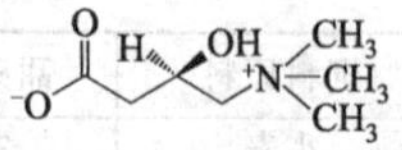

【质量标准】① 饲料添加剂左旋肉碱质量标准（NY/T 1028—2006）

项　目	允许指标	项　目	允许指标
左旋肉碱含量(以干物质计)/%	97.0～103.0	砷含量/%	≤0.0002
比旋光度$[\alpha]_D^{20}$(以无水物计)/(°)	－29～－32	重金属含量(以 Pb 计)/%	≤0.001
pH 值(5%水溶液)	6.5～8.5	氯化物	不得检出
水分/%	≤4.0		

② 饲料原料中的肉碱含量

单位：mg/kg 干物质

饲料	含量	饲料	含量
植物类		动物类	
玉米	5～10	鱼粉	85～145
大麦	10～38	血粉	155
小麦	7～14	羽毛粉	125
高粱	15	骨粉(40%)	180
豌豆	＜10	乳清粉	300～500
花生	1	乳清粉(提取乳糖后)	800～1000
苜蓿	20	牛乳	6～50
饼粕类		猪乳	25～60
豆粕	1～10		
菜籽粕	10		
葵花籽粕	2～10		
棉籽粕	20～25		

【生理功能与缺乏症】饲料中添加肉毒碱可以降低猪胴体脂肪，改善了仔猪的饲料转化率，提高其生产性能。用于鸡也可提高饲料利用率，降低死亡率，降低蛋黄中胆固醇含量。用于鱼可改善鱼肉品质，节约饲料蛋白，增强鱼的越冬能力。

肉碱的作用机理包括：①能够携带长链脂肪酸通过线粒体膜促进脂肪酸的β-氧化，降低血清胆固醇及甘油三酯的含量，提高机体耐受力的作用。②可以和线粒体内的短链酰基（乙酰、丙酰、支链酰等）结合，形成酰-肉碱排出细胞外，从而起到调节线粒体内酰基 CoA 与 CoA-SH 的比例，并为细胞质中脂肪酸合成提供乙酰基原料。由于一些支链酰基是亮氨酸、异亮氨酸和缬氨酸的代谢产物，支链酰基的及时运出有利于这些氨基酸的正常代谢。另外，肉碱为细胞质中脂肪酸合成提供乙酰基原料，可促进能量的进一步代谢。③防止动物体内产生过量氨的毒性，并可能作为生物抗氧化剂清除自由基，提高动物免疫力以及抗病抗应激能力。④对脂溶性维生素及钙磷的吸收也起一定的促进作用。

动物体缺乏肉碱一般表现出的症状为生长缓慢、脂类代谢紊乱、抵抗力降低、易发生脂肪肝等。当精液中肉毒碱缺乏时，精子线粒体内正常的氧化过程减缓，为精子提供的能量降低，致使精子生存活力和运动能力明显下降而导致不育。

【制法】国内外关于左旋肉碱制备方法的研究报告和专利主要可分为三类：酶法转化法、微生物发酵法、化学合成法。其中酶法转化又可分为 L-肉碱衍生物的酶法拆分、β-脱氢肉碱的酶法转化、反式巴豆甜菜碱的酶法水解与γ-丁酰甜菜碱的酶法羟化 4 种。化学合成法包括化学拆分法、不对称合成法。

【常用产品形式与规格】目前市场已有多种 L-肉碱的饲料添加剂商品，多为预混剂产品。饲料添加剂中常制成 50%左右的粉状产品。

一种左旋肉碱饲料添加剂，其活性成分为左旋肉碱，纯度为10%～40%。左旋肉碱酒石酸盐是左旋肉碱的稳定形态，其作用和效果与左旋肉碱基本相同，一般用于胶囊和片剂制作，纯度在98.0%以上。

【添加量】L-肉碱存在于诸多饲料原料中，但含量有很大不同。植物性饲料中偏低，一般在50mg/kg干物质以下；动物性饲料中平均含量大于100mg/kg干物质。

在动物体内肉碱含量缺乏时应给予适量补充，在补充肉碱之前应当考虑动物的生理状态、采食情况等因素，综合把握肉碱的适宜添加量。不同动物的适宜肉碱添加量见表2-5。

表2-5　不同动物适宜的肉碱添加量　　单位：mg/kg

动物	添加量	动物	添加量	动物	添加量
母猪	40	雏鸡	150	鲤鱼	100～400
断乳猪	200～500	种蛋鸡	50	鲑鱼	300～100
早期断乳仔猪	50	火鸡	60	鲶鱼	300
育肥猪	30～50			苗鱼	250

【注意事项】① L-肉碱在植物性原料含量较低，但在动物性原料含量较高。因此如果饲料配方中应用较多的植物性原料，而动物性原料应用较少，一般就必须应用L-肉碱。如果饲料配方中应用了较多的鱼粉等动物性原料，可根据实际情况决定是否应用。

② 在一般情况下，动物自身合成的加上从天然饲料中获得的L-肉碱可以满足机体正常的需要。但在某些特殊情况下需要额外添加，如动物饲料中缺乏作为肉碱合成原料的氨基酸、活性离子等；动物过量采食脂肪；新生哺乳仔畜自身合成L-肉碱的功能尚未成熟，合成的L-肉碱的能力有限；在寒冷应激时动物急需利用脂肪氧化产热维持体温。

③ 根据各水生动物的种类、生长阶段、配方组成，适当地确定L-肉碱的使用剂量，才能有效地保证一定的作用效果，同时又节约饲料成本。目前市场已有多种L-肉碱的饲料添加剂商品，多为预混剂产品，因此在选用时应注意其有效成分和有效含量。

【配伍】配制饲料的蛋白质中往往存在缺乏蛋氨酸和赖氨酸的问题，而添加单体氨基酸存在不同步吸收的问题，而添加L-肉碱后能通过反馈抑制作用，节约蛋氨酸，根据氨基酸平衡原理，进一步达到节约蛋白质的目的，可相对促进生物的生长。

铬与L-肉碱同时添加对肉鸡血清白蛋白、球蛋白和尿酸存在显著互作效应。在降低血清尿酸、提高血清白蛋白的同时，提高了血清总蛋白和胸肌粗蛋白，并维持了血清球蛋白的含量。

日粮中添加肉碱和甜菜碱均能改善育肥猪血脂代谢指标，且二者仅在降低甘油三酯上存在互作效应。

【应用效果】仔猪：给仔猪添加肉碱可以有效促进其生长，增大采食量，降低死亡率；在25～45kg体重阶段仔猪饲粮中分别添加50mg/kg或100mg/kg肉碱王（分别相当于25mg/kg或50mg/kg的L-肉碱），亦明显提高了仔猪的日增重与饲料转化率。

母猪：给妊娠母猪添加肉碱可以改善母猪膘况，有利于产仔并可以优化胎儿的母体环境，使胎儿的死胎现象大大减少；向泌乳期初产母猪饲粮添加L-肉碱则对仔猪断奶窝重无明显影响，有缩短从断奶到再发情的时间间隔的趋势。

育成猪：在育成猪基础日粮中添加肉碱可以显著改善其饲料转化效率和日增重，并有效降低腹泻率；给育肥猪添加肉碱可以有效提高其瘦肉率，降低背膘厚；补饲肉碱可使猪的肉色评分得到改善，大腿肉在悬挂过程中的滴水损失减少。

【参考生产厂家】上海邦成化工有限公司，西安天一生物技术有限公司，沈阳福宁药业有限公司，上海亨代劳生物科技有限公司等。

五、核苷酸

【理化特性】核苷酸（nucleotide）是一类由嘌呤碱或嘧啶碱、核糖或脱氧核糖以及磷酸三种物质组成的化合物。根据糖的不同，核苷酸有核糖核苷酸及脱氧核苷酸两类。根据碱基的不同，又有腺嘌呤核苷酸（AMP，$C_{10}H_{14}N_5O_7P$，347.22）、鸟嘌呤核苷酸（GMP，$C_{10}H_{14}N_5O_8P$，363.22）、胞嘧啶核苷酸（CMP，$C_9H_{14}N_3O_8P$，323.2）、尿嘧啶核苷酸（UMP，$C_9H_{13}N_2O_9P$，324.18）、胸腺嘧啶核苷酸（TMP，$C_{10}H_{15}N_2O_8P$，322.2）及次黄嘌呤核苷酸（IMP，$C_{10}H_{13}N_4O_8P$，348.2）等。核苷酸中的磷酸又有一分子、两分子及三分子几种形式。此外，核苷酸分子内部还可脱水缩合成为环核苷酸。

【质量标准】① 5′-胞苷酸质量标准（QB/T 4357—2012）

项目	指标	项目	指标
鉴别	与标准品红外线一致	砷含量(以As计)/(mg/kg)	≤1.0
		铅含量(以Pb计)/(mg/kg)	≤1.0
5′-胞苷酸含量($C_9H_{14}N_3O_8P$，以干基计)/%	98.0～100	菌落总数/(CFU/g)	≤1000
干燥失重率/%	≤5.0	大肠菌群/(MPN/g)	<3
透光率(5%水溶液)/%	≥95.0	霉菌和酵母菌总数/(CFU/g)	≤50
pH值(5%水溶液)	2.0～3.5		
紫外吸光度比值(A_{250}/A_{260})	0.41～0.49	致病菌(沙门菌、志贺菌、金黄色葡萄球菌、阪崎肠杆菌)	不应检出
(A_{280}/A_{260})	2.03～2.17		

② 5′-腺苷酸的质量标准（QB/T 4358—2012）

项目	指标	项目	指标
鉴别	与标准品红外线一致	砷含量(以As计)/(mg/kg)	≤1.0
		铅含量(以Pb计)/(mg/kg)	≤1.0
5′-腺苷酸含量($C_9H_{14}N_5O_7P$，以干基计)/%	98.0～100	菌落总数/(CFU/g)	≤1000
干燥失重率/%	≤6.0	大肠菌群/(MPN/g)	<3
透光率(5%水溶液)/%	≥95.0	霉菌和酵母菌总数/(CFU/g)	≤50
pH值(5%水溶液)	2.0～3.5		
紫外吸光度比值(A_{250}/A_{260})	0.82～0.86	致病菌(沙门菌、志贺菌、金黄色葡萄球菌、阪崎肠杆菌)	不应检出
(A_{280}/A_{260})	0.20～0.24		

【生理功能与缺乏症】核苷酸的生理功能包括以下几方面。

① 维持免疫系统的正常功能，如提高人和动物对细菌、真菌感染的抵抗力，增加抗体产生，增强细胞免疫能力，刺激淋巴细胞增生等。

② 能够加速肠细胞的分化、生长与修复，促进小肠的发育成熟，减少因饲料变化导致的仔猪断奶腹泻，提高猪的采食量和生长速度。

③ 参与调节肝的蛋白质合成，维持肝脏的正常功能。当肝脏受损时，启动核苷酸的合成，通过 RNA 和 DNA 的合成促进肝再生。

④ 核苷酸还具有抗氧化作用。核苷酸碱基的氮、氧原子能够捕获氧化过程中形成的自由基，减少由脂质过氧化引起的细胞膜及各种 DNA 的损伤。核酸及相关物质均可作为抗氧化剂，具有维生素 C 的作用。嘌呤的代谢产物尿酸对内源自由基清除和抗氧化作用最强。

⑤ 调节脂肪代谢。日粮核苷酸是多不饱和脂肪合成的重要调节物，能够降低血液胆固醇，促进脂蛋白的合成与分泌。

⑥ 饲喂添加核苷酸的饲料能够提高繁殖猪窝产仔数，促进哺乳、断奶仔猪增重。

核苷酸是生物体内的一种极其重要的低分子化合物，具有许多重要的生理生化功能。动物机体能利用各种内源氨基酸从头合成核苷酸，而缺乏时也不表现典型的缺乏症。但近年来许多研究表明，当机体迅速生长或受到免疫挑战时，一些器官和组织，如肠、淋巴、骨髓细胞合成的核苷酸不能满足人与动物组织和细胞代谢的需要，需补充外源核苷酸以保证其组织生长和正常功能。

【制法】可由核酸经磷酸二酯水解或化学法降解制得，也可由微生物发酵生产。有的石油酵母中核苷酸含量可高达 41%。目前从酵母中提取核苷酸主要有：食盐法、混合盐法、表面活性剂法、矿法等，其中以食盐法、混合盐法提取率和纯度较高。

【常用产品形式与规格】到目前为止，除 IMP（次黄嘌呤核苷酸）被单独使用外，其他核苷酸类物质都是以复合形式添加到饲料中去的，通常为纯度 95%以上的粉末。每天添加核苷酸最大剂量为 4g。

【添加量】目前新型饲料添加剂的研究较少，具体添加量有待进一步研究，各企业的相关标准较少。

【注意事项】① 核苷酸中腺嘌呤的血管舒张功能会导致肠道充血。

② 过量的核苷酸也会造成氧自由基的产生、增加，导致血浆尿酸浓度升高，产生一些负面影响。

③ 过度地添加外源核苷酸并不能强化已处于正常状态下的免疫系统。

【配伍】在以鱼粉或植物性原料为基础饲料中添加丙氨酸、丝氨酸、肌苷酸和甜菜碱后，可显著促进条纹鲈的摄食率和饲料转化率。

【应用效果】雏鸡：纯合日粮中添加外源核苷酸显著提高雏鸡肠道中蛋白质含量和肝脏中核酸含量；添加外源核苷酸提高肉仔鸡生长速度、胃肠道、胰脏质量、肠黏膜蛋白酶活性。

仔猪：杜长大三元杂交仔猪在断奶 2～3 周内高核苷酸饲料原料能提高仔猪日

增重，显著提高中碱性磷酸酶含量和免疫球蛋白 G、免疫球蛋白 M 与免疫球蛋白 A 水平。

【应用配方参考例】试验用配方示例

项目	对照组	试验组	项目	对照组	试验组
原料组成/%			营养水平		
玉米	66.00	66.00	消化能/(MJ/kg)	13.90	13.90
豆粕(42%CP)	17.00	18.70	粗蛋白/%	18.51	18.50
鱼粉	4.00	4.00	钙/%	0.72	0.73
次粉	5.00	3.30	磷/%	0.81	0.79
血浆蛋白粉	3.00	1.50	赖氨酸/%	1.16	1.10
豆油	1.00	1.00	蛋氨酸/%	0.36	0.35
预混料	4.00	4.00			
高核苷酸产品	0	1.50			

注：高核苷酸饲料原料由武汉工业学院畜禽饲料工程技术研究中心生产。

【参考生产厂家】安徽中旭生物科技有限公司，河南商丘康美达生物科技有限公司，上海宛道实业有限公司，苏州厚金化工有限公司等。

六、肌醇

【理化特性】肌醇（inositol），学名环己六醇，$C_6H_{12}O_6$，相对分子质量为 180.15。其结构式见右。肌醇外观类似糖类，呈白色结晶性粉末状，无臭，有甜味，其甜度为蔗糖的 1/2。溶于水（25℃时溶解度为 14g/100mL；60℃时溶解度为 28g/100mL），微溶于乙醇，其水溶液呈中性。熔点 225～227℃。在空气中稳定，对热、强酸和碱稳定。无旋光性。通常把肌醇归类为维生素 B 类。肌醇以磷脂酰肌醇形式广泛分布于动物和微生物细胞内作为细胞的组成成分，而在天然植物中，则以肌醇六磷酸盐形式存在。

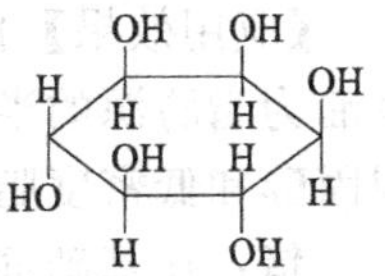

【质量标准】饲料添加剂肌醇质量标准（GB/T 23879—2009）

项　目	指　标	项　目	指　标
肌醇含量(以 $C_6H_{12}O_6$ 计)/%	≥97.0	重金属含量(以 Pb 计)/%	≤0.002
干燥失重率/%	≤0.5	砷含量(以 As 计)/%	≤0.0003
炽灼残渣率/%	≤0.1	熔点/℃	224～227

【生理功能与缺乏症】肌醇是人体细胞生长所必需的一种物质，有类似于维生素 B_1 和维生素 H 的作用，与脂肪酸、磷脂等结合生成肌醇酯，可促进肝及其组织中脂肪代谢，防止脂肪在肝脏中沉积，降低血脂，防止脂肪在心血管内沉积。虽然生物功能还不十分确定，但已证明肌醇是水产类动物必需的营养素。缺乏时会导致鱼类生长缓慢、贫血、鱼鳍腐烂。高等动物缺乏肌醇，将会出现生长停滞、毛发脱落及体内生理活动失调等症状。

【制法】肌醇的制取方法有水解法、化学合成法和微生物法三种类型。根据水解条件的不同，又可分为化学水解和酶法水解等。水解法生产肌醇的起始原料为天然作物，可利用的资源有：米糠、玉米浸渍水、大豆油脚、菜籽饼、蓖麻籽、甜菜提糖废水、银杏树叶、棉籽饼、花生壳等，是生产肌醇的理想方法。化学合成法生产肌醇主要以葡萄糖为原料，通过化学转化生成肌醇。微生物法生产肌醇是利用微生物产生的植酸酶和磷酸酯酶来生产肌醇，这是在一系列复杂的调控中非常精巧地将植酸或菲丁在酶的作用下转化为肌醇。

【常用产品形式与规格】肌醇通常以纯度95%以上的白色结晶粉末预稀释后或直接添加到饲料中，并混合均匀，其加入量通常为饲料的0.2%～0.5%。

【添加量】肌醇在鱼饲料中的用量

动物品种	推荐用量/(mg/kg)	动物品种	推荐用量/(mg/kg)
鲑鱼、虹鳟	300～400	鲤科鱼	250～500
虾	200～300	鳗鱼	50

【注意事项】肌醇基本无毒，原包装保质期为一年，打开包装后应在较短的时间内用完。肌醇应保存于阴凉干燥的仓库中，避免受潮、进水和受热。运输时必须有遮盖物，避免日晒雨淋、受热及撞击。搬运装卸小心轻放，不得倒置，不得与有毒物质混装、混运。

【配伍】国外正研究含肌醇饲料中共同添加肉碱、酶制剂、低聚糖、活菌制剂等绿色水产添加剂以提高其作用。

【应用效果】鱼：在以酪蛋白、明胶和鱼粉为蛋白源，糊精为糖源，玉米油和豆油为脂肪源的半纯化饲料中加入肌醇，草鱼幼鱼增重率、特定生长率、血清中总胆固醇和低密度脂蛋白胆固醇含量显著提高。

猪：在基础饲料中添加肌醇，能显著提高血清碱性磷酸酶、溶菌酶和超氧化物歧化酶的活性，显著降低血清天门冬氨酸转氨酶的活性。

反刍动物：肌醇可提高产奶量、采食量以及乳成分，证明在奶牛日粮中添加0.2g/(头·d) 肌醇对提高产奶量、采食量以及乳成分最好。在精料中加入肌醇，对羊的采食量、产奶量及体增重等生产性能有明显的改善作用。

【参考生产厂家】河南盛之德商贸有限公司，济南源君商贸有限公司，西安皓源生物科技有限公司，北京金路鸿生物技术有限公司等。

七、异黄酮类化合物

【理化特性】异黄酮（isoflavone）化学名为3-苯基苯并吡喃-4-酮，广泛存在于豆科植物以及豆类发酵产物丹贝、牧草、谷物和葛根等。

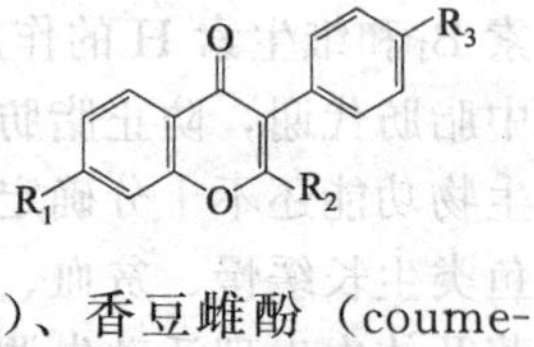

其结构式见右。种类繁多，目前已知的有10多种，包括大豆苷（daidzin）、大豆苷元（daidzein）、染料木素苷元（genistein）、谷甾醇（β-sitosterol）、花生酸（arachidic acid）、6-甲氧大豆素（glycitein）、鸡豆黄素A（biochanin A）、香豆雌酚（coumestrol）、葛根素（puerarin）和芒柄花黄素（formononetin）等。由于它们具有类似

动物雌性激素生物活性的成分，故又称为异黄酮植物雌性激素（isoflavonic phytoestrogen）。

当取代基不同时可得到不同的异黄酮类衍生物。异黄酮类化合物常温下为固体，熔点在10℃以上，性质稳定，易于贮藏。易溶于有机溶剂如氯仿、二甲基甲酰胺等，不溶于水、甲醇等极性溶剂。不同种类的异黄酮类化合物还有各自不同的理化特性。如大豆黄酮在常温下为白色粉末、无毒、无味、不溶于水，在醇、酮类溶剂中有一定的溶解度，极易溶于二甲亚砜（DMSO）中。异黄酮类化合物中以大豆异黄酮的研究较多。

【质量标准】大豆异黄酮质量标准（NY/T 1252—2006）

项　目	指　标
形态	呈粉末状，无结块现象
色泽	淡黄色或黄色
滋味与气味	具有该产品的特殊香气，入口味苦，无异味
杂质	无肉眼可见杂质
过筛率(过80目筛)/%	≥80
水分/%	≤5
灰分/%	≤5
总砷含量(以As计)/(mg/kg)	≤0.3
铅含量(以Pb计)/(mg/kg)	≤0.5
黄曲霉素B含量/(μg/kg)	≤5

【生理功能与缺乏症】① 提高动物机体的免疫机能。

② 协同雌激素和拮抗雌激素的作用：a. 促进动物生殖系统发育，提高繁殖力；b. 促进动物乳腺发育，提高泌乳。

③ 促进动物生长，提高饲料转化率。

④ 提高家禽的产蛋性。

⑤ 改善胴体瘦肉率。

⑥ 预防骨丢失作用。

异黄酮类化合物是一种具有协同和拮抗雌激素双重生物活性的生理调节剂。它通过影响动物的神经、内分泌系统来调节机体的生殖和营养过程，能促进动物生长，改善动物的生产性能，提高机体的免疫力，并在动物体内具有低毒、低残留的优点，是一种值得推广应用的新型饲料添加剂。现有资料并无关于缺乏异黄酮出现症状的记载，但添加异黄酮的作用明显。

【制法】异黄酮类化合物的生产主要有两种方法：天然提取法和化学合成法。天然提取法生产是以大豆等为原料，通过水、醇等溶剂浸提，分离提取液得到粗黄酮，再经过色谱柱和树脂吸附可得到较纯的大豆黄酮。但此方法受到原料中异黄酮类化合物含量较低的限制，生产成本较高，且生产周期长，步骤繁琐，发展的潜力不大。化学合成法用间苯二酚和苯乙酸为原料经过两步反应来制备异黄酮类化合物。第一步用间苯二酚与苯乙酸反应制得4-苯乙酰基-1,3-苯二酚，第二步是闭环反应，根据反应物的不同可得不同的产物，4-苯乙酰基-1,3-苯二酚与醋酐、苯二酚进行闭环反应得到2-甲基取代的大豆黄酮。4-苯乙酰基-1,3-苯二酚与吡啶、六氢吡啶、原甲酸三乙酯闭环可制得大豆黄酮。

【常用产品形式与规格】异黄酮类化合物主要存在于大豆、苜蓿、三叶草等豆科植物中。异黄酮类在畜禽饲料中的添加量应根据它所起生物学功能的不同以及动物的种类、性别、生长期的不同而变化。一般来说，异黄酮类作为动物的生长促进剂、免疫增强剂、催情剂、抗氧化剂等，在饲料中添加量分别以2～5mg/kg、5～20mg/kg和100～200mg/kg为宜。常以2.5%～98%纯度的粉末添加。

【添加量】目前新型饲料添加剂的研究较少，具体添加量有待进一步研究，各企业的相关标准较少，添加量汇总如表2-6所示。

表2-6 饲粮中添加大豆异黄酮对猪生产性能的影响

猪种与生理阶段	使用阶段与用量	使用效果
经产母猪(大约克夏×二花脸)	产前1个月5mg/kg	泌乳量提高14.67%
大约克夏、二花脸母猪	妊娠85d至产后7d分别为8mg/kg和5mg/kg	仔猪个体重和窝重提高
仔猪(杜长大)	断奶后42d为40mg/kg	平均日增重提高10.1%
仔猪(高瘦肉型)	19d为200～400mg/kg	降低血液PRRS病毒水平
2周龄仔猪	2mg/kg体重,皮下注射5周	增重与采食量提高
生长猪	10mg/kg	仔公猪体重增加
肥育猪	15mg/kg	仔母猪增加6.86%
27～119kg猪	＜240mg/kg	平均日增重、FI提高,料重比降低
肥育公猪	生长期263mg/kg,肥育早期171mg/kg	平均日增重提高9.5%
肥育小母猪	肥育后期105mg/kg	料重比降低12.0%

【注意事项】① 用量适当　异黄酮用量要适当，准确按照使用说明添加，用量不足达不到预期效果，用量过大不仅浪费，还会引起不良后果。由于异黄酮类化合物是一种具有双重生物活性的生理调节剂，它可与动物体内神经内分泌系统的雌激素受体相结合，并根据体内雌激素浓度高低、受体数目、结合程度及加入大豆异黄酮的剂量而表现对雌激素活性的协同或拮抗作用，因此，异黄酮类化合物在饲料中的添加量应根据它所起生物学功能不同以及品种、性别、生长期的不同而变化。

② 与饲料搅拌均匀　由于异黄酮在饲料中的添加量很小，直接加入配合饲料很难混匀。所以使用前务必搅拌均匀，保证其均匀分布在混合精料中。

③ 要妥善贮存　异黄酮贮存温度越高，其效价损失量越大。所以应贮存在干燥、低温和避光处，以免氧化受潮而失效。贮存期最多不超过半年。异黄酮只能混合于饲料中，最好随配随喂，当天饲喂当天加入，一次拌混存放时间不能超过7天。长时间在空气中暴露将会受到空气中氧、水等的影响失去效力。

④ 拮抗　大豆异黄酮与雌二醇竞争结合受体，使得雌二醇不能产生激素效应，对雌激素也有拮抗作用，进而对激素相关的疾病具有保护作用。谢明杰等（2001）试验结果表明，大豆异黄酮对金黄色葡萄球菌、藤黄微球菌、蜡状芽孢杆菌、短小芽孢杆菌、枯草芽孢杆菌、单增李氏菌、白色念珠菌、梨头霉菌和米曲霉均有明显的抑制作用。

【配伍】10mg/kg大豆异黄酮加40mg/kg辅酶Q或20mg/kg大豆异黄酮加20mg/kg辅酶Q能显著减少心包积液，抑制肉鸡右心肥大的发生，降低红细胞压积，增加颈动脉血氧分压，降低肉鸡腹水和猝死的发生率。

【应用效果】肉鸭：玉米-豆粕型日粮中添加大豆异黄酮显著提高雄性肉鸭生产性能，并可显著提高雄性肉鸭的免疫器官重量。

肉鸡：红车轴草异黄酮可以提高肉鸡的日增体质量和屠宰性能，降低血清中甘油三酯总胆固醇和腹脂率，减少贮存第6天肉中丙二醛含量，降低了肉品滴水损失和剪切力，表明红车轴草异黄酮能够提高肉鸡生长性能和屠宰性能，改善肉品品质，添加20mg/kg时肉鸡日增长速度最快。

仔猪：在去势仔猪饲料中添加5mg/kg大豆黄酮，显著促进仔猪生长和改善饲料利用率。

奶牛：在日粮中添加30mg/kg大豆异黄酮可显著减缓泌乳后期奶牛产奶量下降趋势，显著提高乳蛋白质率，明显提高血清和乳中生长激素和催乳素的含量，明显降低生长抑素含量。

【参考生产厂家】成都太阳树生物科技有限公司（大豆异黄酮），西安瑞林生物科技有限公司（大豆异黄酮），陕西慈缘生物技术有限公司（红三叶异黄酮），西安金绿生物科技有限公司（红三叶异黄酮），北京炽恒食品添加剂有限公司（葛根异黄酮）等。

参考文献

[1] 邹田德，毛湘冰，余冰，等．饲粮消化能和可消化赖氨酸水平对长荣杂交生长猪生长性能及胴体品质的影响．动物营养学报，2012，24（12）：2498-2506.

[2] 王月超，蔡辉益，闫海洁，等．L-肉碱和赖氨酸对爱拔益加肉公鸡生长性能和肉品质的影响．动物营养学报，2013，25（11）：2591-2600.

[3] Noftsger S，St-Pierre N R. Supplementation of methionine and selection of highly digestible rumen undegradable protein to improve nitrogen efficiency for milk production. J Dairy Sci，2003，86：958-969.

[4] 郭洪杞，王文强，罗杰．蛋氨酸含量对珍珠鸡产蛋性能的影响．中国饲料，2006，9（8）：16-17.

[5] 梁远东，黄云峰，刘华奎，等．日粮蛋氨酸水平对种公鸡采精量及精液品质的影响．中国畜牧杂志，2005，41（3）：46-47.

[6] 夏中生，李致宝，王振权，等．半胱胺、有机铬和蛋氨酸羟基类似物对水牛泌乳性能及血清生理生化指标的影响．畜牧与兽医，2005，37（3）：4-8.

[7] 熊春梅，张力，周学辉，等．保护性蛋氨酸对中国荷斯坦奶牛血浆代谢产物及生产性能的影响．甘肃农业大学学报，2004，39（4）：394-398.

[8] 密士恒，王晓凤，马慧．瘤胃保护性蛋氨酸对肉羊氮代谢及生长性能的影响．中国畜牧杂志，2010，46（7）：43-45.

[9] 任建波，赵广永，李元晓，等．日粮色氨酸水平对生长猪的氮利用效率、血浆类胰岛素生长因子-I、生长激素及胰岛素的影响．动物营养学报，2007，19（3）：264-268.

[10] 聂伟，杨鹰，王忠，等．日粮苏氨酸水平对蛋鸡免疫机能的影响．营养饲料，2011，47（19）：31-35.

[11] 王红梅．0～6周龄肉仔鸡苏氨酸需要量的研究［D］．杨凌：西北农林科技大学，2005.

[12] Azzam I Muhammad，Fahanim A R. Smart and Cool Home in Malaysia. Advanced Materials Research，2011，224：115-119.

[13] 马现永，周桂莲，林映才，等．饲粮中添加谷氨酸钠对黄羽肉鸡生长性能及肉品风味的影响．动物营养学报，2011，23（3）：410-416.

[14] 杨彩梅，陈安国．谷氨酰胺对早期断奶仔猪生产性能和小肠消化酶活性的影响．中国畜牧杂志，2005，

41 (6): 21-22.
[15] 高春生，王艳玲，杨国宇，等．谷氨酰胺（Gln）对早期断奶仔猪生长性能和腹泻的影响．畜牧兽医科学，2006，22 (4): 12-14.
[16] 王恬，傅永明，吕俊龙，等．小肽营养素对断奶仔猪生产性能及小肠发育的影响．畜牧与兽医，2003，35 (6): 4-7.
[17] 岳洪源．大豆活性肽对仔猪生长性能的影响及其机理的研究［D］．北京：中国农业大学，2004.
[18] 孙占田，李忠荣，马秋刚，等．饲料肽对断奶仔猪生长及血液生化指标的影响．中国畜牧杂志，2007，43 (9): 31-32.
[19] 张功．大豆生物活性肽对蛋鸡脂类代谢与蛋黄着色的调控机理研究［D］．北京：中国农业大学，2005.
[20] 杨玉荣，余锐萍，张日俊，等．大豆生物活性肽对肉鸡肠道黏膜上皮内淋巴细胞和IgA生成细胞的影响．中国预防兽医学报，2006，28 (4): 412-415.
[21] 宋宇轩．日粮蛋白质水平及添加尿素对肉鸡生产性能的影响［D］．杨凌：西北农林科技大学，2003.
[22] 王桂瑛，姚军虎，毛华明，等．尿素、柠檬酸对雏鸡生长发育及血液生化指标的影响．云南农业大学学报，2003，18: 289-294.
[23] 王建明，孙奕南，谢辛祺，等．卵黄抗体添加剂在早期断奶仔猪日粮中的应用．广东饲料，2002，11 (6): 14-15.
[24] 于可响，沙明利，林树乾，等．鸭病毒性肝炎多价卵黄抗体的研制．山东农业科学，2008，1: 104-105.
[25] 李建鑫，吴忆春．鸭病毒性肝炎高免卵黄抗体的研制．黑龙江农业科学，2006，3: 81-83.
[26] 宗靖敏．维生素之间的相互作用．中国执业药师，2008，02: 24-25.
[27] 崔桂山，杨在宾，杨维仁，等．冬季饲粮维生素A水平对蛋鸡生产性能和蛋品质的影响．动物营养学报，2014，26 (3): 754-759.
[28] 王平．维生素A对不同生理阶段济宁青山羊生产性能和血液指标影响的研究［D］．泰安：山东农业大学，2011.
[29] 李峰，王盛男．维生素对于种猪繁育性能的影响．江西饲料，2014，3: 13-14.
[30] 李嵩．围产期奶牛日粮不同维生素A添加水平对免疫功能、生产性能和繁殖机能的影响［D］．呼和浩特：内蒙古农业大学，2010.
[31] 杨涛，甘悦宁，宋志芳，等．不同来源和水平的维生素D_3对蛋鸡生产性能、蛋品质和胫骨质量的影响．动物营养学报，2014，26 (3): 659-666.
[32] 王爽，林映才，张罕星，等．饲粮维生素D水平对产蛋初期蛋鸭产蛋性能、血液生化及胫骨指标的影响．中国畜牧杂志，2013，49 (5): 22-26.
[33] 张淑云，王安，郭丽．饲粮钙和维生素D水平对肉鸡血清钙蛋白质及激素水平的影响．中国家禽，2010，32 (19): 14-17.
[34] 胡晓芬，杨鹏，马立保．水溶性维生素E对断奶仔猪的应用效果研究．养猪，2012，1: 13-16.
[35] 段元慧，朱晓鸣，韩冬．异育银鲫幼鱼对饲料中维生素K需求的研究．水生生物学报，2013，37 (1): 8-15.
[36] 毕宇霖，万发春，姜淑贞，等．β-胡萝卜素对肉牛生产性能、抗氧化功能、血液生理指标和肉品质的影响．动物营养学报，2014，26 (5): 1214-1220.
[37] 张红伟，王洪荣，刘翔，等．高精料日粮条件下维生素B_1对山羊瘤胃体外发酵的影响．中国奶牛，2010，3: 13-16.
[38] 郑家三，夏成，张洪友，等．过瘤胃胆碱对围产期奶牛生产性能和能量代谢的影响．中国农业大学学报，2012，17 (3): 114-120.
[39] 边连全，安磊旭，张东梅，等．甜菜碱和胆碱对育肥猪胴体品质及肉品质的影响．饲料工业，2009，30 (4): 6-8.
[40] 阮栋，周桂莲，蒋守群．1-21日龄黄羽肉鸡烟酸需要量研究．中国家禽，2010，32 (14): 15-22.
[41] 欧阳克蕙，鲁友友，瞿明仁，等．烟酸对高精料饲粮肥育肉牛生长性能及血清生化指标的影响．动物营养学报，2012，24 (9): 1764-1769.

[42] 何忠武，译．猪维生素与微量元素需要量的重新审视．中国猪业，2011，5：42-44.
[43] 廖国周，葛长荣．猪的维生素需要量研究进展．饲料博览，2003，6：4-7.
[44] 孟苓凤，王宝维，葛文华，等．饲粮叶酸对鹅生长性能、血清生化指标和酶活性及肝脏亚甲基四氢叶酸还原酶基因表达量的影响．动物营养学报，2013，25（5）：985-995.
[45] 杨光波，陈代文，余冰．叶酸水平对断奶仔猪生长性能及血清组织中蛋白质代谢的指标影响．中国畜牧杂志，2011，47（5）：24-28.
[46] 李亚学，王佳堃，孙华，等．不同精粗比下添加维生素 B_{12} 对体外瘤胃发酵和微生物酶活力的影响．动物营养学报，2012，24（10）：1888-1896.
[47] 杨立志，赵燕飞．不同水平维生素 E、维生素 C 对肉仔鸡生产性能和肉质的影响．畜牧科学，2013，7：59-61.
[48] 李芳，李青旺，白志梅，等．生物类黄酮和维生素 C 对猪精液冷冻效果的影响．畜牧科学，2012，9：42-44.
[49] 王明镇，刘孟洲．氨基酸螯合铁对早期断奶仔猪内脏铁含量及铁消化率的影响．贵州畜牧兽医，2008，32（5）：3-4.
[50] 王斯佳．氨基酸螯合锌对肉仔鸡生长代谢的影响［D］．兰州：甘肃农业大学，2009.
[51] 罗有文，周岩民，王恬．凹凸棒石粘土的生物学功能及其在动物生产上的应用．硅酸盐通报，2007，25（6）：159-164.
[52] 范先超，陈波源．吡啶羧酸铬对生长育肥猪生产性能的影响．湖北农业科学，2004，4：114-115.
[53] 王润莲，张微，张锐，等．不同钴源对肉用绵羊维生素 B_{12} 合成及瘤胃发酵的影响．中国草食动物，2007，27（4）：15-17.
[54] 马金芝．不同来源饲料级磷酸氢钙的质量及安全研究［D］．雅安：四川农业大学，2006.
[55] 顾洪娟，孙长勉．不同锰源不同添加剂量对肉仔鸡生产性能的影响．饲料工业，2009，30（22）：41-43.
[56] 程宝晶，林玉才，徐良梅，等．不同铁源在仔猪补铁中的应用．饲料博览：技术版，2007，1：52-54.
[57] 肖鹏，曹雪瑾，罗世乾，等．不同硒源及添加水平对断奶仔猪血清免疫指标的影响．养猪，2014，3：30-32.
[58] 虞泽鹏，乐国伟，施用晖，等．不同锌源对肉用仔鸡早期生长及免疫的影响．畜牧与兽医，2003，35（2）：9-11.
[59] 郭冬生，夏维福，彭小兰．畜禽体内钙的营养及其平稳调节．饲料研究，2006，12：11-13.
[60] 周桂莲，韩友文，滕冰，等．大鼠对氨基酸螯合铁吸收和转运特点的研究．畜牧兽医学，2004，35（1）：15-22.
[61] 牛丽洁．产蛋鸡的补钙方法及注意事项．养殖技术顾问，2011，8：50-50.
[62] 张瑛，刘洪禄．蛋鸡日粮添加膨润土效果试验．畜禽业，2001，2：47-47.
[63] 李丽娟，吴粤秀，陈贯一，等．碘酸钾和碘化钾对碘缺乏大鼠大脑抗氧化能力的影响．中国地方病学杂志，2003，22（1）：31-32.
[64] 谢文琴，刘守军，于钧，等．碘酸钾和碘化钾对小鼠抗氧化能力影响的对比研究．中国地方病学杂志，2003，24（6）：631-633.
[65] 冀晓凯．动物体内钙，磷代谢及其饲料补充物．养殖技术顾问，2013，1：65-65.
[66] 石新辉，边连全，王娜．肥育后期添加维生素 E、吡啶羧酸铬对肥育猪肉品品质的影响．畜牧兽医杂志，2006，24（6）：1-4.
[67] 赵军．复合氨基酸螯合铁铜、锰、锌在肉鸡生产中的应用研究［D］．雅安：四川农业大学，2003.
[68] 张红漫，陈国松，仪明君，等．复合氨基酸铜螯合物的研究．氨基酸和生物资源，2002，24（2）：37-40.
[69] 邵建华，陆腾甲．复合氨基酸微量元素螯合物饲料添加剂的应用与开发．云南化工，2000，27（3）：20-23.
[70] 张文丽，易宗容．富马酸亚铁在早期断奶仔猪浓缩饲料中的应用．畜禽业，2008，（10）：14.
[71] 乔桂兰，杨继生．钙，磷的生理功能和缺乏症．山西农业：农业科技版，2006，（7）：31-32.
[72] 高步先，夏耕田，张乃生．铬的生物学功能及其在动物体内的代谢．动物医学进展，2002，23（6）：

49-51.
[73] 朱南山，张彬，王洁．海泡石在畜禽生产中的应用．广东饲料，2006，14（6）：36-38.
[74] 张彩虹，李文立，任慧英．酵母铬对热应激肉鸡生长性能和血清生化指标的影响．动物营养学报，2009，20（6）：668-673.
[75] 董乐津，李祥德，万会芝，等．硫酸钠的营养作用及在家禽上的使用效果．中国家禽，2003，9：18.
[76] 蒋亮，梁明振，周建群，等．富马酸亚铁预防仔猪贫血的效果研究．饲料工业，2009，30（10）：42-44.
[77] 王艳华，许梓荣．锰的生物学作用及螯合锰在畜牧生产上的研究与应用．饲料博览，2002，1：15-17.
[78] 曹华斌，郭剑英，唐兆新，等．微量元素铁对动物免疫功能的研究进展．江西饲料，2006，（4）：1-4.
[79] 王仁杰，薛白，阎天海，等．不同精粗比饲粮中添加异位酸对体外瘤胃发酵的影响．动物营养学报，2012，24（6）：1181-1188.
[80] 任莹，赵胜军．异位酸影响反刍动物瘤胃代谢的研究进展．饲料研究，2008，（2）：10-12.
[81] 沈冰蕾，苗树君，邵广．不同种类及水平的异位酸对奶牛日粮消化率及瘤胃纤维素酶活性的影响．中国畜牧杂志，2013，49（5）：39-43.
[82] 沈冰蕾，苗树君，邵广．混合异位酸添加水平对奶牛日粮瘤胃内环境及发酵产物的影响．中国畜牧杂志，2013，49（7）：53-56.
[83] 曹双，刘钰，文宗雪．牛磺酸的研究进展．现代畜牧兽医，2013，（1）：55-57.
[84] 王和伟，叶继丹，陈建春．牛磺酸在鱼类营养中的作用及其在鱼类饲料中的应用．动物营养学报，2013，25（7）：1418-1428.
[85] 韩正强．牛磺酸的生产及其在畜禽养殖中的应用．中国畜牧兽医，2012，39（3）：110-113.
[86] 张贺，田玉珍，何晓云．牛磺酸的化学合成方法及应用前景．河北农业科学，2008，12（11）：70-71.
[87] 黄仁术，彭志玲．日粮类型及牛磺酸添加对断奶仔猪生长性能的影响．粮食与饲料工业，2008，（9）：44-45.
[88] 彭志玲，凌明亮．断奶仔猪全植物蛋白日粮中牛磺酸的添加效应．当代畜牧，2008，（9）：32-33.
[89] 李丽娟，王安，王鹏．牛磺酸对爱拔益加肉雏鸡生长性能及抗氧化功能的影响．动物营养学报，2010，22（3）：679-701.
[90] 邱小琮，赵红雪，魏智清．牛磺酸对鲤鱼诱食活性的初步研究．中国水产科学，2002，9（3）：265-267.
[91] 尚芳．牛磺酸对断奶仔猪腹泻，消化的影响．养殖技术顾问，2013，（11）：58-58.
[92] 杨雪，孙丽莎，皮宇，等．甜菜碱的营养生理功能及其在畜禽生产中的应用．中国饲料，2013，7：4.
[93] 单冬丽．甜菜碱的生物学功能及其在猪生产中的应用．中国饲料，2014，6：9.
[94] 李伟，王恬．甜菜碱对脂肪代谢的调控机制研究进展．饲料研究，2011，（4）：17-19.
[95] 潘晓花，付聪，庞学燕，等．甜菜碱在反刍动物生产中的应用．中国奶牛，2013，（23）：10-13.
[96] 娄蕾，石宝明．甜菜碱在生长肥育猪中的应用．饲料研究，2011，（2）：19-21.
[97] 刘瑞生．新型饲料添加剂甜菜碱．贵州畜牧兽医，2001，2：7.
[98] 黄其春，许梓荣．甜菜碱对生长肥育猪胴体组成的影响及其机理研究进展．中国畜牧杂志，2006，42（15）：47-49.
[99] 黄慧华，周小秋，冯琳．甜菜碱对动物生产性能的影响．饲料工业，2008，29（14）：6-9.
[100] 董冠，杨维仁，杨在宾，等．饲粮中添加甜菜碱对断奶仔猪生长性能和血清生化指标的影响．动物营养学报，2012，24（6）：1085-1091.
[101] 陈统明．甜菜碱对肉牛生长性能以及血液指标的影响．畜牧与兽医，2013，6：13.
[102] 王朕朕，罗海玲，贾慧娜．L-肉碱的生物学特性及其在畜牧生产中的研究进展．中国畜牧兽医，2012，39（7）：129-134.
[103] 付胜勇．L-肉碱对母猪代谢和生产性能的影响．饲料与畜牧：新饲料，2011，（2）：19-24.
[104] 邓秋红，贾刚，王康宁．L-肉碱对母猪繁殖性能的影响及其作用机理．中国畜牧杂志，2011，47（21）：64-68.
[105] 徐少辉，武书庚，张海军，等．L-肉碱生理作用及其机理的研究进展．动物营养学报，2011，23（3）：357-363.

[106] 吴艳波，李周权，李仰锐．外源核苷酸的研究与应用现状．饲料研究，2005，05：20-23.
[107] 徐栋，王兆钧，王春维，等．高核苷酸添加剂对断奶仔猪生长性能、血清生化及免疫指标的影响．饲料工业，2010，10：4-6.
[108] 向枭，周兴华，陈建，等．酵母核苷酸对鲤生长性能、体组成及血清免疫指标的影响．动物营养学报，2011，01：171-178.
[109] 施用晖，乐国伟，刘建文，等．外源核苷酸对肉鸡生产性能的影响．无锡轻工大学学报，2000，6：597-600.
[110] 邬小兵，乐国伟，施用晖．肉仔鸡日粮外源核苷酸营养作用初探．中国畜牧杂志，2001，5：15-17.
[111] 李娟，姚玉妮．维生素类饲料添加剂——肌醇．中国饲料添加剂，2012，8：16-18.
[112] 孙超，高景慧，张文晋．不同水平肌醇对黑白花奶牛乳成分的影响．西北农林科技大学学报：自然科学版，2001，1：100-102.
[113] 孙超，薄会颖．不同水平肌醇对西农莎能奶山羊某些生产性能的影响．畜牧兽医杂志，1999，4：10-12.
[114] 文华，赵智勇，蒋明，等．草鱼幼鱼肌醇营养需要量的研究．中国水产科学，2007，5：794-800.
[115] 张玲，张卫东，张小玲，等．氯化胆碱、肌醇和胆汁酸对鲤鱼生长、血清生化及免疫指标的影响．饲料工业，2008，22：14-16.
[116] 王妍琪，单安山．异黄酮类化合物的营养作用及其应用．中国饲料，2003，18：18-20.
[117] 屈健．异黄酮类化合物的生物学功能及其在养殖业中的应用．兽药与饲料添加剂，2002，4：18-20.
[118] 蒋守群，蒋宗勇．大豆异黄酮在畜牧上的研究与应用．饲料工业，2006，12：1-6.
[119] 周玉传，赵茹茜，卢立志，等．大豆黄酮对产蛋后期绍兴鸭生产性能及血清中一些激素水平的影响．南京农业大学学报，2002，1：73-76.
[120] 郭慧君，韩正康，王国杰．日粮添加大豆黄酮对去势仔猪生长性能及有关内分泌的影响．中国畜牧杂志，2002，2：17-18.
[121] 朱建平，戴林坤，伯绍军，等．大豆黄酮对樱桃谷肉种鸭生产性能的影响．饲料工业，2002，1：34-35.
[122] 于明，程波，于海洋．大豆异黄酮对肉鸭生产性能和免疫性能的影响．辽宁农业职业技术学院学报，2007，4：5-7.
[123] 郝振荣，朱志宁，王明，等．大豆异黄酮对奶牛泌乳后期泌乳性能、免疫功能和乳腺肥大细胞白介素-4 水平的影响．动物营养学报，2010，6：1679-1686.
[124] 姜义宝，杨玉荣，王成章，等．红车轴草异黄酮对肉鸡生产性能及肉品质的影响．草业科学，2011，11：2032-2036.
[125] 陈丰，蒋宗勇，林映才，等．大豆异黄酮对哺乳母猪生产性能及抗氧化性能的影响．饲料博览，2010，8：1-5.
[126] 张彩云，高天增，李德发，等．半乳甘露寡糖对早期断奶仔猪生长性能的影响．饲料研究，2003，3：1-3.
[127] 李梅，刘文利，赵桂英，等．不同寡糖对仔猪免疫力和生产性能的影响研究．安徽农业科学，2010，28：15655-15657.
[128] 谭聪灵，夏中生，李永民，等．饲粮中添加果寡糖对生长猪生产性能和免疫机能的影响．粮食与饲料工业，2010，4：45-48.
[129] 王定发，黄代勇，晏邦富．甘露寡糖对犊牛血液免疫球蛋白的研究．饲料研究，2004，3：41-42.
[130] 蒋正宇，周岩民，许毅，等．低聚木糖、益生菌及抗生素对肉鸡肠道菌群和生产性能的影响．家畜生态学报，2005，2：11-15.
[131] 范国歌，尹清强，孙俊伟，等．益生菌、寡糖和黄连素对仔猪生产性能的影响．中国兽医学报，2012，3：483-487.

第三章 非营养性添加剂

第一节　抗生素

一、抗生素简介

1. 抗生素的定义

抗生素是指对特异性的微生物具有抑制或杀灭作用的物质，可以由微生物（细菌、真菌、放线菌等）发酵产生，也可以是化学合成药物。饲用抗生素包括促生长类抗生素和用于加药饲料的抗生素，前者是指那些以亚治疗剂量应用于健康动物饲料中，以改善动物营养状况，促进动物生长，提高饲料效率的抗生素。后者是主要用于治疗的抗生素。

2. 抗生素的分类

① 多肽类　如杆菌肽锌、黏杆菌素、维吉尼亚霉素、硫肽霉素、持久霉素、恩拉霉素和阿伏霉素等。

② 四环素类　是四环素、土霉素和金霉素等抗生素的总称。

③ 大环内酯类　如泰乐菌素、北里霉素、红霉素、螺旋霉素。

④ 磷酸化多糖类　常用的有黄霉素和大碳霉素。

⑤ 聚醚类抗生素　常用的有莫能菌素、盐霉素、拉沙里霉素和马杜霉素。

⑥ 氨基糖苷类　此类抗生素用于饲料有两种完全不同的作用，一种是抗菌性抗生素，如新霉素、奇霉素和安普霉素；另一种是驱线虫性抗生素，如越霉素 A 和潮霉素 B。

3. 抗生素的作用机理

(1) 抗生素的抑菌杀菌机制

可总结为：①干扰细菌细胞壁的合成；②改变细胞膜通透性；③影响细菌细胞内的蛋白质合成；④抑制核酸合成。

(2) 抗生素的促生长机理

① 代谢效应　即某些抗生素可影响营养物质代谢方式，促进养分的吸收利用。例如四环素可抑制鼠肝细胞微粒体中脂肪酸的氧化，抑制体内需 Mg 催化的氧化磷酸过程。

② 营养节约效应 由于微生物生存需要消耗营养物质，抑制微生物即可向宿主动物多提供营养物质；另外抗生素可抑制有害菌产生菌毒素从而防止肠壁增厚，促进营养物质的消化吸收。

③ 疾病控制效应 饲料中添加抗生素以抑制有害微生物，提高动物健康程度是抗生素促生长的主要效应。

④ 使用抗生素后提高动物采食量 微生物会刺激动物肠道免疫导致肠肽释放，肠肽抑制动物采食量。抗生素抑制这种不利效应，则可相应地提高动物采食量。

4. 抗生素利用目的

① 治疗疾病时用量相对较大，叫治疗量。兽医常用。

② 预防疾病时用量相对中等，叫预防量。动物生产中常用。

③ 提高生产性能时用量相对较小，叫亚治疗量。饲料工业常在配合饲料中按此剂量，使用抗生素正常用量在 0～100mg/kg 左右。

5. 抗生素应用效果的影响因素

抗生素促生长效果好坏可能与家畜年龄及生理阶段、动物健康状况、畜禽的卫生条件以及营养状况有关。一般年龄越小，健康状况、卫生条件和营养状况越差，抗生素效果越好。

在中等饲养管理条件下，在畜禽料中添加 10～30mg/kg 抗生素：①增重可提高 7%～15%；②饲料转化率可提高 6.6%～15%；③肉、蛋和奶的产量可提高 9.7%～25%；④受胎率提高 11%～18%，繁殖率可提高 8%～10%；⑤有些还能减缓动物应激反应。

6. 抗生素使用过程中的技术问题

① 配合饲料中抗生素应轮换使用，用一个抗生素连续使用时间一般不超过 10 年。

② 多种抗生素结合使用，合菌制剂可进一步提高生产成绩，促进生长效果。

③ 抗生素与其他营养或非营养物质结合使用。

7. 抗生素饲料添加剂应用注意事项

配合饲料中使用抗生素用量一般在 0～100mg/kg 左右。抗生素饲料添加剂应用一定要注意抗生素的抗药性、抗生素的药物残留问题及其对环境的危害。使用时遵循如下原则：正确选择抗生素品种，注意应用领域（饲料药物添加剂与兽药），注意应用对象及其生长阶段，严格控制添加量，对症下药，交替使用，间隔使用，执行停药期，注意配伍禁忌，严格按国家规定使用。

8. 理想抗生素饲料添加剂应具备的条件

理想抗生素饲料添加剂应具备的条件包括：①抗病原活性强，促进畜禽增重，提高饲料转化率等生产性能效果显著；②对动物体有益微生物无不良影响；③在肠道中发生作用，其代谢物不被组织吸收，不残留在肉、蛋、奶品中；④化学性质稳定，在饲料和消化道中不易被破坏；⑤细菌对其不易产生耐药性；⑥对环境卫生无不良影响；⑦毒性低、安全范围大，无致癌、致突、致畸等副作用；⑧对饲料的适口性无不良影响。

二、常见抗生素添加剂及其特性

（一）多肽类抗生素

多肽类抗生素是一类抗菌作用各异的高分子化合物，多数经口不易吸收，排泄迅速，无残留，副作用小，抗药性细菌出现概率低，且抗药性不易通过转移因子传递给人。添加于饲料促进生长，是安全、有效的抗生素促生长剂。常用的有杆菌肽锌、硫酸黏杆菌素、持久霉素、维吉尼亚霉素、硫肽霉素、阿伏霉素、那西肽等。有的国家还允许杆菌肽锌、维吉尼霉素用于产蛋鸡。

① 杆菌肽：常用杆菌钛锌（bacitracin zinc），对革兰阳性细菌有效。可用于产蛋鸡。与抗革兰阴性细菌的抗生素合用，效果更好。如万能肥素饲料预混剂是由5%的杆菌钛锌+1%的硫酸多黏菌素+脱脂米糠配制而成。药效增强2～4倍，较好的可达8倍。杆菌肽不能与莫能菌素、盐霉素等聚醚类抗生素混用。

杆菌肽锌预混剂的有效成分为杆菌肽锌，每1000g中含杆菌肽100g或150g。适用于牛、猪、禽，并且促进畜禽生长。用法为混饲，每1000kg饲料添加量为：犊牛10～100g（3月龄以下）、4～40g（6月龄以下）；猪4～40g（4月龄以下）；鸡4～40g（16周龄以下）。休药期0天。

② 恩拉霉素（enramycin）：又名持久霉素、恩霉素。主要成分是恩拉霉素A、恩拉霉素B。常以盐酸盐形式使用。对革兰阳性细菌有显著抑制作用。恩拉霉素禁止与四环素类、北里霉素、杆菌肽锌、维吉尼亚霉素配伍。

恩拉霉素预混剂的有效成分为恩拉霉素，每1000g中含恩拉霉素40g或80g。适用于猪、鸡，并且促进它们生长。用法为混饲，每1000kg饲料添加量为：猪2.5～20g，鸡1～10g。要注意的是蛋鸡产蛋期禁用，休药期7天。

③ 维吉尼亚霉素（virginiamycin）：又叫肥大霉素、抗金葡霉素。由M1和S1组成。M1为大环内酯，S1为环状多肽。抗菌谱较窄，主要对革兰阳性细菌有抗菌作用。能提高蛋黄色度和鸡的产蛋率。

维吉尼亚霉素预混剂俗称速大肥（stafac），其有效成分为维吉尼亚霉素，每1000g中含维吉尼亚霉素500g。适用于猪、鸡，并且促进它们生长。用法为混饲，每1000kg饲料添加本品，猪20～50g，鸡10～40g。要注意的是维吉尼亚霉素不能与其他抗生素配伍使用，休药期为1天。

④ 硫酸黏杆菌素（硫酸多黏菌素E、硫酸抗敌素）：含有A、B、C三个组分，常用硫酸盐形式。对革兰阴性菌有强大的抗菌作用，防止革兰阴性杆菌引起肠道感染。与杆菌肽锌以1∶5比例可配成万能肥素。

硫酸黏杆菌素预混剂（colistin sulfate premix），商品名为抗敌素，其有效成分为硫酸黏杆菌素，每1000g中含黏杆菌素20g或40g或100g。适用于牛、猪、鸡，并且促进它们生长。用法为混饲，每1000kg饲料添加量为：犊牛5～40g，仔猪2～20g，鸡2～20g。以上均以有效成分计。要注意的是蛋鸡产蛋期禁用，屠宰前需停止使用，休药期7天。

⑤ 那西肽预混剂（nosiheptide premix）：有效成分为那西肽，每 1000g 中含那西肽 2.5g。适用于鸡，可促进鸡的生长。用法为混饲，每 1000kg 饲料添加本品 1000g。休药期 3 天。

（二）大环内酯类抗生素

放线杆菌或小单孢菌产生、具有大环状内酯环，对 G^+ 和支原体有较强的抑制能力。使用量仅次于四环素类抗生素，其中有的是人用药。肠道能吸收，产生交叉抗药性。红霉素、泰乐菌素、北里霉素、螺旋霉素、林肯霉素等抗生素属于此类。

① 北里霉素（kitasamycin）：又叫吉他霉素、柱晶白霉素、都灵。主要对革兰阳性菌有效。对慢性呼吸道疾病、细菌性痢疾有效。

北里霉素预混剂的有效成分为北里霉素，每 1000g 中含吉他霉素 22g 或 110g 或 550g 或 950g。适用于猪、鸡，并且促进它们生长，能防治慢性呼吸系统疾病。用法为混饲，每 1000kg 饲料添加量为：用于促生长，猪 5～55g，鸡 5～11g；用于防治疾病，猪 80～330g，鸡 100～330g，连用 5～7 天。要注意的是蛋鸡产蛋期禁用，休药期 7 天。

② 泰乐菌素（tylosin）：又叫泰乐霉素、泰农、泰乐加。主要对革兰阳性菌有效。防治鸡慢性呼吸道疾病，猪肺炎、细菌性痢疾，牛支原体肺炎有效。安全性优于杆菌肽，但易产生抗药性；常用磷酸泰乐菌素做饲料添加剂，酒石酸泰乐菌素做饮水剂。磷酸泰乐菌素＋黄豆粉配制成泰农。磷酸泰乐菌素、磺胺二甲嘧啶、黄豆粉配制成泰农强。

（三）磷酸多糖类抗生素

含磷多糖类相对分子质量大，口服几乎不被消化道吸收，且排泄快，体内无残留，主要对 G^+ 菌有抗菌作用，细菌对此类不易产生耐药性。一般不作治疗用，理想的禽促生长抗生素，在欧美广泛使用。黄霉素、魁北霉素、吗卡波霉素属于此类。

黄霉素（flavomycin）：主要对革兰阳性菌有效。对用其他抗生素产生抗药性的革兰阳性菌也有效。黄霉素相对分子质量大，不被吸收，排泄快，用量小，很有前途，是欧盟 1998 年禁令后准许使用的 4 种抗生素促生长剂之一。

黄霉素预混剂商品名称为富乐旺，其有效成分为黄霉素，每 1000g 中含黄霉素 40g 或 80g。适用于牛、猪、鸡，并且促进它们生长。用法为混饲，每 1000kg 饲料添加量为：仔猪 10～25g，生长、育肥猪 5g；肉鸡 5g；肉牛每头每天 30～50mg。

（四）四环素类抗生素

人畜共用抗生素，易产生抗药性，因而属于淘汰型抗生素。欧洲已全部淘汰，美国和日本仍在使用土霉素季铵盐和金霉素。此类抗生素在我国产量大、质量好、价格低。目前仍在大量使用土霉素钙。

① 金霉素（chlortetracycline）：又叫氯四环素，对革兰阳性菌及耐药金黄色葡萄球菌疗效优于土霉素，对革兰阴性菌、螺旋体、立克次体和大型病毒都有抗菌作用。金霉素有刺激性，稳定性差，一般只做饲料添加剂用。

金霉素（饲料级）预混剂的有效成分为金霉素，每1000g中含金霉素100g或150g。适用于猪、鸡，并且促进它们生长，对革兰阳性菌和阴性菌均有抑制作用。用法为混饲，每1000kg饲料添加，猪25～75g（4月龄以内），鸡20～50g（10周龄以内）。要注意的是蛋鸡产蛋期禁用，休药期7天。

② 土霉素（oxytetracycline）：又叫氧四环素，对革兰阳性菌、革兰阴性菌均有抑制作用，对衣原体、支原体、立克次氏体、螺旋体有效。但对真菌不起作用。常用钙盐和季铵盐。毒性低，但有残留，许多细菌易对其产生耐药性。

土霉素钙是抗生素类药，每1000g中含土霉素50g或100g或200g。适用于猪、鸡，并且促进它们生长，对革兰阳性菌和阴性菌均有抑制作用。用法为混饲，每1000kg饲料添加，猪10～50g（4月龄以内），鸡10～50g（10周龄以内）。要注意的是蛋鸡产蛋期禁用，添加于低钙饲料（饲料含钙量0.18%～0.55%）时，连续用药不超过5天。

（五）聚醚类抗生素（离子载体）

聚醚类抗生素是很好的生长促进剂，有效的抗球虫剂，其在防球虫感染和提高反刍动物饲料利用率上取得了显著的效果和经济效益。

聚醚类抗生素几乎不被吸收，无残留，对G^+菌有较高的活性，对畜禽球虫具有广谱的活性，且耐药性发展缓慢，是目前最有效、使用最广泛的抗球虫药。对反刍动物有明显的改进饲料效率的作用。

此类抗生素主要指莫能霉素（瘤胃素、莫能菌素），拉沙里菌素（lasalocid，预混剂名“球安”），盐霉素（salinomycin，预混剂名“优素精”）。莫能霉素、盐霉素、拉沙里菌素在欧美、亚洲各国普遍用于抗球虫和反刍动物促生长。

莫能霉素钠预混剂常用商品名称为瘤胃素、欲可胖，其有效成分为莫能霉素钠，每1000g中含莫能霉素50g或100g或200g。适用于牛、鸡，并且促进它们生长，可防止鸡球虫病。用法为混饲，鸡每1000kg饲料添加90～110g；肉牛每头每天200～360mg。要注意的是蛋鸡产蛋期禁用，泌乳期的奶牛及马属动物禁用，禁止与泰妙菌素、竹桃霉素并用，搅拌配料时禁止与人的皮肤、眼睛接触，休药期5天。

离子载体具有一般抗生素之外的特殊作用机理包括以下几方面。

① 极性作用。离子载体是离子转移因子，可影响微生物细胞表面电荷，提高营养物质转运难度，从而抑制微生物的生存、生长、繁殖。

② 对瘤胃营养物质代谢的调控作用。离子载体可显著提高反刍动物瘤胃丙酸含量，减少乙酸的产生，促进糖异生及体脂的合成，从而提高增重。离子载体也可减少瘤胃中甲烷、CO_2等气体的产量和提高饲料能量利用效率。离子载体还可降低真蛋白在瘤胃中的降解程度，增加过瘤胃蛋白，减少蛋白质的二次利用，提高饲料蛋白利用率。

③ 对抗球虫作用。离子载体对反刍动物和禽类球虫病具有治疗和抑制作用，对细菌、真菌、原虫也有抑制、杀灭作用。

④ 离子载体可改变体内胰岛素和血中生长激素等代谢激素浓度，调节动物营养代谢。

(六) 氨基糖苷类抗生素

氨基糖苷类对 G^{-} 作用强，部分有驱线虫的作用，口服不易吸收。氨基糖苷类包括链霉素、新霉素、硫酸弗霉素、阿普拉霉素、潮霉素 B、越霉素 A 等。

潮霉素 B、越霉素 A 因具驱虫作用而常归入驱虫保健药品类。

越霉素 A 预混剂（destomycin A premix）商品名称为得利肥素，其有效成分为越霉素 A，每 1000g 中含越霉素 A 20g 或 50g 或 500g。适用于猪、鸡，主要用于猪蛔虫病、鞭虫病及鸡蛔虫病的防治。用法为混饲，每 1000kg 饲料添加 5～10g，连用 8 周。要注意的是蛋鸡产蛋期禁用，休药期猪 15 天，鸡 3 天。

潮霉素 B 预混剂（hygromycin B premix）商品名称为效高素，其有效成分为潮霉素 B，每 1000g 中含潮霉素 B 17.6g。适用于猪、鸡，主要用于猪蛔虫病、鞭虫病及鸡蛔虫病的驱除。用法为混饲，每 1000g 饲料添加：猪 10～13g，育成猪连用 8 周，母猪产前 8 周至分娩；鸡 8～12g，连用 8 周。要注意的是蛋鸡产蛋期禁用，避免与人皮肤、眼睛接触，休药期猪 15 天，鸡 3 天。

(七) 化学合成抗菌化合物

以前使用量较大，由于毒副作用大，正被逐渐淘汰。大部分此类药物只允许作兽药，而不作饲料添加剂。磺胺类、喹乙醇、卡巴多、呋喃唑酮、硝呋烯腙及有机砷制剂等属于此类药物。

① 硝呋烯腙：对革兰阳性菌、革兰阴性菌均有高敏感性。用量少，毒性低，残留极少。

② 喹乙醇：广谱抗菌，对革兰阳性和阴性菌都有抑制作用。具有止痢、防止禽霍乱的作用。化学性质稳定。产蛋鸡禁用。应用于家禽应慎重，其安全范围较窄。

喹乙醇预混剂（olaquindox premix）的有效成分为喹乙醇，每 1000g 中含喹乙醇 50g。适用于猪，能促进猪生长。用法为混饲，每 1000kg 饲料添加本品 1000～2000g。要注意的是禁用于禽，禁用于体重超过 35kg 的猪，休药期 35 天。

当前饲料常用抗生素应用成本（国产）以中大猪用量为例，见表 3-1。

表 3-1 当前饲料常用抗生素应用成本（国产）（以中大猪用量为例）

名称	价格/(元/kg)	常用添加量/(g/t)		成本/(元/t)
杆菌肽锌(10%)	9.5	以 60mg/kg 计	600	5.7
金霉素(15%)	16.8	以 150mg/kg 计	1000	16.8
黄霉素(4%)	14	以 8mg/kg 计	200	2.8
北里霉素(50%)	125	以 60mg/kg 计	120	15
硫酸黏杆菌素(10%)	25	以 30mg/kg 计	300	7.5
喹烯酮(98.5%)	70	以 100mg/kg 计	100	7

当前饲料常用抗生素应用成本（进口）以中大猪用量为例，见表 3-2。

表 3-2 当前饲料常用抗生素应用成本（进口）（以中大猪用量为例）

名称	价格/(元/kg)	常用添加量/(g/t)		成本/(元/t)
恩拉霉素(4%)	120	以 5mg/kg 计	125	15
速大肥(50%)	475	以 10mg/kg 计	20	9.5
杆菌肽锌(雅来 15%)	24	以 60mg/kg 计	400	9.6
效美素(10%)	320	以 5mg/kg 计	50	16
黄霉素(进口 8%)	150	以 8mg/kg 计	100	15

三、饲料中添加抗生素的配伍

饲料中添加抗生素的配伍见表 3-3～表 3-23，具体的说明列于各表下。

表 3-3 黄霉素＋金霉素

应用对象	配伍剂量	
	黄霉素(4%)	金霉素(15%)
鸡、鸭、鹅	100g	400g
猪	125g	500g

配伍说明：黄霉素主要作用于革兰阳性菌和部分革兰阴性菌，并能够降低肠壁黏膜的厚度，促进营养物质的吸收；金霉素为四环素类广谱抗生素，促生长效果较好，两者应用可起到协同效果，主要应用于肉鸡及猪的促生长，提高饲料的消化吸收率，对常见的细菌性疾病具有较好的预防效果。

表 3-4 黄霉素＋硫酸抗敌素＋洛克沙胂＋球痢灵＋黏杆菌素

应用对象（肉鸡）	硫酸抗敌素（10%）	黄霉素（4%）	黏杆菌素（10%）	洛克沙胂	球痢灵
0～21 日龄	—	125g	300g	50g	125g
22～42 日龄	100g	100g	50g	125g	—
43～49 日龄	100g	—	50g	125g	—

配伍说明：黄霉素与硫酸抗敌素的配伍，是继杆菌肽锌被欧盟禁用以来，取代杆菌肽锌与抗敌素这一配伍的最佳组合，无药残，抗病促生长效果明显，改善饲料转化率，提高畜禽的免疫力和抗应激能力。洛克沙胂是一种广谱抗菌、促生长抗原虫药；两者合用，对于促进生长，提高饲料报酬，节约生产成本，改善畜禽的健康状况具有良好的作用，并对于预防各类细菌性疾病、原虫性疾病有良好的效果。并且能够增进色素沉积、改善胴体品质，使皮肤红润光亮。球痢灵具有较强的抗球虫作用。

表 3-5 黄霉素＋盐霉素＋金霉素

应用对象(肉鸡)	黄霉素(4%)	盐霉素(12%)	金霉素(10%)
0～21 日龄	125g	500g	500g
22～42 日龄	100g	500g	450g
43～49 日龄	100g	—	—

配伍说明：黄霉素主要作用于革兰阳性菌和部分革兰阴性菌，并能够降低肠壁黏膜的厚度，促进营养物质的吸收；而盐霉素属离子型抗病、抗球虫、促生长剂。金霉素广谱抗菌，促生长；三者配伍使用可正向促进禽的生长，降低细菌性疾病及预防球虫的发生。

表 3-6　黄霉素＋盐霉素＋洛克沙胂

应用对象	黄霉素(4%)	盐霉素(12%)	洛克沙胂
肉鸡	100g	600g	100g

配伍说明：黄霉素主要作用于革兰阳性菌和部分革兰阴性菌，并能够降低肠壁黏膜的厚度，促进营养物质的吸收、促进生长。洛克沙胂是一种广谱抗菌、促生长抗原虫药；而盐霉素属离子型抗病、抗球虫、促生长剂。三者合用，对于促进生长、提高饲料报酬、改善畜禽的健康状况具有良好的作用，并对于预防各类细菌性疾病、原虫性疾病、球虫病有一定的效果。并且能够增进色素沉积、改善胴体品质，使皮肤红润光亮。

表 3-7　黄霉素＋盐霉素＋硫酸抗敌素

应用对象	黄霉素(4%)	盐霉素(12%)	硫酸抗敌素(10%)
肉仔鸡	100g	600g	150g

配伍说明：本配伍中黄霉素主要作用于革兰阳性菌和部分革兰阴性菌，并能够降低肠壁黏膜的厚度，促进营养物质的吸收。硫酸抗敌素强效抗革兰阴性菌，合用起到优良的广谱抗菌作用，加入盐霉素后，增强了抗菌性能及抗球虫的功效，促生长作用也较为突出。

表 3-8　黄霉素＋新霉素＋马杜霉素

应用对象	黄霉素(4%)	新霉素(22%)	马杜霉素
肉鸡	100g	400g	125g
仔猪	400g	500g	—
中猪	125g	300g	—
大猪	125g	—	—

配伍说明：黄霉素主要作用于革兰阳性菌和部分革兰阴性菌，并能够降低肠壁黏膜的厚度，促进营养物质的吸收。新霉素抗菌谱较广，对于革兰阴性菌高度敏感，加马杜霉素后，三者合用，对于仔猪慢性呼吸道病及下痢有较好的预防效果，抗球虫、促生长效果也较明显。

表 3-9　硫酸抗敌素＋杆菌肽锌＋球痢灵

应用对象		硫酸抗敌素(10%)	杆菌肽锌(10%)	球痢灵
肉鸡	1～3 周龄	200g	1000g	125g
	4～7 周龄	100g	500g	125g
猪	2 月龄以内	300g	1500g	—
	4 月龄以内	200g	1000g	—

配伍说明：硫酸抗敌素强力作用于革兰阴性菌，杆菌肽锌主要作用于革兰阳性菌和部分革兰阴性菌。本配伍集杆菌肽锌与硫酸抗敌素的优点于一体，具有抗菌谱广、饲养效果好的特点。该合剂又名万能肥素，另据资料记载，在仔猪料中添加该合剂 0.004%以上，能获得最佳的饲养效果和提高日粮中氮的消化代谢率。对于肉鸡料中加入球虫药有利于预防球虫病的发生，有效提升肉鸡的健康状况，提高肉鸡的生长速度，增大经济效益。

表 3-10 硫酸抗敌素＋金霉素＋阿散酸

应用对象	硫酸抗敌素(10%)	金霉素(15%)	阿散酸
仔猪 2 月龄以内	200g	650g	110g

配伍说明：硫酸抗敌素强效抗革兰阴性菌，金霉素广谱抗菌，促生长效果明显，两者合用抗菌效果广，效果佳，并有较好的促生长作用。阿散酸具有一定的抗菌作用，有利于强化抗菌作用，并有较好的促生长作用，促进色素的沉着，改善肌肤色泽与产品的品质。

表 3-11 黄霉素＋金霉素＋洛克沙胂

应用对象	黄霉素(4%)	金霉素(15%)	洛克沙胂
仔猪	300g	1500g	6g
中猪	200g	1200g	60g
大猪	150g	1000g	60g
种猪	250g	1200g	—

配伍说明：黄霉素主要作用于革兰阳性菌和部分革兰阴性菌，并能够降低肠壁黏膜的厚度，促进营养物质的吸收；金霉素广谱抗菌，促生长效果明显；洛克沙胂除具有一定的杀菌、抗原虫作用外，促生长与促进色素沉着效果更为突出。三者合用抗菌效果较好，促生长作用明显，并具有促进皮肤色素沉积、改善胴体品质的作用，使皮肤红润光亮。

表 3-12 黄霉素＋硫酸抗敌素＋阿散酸

应用对象	黄霉素(4%)	硫酸抗敌素(10%)	阿散酸
仔猪	300g	300g	110g
中猪	200g	200g	110g
大猪	150g	150g	110g

配伍说明：本身黄霉素与硫酸抗敌素的配伍即取代杆菌肽锌与硫酸抗敌素配伍（万能肥素）的最佳组合，加入阿散酸后，广谱抗菌、抗原虫、促生长作用更为明显，并且能够促进色素沉着，改善皮肤色泽及胴体品质，使皮肤红润光亮。

表 3-13 优益＋黄霉素＋球痢灵

应用对象	优益	黄霉素(4%)	球痢灵
肉鸡	50g	125g	125g

配伍说明：优益主要成分为盐基土霉素（50%），为新一代替代金霉素与土霉素的广谱药物添加剂，抗菌效果优，促生长效果也较好；黄霉素主要抗革兰阳性菌及部分革兰阴性菌，并能够降低肠壁黏膜的厚度，促进营养物质的吸收，促进畜禽生长；加入球痢灵后，三者合用抗病性能更为优越，促生长性能也较好。

表 3-14 优益＋阿散酸

应用对象	优益	阿散酸
猪	100～200g	110g

配伍说明：优益为新一代替代金霉素与土霉素的广谱药物添加剂，抗菌效果优，促生长效果也较好；阿散酸促生长，抑菌杀菌、抗原虫，两者合用预防细菌性肠炎，促进生长，提高饲料效率，促进肌肤色素的形成，改善胴体品质，使皮肤红润光亮。

表 3-15 优益＋球痢灵＋洛克沙胂

应用对象	优益	球痢灵	洛克沙胂
肉鸡	50g	125g	50g

配伍说明：优益为新一代替代金霉素与土霉素的广谱药物添加剂，抗菌效果优，促生长效果也较好；洛克沙胂促生长，抑菌杀菌、抗原虫；球痢灵预防和控制球虫，并有产生对球虫免疫力的作用；三者合用预防细菌性肠炎，预防球虫病的发生，促进生长，提高饲料效率，促进肌肤色素的形成，改善胴体品质，使皮肤红润光亮。但比较而言本配伍抗菌、促生长作用更优。

表 3-16 优益＋新霉素

应用对象	新霉素(22%)	优益
仔猪	500g	100g

配伍说明：新霉素与优益合用广谱抗菌，新霉素对于大肠杆菌等革兰阴性菌高度敏感，优益较金霉素抗菌效果更为突出，优益与新霉素的合用对于预防仔猪细菌性感染、仔猪腹泻、呼吸道疾病具有良好的作用，促生长效果也较好。

表 3-17 大蒜素＋牛至油

应用对象		大蒜素(10%)	牛至油(10%)
蛋鸡	0～3 周	100～200g	100～150g
	4～6 周	100～200g	50～120g
	大于 6 周	—	50g

配伍说明：大蒜素除具有广谱杀菌作用外，还具有促进增食、诱食、提高禽类产品风味的作用；牛至油，广谱抗菌，对于埃希大肠杆菌、葡萄球菌等 8 种革兰阴性菌具有极强的杀灭与抑菌作用，并对于促肠绒毛的再生及提高畜禽的消化与吸收具有很好的作用。两者合用广谱抗菌，提高饲料效率，促进生长，并对于禽类产品具有改善风味的作用，且两者均属中药，无药残，无刺激性，无停药期。

表 3-18 吉他霉素＋硫酸抗敌素＋球痢灵

应用对象	吉他霉素(10%)	硫酸抗敌素(10%)	球痢灵
仔猪	300～500g	200g	—
中大猪	50～150g	150～200g	—
肉鸡(0～3 周)	50～100g	70～150g	125g
肉鸡(4～6 周)	50～80g	70～100g	125g

配伍说明：吉他霉素对革兰阳性菌、部分革兰阴性菌、支原体及部分病毒有效，对革兰阳性菌作用较强，对支原体有特效，具有促生长与预防呼吸系统疾病的双重作用，对于预防与控制动物的下痢效果也较好；硫酸抗敌素抗革兰阴性菌作用强大，对于防治畜禽肠道感染、下痢效果突出，两者合用广谱抗菌与促生长作用明显。肉鸡配伍中加入球痢灵后，除预防球虫病外，还具有增进健康、加速生长的作用。

表 3-19 吉他霉素＋金霉素＋球痢灵

应用对象	吉他霉素(10%)	金霉素(15%)	球痢灵
仔猪	300～500g	500～1000g	—
中大猪	50～150g	500～700g	—
肉鸡(0～3 周)	50～100g	500～700g	125g
肉鸡(4～6 周)	—	500g	125g

配伍说明：吉他霉素主要抗革兰阳性菌和部分革兰阴性菌，对于肠道及呼吸道疾病有较好的预防作用；金霉素广谱抗菌，两者合用对于仔猪腹泻、仔猪细菌性肠炎及呼吸道疾病，肉鸡细菌性肠炎、坏死性肠炎效果较好。肉鸡料中加入球痢灵，有利于球虫病的预防，提高肉禽的健康状况，提高饲养效果。

表 3-20 吉他霉素＋优益＋球痢灵

应用对象	吉他霉素(10%)	优益	球痢灵
仔猪	300～500g	150～400g	—
中大猪	50～150g	50～150g	—
肉鸡(0～3 周)	50～100g	70～100g	125g
肉鸡(4～6 周)	50～80g	20～50g	125g

配伍说明：吉他霉素主要抗革兰阳性菌和部分革兰阴性菌，对于肠道及呼吸道疾病有较好的预防作用；优益较金霉素抗菌效果更为突出，促生长效果也较好，两者合用对于促生长和肠道及呼吸道病预防效果较为明显。肉鸡料中加入球痢灵，有利于球虫病的预防，提高肉禽的健康状况，提高饲养效果。

表 3-21 新霉素＋优益

应用对象	新霉素(22%)	优益
乳猪	300～500g	150～400g
仔猪	250～300g	100～150g

配伍说明：新霉素主要抗革兰阴性菌及部分革兰阳性菌，对于革兰阴性菌高度

敏感，抗菌谱较广，促生长作用优于硫酸抗敌素，优益广谱抗菌，抗菌促生长作用也较明显，尤其是抗菌作用优于金霉素。两者合用，抗菌促生长作用较优。对于细菌性痢疾、肠炎等肠道疾病预防效果较为明显。

表 3-22 新霉素＋吉他霉素

应用对象	新霉素(22%)	吉他霉素(10%)
乳猪	300～500g	270g
仔猪	250～300g	250g

配伍说明：新霉素主要抗革兰阴性菌及部分革兰阳性菌，对于革兰阴性菌高度敏感，抗菌谱较广，促生长作用优于硫酸抗敌素；吉他霉素对革兰阳性菌和霉形体的活性很强，特别对细菌性下痢及猪气喘病及呼吸道疾病有极好的预防作用。两者合用，广谱抗菌抗病，促生长性能优越。

表 3-23 林可霉素＋新霉素＋盐霉素

应用对象	林可霉素(11%)	新霉素(22%)	盐霉素(10%)
肉小鸡	40g	350g	500g
肉中大鸡	20g	—	500g

配伍说明：林可霉素主要作用于革兰阳性菌，对阴性菌作用较弱，可促进肉鸡生长，改善成长率，有效控制坏死性肠炎，增进着色效果；新霉素对革兰阴性菌作用较强，可有效控制和治疗沙门菌和大肠杆菌等引起的细菌性肠炎，而且具有一定的促增重作用；盐霉素为离子型鸡用防球虫剂，促生长作用也非常优秀，并具有一定的抗菌作用。三者合用，对于肉鸡防病、抗球虫、促生长效果好。

猪常见病的治疗配伍见表 3-24。

表 3-24 猪常见病的治疗配伍

品种	作用	推荐配伍			
仔猪	防下痢	黄霉素 4%	硫酸抗敌素 10%	磺胺二甲	三甲氧苄氨
		400g	400g	100g	20g
		黄霉素 4%	新霉素 22%	磺胺二甲	TMP
		400g	400g	100g	20g
	呼吸道疾病、肠炎	黄霉素 4%	吉他霉素 10%	磺胺二甲	TMP
		400g	400g	100g	20g
	防痢促生长	金西林	黄霉素 4%		
		1000g	400g		
		金西林	盐霉素 12%		
		1000g	500g		
大猪	防病促生长	金霉素 15%	喹乙醇	磺胺二甲	TMP
		400g	50g	100g	20g

第二节 酶制剂

一、酶制剂简介

1. 酶制剂的一般作用

从动物对酶的需要角度看酶可分为2类：一类是消化酶，主要是指在饲料消化过程中起作用的酶；另一类是代谢酶，是在动物体内营养物质代谢过程中起作用的酶。按使用形式分，可分为单一酶和复合酶。复合酶由单一酶组成。

饲料中添加酶制剂可以：①用外源酶制剂弥补内源酶分泌量和功能的不足；②消除抗营养因子；③有效利用饲料中的特定养分；④提高畜禽体内代谢激素水平，如肉鸡大麦日粮加β-葡聚糖酶提高血液T_3、GH、IGF-I、粗甲状腺素（TSH）水平；⑤增强动物机体免疫力；⑥改善副产品饲料原料的营养价值，开辟新的饲料资源。

2. 生产方法

酶制剂生产是通过微生物发酵生产而来的。目前我国酶制剂生产中所采用的发酵工艺有固体发酵和液体深层发酵两种。如图3-1所示。

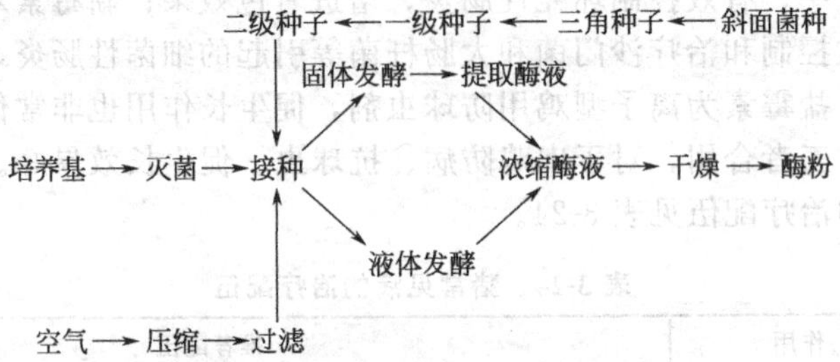

图3-1 微生物酶制剂的生产工艺

二、常用酶制剂的特性及应用

（一）植酸酶

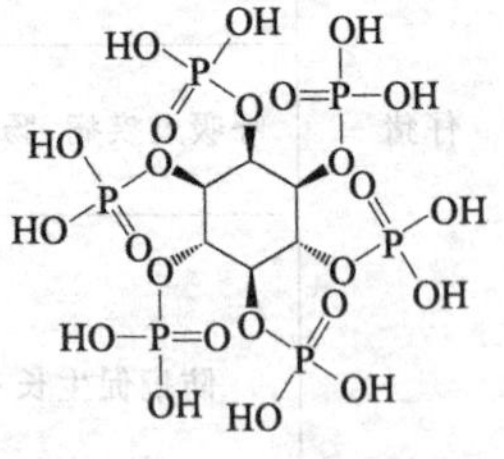

【理化性质】植酸（phytic acid）即肌醇六磷酸（my-oinositol hexakis phosphate）。其分子式为$C_6H_{18}O_{24}P_6$，相对分子质量为660.08，结构式见右。植酸易溶于水、乙醇和丙酮，几乎不溶于乙醚、苯和氯仿。植酸通常与钙、镁、锌等结合成单盐或复盐形式存在，叫植酸盐。植物饲料中以植酸盐形式存在的有机磷酸化合物通常被称为植酸磷。

植酸酶（phytase）是催化植酸及其盐类水解为肌醇与磷酸（盐）的一类酶的总称，属于磷酸单酯水解酶。其相对分子质量因来源不同而差异很大。植酸酶相对分子质量的差异主要是由于糖基化之故，真菌植酸酶都是糖基化蛋白，随糖基化程度不同，相对分子质量差异很大。植酸酶作为一种酶蛋白，只有在适宜的环境条件下才能表现出高活性。它的最适 pH 值一般为 2～6。植物来源的植酸酶最适 pH 值为 4.0～7.5，大多数在 5.0～6.0，不适合在单胃畜禽酸性的胃中起作用，且在植物中含量太低。细菌来源的植酸酶最适 pH 值一般为中性或偏碱性，真菌植酸酶为 2.5～7.0。植酸酶最适温度在 40～60℃范围内，不同来源植酸酶的最适温度相差较大。

植酸酶的主要指标是单位酶活性。目前在世界上多用植酸酶单位（fytase unit，FTU）表示植酸酶活性。1FTU 是在 37℃和 pH＝5.5 的条件下，每分钟从 0.0051mol/L 的植酸钠溶液中释放出 1μmol 无机磷所需要的植酸酶的数量。

植酸酶有微生物植酸酶和天然植酸酶两种类型。

① 微生物植酸酶　微生物植酸酶属肌醇六磷酸-3-磷酸水解酶，也叫 3-植酸酶。降解植酸磷时首先从肌醇的 3-碳位上催化放出无机磷。已发现很多微生物，特别是真菌类的微生物，具有产生植酸酶的能力。其中黑曲霉菌类产酶能力最强。

② 天然饲料中的植酸酶　天然饲料中的植酸酶主要存在于麦类籽实，特别是小麦种皮中。植物性饲料中的植酸酶叫肌醇六磷酸-6-磷酸水解酶，也叫 6-植酸酶。能有效分解饲料中的植酸磷，降解植酸磷时首先从肌醇的 6-碳位上催化放出无机磷。麦麸含较高的植物植酸酶。有研究表明，麦麸在配合日粮中用 16%～18%，可以减少 80%以上的无机磷添加量。配合饲料中使用 15%的麦麸即可减少 1%的磷酸氢钙或少用 1.3%以上的骨粉，而且对生长猪生产性能并无影响。

【生理功能和缺乏症】① 提高植酸磷的利用率　配合饲料多以植物性原料为主，在饲料中应用植酸酶添加剂，可利用 30%以上的植酸磷，从而降低生产成本。

② 有利于设计饲料配方　在饲料中使用植酸酶，可减少 1%～2%的无机磷酸盐的用量，从而节约了一定的配方空间，可用其他饲料原料代替，有利于灵活地设计饲料配方，既满足动物营养需求，又能适当降低饲料成本。

③ 可提高饲料利用率　植酸酶是一种水解酶，广泛存在于植物和微生物中。使用植酸酶，不但能使磷盐从植酸中释放出来，而且也将络合物分解，进而提高饲料的利用率。

④ 减少磷排放造成的环境污染　使用植酸酶，能有效地提高植酸磷的利用率，从而减少畜禽粪便及其他排泄物中植酸磷的排放，有效地防止磷对环境的污染。

⑤ 有利于合理利用资源　使用植酸酶可大幅度提高植酸磷的利用率，从而减少或替代无机磷酸盐，有利于节约资源。

【制法】目前主要通过微生物发酵生产 3-植酸酶，产量和利用率高，生产方便且可通过基因工程技术和蛋白质工程技术构建基因工程菌，以提高真菌植酸酶出发菌株产酶量，并提高其稳定性。用微生物生产植酸酶的工艺主要有固态发酵（SSF）和液体深层发酵（SMF）两种。

【常用产品形式与规格】常见的植酸酶产品有粉末、颗粒以及液体三种形式。市场上的产品规格一般是 25kg/桶，酶活力为 5000U/g。

【添加量】各厂家推荐添加量各有不同，并且在饲料中的最适添加量需根据底物浓度，即饲料中植酸（盐）的含量而定，还需根据饲料成分、加工条件、动物的采食量、期望效果和饲料成本进行调整。诺伟司公司产品诺伟磷-5000G 的推荐添加量见表 3-25。

表 3-25 诺伟磷-5000G 的推荐用量（诺伟司公司产品）

动物种类	活性单位(U/kg 全价饲料)	推荐量(g/t 全价饲料)
蛋、种鸡	300	60
蛋鸭	400	80
肉鸡、肉鸭	400～500	80～100
猪	400～500	80～100

① 若配合饲料形态为粉状饲料或制粒温度为 75℃以下的颗粒饲料，诺伟磷-5000G在蛋、种鸡，蛋鸭，肉鸡、肉鸭和猪的推荐添加量分别为 60g/t、80g/t、80g/t、80g/t，所替代的磷酸氢钙量分别为：蛋、种鸡，蛋鸭料 8～10kg；肉鸡、肉鸭和猪料6～8kg。

② 若配合饲料形态为制粒温度为75℃以上的颗粒饲料（肉鸡、肉鸭饲料），根据压制颗粒时所受的因素（调制时间、调制温度、蒸汽的压力、颗粒直径等）的不同，推荐添加量在 80～100g/t，所替代的磷酸氢钙量为 6～8kg。

【注意事项】① 选择酶活性高的合格产品 植酸酶是一种微生物制品，商品制剂多由曲霉菌发酵而获得。植酸酶的主要指标是单位酶活性，每种植酸酶产品都应标有酶活性，酶活性越高，其性能越好。在选用植酸酶饲料添加剂时，首先应特别注意其单位活性，选购合格产品，如巴斯夫的植酸酶——酶他富 5000，指酶活性大于 5000U/kg，即在每千克饲料中添加 100mg 酶他富 5000，相当于每千克饲料中含有 500U 的剂量。

② 了解植酸酶的适用范围 植酸酶并不适合所有的饲料品种，反刍动物由于体内能合成较多的植酸酶，因此在饲料中不宜添加使用植酸酶。由于植酸酶的作用效果涉及很多因素，就现阶段研究和从经济上考虑，植酸酶在蛋鸡饲料中使用效果较好，且有一定的经济效益，其他饲料品种应以谨慎使用为好。

③ 注意饲料原料配方组成 植酸酶是一种酶产品，只有饲料中含有足够的植酸磷，植酸酶才能起作用；如果饲料中植酸磷含量不足或根本不含植酸磷，那植酸酶就不能充分发挥作用，反而会造成浪费。因此，应用植酸酶时应特别注意饲料原料配方组成，首先计算饲料配方中植酸磷的含量，确保有足够的植酸磷才能够使用植酸酶。

④ 了解植酸酶的适宜添加量 植酸酶催化植酸水解反应与其他常见的催化剂反应一样，酸用量太低不能启动反应，过量也不能提高反应的速度和程度，合适的添加剂量是保证植酸酶的作用效果和较好经济性的关键。目前的研究表明，饲料中磷的最高可取代水平为 0.1%～0.12%，因此实际应用植酸酶时，以部分替代无机磷较为合理和科学。

⑤ 注意植酸酶的添加使用方法 植酸酶是一种有活性的酶制剂饲料添加剂，对温度较为敏感，且温度越高破坏越严重。植酸酶一般较适宜用于粉状饲料，原则上不适合用于颗粒饲料。如果要在颗粒饲料中应用植酸酶，最好选用包膜型等耐高

温的植酸酶品种或应用液体的植酸酶进行压粒后喷涂。

另外，添加植酸酶的饲料最好尽快使用，贮存期限一般不宜超过两个月；氯化胆碱、硫酸铁、硫酸锌等一些饲料添加剂能破坏植酸酶的活性和稳定性，因此应用植酸酶时最好独立添加，不要与其他添加剂一起预混，一般以 1∶10 稀释后直接添加为好。

【配伍】添加木聚糖酶或植酸酶，都能提高肉仔鸡的生长性能，降低全期的死淘率。同时添加木聚糖酶和植酸酶，对日粮植酸磷的表现消化率和全期的饲料转化率有明显的正互作效应。

【应用效果】在猪日粮中添加超过 500 FTU/kg 剂量的新型、天然耐热的大肠杆菌植酸酶，能减弱植酸的抗营养效应，同时也可能会带来诸如产生肌醇和平衡钙磷比等益处。

【参考生产厂家】湖北巨胜科技有限公司，深圳爱拓化学有限公司，湖北楚盛威化工有限公司，湖北鑫源顺医药化工有限公司等。

（二）纤维酶类

纤维酶类是促进动物利用非营养性碳水化合物的酶，也是最有开发利用价值和发展前景的酶制剂之一。

1. 复合纤维酶

由霉菌类微生物，如绿色木霉菌、镰刀霉菌等发酵生产，属于微生物的代谢产物。一般都含有多种酶，如纤维素酶、半纤维素酶、果胶酶等，另外也会含有部分能消化淀粉、蛋白质的酶。这类酶的饲用效果与酶生产的质量有关，用量一般都在 0.1%～0.5%左右。

2. β-葡聚糖酶

【理化性质】β-葡聚糖酶（β-glucanase）是指可将 β-葡聚糖降解为低相对分子质量片断的酶。它是一种水解酶类，包括 1,3-1,4-β-葡聚糖酶、1,3-β-葡聚糖酶、1,2-1,4-β-葡聚糖酶、1,4-β-葡聚糖酶和 1,3-1,6-β-葡聚糖酶，均属于半纤维素酶类。广义而言，β-葡聚糖酶包括了一切能分解 β-糖苷键链接成的葡萄糖聚合物的酶系。按作用方式不同，β-葡聚糖酶可分为内切和外切两类。

绝大多数来自真菌的内切葡聚糖酶和外切葡聚糖酶的相对分子质量均在 20～100kDa 的范围内，由于控制酶分子合成的基因及分子结构不同，对酶的性质不能一概而论，通常情况下，不同来源的 β-葡聚糖酶的酶学性质不同，细菌生产 β-葡聚糖酶的最适 pH 值一般在 6.5～7.5，最适作用温度一般为 50～55℃；曲霉菌生产的 β-葡聚糖酶的作用适宜 pH 值一般在 5.0～5.5，作用温度 40～60℃。木霉生产的 β-葡聚糖酶适宜 pH 值一般在 3.0～5.0，适宜作用温度 60℃。来自芽孢杆菌的 β-葡聚糖酶适宜作用温度和热稳定性一般高于麦芽内源酶和真菌性 β-葡聚糖酶。

不同种类的 β-葡聚糖酶结构差异很大，如植物来源和细菌来源的 β-葡聚糖酶无论是氨基酸排列还是三维空间结构上基本没有相似性。植物所产酶属于糖苷水解酶 17 家族，拥有一个（β/α）8 桶状三维结构；而微生物所产酶则被划分为糖苷水解酶 16 家族的一员。有一个环状的 β-三明治结构。

酶活定义：在37℃，pH＝5.5的条件下，每分钟从浓度为4mg/mL的β-葡聚糖溶液中降解释放1μmol还原糖所需要的酶量为1个β-葡聚糖酶活力单位。

【质量标准】β-葡聚糖酶质量标准（湖北恒通药业有限公司 Q/SAK 003—2008）

项目	指标	项目	指标
外观	浅黄色粉末	温度最适范围/℃	30～45
酶活力/(U/g)	7500、10000、30000	最适温度/℃	37
气味	无异味	干燥失重率/%	＜8
pH值适应范围	3.5～5.5，最适为4.8～5.5	过筛量(40目标准筛)/%	≥80

【生理功能和缺乏症】① 降解β-葡聚糖，降低消化道内容物黏度 β-葡聚糖酶促生长的关键作用在于其可以裂解β-葡聚糖分子中的1,3-1,4-β-糖苷键，使之降解为低相对分子质量片断，失去亲水性和黏性，降低肠道内容物的黏度，从而有利于消化酶与营养物质的混合，降低不动水层的厚度，减少胆汁酸的排出，进而有效地改善单胃动物对营养物质的消化和吸收，提高生长性能，改善饲料转化率。

② 破坏细胞壁结构 β-葡聚糖是植物性饲料（特别是麦类饲料）细胞壁的成分，它束缚了细胞中养分（淀粉、蛋白质、脂肪）的释放，使动物的内源消化酶难以消化利用这些养分，从而降低了饲料的养分利用率。研究表明，如果在日粮中添加以β-葡聚糖酶为主的复合酶制剂，就能破坏细胞壁结构，使细胞内容物充分溢出，提高消化酶与营养物质的接触，从而提高饲料转化率。

③ 提高内源酶活性 研究表明，添加β-葡聚糖酶能显著提高畜禽肠道内容物中内源酶（胰蛋白酶、淀粉酶和脂肪酶）的活性。

④ 改善肠道微生物菌群 在畜禽日粮中添加一定量的β-葡聚糖酶，可降低因β-葡聚糖的黏稠性引起的营养物质在肠道内的蓄积，改变因营养物质蓄积有利胃肠道有害菌群繁殖的环境，从而减少肠道内有害微生物的数量，进而可使肠壁变薄，改善营养物质的消化吸收。同时，肠道微生物菌群中的沙门杆菌数量的减少，可缓解胆汁盐的解离，有利于脂肪的消化吸收。此外，有害微生物菌群的削弱可降低畜禽的腹泻率，减少肠道疾病的发生，从而有助于畜禽的健康，提高其生产性能。

⑤ 通过改变消化部位来改善饲料利用率 通常日粮中纤维素在小肠中的消化降解非常有限，仅有30%的细胞壁物质可在大肠发酵形成挥发性脂肪酸。

⑥ 改善家禽神经内分泌来促进家禽生长和机体免疫力。

【制法】目前国内外主要利用微生物法生产β-葡聚糖酶。利用细菌如枯草芽孢杆菌生产β-葡聚糖酶一般采用液态发酵工艺；利用曲霉菌发酵生产β-葡聚糖酶通常采用固态发酵工艺，也可采用液态发酵工艺生产。饲用β-葡聚糖酶的生产一般采用固态发酵工艺。

【常用产品形式与规格】常见的β-葡聚糖酶产品有粉末以及液体两种形式。市场上的产品规格一般是25kg/塑料桶，酶活力为10000U/g。

【添加量】济南德克生物技术有限公司推荐用量：在饲料应用中，用量根据具体生产工艺而定，参考用量0.05%～0.2%。可降解动物肠道内葡聚糖的黏度，消除抗营养因子作用，促进动物的生长。

【注意事项】β-葡聚糖酶是一种无毒的生物降解物质。避免不必要接触，长期接触会使部分人对该产品敏感。每次接触产品后要用温水、香皂洗手。将产品放在儿童不能触及的地方。

【配伍】小麦中主要的抗营养因子是木聚糖和β-葡聚糖，所以小麦型日粮酶制剂的选择应以木聚糖酶和β-葡聚糖酶为主。单独使用木聚糖酶可以消除小麦的主要抗营养因子，但无法解决β-葡聚糖的抗营养作用。因此，建议小麦型日粮中同时添加木聚糖酶和β-葡聚糖酶。

【应用效果】在肉仔鸡的日粮中按适当比例添加β-葡聚糖酶制剂，不仅可以促进鸡的生长，降低料肉比，而且能够改善鸡的腹泻情况，提高鸡的免疫力，降低死淘率，最终提高生长性能。

【参考生产厂家】湖北盛天恒创生物科技有限公司，上海将来实业有限公司，武汉鸿睿康试剂有限公司，上海倍卓生物科技有限公司等。

3. 木聚糖酶

【理化性质】木聚糖酶（xylanase）是指能专一降解半纤维素和木聚糖为低聚木糖和木糖的一组酶的总称，主要包括三类：

① β-1,4-D-内切木聚糖酶（EC 3.2.1.8），从木聚糖主链的内部切割β-1,4-糖苷键，使木聚糖溶液的黏度迅速降低。

② β-1,4-D-外切木聚糖酶（EC 3.2.1.92），以单个木糖为切割单位作用于木聚糖的非还原性末端，使反应体系的还原性不断增加。

③ β-木糖苷酶（EC 3.2.1.37），切割低聚木糖和木二糖，有助于木聚糖彻底降解为木糖。由于多数木聚糖是高度分支的异聚多糖，因此有些酶如β-L-阿拉伯糖苷酶、β-D-葡萄糖醛酸酶、乙酰木聚糖酶和酚酸酯酶等也是必不可少的。

大多数微生物来源的木聚糖酶具有以下性质：单亚基蛋白，相对分子质量范围8～145kDa（碱性蛋白8～30kD，酸性蛋白30～145kD），等电点pI为3～10；酶的最适作用pH值为4～7，pH稳定范围3～10，真菌木聚糖酶的最适pH值较细菌的偏酸性；酶的最适反应温度为40～60℃，一般真菌木聚糖酶的热稳定性较细菌的差。

酶活定义：1g固体酶粉或1mL液体酶，于50℃、一定pH条件下（酸性木聚糖酶pH为4.8，中性木聚糖酶pH为6.0，碱性木聚糖酶pH为9.0），1min从浓度为5mg/mL木聚糖溶液中，降解释放1μmol还原糖所需要的酶量为一个酶活力单位，以U/g或U/mL表示。

【质量标准】质量标准分为感官要求、质量标准和卫生要求三部分。

① 感官要求　固体剂型：粉状、微囊状或颗粒状，粒度均匀，色泽一致，无霉变、潮解、结块现象，有特殊发酵气味，无异味。液体剂型：淡黄色至深褐色液体，允许有少量凝聚物，有特殊发酵气味，无异味。

② 质量标准　木聚糖酶质量标准（QB/T 4483—2013）

项目		指标	
		固体剂型	液体剂型
酶活力①/(U/g 或 U/mL)	≥	5000	5000
干燥失重率/%	≤	8	—
细度(过 40 目标准筛通过率)②/%	≥	90	—

① 可按供需双方合同规定的酶活力规格执行。

② 如有特殊要求，按双方合同规定。

③ 卫生要求：食品级应符合 GB 25594—2010 的要求。

【生理功能和缺乏症】① 降低胃肠道食糜的黏性　对于单胃动物来说，饲料中含有的木聚糖等非淀粉多糖（NSP），不能被消化，会增加食物的黏稠度，阻碍营养物质（脂肪和蛋白质等）的消化，故木聚糖被称为一种“抗营养因子”。而木聚糖酶能破坏木聚糖分子中共价交联及通过氢键形成的连接区，有效降解木聚糖，使肠内食物的黏度降低，发挥促进生长和提高饲料转化效率的作用。在大麦型猪饲料中添加木聚糖酶制剂可以分解阿拉伯木聚糖，从而降低胃肠道食糜的黏性。木聚糖被分解为小分子后随着自身黏性的降低，肠道内容物的黏性也随之降低。从而提高内源消化酶的扩散速率，并降低了其对小肠黏膜的不利作用，最终提高养分的消化吸收效率。

② 提高内源性消化酶的活性　在饲料中添加木聚糖酶制剂，能提高内源性消化酶的活性，促进养分的消化吸收。因为 NSP 能增加胃肠道食糜的黏性，小肠内高黏度的食物阻止了消化酶和底物相互接触的机会，同时已消化养分向肠黏膜扩散速度减慢，从而阻碍了营养成分的消化吸收；而且 NSP 还可与消化酶直接络合，从而降低各种消化酶的活性。添加木聚糖酶可在动物肠道内降解木聚糖，把结构复杂的木聚糖分解为单糖，降低了 NSP 对肠道食糜的不利影响，消除 NSP 对消化酶的不利影响，提高了内源酶与底物的扩散速度，促进底物与内源酶结合，有利于提高各种消化酶的稳定性与活性。从而提高内源酶活性，同时使黏膜表面不动水层变薄，促进养分的消化吸收。

③ 降低肠道内微生物数量，减少疾病，利于健康　肠道黏度增加导致营养物质在肠道内蓄积，形成富含养分的食糜，使微生物在这里发酵，损害肠道黏膜正常形态与功能。对于家禽，湿润的粪便易黏附在泄殖腔周围，污染禽及禽蛋，并提供微生物发酵的场所。从而产生大量的氨气。并可促使真菌孢子繁殖，不利家禽的健康。然而，木聚糖酶能降低胃肠道食糜的黏性，增加消化酶和底物的扩散速度，降低了食糜在肠道内的发酵，抑制了厌氧微生物菌落的生长。有研究表明，木聚糖酶能降低回肠和结肠中致病性大肠杆菌的数量。

④ 破坏细胞壁结构，减少粪便，降低污染　谷物的细胞壁主要由阿拉伯木聚糖、β-葡聚糖等非淀粉多糖组成，这些多糖影响整个日粮的消化利用，从而降低畜禽的生产性能。

⑤ 畜禽日粮中的蛋白质在酶制剂的作用下产生具有某些免疫活性的小肽，提高畜禽的免疫力。所以，研究木聚糖酶在动物营养领域的应用情况具有非常巨大的价值。

【制法】目前木聚糖的生产主要依靠真菌、细菌等微生物发酵生产。常用的发酵方式有固态发酵、液态深层发酵、液态浅盘发酵等，在木聚糖酶的研究中，最常用的是固态发酵和液态深层发酵两种。

① 固态发酵　固态发酵是传统的发酵方式，菌种大多是霉菌，固态发酵培养基与气体的接触面积大，供氧充足，能量消耗低，产物浓度高，没有大量有机废液产生。影响固态发酵过程的因素主要有水分、温度、通风量、pH值、杂菌和接种量等，控制简单。

固态发酵操作简单，发酵原料便宜易得，成本低廉，酶活较高，但是固态发酵不如液态深层发酵利于大规模产业化，并且极易产生纤维素酶，限制了其在某些方面的应用，比如对含纤维素的纺织物和纸浆的漂白处理。

② 液态深层发酵　液态深层发酵已经成为发酵工业的主导方式，该方式表达的酶相对固态发酵表达的酶具有单一、稳定性好、容易检测和分离等优点。另外，液态深层发酵衍生出许多分支，如分批发酵、连续发酵和细胞循环发酵等，同时也使许多调控手段如溶氧反馈补料、pH反馈补料和指数补料等策略得以实现，这些发酵方式和调控策略都极大地促进了液态发酵的发展，使菌体和产物的高密度生产成为可能。

【常用产品形式与规格】常见的木聚糖酶产品有粉末、颗粒以及液体三种形式。市场上的产品规格一般是25kg/桶或1kg/袋，酶活力为8000U/g。

【添加量】潍坊宇瑞贸易有限公司推荐用量：用于饲料添加剂时，本产品的添加量为0.05%～0.1%。

【注意事项】① 木聚糖酶应用于饲料工业中时，必须进行逐渐稀释达到与其物料混匀的程度。稀释度应根据取食者的特性准确计量。

② 酶制剂是蛋白质和可吸入的尘物，可能对某些人会诱发或导致过敏症或过敏反应；长期接触可能会引起皮肤、眼睛和鼻黏膜的不适；因此，任何溢出，甚至是极少的溢出都应立即清理。

③ 每次开袋或开桶后，若未使用完，应扎紧袋口或拧紧桶盖，以免受潮或污染。对于酶粉尘敏感的人来说，吸入酶粉尘可能会产生过敏反应。因此，建议使用固体酶制剂时，操作人员应穿工作服，带防尘面罩和手套，不要让本品粉末溅入眼睛、口、鼻之中。

【配伍】添加木聚糖酶或植酸酶，都能提高肉仔鸡的生长性能，降低全期的死淘率。同时添加木聚糖酶和植酸酶，对日粮植酸磷的表现消化率和全期的饲料转化率有明显的正互作效应。

【应用效果】小麦-豆粕型日粮添加木聚糖酶后显著提高了肉仔鸡增重；木聚糖酶对肉仔鸡机体免疫功能的增强起到了有效作用。

【参考生产厂家】湖北盛天恒创生物科技有限公司，上海将来实业有限公司，武汉鸿睿康试剂有限公司，湖北拓楚慷元医药化工有限公司等。

(三) 蛋白酶

【理化性质】蛋白酶（protease）是催化蛋白质水解的酶类。是农业上应用最多的酶制剂之一。蛋白酶制剂的种类很多，重要的有胃蛋白酶、胰蛋白酶、木瓜蛋白酶等等。根据来源的不同，蛋白酶可分为动物源性蛋白酶、植物源性蛋白酶、微生物源性蛋白酶。动物源性蛋白酶多从牛、羊、猪等的胰脏中提取而得，由于生产成本较高，主要用于医药方面。植物源性蛋白酶常见的有木瓜蛋白酶和菠萝蛋白酶，它们分别从未成熟的番木瓜和菠萝中提取而得。微生物蛋白酶既有通过细菌（如枯草芽孢杆菌、地衣芽孢杆菌）培养提取的，也有通过真菌（如黑曲霉、米曲霉、酵母）发酵提取的。微生物蛋白酶和植物蛋白酶由于生产成本相对低廉，故在多种工业（如饲料、食品、制革、能源）上得到了广泛应用。

根据作用的最适 pH 值，蛋白酶又可分为酸性蛋白酶（最适 pH 值为 2 左右）、中性蛋白酶（最适 pH 值为 7 左右）、碱性蛋白酶（最适 pH 值为 8 左右）。动物对蛋白质的消化主要依赖于胃蛋白酶和胰蛋白酶，其中前者属于酸性蛋白酶，后者属于碱性蛋白酶。目前饲料工业中应用的蛋白酶多为酸性蛋白酶（主要作用部位在胃）。

蛋白酶广泛存在于人和动物的消化道中，在植物及微生物中含量丰富。蛋白酶的来源不同，其最适 pH 值以及可耐受最高温度也不一样。

【质量标准】质量标准分为感官要求、质量标准和卫生要求三部分。

① 感官要求　固体剂型：白色至黄褐色粉末或颗粒，无结块、潮解现象，无异味，有特殊发酵气味。液体剂型：浅黄色至棕褐色液体，允许有少量凝聚物，无异味，有特殊发酵气味。

② 质量标准　蛋白酶的质量标准（GB/T 23527—2009）

项目		固体剂型	液体剂型
酶活力①/(U/mL 或 U/g)	≥	50000	
干燥失重率②/%	≤	8.0	—
过筛率[通过 0.4mm(39 目)标准筛]/%	≥	80	—

① 可按供需双方合同规定的酶活力规格执行。

② 不适用于颗粒产品。

③ 卫生要求　应符合国家有关规定。

【生理功能和缺乏症】蛋白酶能将蛋白质水解成为可被肠道消化吸收的小分子物质。由于动物胃液呈酸性，小肠液多为中性，所以饲料中多添加酸性和中性蛋白酶，其主要作用是将饲料蛋白质水解为氨基酸。

饲粮中添加蛋白酶制剂能够提高靶动物的生产性能，提高营养物质（尤其是蛋白质）的利用率，因而起到减少饲料原料使用、节省成本、提高经济效益的作用。

乳猪、幼猪因消化道酶系发育尚未健全，对蛋白质消化力差，易引起拉痢腹泻，普通家畜在生长期中如饲料中蛋白质含量偏高也会造成消化不良，影响生长，向饲料添加蛋白酶有助于提高饲料消化吸收，减少疾病，促进生长，提高饲料利用率，降低成本。

研究表明，除了补充内源蛋白酶量的不足，外源蛋白酶还可能通过以下途径来提高动物对营养物质的消化利用率：①增强内源蛋白酶的活性；②某些外源蛋白酶可能因作用位点等方面的不同，将一些动物内源蛋白酶难以消化的蛋白质水解为肽和氨基酸，进而提高动物对饲料蛋白质的消化率；③降解蛋白质产生的一些活性物质（如寡肽）影响动物的神经内分泌，使 T_3、GH、TSH、IGF-1 等代谢激素水平升高，从而提高对营养物质的利用率。

【制法】根据来源的不同，蛋白酶可分为动物蛋白酶、植物蛋白酶、微生物蛋白酶。动物蛋白酶一般存在于动物胃液和胰液中，分别为胃蛋白酶和胰蛋白酶，前者属酸性蛋白酶，可从动物胃黏膜中提取；后者为碱性蛋白酶，从动物的胰液中提取。动物对蛋白质的消化主要依赖于胃蛋白酶和胰蛋白酶。植物蛋白酶常见的有木瓜蛋白酶和菠萝蛋白酶，它们分别从木瓜和菠萝中提取。微生物蛋白酶既有通过细菌（如枯草芽孢杆菌、地衣芽孢杆菌）培养提取的，也有通过真菌（如黑曲霉、米曲霉、酵母）发酵提取的。

【常用产品形式与规格】常用产品形式为粉末，市场上的产品规格一般是 25kg/桶，酶活力 10000U/mg。

【添加量】蛋白酶用量［苏柯汉（潍坊）生物工程有限公司］

种类	用量/(g/t)	种类	用量/(g/t)
蛋雏鸡	500～800	妊娠母猪	300～400
生长蛋鸡	400～600	哺乳母猪	400～600
蛋、种鸡	500	仔猪	600～800
肉雏鸡	600～800	育肥猪	500
肉中鸡	500	蛋鸭	500～600
肉大鸡	500～600	肉鸭	500～600
奶牛	300～500	其他	500

【注意事项】适宜于在 40～55℃、pH 值 9～11 的碱性条件下使用，超出以上范围酶的活力下降。重金属离子和阳离子表面活性剂对其活力有抑制作用，应用中应避免。

【配伍】① 适于含有抗蛋白饲料（大豆粉）等日粮底物，与其他酶共同作用来消除对蛋白抗营养因子的影响。

② 与木聚糖酶等其他酶一起添加到黏性饲料中，水解蛋白成动物容易吸收的小分子多肽和氨基酸。

【应用效果】肉仔鸡：玉米-豆粕-肉骨粉型基础饲粮中添加蛋白酶，能显著提高肉仔鸡生长前期平均日采食量，提高肉仔鸡粗蛋白质及氨基酸的表观消化率；0.02％蛋白酶组有利于肉仔鸡肠道组织发育，0.08％蛋白酶组则不利于肉仔鸡肠道组织发育。

仔猪：在仔猪常规日粮基础上添加 0.01％饲料级蛋白酶能够提高仔猪的抗腹泻能力；显著提高试验肉仔猪的生长速度，平均提高幅度为 6.87％，可以提高该类日粮的饲料报酬、降低饲料成本，平均料重比可以降低 4.72％；显著提高肉仔猪养殖效益。

【参考生产厂家】湖北盛天恒创生物科技有限公司，上海将来实业有限公司，武汉鸿睿康试剂有限公司等。

（四）淀粉酶

1. α-淀粉酶

【理化性质】α-淀粉酶（α-amylase）分布十分广泛，遍及微生物至高等植物。其国际酶学分类编号为EC.3.2.1.1，作用于淀粉时从淀粉分子的内部随机切开α-1,4-糖苷键，生成糊精和还原糖，由于产物的末端残基碳原子构型为A构型，故称α-淀粉酶。现在α-淀粉酶泛指能够从淀粉分子内部随机切开α-1,4-糖苷键，起液化作用的一类酶。α-淀粉酶不能切开支链淀粉分支点的α-1,6键，也不能切开α-1,6键附近的α-1,4键，水解产物中除了葡萄糖和还原糖外，残留α-1,6键极限糊精和含四个以上葡萄糖残基的低聚糖。

依α-淀粉酶产物不同可将它们分为糖化型和液化型两种。液化型α-淀粉酶能将淀粉快速液化，其终产物为寡聚糖和糊精。而糖化型α-淀粉酶有较强的酶切活性，在水解可溶性淀粉时，随水解时间的延长而产生寡聚糖、麦芽糖直至葡萄糖。按照其使用条件可以分为中温型、高温型、耐酸耐碱型。按产生菌不同又可以分为细菌、真菌、植物和动物淀粉酶，BF-7658是细菌α-淀粉酶的代表，米曲酶是真菌α-淀粉酶的代表。α-淀粉酶通常在pH=5.5～8稳定，大多数α-淀粉酶最适温度是50～60℃，相对分子质量范围是15600～139300，通常为45000～60000。

酶活定义：1mL酶液于70℃，pH值6.0条件下，1min液化可溶性淀粉1mg成为糊精所需要的酶量，即1个酶活力单位。

【质量标准】质量标准分为感官要求、质量标准和卫生要求三部分。

① 感官要求　固体剂型：白色至黄褐色固体粉末，无霉变、潮解、结块现象，无异味，易溶于水。液体剂型：黄褐色至深褐色液体，无异味，允许有少量凝聚物。

② 质量标准　α-淀粉酶质量标准（GB/T 24401—2009）

项目	液体剂型				固体剂型			
	中温α-淀粉酶制剂		耐高温α-淀粉酶制剂		中温α-淀粉酶制剂		耐高温α-淀粉酶制剂	
	A类	B类	A类	B类	A类	B类	A类	B类
酶活力①/(U/mL或U/g)　≥	2000		20000		2000		20000	
pH值(25℃)	5.5～7.0		5.8～6.8		—			
容重/(g/mL)	1.10～1.25		1.10～1.25		—			
干燥失重率/%　≤	—				8.0			
耐热性存活率/%　≥	—		90		—		90	

① 具体规格可按供需双方合同规定的酶活力规格执行。

注：B类产品不得用于食品工业和饲料工业（蒸馏酒类除外）。

③ 卫生要求　B类产品不做卫生要求，A类产品按GB 8275—2009中卫生要求执行。

【制法】目前，工业上生产α-淀粉酶主要是通过微生物发酵的方法，其中可以分为固态发酵（SSF）和液体深层发酵（SMF）。

【常用产品形式与规格】常用产品形式为粉末或液体。市场上的产品规格一般是25kg/桶，酶活力为20000～250000U/g。

【参考生产厂家】成都化夏化学试剂有限公司，上海将来实业有限公司，湖北巨胜科技有限公司，上海倍卓生物科技有限公司等。

2. 糖化酶

【理化性质】糖化酶，全名葡萄糖淀粉酶（glucan1,4-α-glucosidase），又称为淀粉α-1,4-葡萄糖苷酶、γ-淀粉酶。因为在发酵行业中主要用作将淀粉转化为葡萄糖，所以习惯上称为糖化酶，是一种单链的酸性糖苷水解酶，具有外切酶活性。糖化酶广泛地存在于微生物中。同时，人的唾液与动物的胰腺中也含有糖化酶。

糖化酶为组合蛋白酶，含有一个催化域（CD）和一个淀粉结合域（SBD），两者之间通过O-糖基化连接域（L）连接起来，该酶属于糖苷水解酶类的第15族，其结构模型见图3-2。

图3-2 糖化酶结构模型

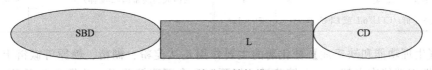

不同来源的淀粉糖化酶其结构和功能有一定的差异，对生淀粉的水解作用的活力也不同，真菌产生的葡萄糖淀粉酶对生淀粉具有较好的分解作用。糖化酶是一种含甘露糖、葡萄糖、半乳糖和糖醛酸的糖蛋白。它的相对分子质量为60000～100000，通常碳水化合物占4%～18%。但糖化酵母产生的糖化酶碳水化合物高达80%，这些碳水化合物主要是半乳糖、葡萄糖、葡萄糖胺和甘露糖。

工业上应用的糖化酶都是利用它的热稳定性。一般真菌产生的糖化酶热稳定性比酵母高，细菌产生的糖化酶耐高温性能优于真菌。一般糖化酶都具有较窄的pH值适应范围，但最适pH值一般为4.5～6.5。不同微生物菌株产生的糖化酶其耐热性、pH稳定性各不相同。真菌、细菌产生的糖化酶由于耐热性较高，巴氏灭活处理不能使酶失活。

糖化酶对底物的水解速率不仅取决于酶的分子结构，同时也受到底物结构及大小的影响。许多研究表明，碳链越长，亲和性越大。它的最大反应速度随着碳链延长而增加，呈线形变化。糖化酶主要作用于α-1,4-糖苷键，对α-1,6-糖苷键和α-1,3-糖苷键也具有活性作用。糖化酶对底物的亲和力，除了与酶本身的结构有关外，还与寡糖链本身的长度有关。

【质量标准】质量标准分为感官要求、质量标准和卫生要求三部分。

① 感官要求 液体剂型：棕色至褐色液体，无异味，允许有少量凝聚物。固体剂型：浅灰色、浅黄色粉状或颗粒，无结块，无异味，易溶于水，溶解时允许有少量沉淀物。

② 食品添加剂糖化酶质量标准（GB 8276—2006）

项目		液体剂型	固体剂型
酶活力/(U/mL 或 U/g)	≥	100×10^3	150×10^3
pH 值(25℃)		3.0～5.0	—
干燥失重率/%	≤	—	8.0
过筛率(通过 0.4mm 的标准筛)/%	≥	—	80
容重/(g/mL)	≤	1.20	—

③ 食品添加剂糖化酶的卫生要求

项目		液体剂型/固体剂型	项目		液体剂型/固体剂型
重金属含量(以 Pb 计)/(mg/kg)	≤	30	大肠菌群/(MPN/100mL 或 MPN/100g)	≤	3×10^3
铅含量/(mg/kg)	≤	5	沙门菌(25g 样)		不得检出
砷含量/(mg/kg)	≤	3	致泻大肠埃希菌(25g 样)		不得检出
菌落总群/(CFU/mL 或 CFU/g)	≤	50×10^3			

【生理功能和缺乏症】糖化酶的主要作用是从淀粉、糊精、糖原等碳链上的非还原性末端依次水解 α-1,4-糖苷键，切下一个个葡萄糖单元，并像 β-淀粉酶一样，使水解下来的葡萄糖发生构型变化，形成 β-D-葡萄糖。糖化酶是淀粉糖化发酵生产酒精、葡萄糖浆的主要酶类。对于支链淀粉，当遇到分支点，它也可以水解 α-1,6-糖苷键，由此将支链淀粉全部水解成葡萄糖。糖化酶也能微弱水解 α-1,3 连接的碳链，但水解 α-1,4-糖苷键的速度最快，它一般都能将淀粉百分之百地水解生成葡萄糖。

【制法】工业上生产糖化酶的菌种主要是黑曲霉（*Aspergillus niger*）和根霉（*Rhizopus*），通过固体培养法和液体深层培养法生产糖化酶。

① 黑曲霉固体发酵法　工艺流程：试管菌种→三角瓶款曲扩大培养→帘子曲种→通风制曲→成品。

② 液体深层发酵法　工艺流程为试管斜面种子→种子扩大培养→发酵→过滤→浓缩→干燥→粗酶制剂。发酵用基质中碳源为玉米粉、甘薯粉等，有机氮源常用玉米浆、豆饼粉和酵母膏等，常用的无机氮源有 $(NH_4)_2SO_4$、NH_4NO_3 和 NH_3 等，无机盐添加 $MgSO_4\cdot7H_2O$、KH_2PO_4 等。

菌种不同，产生糖化酶的最适 pH 值也不同，黑曲霉为 4.0～5.0，用黑曲霉生产糖化酶一般控制温度在 30～35℃。

【常用产品形式与规格】常用产品形式为粉末或液体。市场上的产品规格一般是 25kg/袋或桶装，酶活力为 50000～100000U/g。

【参考生产厂家】上海将来实业有限公司，武汉大华伟业医药化工有限公司，成都化夏化学试剂有限公司，上海倍卓生物科技有限公司等。

3. β-淀粉酶

【理化性质】β-淀粉酶（β-amylase，EC 3.2.1.2）是一种外切型糖化酶，作用于淀粉时，能从α-1,4-糖苷键的非还原性末端顺次切下一个麦芽糖单位，生成麦芽糖及大分子的β-界限糊精。由于该酶作用底物时，发生沃尔登转位反应（Walden inversion），使产物由α型变为β型麦芽糖，释放的β-麦芽糖在Cl位上有一个H自由基，为β型，故名β-淀粉酶。其广泛存在于大麦、小麦、玉米、大豆、甘薯等植物和一些微生物中。不同来源β-淀粉酶的酶学性质见表3-26。

表 3-26 不同来源 β-淀粉酶的酶学性质

来源	最适温度/℃	最适 pH 值	等电点	相对分子质量
大麦	50	4.5～7.5	5.2～7.5	54～59.7
甘薯	50～60	4.8	偏酸性	152
大豆	40～50	5～6	5.2	53
诺卡菌属	60	7.0		53
仙人掌菌属	40	7.0	8.3	64
多黏菌素	45	7.5	8.35、8.59	42、58、70
嗜热性硫化芽孢杆菌属	75	7.5	5.1	55

【质量标准】山东安克生物工程有限公司企业标准（Q/SAK 005—2008）

项目	指标	项目	指标
外观	棕黄色粉末	温度/℃	58～62
酶活力/(U/g)	50000、100000	最适温度/℃	60
气味	无异味	干燥失重率/%	<8
pH 值	5.5～6.2	过筛率(通过 40 目标准筛)/%	≥75

【常用产品形式与规格】常用产品形式为粉末或液体。市场上的产品规格一般是25kg/袋，酶活力为50000～100000U/g。

【参考生产厂家】上海将来实业有限公司，成都化夏化学试剂有限公司，香港先进技术工业有限公司深圳分公司，上海倍卓生物科技有限公司等。

（五）脂肪酶

【理化性质】脂肪酶（lipase）又称三酰甘油酰基水解酶，是一类分解和合成脂肪的酶，它不仅可以催化酯水解反应，还可以催化酯合成反应和转酯反应。

脂肪酶是一类具有多种催化能力的酶，可以催化三酰甘油酯及其他一些不溶性酯类的水解、醇解、酯化、转酯化及酯类的逆向合成反应，其天然底物一般是不溶于水的长链脂肪酸酰基酯。除此之外，还表现出其他一些酶的活性，如磷脂酶、溶血磷脂酶、胆固醇酯酶、酰肽水解酶活性等。脂肪酶不同活性的发挥依赖于反应体系的特点，如在油水界面促进酯水解，而在有机相中可以酶促合成和酯交换。

由于脂肪酶产生菌种类众多，不同微生物生产的脂肪酶其结构、性质等差异较大。脂肪酶基本组成为氨基酸，它的催化活性决定于它的蛋白质结构，是催化脂肪水解的多肽链，一般的时候折叠为N-末端和C-末端两个结构领域，N-末端有与脂

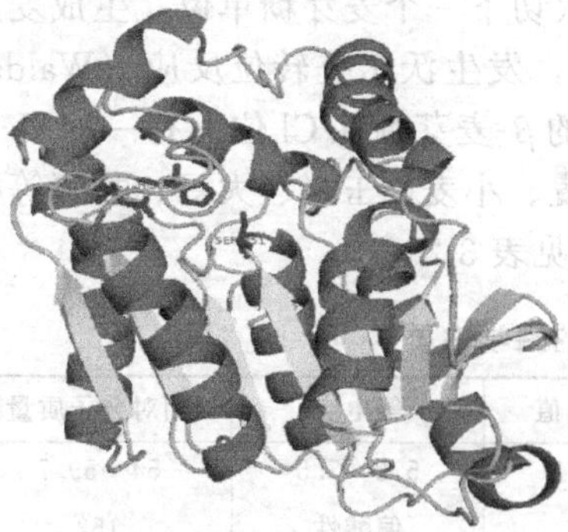
图 3-3 脂肪酶的 3D 结构

肪酸结合的疏水通道，活性部位由组氨酸、丝氨酸与天冬氨基酸组成。图 3-3 为脂肪酶的 3D 结构。

脂肪酶分子由亲水、疏水两部分组成，活性中心靠近分子疏水端。脂肪酶结构有 2 个特点：①脂肪酶都包括同源区段 His-X-Y-Gly-Z-Ser-W-Gly 或 Y-Gly-His-Ser-W-Gly（X、Y、W、Z 是可变的氨基酸残基）；②活性中心是丝氨酸残基，正常情况下受 1 个 α-螺旋盖保护。

脂肪酶的相对分子质量的大小因其来源不同而差异很大，不同来源的脂肪酶其氨基酸组成数目从 270～641 不等，其相对分子质量在 29～100kDa 变化；脂肪酶最适作用温度因来源不同差异很大，按最适作用 pH 值可分为酸性、中性和碱性脂肪酶；最适反应温度一般在 30～60℃，最适作用 pH 值一般为 4～10，不同来源的脂肪酶的最适反应温度和作用 pH 值差异也比较大，来自于细菌的脂肪酶最适 pH 值大多在中性或碱性范围内，在 pH＝4～11 且有较好的热稳定性，来自于真菌的脂肪酶最适 pH 值多为酸性范围内 pH＝4～10，最适反应温度较低。

【质量标准】脂肪酶质量标准（GB/T 23535—2009）

项目		固体剂型	液体剂型
酶活力①/(U/mL 或 U/g)	≥	5000	
干燥失重率②/%	≥	8.0	—

① 可按供需双方合同规定的酶活力规格执行。

② 不适用于颗粒产品。

【生理功能和缺乏症】脂肪酶能有效地提高猪、鸡、鸭、鱼等在生长过程中对脂肪的吸收和利用，提高动物饲粮中能量的利用率，同时补充部分必需营养物质，如必需脂肪酸、脂溶性维生素、色素等。

① 在饲料中添加脂肪酶可以提高油脂的消化利用率，为动物体提供更多的能量，特别是可显著提高含脂量高的饲料，从而提高饲料转化率，满足动物对高能量饲粮的需求。

② 外源性脂肪酶的添加有利于补充幼畜因消化机能尚未发育健全所造成的内源性消化酶活性和分泌量的不足。

③ 添加脂肪酶可以减少动物因高脂肪消化不良而造成的营养性腹泻，促进动物生长。

④ 脂肪酶的添加可以减少油脂的添加量，从而降低饲料成本。

脂肪酶是脂肪代谢最基本的酶，若缺乏将会危及机体健康。

【制法】脂肪酶的生产方法一般有三种，即化学合成法（通过分析酶的氨基酸组成顺序，然后用化学方法合成）、提取法（从动植物器官或组织中提取）、生物发酵法（利用微生物发酵获得）。提取法资源有限、工艺复杂、产量低；化学合成法成本太高；微生物脂肪酶种类多，微生物发酵法成为脂肪酶的主要生产方法。

我国很多商品化的脂肪酶产品多数通过微生物发酵制得的，只有少数几种来源于动物的脂肪酶是通过动物体中提取的方法制备。商品化脂肪酶主要来源于各种细菌、酵母和真菌等微生物的发酵，有些霉菌可通过固态发酵及液体深层发酵两种方法进行发酵。脂肪酶在微生物中有广泛的分布，已知大约有2%的微生物产脂肪酶，其产生菌包括细菌28个属、放线菌4个属、酵母菌10个属、其他真菌23个属，至少65个属的微生物产脂肪酶。工业化商业生产的脂肪酶主要是微生物脂肪酶，包括细菌脂肪酶和真菌脂肪酶，细菌脂肪酶大多是胞外酶，易于进行液体深层发酵，发酵易于控制，不易污染杂菌，生产效率高。

【常用产品形式与规格】常用产品形式为粉末。市场上的产品规格一般是25kg/桶，酶活力为5000～50000U/g。

【添加量】脂肪酶的用量（济南德克生物技术有限公司）

动物	用量/(g/t)	动物	用量/(g/t)
断奶仔猪、家禽	100	反刍和其他动物	80
水产饲料	100～200		

【注意事项】① 油脂添加量大的要适当降低脂肪酶的添加。

② 油脂添加量少，可酌情增加脂肪酶的添加量。总之，脂肪酶在饲料中的应用应结合配方中油脂的添加量。脂肪酶的设计初衷：节省饲料原料的前提下，提高原料中的脂肪利用率。所以脂肪酶的最大卖点并不是要让配方师在配方的设计中减少一些原料的使用，而是脂肪酶能够带来多大的附加能量，从而增加配方师在设计配方的可操作性。

【应用效果】饲料中添加0.02%和0.03%的脂肪酶，能显著提高断奶仔猪的末重和平均日增重，提高了断奶仔猪的饲料转化率，降低了腹泻率。添加脂肪酶仔猪末体重分别提高8.53%、6.73%，平均日增重分别提高了14.17%、12.67%，添加脂肪酶仔猪料肉比分别降低了15.66%、13.25%。添加脂肪酶仔猪腹泻率分别降低10%和30%；饲粮中添加脂肪酶后，显著提高了断奶仔猪的生长性能，降低了腹泻率，经济效益得到了提高，降低了猪场生长成本，每头仔猪经济效益分别提升为39.17元和33.65元。

【参考生产厂家】上海将来实业有限公司，武汉鸿睿康试剂有限公司，香港先进技术工业有限公司深圳分公司，湖北拓楚慷元医药化工有限公司等。

第三节 益生素

一、益生素简介

1. 益生素的分类

益生素（probiotic）是指可以直接饲喂动物并通过调节动物肠道微生态平衡达

到预防疾病、促进动物生长和提高饲料利用率的活性微生物或其培养物，我国又称为微生态制剂或饲用微生物添加剂。

益生素产品按微生物种类划分可分为：①乳酸菌类微生物添加剂。此类菌属是动物肠道中的正常微生物，包括乳酸杆菌类和双歧杆菌类两大类，应用历史最早。②芽孢杆菌类微生物添加剂。此类菌属在动物肠道微生物群落中仅是零星存在。用芽孢杆菌属作微生物添加剂比起乳酸杆菌属更能耐受胃内低 pH 值，而且具有多种有效的酶促活性等优点。如枯草杆菌、地衣多糖芽孢杆菌等。③酵母微生物添加剂。

根据饲用微生物添加剂菌株组成划分，益生素产品可分为单一菌属饲用微生物添加剂和复合菌属饲用微生物添加剂。按产品内容可分为：①活菌类产品。这类产品是纯的有生命活力的有益微生物，产品菌数含量很高，每克益生素的微生物含量可达数百亿之多。一般饲料中按每克饲料添加 100 万以上即可。②代谢产物类。这类益生素无活菌，主要是通过产品中的有机酸、酶或其他微生物产生的活性物质起作用。③复合类。包括微生物和其代谢产物，产品生产成本相对较低。

2. 益生素的一般作用

益生素的作用机理可从以下两个角度来解释。

(1) 从微生物作用方式的角度

① 优势种群说　肠道微生态系统中对整个种群起决定作用的是优势种群。使用饲用微生物添加剂目的就在于恢复、加强优势种群。

② 微生物夺氧说　饲用微生物添加剂中某些菌种以孢子状态进入畜禽消化道后迅速生长繁殖，消耗肠内的氧气，使局部的氧分子浓度下降，从而恢复肠内微生物之间的微生态平衡，达到治病促生长的目的。

③ 肠细胞膜菌群屏障说　饲喂动物的有益微生物可竞争性抑制病原体附到肠细胞上，即屏障作用，也就是竞争性拮抗作用。

④“三流运转”理论　微生态制剂可以成为非特异性免疫调节因子，增强吞噬细胞的吞噬能力和 B 细胞产生抗体的能力。此外，还可抑制腐败微生物的过度生长和毒性物质产生，促进肠蠕动，维持黏膜结构完整，从而保证了微生态系统中基因流、能量流和物质流的正常运转。

(2) 从微生物代谢方式的角度

① 产生乳酸，抑制有害微生物。

② 产生过氧化氢，对病原微生物有杀灭作用。

③ 防止产生有害物质　试验证明，有益微生物可使肠内粪便及血液中的氨含量下降。

④ 合成酶　如芽孢杆菌具有很强的蛋白酶、脂肪酶、淀粉酶的活性，且还能降解植物性饲料中某些较复杂的碳水化合物。

⑤ 合成 B 族维生素　有益微生物在动物体内可产生多种 B 族维生素，从而加强动物的维生素营养。

⑥ 产生抗生素类物质　某些乳酸杆菌和链球菌在体外可产生抗生素，如嗜酸菌素、乳糖菌素和酸菌素，但这些化合物在体内的作用尚不清楚。

3. 生产方法

益生素的生产方法有固体发酵和液体发酵两种。

4. 益生素与其他饲料添加剂配伍使用

(1) 益生素和酶制剂配伍使用　益生素和酶制剂具有很强的协同作用。益生素可以作为酶的重要来源并提高酶制剂的活性。

(2) 益生素和寡聚糖配伍使用　寡聚糖不能被宿主及有害微生物消化吸收，却能选择性的激活一种或几种体内有益菌群生长繁殖，被有益菌消化利用，抑制有害菌生长，从而改善宿主健康。益生素的添加可以直接提高畜禽肠道内有益菌群的数量，使其在体内占优势，而寡聚糖和益生素配伍使用后，则能提高有益菌在肠道内的成活率和定植率，增强有益菌的竞争优势，改善益生菌的稳定性，促进益生素更好地发挥作用。

(3) 益生素和酸化剂配伍使用　益生素与酸化剂的联合使用越来越普遍。酸化剂通过降低日粮和动物胃肠道 pH，减少营养物质的消耗和抗生长毒素的产生，促进乳酸菌、双歧杆菌等耐酸益生菌大量繁殖，抑制或杀灭有害菌，改善胃肠道微生物区系，调节微生态平衡，促进动物健康生长。在 1 日龄仔猪日粮中添加柠檬酸 1.5%，胃肠道大肠杆菌的生长受到抑制，乳酸杆菌的繁殖显著增加，这对仔猪胃酸分泌达到正常水平之前维持其酸性环境及机体健康尤为重要。另外，益生菌多为产酸菌和耐酸菌，产生多种有机酸可补充到动物胃肠道中。

(4) 益生素和中草药配伍使用　中医学从宏观上来认识把握生物机体的生命动态平衡，这与益生素调节生物体微生态平衡的作用有共同之处，使得中草药和益生素有机结合在一起。中草药可以促进益生菌的增殖，主要是因为中草药中含有的多种活性多糖、寡糖、有机酸等物质。

(5) 益生素与活性肽配伍使用　活性肽具有免疫调节、抗菌等作用，能提高机体的免疫力。如 β-酪蛋白水解产生的肽可促进巨噬细胞的吞噬作用。从猪小肠中分离出一段 NK-赖氨酸寡肽以及乳铁蛋白和大豆蛋白的酶水解产物中的肽对大肠杆菌有抑制作用。此外活性肽还可以增强益生菌的益生效果，刺激发酵糖和淀粉的微生物生长。益生菌在生长过程中又能反过来促进活性肽的产生、吸收及利用。这是由于大多数益生菌能产生蛋白酶，帮助机体将蛋白质分解成许多活性肽，若活性肽的吸收与肠道 pH 产生联系时，许多产酸益生菌生成的有机酸类物质能稳定肠道 pH，从而促进活性肽的产生，加速机体对其吸收利用效率。

(6) 益生素与特异性疫苗配伍使用　益生素与特异性疫苗组合使用显示出很好的协同效应。益生素可提高动物机体的免疫准备状态。畜禽服下益生素后，通过排斥病原菌、调整肠道菌群使肠道微生态系统处于最佳的平衡状态，同时各正常菌群在肠道具有抗原识别位点的淋巴组织集合上发挥免疫佐剂作用，活化肠黏膜内的相关淋巴组织，使分泌免疫球蛋白抗体分泌增强，提高抗体免疫识别力，并诱导产生细胞因子，进而活化全身免疫系统，当机体接受特异性的疫苗免疫、抗原刺激时，则可促进动物产生高水平的特异性抗体，从而提高动物的抗病力。另外特异性疫苗进入畜禽体内杀灭有害菌，又间接提高了益生菌在机体内的竞争优势及相对数量，有利于其定植生长，发挥功效。

(7) 益生素除了与上述物质配伍外，还可与螺旋藻、大蒜素、大豆黄酮等物质协同发挥功效，但益生素与这些添加剂之间的协同机理并不清楚。

二、常用益生素的特性及应用

(一) 乳酸菌

【理化性质】乳酸菌（lactic acid bacteria）是发酵糖类且主要产物为乳酸的一类无芽孢、革兰染色阳性细菌的总称。凡是能从葡萄糖或乳糖的发酵过程中产生乳酸的细菌统称为乳酸菌。它们具有一些基本特征：细胞为革兰阳性；细胞形态呈球状或杆状；过氧化氢酶为阴性；消耗的葡萄糖50%以上产生乳酸；不形成芽孢；不运动或极少运动；菌体常排列成链；分解蛋白质，但不产生腐败产物，脂肪分解能力较弱。乳酸菌不耐高温，经80℃处理5min，损失70%～80%。但耐酸，在pH为3.0～4.5时仍可生长，对胃中的酸性环境有一定的耐受性。

乳酸菌制剂是饲用微生物添加剂中应用最为广泛和效果较好的一类，目前通过细菌基因型分析已划分出的乳酸菌包括乳杆菌属、肉食杆菌属、双歧杆菌属、链球菌属、肠球菌属、乳球菌属、明串珠菌属、片球菌属、气球菌属、奇异菌属、芽孢乳杆菌属等23个属。主要作为微生态制剂应用的有乳酸杆菌、双歧杆菌、粪链球菌、尿肠球菌和嗜酸乳酸菌。

【质量标准】沧州莱森生物技术有限公司乳酸菌质量标准

项目	标准	项目	标准
活菌含量/(10^9 个/g)	20～30	水分/%	≤10
产品粒度/目	100～200		

【生理功能和缺乏症】① 预防肠道功能紊乱，调节肠道菌群平衡　乳酸菌通过自身代谢产物和其他细菌之间的相互作用调整菌群之间的关系，维护和保证菌群最佳优势组合和组合的稳定。这种作用主要取决于其黏附、竞争、占位和产生抑菌物的特性。乳酸菌可产生如下抗性物质：a. 产酸；b. 产生过氧化氢；c. 产生酶类；d. 产生抗菌素；e. 分解胆盐。

② 免疫复活功能　大量研究证明，乳酸菌具有诱导干抗素、促进细胞分裂、产生体液免疫和细胞免疫的功能。

③ 营养作用　乳酸菌发酵后产生的有机酸，可提高 Ca^{2+}、Fe^{3+} 等的利用率，促进铁和维生素D的吸收。

④ 控制内毒素　乳酸菌可抑制肠道内腐败菌的繁殖，从而减少肠道中毒胺、靛基质、吲哚、氨、硫化氢和尿素酶的含量，使血液中毒素和氨含量下降，从而也降低了肝脏负担。

如果乳酸菌停止生长，人和动物就很难健康生存。

【制法】乳酸菌活性菌剂制备的关键是要实现高活性、高密度的培养。高密度培养技术一般指在液体培养中的细胞密度超过常规培养10倍以上的培养技术，从而达到提高菌体密度的目的。其关键就是选择合适的增殖培养基和培养方法。

① 乳酸菌的增殖培养 要培养出高密度的乳酸菌，理想的增殖培养基应有如下特点：a. 适合菌体快速生长，在较短时间内可得到大量活性细胞；b. 菌体与培养基易于分离；c. 缓冲能力强，能降低乳酸对菌体的抑制作用；d. 成本低廉，原材料容易获取。乳酸菌目前使用的培养基主要为MRS培养基、乳基质培养基和乳清基质培养基。在实际应用中，这几类培养基很少单独使用，常常会配合其他生长改良因子用于增殖培养。

② 浓缩培养方法 浓缩培养是指在乳酸菌培养过程中，通过追加营养物质、排除代谢产物、调节pH值等措施，解除代谢产物乳酸对细胞生长的抑制作用，延长乳酸菌的对数生长期，获得高浓度的细胞培养物。

③ 菌体的收集 菌体收集是制备乳酸菌活菌剂的重要工艺环节，方法有超滤和离心。研究表明，超滤效果优于离心，超速离心效果优于普通离心。

④ 干燥菌粉的制备 乳酸菌经过增殖培养、浓缩分离后，再经一定方式进行干燥，制成浓缩型干燥菌剂。目前的干燥方法主要为喷雾干燥和真空冷冻干燥。

【常用产品形式与规格】常用产品形式为粉状，铝箔包装，1kg/袋。活性益生菌含量≥2×10^{10}CFU/g。

【添加量】芯肽素的用法与用量（台湾亚芯生物科技有限公司）

饲养动物		说明	建议饲料中活菌数	建议添加量
猪	母猪	怀孕后期及哺乳期	4×10^{6}CFU/g	2000g/t
	保育猪	6～25kg保育料	1×10^{7}CFU/g	5000g/t
	中猪	25～80kg	2×10^{6}CFU/g	1000g/t
	大猪	80～120kg	1×10^{6}CFU/g	500g/t
鸡	肉鸡	前期	4×10^{6}CFU/g	2000g/t
		中期	0.6×10^{6}CFU/g	300g/t
	蛋鸡		0.6×10^{6}CFU/g	300g/t
病愈康复动物		各种养殖动物使用	4×10^{6}CFU/g	2000g/t

【注意事项】使用时不要与消毒及抗菌药物一起使用。

【配伍】有试验表明，乳酸杆菌和双歧杆菌配合使用能够增加其效果；加酶乳酸菌对动物具有明显的促生长作用。

【应用效果】饲喂乳酸菌可提高猪生长育肥阶段的平均日增重，对饲料转化效率有提高趋势，100mL乳酸菌液提高猪的生长性能；饲喂150mL乳酸菌液对猪的成活率改善效果最好，饲喂100mL乳酸菌液提高每组平均每只猪生长育肥阶段的收益最高，对猪胴体性状改善效果最好。饲喂100mL乳酸菌液对肌肉嫩度改善效果最好，饲喂150mL乳酸菌液对肌肉总胶原蛋白含量的提高效果较好。饲喂乳酸菌对肌肉中癸酸（C10:0）、月桂酸（C12:0）、豆蔻酸（C14:0）、十七碳酸（C17:0）、亚油酸（C18:2）、花生二烯酸（C20:2）、顺,顺-11,14-二十碳二烯酸（C20:2）、二高-γ-亚麻酸（C20:3）、多不饱和脂肪酸（PUFA）含量有升高趋势，降低油酸（C18:1）含量。饲喂乳酸菌对肌肉中氨基酸总量、鲜味氨基酸含量、必需氨基酸含量有升高趋势。饲喂乳酸菌可提高猪肉的抗氧化性，减少猪肉中过氧化物的产生，饲喂100mL乳酸菌液对猪肉抗氧化性提升效果最好。

【参考生产厂家】上海涵乐生物科技有限公司，沧州新大地生物科技有限公司，苏柯汉（潍坊）生物工程有限公司等。

（二）酵母

【理化性质】酵母（yeast）在分类上属于真菌门，是含多种不同分类地位的酵母菌的生态类群。是单细胞微生物，属于真菌类，耐酸性强，是兼性厌氧微生物，在有氧和无氧状态下都能生存和繁衍。酵母菌为圆形、卵圆形或圆柱形，其细胞大小约为（1～5）μm×（5～30）μm，最长可达100μm。酵母细胞中含有丰富的蛋白质、氨基酸、核酸、维生素、消化酶以及硒、铬、铁、锌等微量元素，其中蛋白质含量占细胞干重30%～50%。酵母菌分布广泛，其生长具有原核生物的繁殖特点，能够快速增殖。酵母的营养素含量见表3-27。

表3-27 酵母的营养素含量

营养素	含量	营养素	含量
碳水化合物/g	23.9	硫胺素/mg	0.09
磷/mg	409	硒/μg	2.82
锰/mg	0.63	钙/mg	9
铜/mg	20.12	蛋白质/g	2.6
镁/mg	54	核黄素/mg	0.81
维生素E/mg	250.75	铁/mg	7.1
钾/mg	448	钠/mg	13.6
烟酸/mg	4.3	锌/mg	3.08

【质量标准】饲用活性干酵母（酿酒酵母）的质量标准（GB/T 22547—2008）。

① 感官要求

项目	要求	项目	要求
色泽	淡黄至淡棕黄色	杂质	无异物
气味	具有酵母特殊气味，无腐败、无异臭味	外观	颗粒状或条状

② 质量标准

项目		要求	项目		要求
酵母活细胞数/(10^9CFU/g)	≥	150	水分/%	≤	6.0

③ 卫生要求

项目		要求
细菌总数/(CFU/g)	≤	2.0×10^6
霉菌总数/(CFU/g)	≤	2.0×10^4
铅含量(以Pb计)/(mg/kg)	≤	1.5
总砷含量(以As计)/(mg/kg)	≤	2.0
沙门菌总数/(CFU/25g)		不得检出
其他卫生指标		符合NY/T 1444—2007中4.3.1的规定

【常用产品形式与规格】酵母添加剂的种类有以下几种。

① 酵母多糖　酵母多糖（yeast polysaccharide，YPS）是酵母细胞壁的重要组成部分，广泛存在于酵母和真菌的细胞壁中，占酵母细胞壁干重的40%。酵母多糖的研究随科学技术的发展而逐渐深入，近年来，国内外科技工作者对YPS的研究有了许多新的成果。国外研究证实，YPS是大分子多糖，其中含有100～300个甘露糖分子。此外，YPS无毒且无诱变性，并具有广泛的生物学活性，易于提取，不仅具有一定的营养价值，还具有促生长、增强免疫、抗病毒及抗氧化等多种重要的生物学功能。

② 饲料酵母　饲料酵母亦为单细胞蛋白，是指用作饲料的酵母单细胞蛋白，又称球拟酵母，其营养十分丰富。饲料酵母干物质中蛋白质含量可高达50%，在畜牧业一直作为单细胞蛋白而被广泛使用。据分析，饲料酵母的主要营养成分为：水分8.6%、粗蛋白62.10%、粗脂肪0.13%、粗纤维0.11%、粗灰分5.05%、无氮浸出物24.01%。饲料酵母蛋白质含有20多种氨基酸，包括8种生命活动所必需的氨基酸，氨基酸总量占干物质的52.9%，比秘鲁鱼粉约高4.11%，且氨基酸配比齐全，接近于FAO（联合国粮农组织）推荐的理想氨基酸组成模式。

此外，饲料酵母还含有丰富的B族维生素、酶类、激素、多糖、矿物质和未知的促生长因子。生产中酵母可作为优质蛋白源，部分代替饲料中的鱼粉和肉骨粉。目前，多用假丝酵母、得巴利酵母、球拟酵母和红酵母来生产单细胞蛋白。

③ 酵母培养物　酵母培养物（yeast cultures，YC）应用源于20世纪20年代中期，是一种含有酵母菌赖以生长的培养基经酵母培养和生物转化的产品，它营养丰富，含有维生素、矿物质、消化酶、促生长因子和较齐全的氨基酸，适口性好。在家畜日粮中添加酵母培养物能有效提高家畜对饲料中粗蛋白、粗纤维、矿物元素和维生素等营养成分及能量的消化和吸收；改善粗饲料的适口性；增加采食量；改善瘤胃发酵；预防和治疗腹胀及腹泻等消化不良症；促进幼畜和病畜胃肠发育及功能的恢复，进而增强畜体免疫力和抗病力，提高家畜生产性能。目前，用于生产酵母培养物的酵母菌种主要为啤酒酵母，在饲料工业中应用最为广泛。

④ 酵母细胞壁　酵母细胞壁是一种全新、天然和绿色的添加剂，是生产啤酒酵母过程中由可溶性物质提取的一种特殊的副产品，占整个细胞干质量的20%～30%。其活性成分主要由β-葡聚糖（57.0%）、甘露寡糖（6.6%）、糖蛋白（22.0%）和几丁质组成。酵母细胞壁可作为一种免疫促进剂，通过激发和增强机体免疫力，改善动物健康来提高生产性能，尤其能充分发挥幼龄动物的生长潜力。酵母细胞壁适用于各种动物饲料，特别是在水产动物和断奶仔猪饲料中效果显著，国外已普遍使用。

⑤ 酵母系列微量元素　利用酵母菌来富集微量元素铁、锌、硒和铜的研究已成为热点课题，它不仅可显著提高动物对微量元素的利用率，而且与无机微量元素相比具有安全、稳定、易吸收、有效、污染较小及保健等功能，因而在畜牧业中也有很好的应用前景。

【生理功能和缺乏症】酵母菌具有许多生理功能，使其在饲料工业中得到广泛的研究与应用，其作用机制总结如下：

① 直接提供营养，其可提供动物多种营养成分，促进动物生长发育。

② 提高动物肠道消化酶活性。

③ 促进微生物繁殖和增强活性，调节胃肠道微生态平衡。

④ 提高动物对纤维素和矿物质的消化率。

⑤ 提高免疫力和抗应激能力，吸附致病因子，保障动物健康。

【制法】饲料酵母的生产工艺：液体发酵生产过程包括培养基的制备、酵母繁殖、酵母分离、浓缩和干燥等工序。酵母繁殖时需要有适宜的培养基（如一定的糖浓度和氮、磷等盐类）和繁殖条件（如温度、pH、氧气）。在一定温度范围内，酵母增长速度随温度上升而加快。通常温度以28～38℃，pH以3.5～5.5为宜，供氧一般用通空气办法来解决，通空气量越大或空气与发酵液接触面越大，越有利于发酵。通常菌体繁殖在连续发酵缸中进行，酵母菌体常用高速离心机分离和浓缩，也可用化学凝聚法浓缩。干燥常用滚筒式干燥机或喷雾式干燥机。以水解酒糟为原料，饲料酵母生产工艺流程如图3-4所示。

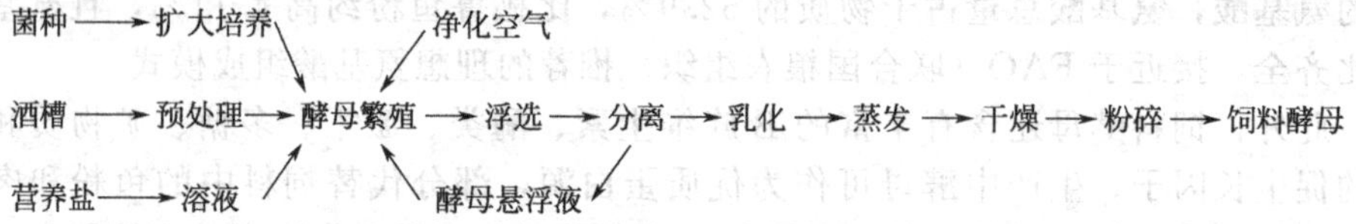

图3-4 饲料酵母生产工艺流程

【常用产品形式与规格】常用产品形式为粉状，25kg/袋。活性益生菌含量≥2×10^{10}CFU/g。

【添加量】参考沧州市天宇牧业有限公司酵母粉添加剂量。

家禽、鱼、虾：1%～3%。猪、牛、羊、兔：2%～5%。

【注意事项】使用时不要与消毒及抗菌药物一起使用。

【应用效果】土杂鸡基础日粮中添加酵母培养物，可提高土杂鸡营养物质表观代谢率及生产性能，添加量以0.2%为宜。

在蛋鸡基础日粮中添加不同剂量的酵母细胞壁和益生素，在一定程度上提高海兰褐蛋鸡的日产蛋量和产蛋率，同时降低料蛋比；提升蛋鸡血清新城疫抗体效价和血液淋巴细胞转化率。

【参考生产厂家】沧州市天园牧业有限公司，郑州天顺食品添加剂有限公司，沧州市益宏动物保健品有限公司，广州利源食品添加剂有限公司等。

（三）芽孢杆菌

【理化性质】芽孢杆菌（bacillus）类制剂是目前应用得比较广泛的一类微生态制剂，是一种需氧、能形成芽孢抗逆体的革兰阳性菌。具有天然强抗逆性、耐高温、耐酸碱、易贮存的特性，能够在干燥、制粒、甚至是压片等处理过程、动物的强酸性胃肠道环境以及贮存期内均可以保持活性和稳定性。目前被国家允许用作饲料添加剂的芽孢杆菌有枯草芽孢杆菌（bacillus subtitlis）和地衣芽孢杆菌（bacillus licheniformis）。

芽孢杆菌是一类好氧或兼型厌氧、产生抗逆性内生孢子的杆状细菌，多数为腐生菌。细胞呈杆状或近于直形。革兰染色阳性，或只在生长早期为阳性（目前发现有革兰染色阴性的）。大多数以周生鞭毛或退化的周生鞭毛运动，有的无鞭毛，不运动。菌落形态和大小多变，生理特征广泛多样。化能有机营养，有一个种为兼性化能无机营养。芽孢杆菌属中各菌种在细胞壁的结构和组成、生长温度、营养要求、代谢产物等方面有较大的生理生化差异。

相对于其他类型益生菌（如乳酸菌），芽孢杆菌一般对营养要求简单，代谢速度快，而且易于分离、培养和保藏，对工业化生产技术条件不苛刻。此外，芽孢杆菌产生的芽孢对热、紫外线、电离辐射和低 pH（2～3）等不良环境有极强的抵抗能力。芽孢杆菌是以芽孢的形式作为饲料添加剂，应用方面具有其自身特点。

芽孢杆菌制剂在生产及实际应用过程中具有以下优点：①芽孢杆菌突出的特征是能产生耐热抗逆的芽孢，这有利于制剂的生产、剂型加工及在环境中存活、定殖与繁殖；②批量生产的工艺简单，成本也较低；③施用方便，贮存期长。

芽孢杆菌能分泌高活性的胞外产物，其中包括蛋白酶、淀粉酶和脂肪酶，同时还具有降解植物性饲料中复杂碳水化合物的酶，如果胶酶、葡聚糖酶、纤维素酶等，其中很多酶是哺乳动物和禽类在体内不能合成的酶。见表 3-28。

表 3-28 芽孢杆菌分泌的部分酶

酶	菌种	酶	菌种
乙酰乳酸脱羧酶	短杆菌	β-内酰胺酶	蜡样芽孢杆菌
碱性纤维素酶	圆形芽孢杆菌、枯草杆菌	果聚糖酶	枯草杆菌
α-淀粉酶	枯草杆菌、淀粉液化芽孢杆菌、地衣芽孢杆菌	β-甘露聚糖酶	圆形芽孢杆菌
淀粉酶	巨大芽孢杆菌	金属蛋白酶	枯草杆菌
环糊精葡萄糖基转移酶	圆形芽孢杆菌、地衣芽孢杆菌、软化芽孢杆菌	中性蛋白酶	淀粉液化芽孢杆菌、枯草杆菌
细胞外蛋白酶	枯草杆菌	RNA 酶	淀粉液化芽孢杆菌
β-葡聚糖酶	枯草杆菌、多黏芽孢杆菌	木聚糖酶	短小芽孢杆菌、淀粉液化芽孢杆菌
植酸酶	枯草杆菌		

【质量标准】芽孢杆菌的质量标准（广州市彬豪化工有限公司企业标准）

项目	指标	项目	指标
枯草芽孢杆菌有效活菌数/(10^9 个/g)	≥1000	芽孢率/%	≥98
杂菌率/%	≤0.001	含水量/%	≤10
产品粒度/目	≥80		

【生理功能和缺乏症】① 促进有益菌的生长 基于“生物夺氧”学说，芽孢杆菌（好氧的）能消耗肠道内氧气，造成厌氧环境，有利于厌氧菌生长，从而使失调的菌群平衡调整为正常状态，达到防治疾病的目的。（注：正常情况下，动物肠道

中占优势的微生物主要由厌氧菌群构成，对数平均值在99%以上。）此项功能是非常重要的，它可派生出乳酸菌的所有功能。

② 拮抗肠道内有害菌 大量研究表明，芽孢杆菌能产生多肽类抗菌物质，抑制病原菌在肠道内繁殖。

③ 产生多种消化酶，促进营养的吸收 可产生蛋白酶、淀粉酶、脂肪酶等，参与饲料消化，促进动物生长。

④ 增强机体免疫力，提高抗病能力 研究发现，饲喂有益芽孢杆菌可促进机体免疫器官的生长发育，提高机体的免疫能力。

⑤ 促进动物器官的生理机能成熟，改善动物的生产性能 研究表明，饲用有益芽孢杆菌可促进肠道结构和机能的成熟，可增强机体对糖原的利用程度，提高多糖代谢水平及提高蛋白质合成水平。

【常用产品形式与规格】常用产品形式为粉状，20kg/桶。活性益生菌含量≥2×10^{11}CFU/g。

【添加量】芽孢杆菌的饲用量

动物(或饲料类型)	饲用量（每头每天能采食到菌数）/个
猪	$2\times10^{8}\sim6\times10^{8}$
鸡、鸭	$1\times10^{8}\sim4\times10^{8}$
牛、羊	$1\times10^{8}\sim5\times10^{8}$

注：考虑到饲料加工过程中的损失，可以按此标准添加剂量上浮50%～100%。

【注意事项】① 合理正确把握芽孢杆菌的施用时间和剂量 芽孢杆菌在动物的整个生长过程中都可以使用，但不同的生长时期其作用效果不尽相同，一般多用于幼龄动物、体质虚弱、有益菌处于劣势、消化机能不健全或衰退、机体处于不健康状态的畜禽，以防止病原微生物侵害肠道，提高其防御能力，同时要达到合适的菌株数量，才能在体内形成菌群优势，发挥积极作用。

芽孢杆菌的添加量也并不是越多越好，应该掌握一个合适的添加量才能使动物发挥最佳生产性能，添加量过大不但造成成本浪费，而且过量的芽孢杆菌还会与宿主竞争营养物质。芽孢杆菌的适宜使用剂量有一些报道，结果都不太一致。可能是因为菌种或菌株不同，动物的生理状态、营养水平、环境因素不同引起的。

② 日粮中使用抗生素时注意与芽孢杆菌的配伍 大多数抗生素对芽孢杆菌有很强的抑制作用，当饲料中加入抗生素时要注意与芽孢杆菌的配伍。据报道，芽孢杆菌对氯霉素、痢特灵、土霉素、红霉素、金霉素、黄霉素具有高度敏感性；对氟哌酸和杆菌肽锌中等敏感；对抗敌素、喹乙醇敏感性低；对霉敌不敏感。饲料中添加芽孢杆菌可以抑制有害菌，但致病菌过多时不可避免使用抗生素，使用芽孢杆菌敏感的抗生素时可暂时停止芽孢杆菌的使用，抗生素停药后再继续使用，或者使用抗生素期间加大芽孢杆菌的添加量保证有足够的活菌在肠道发挥作用。

③ 在适合的条件下使用芽孢杆菌 如果环境良好，对于健康动物饲喂芽孢杆菌效果不显著。因为正常的家畜已建立起良好的肠道微生物群落，不需要外来菌协助维持菌群平衡。另外，加入芽孢杆菌必然会消耗肠道的养分与宿主争夺营养且增

加饲料成本。

④ 与其他添加剂联合使用，发挥芽孢杆菌的最大优势　芽孢杆菌与其他益生素及酸化剂、低聚糖、酶制剂等绿色饲料添加剂之间组合使用可以极大地提高芽孢杆菌的效果。另外，在使用芽孢杆菌之前先使用抗生素对肠道进行清理也可以提高其益生效果。

【配伍】芽孢杆菌类制剂在实际生产过程中一般不单独使用，而是跟其他菌剂或是功能性物质配伍。经过配伍以后的复合菌剂一般都具有协同或加成效用，扬长避短，使用效果更好更符合实际生态环境，所以目前更注重于复合菌制剂的研究。

① 芽孢杆菌和乳酸菌的配伍　乳酸菌和芽孢杆菌的作用主要表现在抑菌、免疫、营养等方面。除了各自在动物体内的作用机能以外，芽孢杆菌和乳酸菌还具有协同作用，芽孢杆菌是需氧菌，能消耗消化道内氧气，而乳酸菌特别是乳酸杆菌为厌氧菌，芽孢杆菌在肠道内造成的厌氧环境可以促进乳酸菌的生长，而且这两个菌种在抑菌、免疫、营养方面相似的作用机理，可以达到功能互补的作用，芽孢杆菌和乳酸菌的联合应用在提高动物的生产性能和降低腹泻率等多个方面展现了显著的应用效果。

② 芽孢杆菌和酸化剂的配伍　酸化剂是一种在消化道中降低饲料 pH 的新型生长促进剂。而芽孢杆菌非产酸类细菌，因此酸化剂和芽孢杆菌可起到功能互补的作用。

③ 芽孢杆菌与光合细菌的配伍　光合细菌和芽孢杆菌的配伍使用在改善水体环境，增加水产动物体重、色泽等方面具有明显的协同作用，可以起到强强联合、优势互补的作用，在实际生产中常用两者混配使用。

④ 芽孢杆菌和中草药的配伍　近年来益生菌和中草药的联合应用已经有一些研究，糖苷类是中草药中最主要的有效成分之一，糖类、苷类能分别或同时激活或抑 T 淋巴细胞、巨噬细胞、白细胞介素等细胞因子及抗体水平，增强单核吞噬细胞系统活性从而提高或调节其免疫功能，但它们并不是直接被机体吸收利用，而需要在肠道菌的作用下，去除其含糖部分形成糖元后才被机体消化吸收至血液而发挥效用。因此有益微生物和中草药的互补和加成使得两者的作用效果得到显著增强。

⑤ 芽孢杆菌与寡聚糖的配伍　实践证明益生菌和寡糖具有一定的协同作用，一方面寡糖作为某些益生菌的增殖因子，增强益生菌的竞争优势；另一方面某些寡糖不能被动物体本身的消化酶所分解，而能被益生菌分泌的酶分解，使之进一步被机体所利用。

⑥ 芽孢杆菌和抗生素的配伍　大部分抗生素的使用都会对益生菌产生杀伤和抑制作用，但并非所有的抗生素对益生菌的生长都具有抑制作用，如果可以获得抑菌作用而又可以对动物疾病进行预防和治疗的抗生素组合，不仅可以防治动物疾病，同时可以使得益生菌在体内更好地发挥作用，促进动物的生长。

在实际应用当中，能与芽孢杆菌配伍的抗生素种类还是很广泛的。但是在芽孢杆菌与抗生素配伍使用上应特别注意前期先用抗生素对消化道内的致病菌进行清理，然后再喂含芽孢杆菌的饲料，进行分阶段的饲喂。

【应用效果】在断奶仔猪日粮中添加 0.75% 的芽孢杆菌制剂可降低胃肠道 pH，

增加盲肠中挥发性脂肪酸的含量，促进小肠形态发育。进而说明芽孢杆菌制剂可优化胃肠道环境，促进断奶仔猪健康生长。

【参考生产厂家】无锡拜弗德生物科技有限公司，北京华农生物工程有限公司，上海碧莱清生物科技有限公司，沧州市益宏动物保健品有限公司等。

(四) 光合细菌

【理化性质】光合细菌（photosynthetic bacteria，PSB）是一类能进行光合作用而不产氧的特殊生理类群的原核生物的总称。是地球上最早出现的具有原始光能合成体系的原核生物。光合细菌属革兰阴性细菌，主要有球状、杆状、螺旋状和卵圆形，一般细胞直径大小为0.5～5μm。主要以二分分裂方式进行繁殖，少数为出芽生殖。

光合细菌体内没有叶绿体和类囊体，但是具有双层膜的类似叶绿体的结构，在此结构中有类似于植物叶绿素a的光合色素，即细菌叶绿素，有的还有大量的类胡萝卜素。细菌叶绿素和类胡萝卜素的光谱吸收处分别为715～1050nm和450～550nm。光合细菌菌体内含有菌绿素和类胡萝卜素，细菌的种类和数量不同，菌体可以呈现不同的颜色。

光合细菌能以光作为能源，以CO_2或有机物作为营养碳源进行繁殖，能利用太阳能同化CO_2，在不同的自然条件下具有不同的功能。

PSB菌体含有65.45%蛋白质、7.18%脂肪、2.78%粗纤维、20.31%可溶性糖、4.28%灰分。PSB蛋白水解后其氨基酸含量丰富，其中Asp、Thr、Ser、Glu、Gly、Ala、Val、Met、Ile、Lue、Phe、Lys、His、Arg、Pro、Tyr含量分别在2.5%～12.5%。

PSB菌体含有丰富的B族维生素，其中维生素B_{12}含量为21μg/g，是酵母中含量的200倍。PSB菌体还含有辅酶Q_{10}、类胡萝卜素，其中辅酶Q_{10}的含量分别为酵母、菠菜叶和玉米幼芽辅酶Q_{10}的含量的13倍、94倍和82倍。

生产光合细菌菌剂所使用的菌种，都应经过农业部认定的国家级科研单位的鉴定，包括菌种属及种的学名、形态、生理生化特性及鉴定依据、活性、安全性等完整资料，以杜绝一切植物检疫对象、传染病病原作为菌种生产的产品。

【质量标准】① 光合细菌菌剂质量标准（NY 527—2002）

项目	剂型		
	液体	粉剂	颗粒
外观、气味	紫红色、褐红色、暗红色、棕红色、棕黄色等液体，略有沉淀、略有清淡的腥味	粉末状，略有清淡的腥味	颗粒状，略有清淡的腥味
pH值	6.0～8.5	6.0～8.5	6.0～8.5
水分/%	—	20.0～35.0	5.0～15.0
细度筛余物/%			
孔径0.18mm	—	≤20.0	—
孔径1.00～4.75mm	—	—	≤20.0

续表

项目	剂型		
	液体	粉剂	颗粒
有效活菌数/(CFU/mL 或 CFU/g) ≥	5.0×10[8]	2.0×10[8]	1.0×10[8]
杂菌率/% ≥	10.0	15.0	20.0
霉菌/(10[6]个/g 或 10[6] 个/mL) ≤	3.0	3.0	3.0
有效期	不得低于 6 个月	不得低于 6 个月	不得低于 6 个月
蛔虫卵死亡率/% ≥	95		
粪大肠菌群/(CFU/g 或个/mL) ≤	100		

注：有效期仅在监督部门或仲裁双方认为有必要时才检验。

② 光合细菌菌剂五种重金属限量指标

参数	标准极限	参数	标准极限
汞及化合物含量(以 Hg 计)/(mg/kg)	≤5	砷及化合物含量(以 As 计)/(mg/kg)	≤75
镉及化合物含量(以 Cd 计)/(mg/kg)	≤10	铅及化合物含量(以 Pb 计)/(mg/kg)	≤100
铬及化合物含量(以 Cr 计)/(mg/kg)	≤150		

注：液体菌剂可免作金属检测。

【生理功能和缺乏症】光合细菌是营养成分很丰富的菌类之一，蛋白质含量高达 65%，其氨基酸组成接近轮虫和枝角类蛋白。光合细菌含有丰富的维生素，特别是动物幼体发育所必需的 B 族维生素，其维生素 B_{12}、叶酸、生物素的含量相当高，是啤酒酵母和小球藻的 20～60 倍，此外还含有多种微量元素、促生长因子、促免疫因子和辅酶 Q 等生理活性物质。光合细菌作为饲料添加剂广泛应用于养殖业。

① 平衡消化系统微生态环境　正常情况下，饲养动物胃肠道内大量有益菌群作为一个统一整体存在，彼此之间相互依存制约、优势互补，既起着消化、营养的生理作用，又能抑制病原菌等有害菌的侵入和繁殖，从而发挥其预防感染的保健作用。当饲养动物受到饲料更换、断奶、运输、疾病及抗菌药物长期大量使用等应激作用时，会破坏消化道内有益菌群的微生态平衡而产生病态。光合细菌制剂随饲料、饮水进入动物体后，在其肠道内定居、繁殖，建立起有益的优势菌群，可使被破坏的微生态环境得以恢复。

② 增加营养，助消化　光合细菌制剂可产生蛋白酶、淀粉酶、脂肪酶、纤维素分解酶、果胶酶、植酸酶等，它和胃肠道固有的酶一起共同促进饲料的消化吸收，提高其利用率，合成 B 族维生素、维生素 K、类胡萝卜素、氨基酸、生物活性物质辅酶 Q 及某些未知促生长因子而参与物质代谢，促进饲养动物生长。这不仅能起到很好的营养作用，且对预防矿物质、维生素、蛋白质代谢障碍等营养代谢病的发生，提高畜禽产品的产量和品质也极为重要。

在猪的养殖方面，试验证明，饲喂光合细菌，能全面改善猪肉品质，使猪肉口感好，蛋白质含量提高 6.12%，脂肪和胆固醇含量分别下降 73.32%和 81.92%。

③ 抑制杂菌，保障健康　光合细菌在饲养动物肠道黏膜大量定居和增殖，使病原菌及有害菌无立足之地。与此同时，光合细菌产生的抗病毒类物质对病原微生物有抑制作用。也就是说，这些有益菌及其代谢不仅使病原菌难以在消化道立足，即使立足也难以繁衍生存，从而起到预防感染的保健作用。实践证明，光合细菌制剂对大肠杆菌、沙门杆菌等多种病原微生物的感染均有很好的防治作用。

【常用产品形式与规格】常用产品形式为粉状，1kg/袋。活性益生菌含量≥5×10^9CFU/g。

【添加量】苏柯汉（潍坊）生物工程有限公司光合细菌用法及用量如下。

① 平时使用：每 kg 可使用 2～3 亩（每亩 1m 水深），每 10～15 天一次；

② 水质较差：每 kg 可使用 1～2 亩（每亩 1m 水深），每 5～10 天一次；

③ 拌饵口服：1%～2%，即每千克饲料使用 10～20g。

【注意事项】勿与抗生素、消毒剂同时使用，如使用需相隔 3 天以上。

【应用效果】在仔猪的基础饲料中添加光合细菌，在基础饲料中添加 10%、20%、30%的液态光合细菌，仔猪增重按 10%、20%和 30%液态光合细菌添加组的顺序递增；试验组猪肉中的蛋白质含量提高 6.12%，脂肪和胆固醇含量下降。因此，在猪日粮中添加光合细菌可以显著提高猪增重，改善猪肉品质。

【参考生产厂家】沧州市益宏动物保健品有限公司，沧州市方元生物工程有限公司，潍坊丰特来生物科技有限公司，上海涵乐生物科技有限公司等。

第四节　酸化剂

一、酸化剂简介

1. 酸化剂的分类

酸化剂可分为单一酸化剂和复合酸化剂，单一酸化剂又分为有机酸化剂和无机酸化剂。有机酸化剂有柠檬酸、延胡索酸、乳酸、丙酸、苹果酸、山梨酸、甲酸（蚁酸）、乙酸（醋酸）等及其盐类。无机酸化剂有盐酸、硫酸、磷酸等。复合酸化剂是利用几种特定的有机酸和无机酸复合而成，具有能迅速降低 pH、保持良好的缓冲值和生物性能、用量少、成本低等优点。研究表明，各种酸类酸化日粮的能力强弱依次为：甲酸＞磷酸＞酒石酸＞苹果酸＝柠檬酸＞乳酸＞乙酸。

2. 酸化剂的一般作用

① 降低胃肠道 pH，提高消化酶活性。

② 促进有益菌，如乳酸杆菌的生长繁殖，抑制有害微生物生长。

③ 某些有机酸直接参与能量代谢过程，提供能量。如柠檬酸、延胡索酸是三羧酸循环的中间产物，乳酸、丙酸等也可参与能量代谢。

④ 降低饲粮 pH 和酸结合力，抑制某些微生物的生长繁殖，防止饲料氧化酸败。

⑤ 多数有机酸化剂具有良好的风味，具有诱食作用。

⑥ 某些酸化剂可刺激胃底腺区的壁细胞分泌酸，从而间接达到酸化目的。

⑦ 有机酸形成能量的途径比葡萄糖短，在应激状态下可用于 ATP 的紧急合成，从而提高动物机体抵抗力。

⑧ 有利于仔猪断奶应激导致的肠道损伤上皮细胞的恢复。

⑨ 可在胃肠道发挥螯合剂作用，提高肠道对矿物质的吸收效率。

⑩ 减慢食物在胃中的排空速度，因而可增加蛋白质在胃中的停留时间，提高蛋白质消化率。

3. 生产方法

酸化剂的主要生产方法有发酵法和合成法。

二、常用酸化剂的特性及应用

（一）有机酸

有机酸具有良好的风味，能改善饲料适口性，提高动物采食量，且含有一定能量，可参与体内营养物质的代谢，进而改善动物生长性能和健康状况，但使用成本较高。有机酸化剂有柠檬酸、延胡索酸、乳酸、丙酸、苹果酸、山梨酸、甲酸（蚁酸）、乙酸（醋酸）等及其盐类。使用最广泛且效果较好的是乳酸、柠檬酸和延胡索酸。

1. 乳酸

【理化性质】乳酸是各国普遍使用的酸味剂，在国内，乳酸是除柠檬酸以外的第二大酸味剂。

乳酸（IUPAC 学名：2-羟基丙酸）是一种化合物，它在多种生物化学过程中起作用。它是一种羧酸，其分子式是 $C_3H_6O_3$，相对分子质量为 90.08，结构简式是 $CH_3CH(OH)COOH$，缩写式为 HL（其中 L 表示乳酸根）。它是一个含有羟基的羧酸，因此是一个 α-羟酸（AHA）。在水溶液中它的羧基释放出一个质子，而产生乳酸根离子 $CH_3CHOHCOO^-$。乳酸是一种天然有机酸，据旋光性可分为 D-乳酸、L-乳酸和两者的混合物 DL-乳酸 3 种。

纯品为无色液体，工业品为无色到浅黄色液体。无气味，具有吸湿性。相对密度 d_4^{20} 1.2060，熔点 18℃，沸点 122℃（2kPa），折射率 n_D^{20} 1.4392。能与水、乙醇、甘油混溶，水溶液呈酸性，pKa=3.85。不溶于氯仿、二硫化碳和石油醚。在常压下加热分解，浓缩至 50%时，部分变成乳酸酐，因此产品中常含有 10%～15%的乳酸酐。由于具有羟基和羧基，一定条件下，可以发生酯化反应，产物有三种。

在 pH 约为 4.0 时，乳酸的酸味比大多数酸都淡，但当 pH 低于 4.0 时，它的酸味要强于柠檬酸。

【质量标准】食品添加剂乳酸质量标准（GB 2023—2003）

项目		指标		项目		指标	
		L(+)乳酸	DL-乳酸			L(+)乳酸	DL-乳酸
L(+)乳酸占总数的含量/%	≥	95	—	重金属含量(以 Pb 计)/%	≤	10	10
色度(APHA)	≤	50	150	钙盐		合格	合格
乳酸含量/%		80～90	80～90	易碳化物		合格	—
氯化物含量(以 Cl^- 计)/%	≤	0.002	0.002	醚中溶解物		合格	合格
硫酸盐含量(以 SO_4^{2-} 计)/%	≤	0.005	0.005	柠檬酸、草酸、磷酸、酒石酸		合格	合格
铁盐含量(以 Fe 计)/%	≤	0.001	0.001	还原糖		合格	合格
灼烧残渣率/%	≤	0.1	0.1	甲醇含量/%	≤	0.2	—
砷含量(以 As 计)/%	≤	1	1	氰化物含量/(mg/kg)	≤	5	

【生理功能和缺乏症】① 乳酸可用于青饲料贮藏剂、牧草成熟剂。

② 在猪禽饲料中作为生长促进剂　乳酸可以降低胃内的 pH 值，起到活化消化酶、改善氨基酸消化能力的作用，并对肠道上皮的生长有好处。小猪在断乳后的几个星期喂食含有酸化剂的饲料，其在断乳期间的体重可以增加 15%。

③ 乳酸抑制微生物的生长　哺乳期的小猪会染上由大肠杆菌和沙门菌引起的疾病，在饲料中加入乳酸能防止小猪下胃肠道中病原菌生长。

④ 乳酸可以作为饲料的防腐剂并增进饲料、谷物和肉类加工产品副产品的微生物稳定剂。

⑤ 在家禽和小猪的饮用水中加入乳酸，可以有效地抑制病原菌的生长，动物体重增加速度提高。

【制法】① 发酵法　发酵法的主要途径是糖在乳酸菌作用下，调节 pH 值在 5 左右，发酵三到五天得粗乳酸。发酵法的原料一般是玉米、大米、甘薯等淀粉质原料（也有以苜蓿、纤维素等作原料，近年有研究提出厨房垃圾及鱼体废料循环利用生产乳酸的)。乳酸发酵阶段能够产酸的乳酸菌很多，但产酸质量较高的却不多，主要是根霉菌和乳酸杆菌等菌系。不同菌系其发酵途径不同，可分同型发酵和异型发酵，实际由于存在微生物其他生理活动，可能不是单纯某一种发酵途径。发酵法分同型发酵和异型发酵。

② 合成法　合成方法制备乳酸有乳腈法、丙烯腈法、丙酸法、丙烯法等，用于工业生产的仅乳腈法（也叫乙醛氢氰酸法）和丙烯腈法。

③ 酶化法

a. 氯丙酸酶法转化　利用纯化了的 L-2-卤代酸脱卤酶和 DL-2-卤代酸脱卤酶分别作用于底物 L-2-氯丙酸和 DL-2-氯丙酸，脱卤制得 L-乳酸或 D-乳酸。L-2-卤代酸脱卤酶催化 L-2-氯丙酸，而 DL-2-卤代酸脱卤酶既可催化 L-2-氯丙酸，又可催化 L-2-氯丙酸生成相应的旋光体，催化同时发生构型转化。

b. 丙酮酸酶法转化　从活力最高的乳酸脱氢酶的混乱乳杆菌 DSM20196 菌体中得到 D-乳酸脱氢酶，以无旋光性的丙酮酸为底物可得到 D-乳酸。

乳酸主要通过发酵法和化学合成法生产，发酵法采用天然原料，是乳酸生产的主要方法。

【常用产品形式与规格】常用产品形式为液体。

【应用效果】仔猪：添加乳酸降低了饲料和胃内 pH，显著提高仔猪胃内容物胃蛋白酶活性；提高小肠内容物胰蛋白酶和二糖酶活性；提高十二指肠和空肠绒毛高度，提高了小肠黏膜二糖酶的活性。添加乳酸能促进仔猪消化酶的发育，并通过胃和小肠多个环节的作用，提高仔猪对饲料营养物质的消化能力，从而促进仔猪的生长。

【参考生产厂家】武汉大华伟业医药化工有限公司，北京精华耀邦医药科技有限公司，香港先进技术工业有限公司深圳分公司，湖北拓楚慷元医药化工有限公司，济南浩化实业有限责任公司等。

2. 柠檬酸

【理化性质】柠檬酸（citric acid）是有机酸中第一大酸，是一种重要的有机酸，又名枸橼酸，化学名称是 2-羟基-1,2,3-己三酸，分子式为 $C_6H_8O_7$，相对分子质量为 192.14，其结构式见右。柠檬酸是无色晶体，常含一分子结晶水，无臭，有很强的酸味，易溶于水。其钙盐在冷水中比热水中易溶解，此性质常用来鉴定和分离柠檬酸。结晶时控制适宜的温度可获得无水柠檬酸。

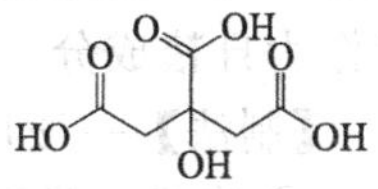

在室温下，柠檬酸为无色半透明晶体或白色颗粒或白色结晶性粉末，无臭、味极酸，在潮湿的空气中微有潮解性。它可以以无水合物或者一水合物的形式存在：柠檬酸从热水中结晶时，生成无水合物；在冷水中结晶则生成一水合物。加热到78℃时一水合物会分解得到无水合物。在 15℃时，柠檬酸也可在无水乙醇中溶解。

柠檬酸结晶形态因结晶条件不同而不同，有无水柠檬酸 $C_6H_8O_7$，也有含结晶水的柠檬酸 $2C_6H_8O_7 \cdot H_2O$、$C_6H_8O_7 \cdot H_2O$ 或 $C_6H_8O_7 \cdot 2H_2O$。

柠檬酸是一种三羧酸类化合物，并因此而与其他羧酸有相似的物理和化学性质。加热至 175℃时它会分解产生二氧化碳和水，剩余一些白色晶体。柠檬酸是一种较强的有机酸，有 3 个 H^+ 可以电离；加热可以分解成多种产物，与酸、碱、甘油等发生反应。

【质量标准】① 感官要求：本品为无色或白色结晶状颗粒或粉末（二级略显灰黄色）；无臭，味极酸；易溶于水，溶于乙醇，微溶于乙醚；水溶液呈酸性反应，一水柠檬酸在干燥空气中略有风化。

② 食品添加剂柠檬酸质量标准（GB 1987—2007）

项目		无水柠檬酸	一水柠檬酸
柠檬酸含量/%		99.5～100.5	99.5～100.5
透光率/%	≥	96.0	95.0
水分/%	≤	0.5	7.5～9.0
易碳化物含量/%	≤	1.0	1.0
硫酸灰分/%	≤	0.05	0.05

续表

项目		无水柠檬酸	一水柠檬酸
氯化物含量/%	≤	0.005	0.005
硫酸盐含量/%	≤	0.01	0.015
草酸盐含量/%	≤	0.01	0.01
钙盐含量/%	≤	0.02	0.02
铁含量/(mg/kg)	≤	5	5
砷盐含量/(mg/kg)	≤	1	1
重金属含量(以 Pb 计)/(mg/kg)	≤	0.5	0.5
水不溶物		滤膜基本不变色，目视可见杂色颗粒不超过 3 个	滤膜基本不变色，目视可见杂色颗粒不超过 3 个

【生理功能和缺乏症】①降低仔猪胃肠内 pH 值，减少腹泻发病率。②改善日粮适口性，促进仔猪生长。③调节胃的排空速度，促进营养物质的消化吸收。④直接作为日粮成分，促进仔猪新陈代谢。⑤防止饲料氧化，减轻仔猪断奶应激。

【制法】一般用微生物发酵的方法来生产柠檬酸。其过程如下。

① 发酵　发酵有固态发酵、液态浅盘发酵和深层发酵 3 种方法。

固态发酵是以干薯粉、淀粉粕以及含淀粉的农副产品为原料，配好培养基后，在常压下蒸煮，冷却至接种温度，接入种曲，装入曲盘，在一定温度和湿度条件下发酵。采用固态发酵生产柠檬酸，设备简单，操作容易。

液态浅盘发酵多以糖蜜为原料，其生产方法是将灭菌的培养液通过管道转入一个个发酵盘中，接入菌种，待菌体繁殖形成菌膜后添加糖液发酵。发酵时要求在发酵室内通入无菌空气。

深层发酵生产柠檬酸的主体设备是发酵罐。微生物在这个密闭容器内繁殖与发酵。现多采用通用发酵罐。它的主要部件包括罐体、搅拌器、冷却装置、空气分布装置、消泡器、轴封及其他附属装置。发酵罐径高比例一般是 1∶2.5，应能承受一定的压力，并有良好的密封性。除通用式发酵罐外，还可采用带升式发酵罐、塔式发酵罐和喷射自吸式发酵罐等。

② 提取　在柠檬酸发酵液中，除了主要产物外，还含有其他代谢产物和一些杂质，如草酸、葡萄糖酸、蛋白质、胶体物质等，成分十分复杂，必须通过物理和化学方法将柠檬酸提取出来。大多数工厂仍是采用碳酸钙中和及硫酸酸解的工艺提取柠檬酸。除此之外，还研究成功用萃取法、电渗析法和离子交换法提取柠檬酸。

【常用产品形式与规格】常用产品形式为粉末。

【配伍】柠檬酸和抗氧化剂有协同作用，能增强抗氧化效应。五味子、柠檬酸联合使用效果在饲料效率和脂肪代谢方面优于单独使用。

【应用效果】仔猪：加柠檬酸提高仔猪平均日增重，饲料利用率和经济效益均有提高，且试验组仔猪健康状况良好，其中 2%的添加量增加经济效益最高。

【参考生产厂家】湖北盛天恒创生物科技有限公司，上海将来实业有限公司，湖北欣达利生化有限公司，成都格雷西亚化学技术有限公司等。

3. 延胡索酸

【理化性质】延胡索酸（fumaric acid）又称富马酸。其分子式为 $C_4H_4O_4$，结构式见右，相对分子质量为 116.07。延胡索酸是单斜晶系无色针状或小叶状结晶，有水果酸味。其熔点为 287～302℃，沸点为 290℃，密度为 1.62kg/m³；闪点为 230℃，相对密度为 1.635。延胡索酸溶于乙醚和乙酸，微溶于水和乙醇。极难溶于氯仿和油类。

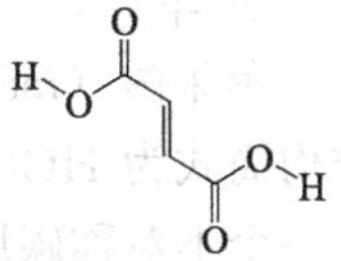

富马酸为白色无臭颗粒或结晶性粉末。有特殊酸味，酸味强，约为柠檬酸的 1.5 倍，加热至 230℃以上成马来酸酐，与水共煮生成 DL-苹果酸。200℃以上升华。无吸湿性。有很强的缓冲能力，以保持水溶液的 pH 值维持在 3.0 左右（水溶液的 pH 值为 2.25～2.7）。另有较弱的抗氧化能力。

【质量标准】饲料级富马酸质量标准（NY/T 920—2004）

项目	指标	项目	指标
富马酸含量/%	≥99.0	熔点范围/℃	282～302
干燥失重率/%	≤0.5	重金属含量(以 Pb 计)/%	≤0.001
灼烧残渣率/%	≤0.1	砷含量(以 As 计)/%	≤0.0003

【常用产品形式与规格】常用产品形式为粉末。市场上产品规格一般是 25kg/袋。

【配伍】富马酸作为酸味剂常与柠檬酸并用。

【应用效果】仔猪：日粮中添加延胡索酸和芽孢杆菌制剂均可以提高断奶仔猪日增重，降低料重比和腹泻发生率，有利于提高仔猪的生产性能；在断奶仔猪日粮中添加延胡索酸、芽孢杆菌后，能够使外周血 T、B 淋巴细胞刺激指数升高，即对断奶仔猪的免疫力均有所提高，但差异不显著，而延胡索酸和芽孢杆菌的混合使用对提高断奶仔猪的免疫力更优于二者单独使用。

【参考生产厂家】上海誉美化工有限公司，郑州阿尔法化工有限公司，武汉鸿睿康试剂有限公司，阿瑞斯生物科技有限公司等。

4. 丙酸

丙酸（propionic acid），又称初油酸，是三个碳的羧酸，化学式为 CH_3CH_2COOH。纯的丙酸是无色、腐蚀性的液体，带有刺激性气味。相对分子质量为 74.08，丙酸是无色澄清油状液体，稍有刺鼻的恶臭气味。能与水混溶，溶于乙醇、氯仿和乙醚。相对密度（d_4^{20}）0.99336，熔点－21.5℃，沸点 141.1℃，折射率（n_D^{25}）1.3848，黏度（15℃）1.175mPa·s，闪点（开杯）58℃，易燃，低毒，半数致死量（大鼠，经口）4.29g/kg。有腐蚀性。

制备方法：

① 工业上丙酸是通过四羰基镍催化剂存在下，乙烯的加氢羧化反应制得的：

$$CH_2{=}CH_2 + H_2O + CO \longrightarrow CH_3CH_2COOH$$

② 它也可以通过丙醛的氧气氧化得到。在钴或锰离子存在下，该反应在 40～

50℃即可发生：$CH_3CH_2CHO+O_2 \longrightarrow CH_3CH_2COOH$

③ 以前乙酸的生产会产生大量的丙酸副产物。

5. 苹果酸

苹果酸（malic acid，MA）即2-羟基丁二酸，是一个二羧酸，化学式为$C_4H_6O_5$，结构简式为$HOOCCHOHCH_2COOH$，缩写式为H_2MA或H_2Mi。苹果酸分子中含有一个不对称碳原子，因此有两种旋光异构体和一种外消旋体。它是三羧酸循环的中间物之一，由反丁烯二酸水合生成，继续氧化得到草酰乙酸。存在于苹果、葡萄、山楂等果实中，苹果酸首先从苹果汁中分离出来，是苹果汁酸味的来源，并因此得名。

大自然中，以三种形式存在，即D-苹果酸、L-苹果酸和其混合物DL-苹果酸。

① D-苹果酸：相对密度1.595，熔点101℃，分解点140℃，比旋光度+2.92°（甲醇），溶于水、甲醇、乙醇、丙酮。

② L-苹果酸：相对密度1.595，熔点100℃，分解点140℃，比旋光度-2.3°（8.5g/100mL水），易溶于水、甲醇、丙酮、二噁烷，不溶于苯。等量的左旋体和右旋体混合得外消旋体。相对密度1.601；熔点131～132℃，分解点150℃；溶于水、甲醇、乙醇、二噁烷、丙酮，不溶于苯。

L-苹果酸口感接近天然苹果的酸味，与柠檬酸相比，具有酸度大、味道柔和、滞留时间长等特点，已成为继柠檬酸、乳酸之后用量排第三位的食品酸味剂。苹果酸与柠檬酸配合使用，可以模拟天然果实的酸味特征，使口感更自然、协调、丰满。100g苹果酸比添加100g柠檬酸几乎要强1.25倍，或者说80g的苹果酸和100g的柠檬酸形成的酸味强度是相当的，因此要达到相同的酸味强度，使用L-苹果酸可以减少用量20%。

6. 山梨酸

山梨酸（2,4-hexadienoic acid）分子式为$C_6H_8O_2$，相对分子质量为112.13。山梨酸为白色针状结晶或结晶性粉末，具有特殊的酸味，在空气中长期放置会氧化变色。其密度（25℃）为1.204g/mL；熔点为134.5℃；微溶于水，溶于丙二醇、无水乙醇和甲醇、冰乙酸、丙酮、苯、四氯化碳、环己烷、二氧六环、甘油、异丙醇、异丙醚、乙酸甲酯、甲苯。

具体的合成方法如下。

① 乙烯酮法　此法是目前国际上工业化生产较普遍采用的方法。醋酸经高温裂解生成乙烯酮，然后与巴豆醛缩合成聚酯，再经水解、精制即得成品。原料消耗定额：乙烯酮510kg/t、巴豆醛1100kg/t。

② 丙二酸法　由丙二酸、巴豆醛缩合、脱羧而得。

③ 丙酮法　由丙酮与巴豆醛缩合，再经脱氢而得。

④ 丁二烯法　以丁二烯和乙酸为原料，在醋酸锰催化剂存在下，于140℃加压缩合，制得γ-乙烯-γ-丁内酯。丁内酯在酸性离子交换树脂作用下，开环得山梨酸。

⑤ 醋酸经高温裂解生成乙烯酮，再与巴豆醛缩合成聚酯，再经水解、精制即得成品。

⑥ 在0℃时，使丁烯醛和乙烯酮在三氟化硼催化下进行反应；或由2-丁烯醛和丙二酸在吡啶的存在下，经加热制取。

7. 甲酸(蚁酸)

甲酸(formic acid，methanoic acid)，又称作蚁酸，分子式为HCOOH，化学式为CH_2O_2，相对分子质量为46.02。甲酸无色而有刺激性气味，且有腐蚀性，人类皮肤接触后会起泡红肿。甲醛同时具有酸和醛的性质。甲酸是无色透明发烟液体，有强烈刺激性酸味。pH值为2.2(1%溶液)，熔点为8.4℃，沸点为100.8℃，相对密度($\rho_{水}=1$)为1.23。

具体的合成方法如下。

① 甲酸钠法 一氧化碳和氢氧化钠溶液在160～200℃和2MPa压力下反应生成甲酸钠，然后经硫酸酸解、蒸馏即得成品。

② 甲醇羰基合成法(又称甲酸甲酯法) 甲醇和一氧化碳在催化剂甲醇钠存在下反应，生成甲酸甲酯，然后再经水解生成甲酸和甲醇。甲醇可循环送入甲酸甲酯反应器，甲酸再经精馏即可得到不同规格的产品。

③ 甲酰胺法 一氧化碳和氨在甲醇溶液中反应生成甲酰胺，再在硫酸存在下水解得甲酸，同时副产硫酸铵。原料消耗定额：甲醇31kg/t、一氧化碳702kg/t、氨314kg/t、硫酸1010kg/t。另外，丁烷或轻油氧化法主要用来生产乙酸，甲酸作为副产品回收，处于研究阶段的方法有一氧化碳和水直接合成法。

8. 乙酸(醋酸)

乙酸(acetic acid)，也叫醋酸、冰醋酸，化学式为CH_3COOH，HAc是简写式。乙酸是一种有机一元酸，为食醋内酸味及刺激性气味的来源。纯的无水乙酸(冰醋酸)是无色的吸湿性液体，凝固点为16.7℃(62℉)，凝固后为无色晶体。尽管根据乙酸在水溶液中的解离能力它是一种弱酸，但是乙酸是具有腐蚀性的，其蒸气对眼和鼻有刺激性作用。

乙酸是无色液体，有强烈刺激性气味。相对分子质量为60.05，熔点16.6℃，沸点为118.3℃，相对密度(d_4^{20})1.0492，密度比水大，折射率1.3716。纯乙酸在16.6℃以下时能结成冰状的固体，所以常称为冰醋酸。易溶于水、乙醇、乙醚和四氯化碳，其水溶液呈弱酸性。乙酸盐也易溶于水，水溶液呈碱性。当水加到乙酸中，混合后的总体积变小，密度增加，直至分子比为1∶1，相当于形成一元酸的原乙酸$CH_3C(OH)_3$，进一步稀释，体积不再变化。

(二) 无机酸化剂

无机酸的种类繁多，目前广泛应用于动物营养中的无机酸主要有硫酸、盐酸和磷酸等。

1. 硫酸

【理化性质】硫酸(sulphuric acid)，硫酸的相对分子质量为98.078，分子式为H_2SO_4。从化学意义上讲，硫酸是三氧化硫与水的等物质的量化合物，即$SO_3 \cdot H_2O$。在工艺技术上，硫酸是指SO_3与H_2O以任何比例结合的物质，当SO_3与H_2O的摩尔比≤1时，称为硫酸，它们的摩尔比>1时，称为发烟硫酸。硫酸的浓度有各种不同的表示方法，在工业上通常用质量分数表示。

浓硫酸是无色透明液体，能与水或乙醇混合，暴露在空气中迅速吸收空气中的水分。发烟硫酸是无色或微有颜色的黏稠状液体，敞口则挥发窒息性三氧化硫烟雾。

硫酸的化学性质跟它的浓度有密切的关系。稀硫酸具有酸类的通性（H^+的性质），而浓硫酸中存在大量未电离的硫酸分子，因而浓硫酸除具有酸类的通性外，还具有吸水性、脱水性和强氧化性等特性。

【质量标准】食品添加剂硫酸质量标准（GB/T 29205—2012）

项目		指标	
		92 酸	98 酸
硫酸含量(以 H_2SO_4 计)/%(质量分数)	≥	92.5	98.0
硝酸含量(以 NO_3 计)/%(质量分数)	≤	0.001	
还原性物质		通过试验	
氯化物(以 Cl^- 计)/%(质量分数)	≤	0.005	
铁含量(以 Fe 计)/%(质量分数)	≤	0.02	
硒含量(以 Se 计)/%(mg/kg)	≤	20	
砷含量(以 As 计)/%(mg/kg)	≤	3	
铅含量(以 Pb 计)/%(mg/kg)	≤	5	

【制法】① 精馏法　以工业硫酸为原料，经精馏、冷凝、分离、超净过滤除去杂质，得无色透明的 BV-1 级硫酸。

② 蒸馏法　以工业硫酸为原料，通过蒸馏法纯化原料，冷凝分离除去杂质，并经微孔滤膜过滤除去尘埃颗粒，制得无色透明的 MOS 级和低尘高纯级硫酸。

【注意事项】禁配物：强碱、活性金属粉末、易燃或可燃物。

【参考生产厂家】上海倍卓生物科技有限公司，武汉鸿睿康试剂有限公司，北京精华耀邦医药科技有限公司，科工化（北京）化学技术有限公司等。

2. 盐酸

【理化性质】盐酸（hydrochloric acid）的分子式为 HCl，相对分子质量为 36.46。易溶于水，有强烈的腐蚀性，能腐蚀金属，对动植物纤维和人体肌肤均有腐蚀作用。浓盐酸在空气中发烟，触及氨蒸气会生成白色云雾。氯化氢气体对动植物有害。盐酸是极强的无机酸，与金属作用能生成金属氯化物并放出氢；与金属氧化物作用生成盐和水；与碱起中和反应生成盐和水；与盐类能起复分解反应，生成新的盐和新的酸。与各种有机物容易进行反应。

【质量标准】食品添加剂盐酸质量标准（GB 1897—2008）。

项目	指标	项目	指标
总酸度(以 HCl 计)/%(质量分数)	≥31.0	还原物含量(以 SO_3 计)/%(质量分数)	≤0.007
铁含量(以 Fe 计)/%(质量分数)	≤0.0005	不挥发物含量/%(质量分数)	≤0.05
硫酸盐含量(以 SO_4^{2-} 计)/%(质量分数)	≤0.007	重金属含量(以 Pb 计)/%(质量分数)	≤0.0005
游离氯含量(以 Cl^- 计)/%(质量分数)	≤0.003	砷含量(以 As 计)/%(质量分数)	≤0.0001

【制法】① 盐酸生产方法主要是合成法。在电解食盐水生产烧碱的同时，可得到氯气和氢气，经过水分离后的氯气和氢气，通入合成炉进行燃烧生成氯化氢气体。经冷却后用水吸收制得盐酸成品。尾气经吸收后排空。其反应方程式如下：$Cl_2 + H_2 \longrightarrow 2HCl$。

② 精馏法以工业盐酸为原料，经精馏、冷凝分离除去杂质后，再经超净过滤除去杂质，制得无色透明的 BV-1 级盐酸。

③ 氯化氢精馏提纯法以 98%～99%的工业氯化氢为原料，经冷冻除水后，再经常温吸附器、低温吸附器及中压吸附器吸附，进入精馏塔精馏，再经低温吸附、冷凝后，制得 99.995%高纯氯化氢成品。

直接合成精馏提纯法由氢和氯直接合成氯化氢后，再经吸附、精馏、提纯，制得高纯氯化氢成品。

④ 盐酸法将由盐酸合成塔制造的 35%盐酸送入无水氯化氢发生装置，发生氯化氢气体，经冷却脱湿，进一步导入干燥塔进行脱湿干燥精制后，通过压缩机压缩，经液化器冷却液化后，放入贮槽贮存，再压入钢制高压气体容器中。

⑤ 将经过水分离的氢气和氯气通入合成炉，燃烧生成氯化氢气体，冷却后用水吸收，而尾气经吸收后由水流泵排空。

【注意事项】禁配物：强碱、活性金属粉末、易燃或可燃物。

【配伍】仔猪：分别口服 0.5%和 0.8%的稀盐酸，黄白痢的发病率分别比对照组低 17.86%、19.48%，死亡率分别低 9.82%、10.68%；试验前期（0～20 日龄）日增重分别比对照组高 9.65%、14.21%，后期（21～35 日龄）分别高 12.50%、17.61%，全期（0～5 日龄）分别高 10.64%、15.43%，差异显著；显著降低料重比。

【参考生产厂家】北京精华耀邦医药科技有限公司，成都麦卡希化工有限公司，上海鼎淼化学科技有限公司，北京华美互利生物化工等。

3. 磷酸

【理化性质】磷酸（phosphoric acid）分子式为 H_3PO_4，相对分子质量为 97.99。磷酸是无色透明或略带浅色稠状液体，纯磷酸为无色结晶，无臭，具有酸味。熔点为 42.4℃（纯品），沸点是 260℃。相对密度（$\rho_{水}=1$）为 1.87（纯品），相对蒸气密度（$\rho_{空气}=1$）为 3.38，饱和蒸气压（20℃）为 0.0038kPa，临界压力为 5.07MPa，辛醇/水分配系数为−0.77。磷酸能与水混溶，可混溶于乙醇等有机溶剂。

磷酸具有潮解性。其酸性较硫酸、盐酸和硝酸等强酸为弱，但较醋酸、硼酸等弱酸为强。经高温加热约200℃便失水成焦磷酸，超过300℃为偏磷酸。有腐蚀性。受热分解产生剧毒的氧化磷烟气。接触强腐蚀剂，放出大量热量，并发生溅射。

【质量标准】食品添加剂磷酸质量标准（GB 1886.15—2015）

项目	指标	项目	指标
磷酸含量(以 H_3PO_4 计)/%(质量分数)	75.0～86.0	重金属含量(以 Pb 计)/(mg/kg)	≤5
砷含量(以 As 计)/(mg/kg)	≤0.5	易氧化物含量(以 H_3PO_3 计)/%(质量分数)	≤0.012
氟化物含量(以 F 计)/(mg/kg)	≤10		

【制法】① 工业生产方法　工业生产方法有湿法和热法两种，前者制得磷酸浓度较低，而且含杂质较多，需要进行净化。如以酮-醇混合物为萃取体系精制湿法磷酸，经萃取-洗涤-反萃取和钡盐沉淀净化的工艺流程，已生产出合格的85%工业磷酸。后者制得磷酸浓度和纯度都高，但耗电量大、投资和成本较高。

② 三氯氧磷法　将工业级三氯氧磷经蒸馏提纯后与高纯水反应，调到所需浓度后便生成磷酸，再用冷冻结晶法提纯，并用微孔滤膜过滤除去尘埃颗粒，制得无色透明的BV-1级磷酸。

③ 精制提纯法　将工业磷酸用无离子水溶解后，进行提纯，除去砷和重金属等杂质，经过滤、浓缩，制得高纯工业磷酸成品。

④ 重结晶法　将工业磷酸用蒸馏水溶解后，把溶液提纯，除去砷和重金属等杂质，经过滤，使滤液符合食品级要求时，浓缩，制得食用磷酸成品。

【注意事项】禁配物：强碱、活性金属粉末、易燃或可燃物。已有试验表明，硫酸基本无效。盐酸的使用效果则受日粮电解平衡状况的影响。磷酸可起到酸化作用，并可补充磷源，同时由于其用量和价格较适当，因此在生产中普遍采用。

【参考生产厂家】衢州瑞尔丰化工有限公司，北京精华耀邦医药科技有限公司，上海一基生物科技有限公司销售部，济南世纪通达化工有限公司等。

（三）复合酸化剂

【理化性质】复合酸化剂是将两种或两种以上的特定有机酸和无机酸按照一定比例复合而成，目前广泛应用的有磷酸型复合酸化剂和乳酸型复合酸化剂。不同酸化剂之间的协同作用能有效提高动物生产性能，几种在不同 pH 范围起作用的酸复配在一起，有更广的抑菌和调菌区系，为维持良好的微生物肠道区系创造条件。

仔猪营养专家认为仔猪用酸化剂宜以乳酸为主，因为仔猪断奶前消化道酸度主要靠母乳乳糖发酵为乳酸来维持，因此乳酸较适合仔猪的消化生理。而反刍动物，特别是奶牛，应用异位酸则较合适，它是异丁酸、异戊酸、甲酯丁酸和戊酸4种化学物质的总称，是多数瘤胃纤维分解菌正常生长和活动所需的化合物，可增加纤维分解菌的数量，提高瘤胃细菌对植物细胞壁的消化能力，从而提高纤维饲料的消化率，增强微生物蛋白的合成，使氮沉积增加，提高产奶量。

【生理功能和缺乏症】合理配比的复合酸可以充分利用不同酸类之间的互补协同作用，既可降低消化道 pH，改善消化道生理环境，还可发挥有效的抑菌杀菌作用，改善消化道生态环境，其作用效果优于单一酸。

① 快速降低畜禽肠道 pH 值，提高消化酶活性，促进消化吸收。

② 改善饲料风味，提高饲料适口性。

③ 抑制肠道病原微生物的增殖，减少细菌性腹泻的发生，降低死亡率。

④ 促进肠道有乳酸菌等有益微生物的增殖，维持良好肠道环境。

【常用产品形式与规格】常用产品形式为颗粒或粉末。市场上产品包装一般为25kg/袋。

【添加量】复合酸化剂（柠檬酸型）用量（上海涵乐生物科技有限公司）

养殖动物	用量/(kg/t)	养殖动物	用量/(kg/t)
哺乳动物	1.5～2.0	肉鸡	0.5～1.5
断奶仔猪	1.0～2.0	犊牛	0.5～2.0

注：使用时先与少量饲料混匀，再与大量饲料混合，确保混合均匀。

【注意事项】避免与碱性及挥发性物料混存混放。

【应用效果】在仔猪基础日粮中添加复合酸化剂，酸化剂是以延胡索酸、柠檬酸、苹果酸和磷酸为组方用嵌入式包被技术合成的复合型酸化剂，能在一定程度上改善饲料的适口性，有效促进仔猪食欲，增加采食量。同时，添加复合酸化剂，弥补了胃酸的不足，使得胃内 pH 值下降，改善胃生理环境，提高饲料消化率，降低了饲养成本。

【参考生产厂家】上海涵乐生物科技有限公司，安徽泰格生物技术股份有限公司，江西华兴保鲜剂有限公司等。

第五节　驱虫保健剂

一、饲料驱虫保健剂简介

驱虫保健剂是用于控制饲养动物体内和体外寄生虫的添加剂，它可以驱除畜禽体内的寄生虫，减少环境中虫卵的数量和降低再次感染的机会。

按药物性质一般可分为化学合成药物、抗生素类药物和中草药制剂三类。化学合成药物种类繁多，且一般毒性均较大，通常低剂量、短期应用；抗生素类药物因有残留问题、易产生耐药性，各国已相继开始限制使用；中草药制剂具有无毒副作用、无残留、增强抗病力和促进生长发育等优点，尤其是它不发生耐药性，因而被视为最有发展前景的驱虫保健剂。按寄生虫类型又可以分为驱虫药（即去蠕虫药）、抗原虫药（主要是抗球虫药）和杀虫剂。

二、常用驱虫保健剂

(一) 驱蠕虫药

1. 越霉素 A

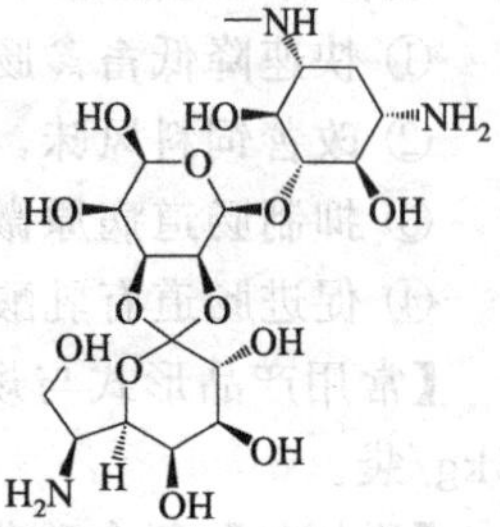

【理化性质】越霉素 A（destomycin A）又称为德利肥素（destonate）或者德畜霉素 A，简称 DM.A。分子式为 $C_{20}H_{37}N_3O_{13}$，相对分子质量为 527.52，结构式见右。

性质：无臭；在水中溶解，在乙醇中微溶，在丙酮、氯仿或乙醚中几乎不溶。

【质量标准】越霉素 A 预混剂质量标准（兽药质量标准，第一册）

项目	指　　标
过筛率	本品应全部通过 2 号筛
干燥失重率	在 105℃干燥至恒重，减少量≤10.0%
重金属含量	含重金属≤0.002%
砷盐含量	取本品 1.0g，依法检查含砷量≤0.0002%
原药粒度	4 号筛通过率 100%，5 号筛通过率<10%
基质干燥失重率	无机基质≤3.0%；有机基质≤8.0%
基质重金属含量	≤0.002%
基质砷盐含量	≤0.0002%
基质一般要求	稳定性、流动性良好，与药物、饲料易于混匀，含脂基质应现行脱脂

【生理功能与缺乏症】① 作用机制　越霉素 A 使寄生虫的体壁、生殖器管壁、消化道壁变薄和脆弱，致使虫体运动活性减弱而被排出体外。它还能阻碍雌虫子宫内卵膜的形成，由于这一作用使虫卵变成异常卵而不能成熟，截断了寄生虫的生命循环周期。

② 药动学　由于本品属动物专用氨基糖苷类抗生素，经口极少吸收，因此动物组织中残留少。主要从粪便中排出。

③ 药效学　越霉素 A 为氨基糖苷类抗生素驱虫药。对猪蛔虫、鞭虫、类圆线虫、肠结节虫及鸡蛔虫、异刺线虫、毛细线虫等均有效。对革兰阴性菌和真菌也有一定的抑制作用。另外，对猪、禽还有促生长效应，可用作饲料添加剂。本品与其他抗生素不产生交叉耐药性。

【常用产品形式与规格】越霉素 A 预混剂。每 1000g 中含越霉素 A 20g 或 50g 或 500g。

【添加量】混饲，每 1000kg 饲料添加 5～10g（以有效成分计），连用 8 周（中华人民共和国农业部公告第 168 号饲料药物添加剂使用规范）。

【注意事项】① 由于越霉素 A 预混剂规格众多，用时应以越霉素 A 效价做计量单位。

② 蛋鸡产蛋期禁用。

③ 休药期，猪 15 天，鸡 3 天。

【应用效果】用含 2%越霉素 A 的德利肥素对猪进行驱蛔虫，日增重提高了 19%，料肉比降低 16.25%。

【参考生产厂家】上海恒远生物科技有限公司，上海信裕生物科技有限公司，上海沪振实业有限公司等。

2. 潮霉素 B

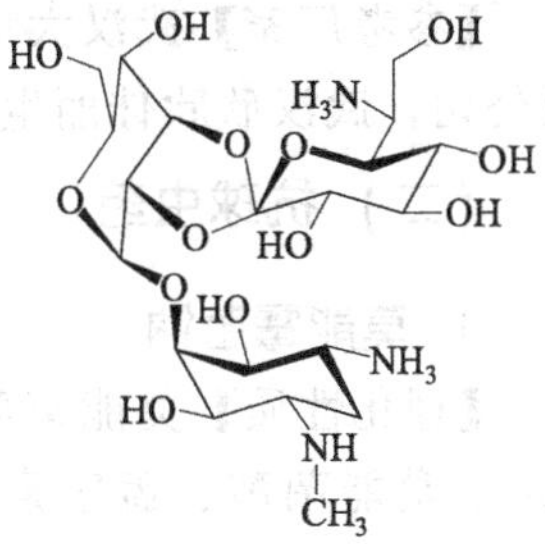

【理化性质】潮霉素 B（hygromycin B）分子式为 $C_2OH_{37}N_3O_{13}$，相对分子质量为 527.53，结构式见右。

性质：本品为微黄褐色粉末；在乙醇、甲醇、水中溶解，在乙醚、氯仿、苯中几乎不溶。

【质量标准】潮霉素 B 预混剂质量标准（进口兽药质量标准，1999）

项目	指　　标
过筛率	本品应全部通过 2 号筛
干燥失重率	在 105℃干燥至恒重,减少量≤10.0%
重金属含量	含重金属≤0.002%
砷盐含量	取本品 1.0g,依法检查含砷量≤0.0004%
原药粒度	4 号筛通过率 100%,5 号筛通过率<10%
基质干燥失重率	无机基质≤3.0%;有机基质≤8.0%
基质重金属含量	≤0.002%
基质砷盐含量	≤0.0002%
基质一般要求	稳定性、流动性良好,与药物与饲料易于混匀,含脂基质应现行脱脂

【生理功能和缺乏症】潮霉素 B 与大多数氨基糖苷类抗生素一样，通过抑制蛋白质的合成来阻止微生物生长。它可以稳定核糖体大亚基上的 tRNA 结合位点，导致空载 tRNA 不能脱离核糖体，抑制了翻译的继续进行，潮霉素的抑制作用对于原核细胞与真核细胞的核糖体都是有效的。潮霉素 B 是对原核生物和真核生物具有广谱活性的一种氨基抗生素，通过 mRNA 翻译的双重影响强烈抑制蛋白质的合成；像其他氨基糖苷类抗生素，潮霉素 B 诱导误读的氨酰-tRNA 扭曲核糖体，影响核糖体移位过程，在抗生素存在时，mRNA 是经常错过移动位点，移动多于或少于三个的基本位点。

【制法】潮霉素 B 是由吸水链霉菌（streptomyces hygroscopicus）发酵产生的抗生素。

【常用产品形式与规格】潮霉素 B 预混剂，每 1000g 中含潮霉素 B 17.6g。

【添加量】每 1000g 饲料添加，猪 10～13g，育成猪连用 8 周，母猪产前 8 周至分娩；鸡8～12g，连用8周，以上均以有效成分计。

【注意事项】① 本品毒性虽较低，但长期应用能使猪听、视觉障碍，因此，供繁殖育种的青年母猪不能应用本品。母猪及肉猪连用亦不能超过8周。

② 禽的饲料用药浓度以不超过12mg/kg为宜。

③ 本品多以预混剂剂型上市，用时应以潮霉素B效价做计量单位。

④ 蛋鸡产蛋期禁用，种猪慎用。

⑤ 休药期，猪15天，禽3天。

【参考厂家】武汉大华伟业医药化工（集团）有限公司，上海谱振生物科技有限公司，武汉欣欣佳丽生物科技有限公司等。

(二) 抗球虫药

1. 莫能霉菌钠

【理化性质】莫能霉菌钠（monensin sodium premix）又称为瘤胃素（rumensin）、莫能菌酸、孟宁素，分子式为 $C_{36}H_{61}O_{11}Na$，相对分子质量为692.8，结构式见右。

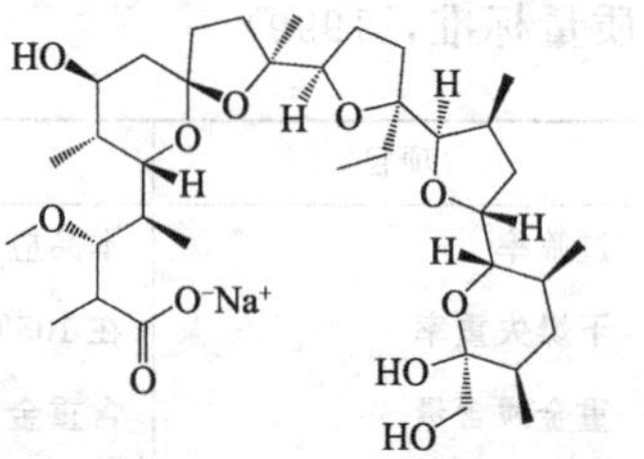

性质：本品在甲醇、乙醇、氯仿中易溶，在水中不溶。

【质量标准】莫能菌素钠预混剂质量标准（兽药质量标准，1999）

项目	指　　标
过筛率	本品应全部通过2号筛
酸碱度	加甲醇溶液10mL，摇匀，依法鉴定，pH应为6.5～9.5
原药粒度	4号筛通过率100%，5号筛通过率＜10%
基质干燥失重率	无机基质≤3.0%；有机基质≤8.0%
基质重金属含量	≤0.002%
基质砷盐含量	≤0.0002%
基质一般要求	稳定性、流动性良好，与药物与饲料易于混匀，含脂基质应现行脱脂

【生理功能和缺乏症】莫能菌素钠属于单价聚醚离子载体抗生素，是聚醚类抗生素的代表性药物，常用于治疗鸡球虫药，此外具有控制瘤胃中挥发性脂肪酸比例，减少瘤胃中蛋白质的降解，降低饲料干物质消耗，改善营养物质利用率和提高动物能量利用率。

莫能菌素钠的作用机理是能够与球虫体内 Na^{+}、K^{+}、Ca^{2+} 等金属离子形成亲脂性络合物，这种亲脂性络合物易进入生物膜的脂质层。使线粒体内部的 Na^{+}、K^{+} 等阳离子有选择性地流出膜外，阻碍离子正常平衡或转运，影响细胞的渗透压，导致球虫细胞崩解；细胞内外离子浓度发生变化，使球虫的代谢环境发生变化，各种代谢物的摄取与排泄出现障碍。这种对球虫细胞的杀伤作用是不可逆性的。其活性主要是在球虫生活周期最初两天，抑制子孢子或第一代裂殖体。莫能菌素钠对产气荚膜芽孢梭菌有抑杀作用，可防止坏死性肠炎发生。

【制法】莫能菌素钠系由肉桂地链霉菌培养液中提取的聚醚类抗生素。

【常用产品形式和规格】本品为微白色至微黄橙色粉末。一般多以本品制成预混剂，预混剂为黄褐色颗粒或粉末。每1000g中含莫能菌素钠50g或100g或200g。

【添加量】混饲：鸡，每1000kg饲料添加90～110g；肉牛，每头每天200～360mg。以上均以有效成分计。

【注意事项】① 本品毒性较大，且有明显的种族差异，对马属动物的毒性最大，应禁用；10周以上火鸡、珍珠鸡及鸟类亦较为敏感而不宜应用。

② 高剂量（120mg/kg饲料）本品对鸡的球虫免疫力有明显的抑制效应，但停药后会迅速恢复，因此，对肉鸡应连续应用而不能间断，对蛋鸡雏鸡以低浓度（90～100mg/kg饲料）或短期轮换给药为妥。

③ 本品预混剂规格众多，用药时应以莫能菌素钠含量计算。

④ 产蛋鸡禁用，超过16周龄鸡禁用。

⑤ 休药期：肉鸡、牛5日。

【配伍】① 莫能菌素钠通常不宜与其他抗球虫药并用，因并用后常使毒性增强。

② 禁与泰妙菌素、竹桃霉素并用。因为泰妙菌素能明显影响莫能菌素钠的代谢，导致雏鸡体重减轻，甚至中毒死亡，因此在应用泰妙菌素前、后7天内，不能用莫能菌素钠。

【应用效果】研究表明添加20%的莫能菌素钠50mg和100mg能促进湖羊生长和提高精饲料转化率。

【参考生产厂家】武汉大华伟业医药化工（集团）有限公司，永诺药业，湖北盛天恒创生物科技有限公司等。

2. 地克珠利

【理化性质】地克珠利（Diclazuril）又名地可拉唑或杀球灵，分子式为$C_{17}H_9Cl_3N_4O_2$，相对分子质量为407.638，结构式见右。

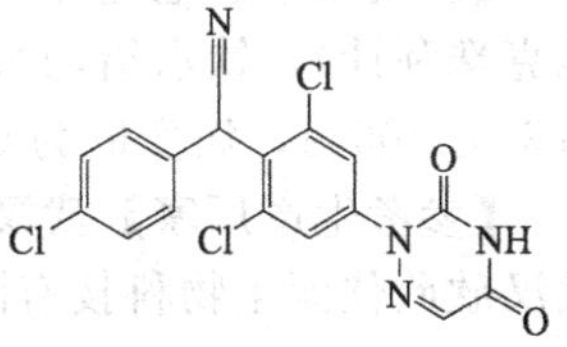

性质：本品几乎无臭；对光不稳定；在二甲基甲酰胺、二甲基亚砜略溶，在四氢呋喃中微溶，在水、乙醇中几乎不溶。

【质量标准】地克珠利质量标准（进口兽药质量标准，1999）

项目	指　　标
干燥失重率	在105℃干燥4h,失重量≤10.0%
过筛率	4号筛通过率应为98%以上(0.5%剂型)或50%以上(0.2%剂型)
降解物含量	照含量测定项下的方法进行检查,降解产物≤标示量的0.2%

续表

项目	指　标
原药过筛率	4号筛通过率100%,5号筛通过率<10.0%
基质干燥失重率	无机基质≤3.0%;有机基质≤8.0%
基质重金属含量	≤0.002%
基质砷盐含量	≤0.0002%
基质一般要求	稳定性、流动性良好,与药物及饲料易于混匀,含脂基质应先脱脂

【生理功能与缺乏症】地克珠利干扰球虫细胞核分裂和线粒体，影响虫体的呼吸和代谢功能，加之又能使细胞内质网膨大，发生严重空胞化，因而具有杀球虫作用。对球虫的作用部位十分广泛，对球虫两个无性周期均有作用，如抑制裂殖体，小配子体的核分裂和小配子体的壁形成体。对球虫主要作用峰期，随球虫的不同种属而异，如对柔嫩艾美尔球虫主要作用点在第2代裂殖体球虫的有性周期。但对巨型、布氏艾美尔球虫裂殖体无效，对巨型艾美尔球虫作用点在球虫的合子阶段；对布氏艾美尔球虫小配子体阶段有高效。地克珠利对形成孢子化卵囊也有抑制作用。

【常用产品形式与规格】地克珠利预混剂，含地克珠利0.5%或0.2%。

【添加量】混饲，每1000kg饲料添加1g（以有效成分计）。

【注意事项】① 本品易引起球虫的耐药性，甚至与托曲珠利交叉耐药性，因此，连用不得超过6个月。轮换用药时亦不宜应用同类药物，如托曲珠利。

② 本品作用时间短暂，停药一天后，作用基本消失，因此，肉鸡必须连续用药以防再度爆发。

③ 由于用药浓度极低（药料允许变动值为0.8～1.2mg/kg），因此药料必须充分拌匀，否则影响疗效。

④ 地克珠利溶液的饮水液，我国规定的稳定期仅为4h，因此，必须现用现配，否则影响疗效。

⑤ 蛋鸡产蛋期间禁用。

⑥ 休药期：5日。

【应用效果】地克珠利纳米乳是一种高效抗球虫药，临床推荐用量1mg/L（按地克珠利计），饮水给药最好。抗球虫指数达195.81，相对增重率达95.81%，存活率为100%，病变值为0，卵囊值为0。

【参考生产厂家】武汉大华伟业医药化工有限公司，湖北艺康源化工有限公司，武汉欣欣佳丽生物科技有限公司等。

第六节　饲料品质改良剂

一、饲料风味剂简介

饲料风味剂是指通过调整饲料气味和饲料口味来达到改善饲料适口性、增强动物食欲、提高动物采食量、促进饲料消化吸收利用目的而添加在饲料中的饲料添加剂。可分为饲用香料和饲用调味剂。

饲料风味剂具有以下作用。

① 提高动物食欲，改善饲料适口性。饲料用风味剂利用“香”或“味”刺激嗅觉和味觉器官，再由大脑发出指令，促使消化液分泌和胃肠蠕动，产生食欲，启动采食行为，起到增加食欲的作用。

② 掩盖饲料风味，扩大饲料资源的利用。

③ 缓解应激，维持畜禽在应激状态下的采食量。

动物应激时，最明显的反应就是采食量下降，进而生长发育受阻。对于嗅觉比较灵敏的哺乳动物来说，应激与嗅觉系统有明显的关联。在应激状况下，给予动物其熟悉或喜欢的风味时，可以减轻应激。

④ 印迹效应。印迹效应指在哺乳动物母体产前及整个泌乳期饲粮中加入一种特殊香味剂，使幼畜建立这种香味剂与母乳的联系，因此，当在哺乳和断奶幼患饲粮中也添加同样的香味剂时，能促进它们提早采食和提高生产性能。

⑤ 刺激消化液分泌，提高营养消化吸收率。通过刺激动物味觉、嗅觉然后经条件反射传导到消化系统，引起唾液、胃液、肠液及胆汁等大量分泌，提高蛋白酶、淀粉酶、脂肪酶的含量有关。

二、常用的饲料风味剂

（一）饲用香味剂

1. 麦芽酚

【理化性质】麦芽酚（maltol）又称甲基麦芽酚（methyl maltol），分子式为 $C_6H_6O_3$，相对分子质量为126.11；结构式见右。

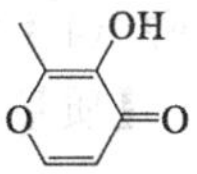

性质：白色针状结晶。有焦奶油硬糖甜香，稀溶液中有草莓香气。易溶于热水、氯仿，溶于乙醇，微溶于乙醚和苯，难溶于石油醚。93℃呈柱状，升华。溶于碱变为黄色，与氧化铁作用呈红紫色，与石蕊呈酸性反应。在碱性介质中不稳定。可用斐林试液和银氨溶液还原。

【质量标准】食品添加剂乙基麦芽酚质量标准（GB 12487—2010）

项目	指标	项目	指标
乙基麦芽酚含量 $C_7H_8O_3$,(以干基计)/%	≥99.5	水分/%	≤0.3
熔点范围/℃	89.0～92.0	砷含量(以As计)/(mg/kg)	≤1
烧灼残渣率/%	≤0.1	重金属含量(以Pb计)/(mg/kg)	≤10

【生理功能与缺乏症】麦芽酚可与硬的金属离子，如 Fe^{3+}、Ga^{3+}、Al^{3+}、VO^{3+}进行配位，因此可用于增加体内铝的摄取量，也用于增加镓和铁的生物利用度。有焦奶油硬糖甜香，可以增强畜禽食欲。

【制法】① 从木醋、木焦油、落叶松树皮或连香树（cercidiphyllum japonicum）

中提取。

② 以曲酸为原料，与氯化苄成曲酸苄醚，再用二氧化锰氧化为靠曼酸苄醚，脱苄基生成靠曼酸。然后使靠曼酸在225℃脱羧生成焦炔康酸，后者在碱性条件下与甲醛反应，得羟基麦芽酚，最后用锌粉/盐酸还原得麦芽酚。也可以通过曲酸的催化空气氧化制取靠曼酸。

③ 以糠醛为原料制取。α-甲基糠醇与水、甲醇通氯反应，中和而得。

④ α-甲基糠醇在甲醇中电解，再经一系列反应制得。

⑤ 3-羟基-γ-吡喃酮与甲醛、哌啶在少量盐酸下发生曼尼希反应，得到曼尼希碱催化氢解制取麦芽酚，但产率不高。

【常用产品形式及规格】本品为白色晶状粉末。

【添加量】软饮料 4.1mg/kg；冰淇淋、冰制食品 8.7mg/kg；糖果 3mg/kg；焙烤食品 30mg/kg；胶冻及布丁 7.5mg/kg；胶姆糖 90mg/kg；果冻 90mg/kg；通常 50～250mg/kg 浓度作为增香剂。

【注意事项】麦芽酚浓溶液贮存在金属容器（包括有些类不锈钢）中可能会变色。

【参考厂家】湖北鸿运隆生物科技有限公司，武汉神曲生物化工有限公司，青岛裕丰达精细化工有限公司等。

2. 甜橙油

【理化性质】甜橙油（sweet orange oil）又叫清甜橙子香。分子式为 $C_{15}H_{24}O$，相对分子质量为 236。结构式见右。

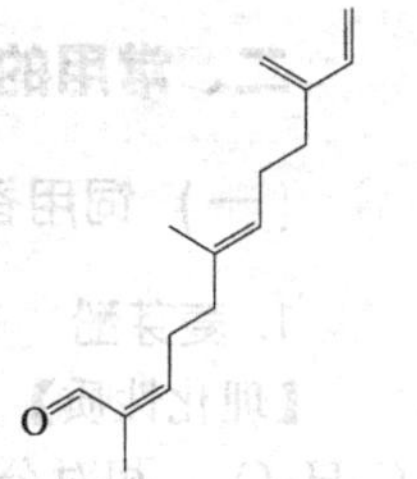

性质：甜橙油呈鲜明的黄色至橙色或深橙黄色的挥发性精油，带有清甜的橙子香气和柔和的芳香滋味，无苦味，遇冷会浑浊；可与无水乙醇、二硫化碳混溶，溶于冰醋酸（1∶1）和乙醇（1∶2），难溶于水。

【质量标准】食品添加剂食用香精质量标准（QB/T 1505—2007）

项目	水溶性液体香精指标	项目	水溶性液体香精指标
色状	符合同一型号的标准样品	过氧化值	—
香气	符合同一型号的标准样品	过筛率	—
香味	符合同一型号的标准样品	重金属含量(以 Pb 计)/(mg/kg)	≤10
相对密度 d_{25}^{25}（或 d_{20}^{20}、d_{4}^{20}）	$D_{标样}$ ±0.010	砷含量(以 As 计)/(mg/kg)	≤3
折射率(25℃或 20℃)	$n_{标样}$ ±0.010	甲醇含量/%	≤0.2
溶解度(25℃)	1g 样品全溶于 300～500g 的 20%(体积分数)乙醇中	菌落总数	—
水分	—	大肠菌群	—

【生理功能与缺乏症】赋予饲料特异性香味，吸引动物采食，提高采食量。

【制法】由芸香料植物甜橙的新鲜果实或鲜橙皮冷榨而得，得率约占全果

0.4%～0.67%。榨果皮精油的一般工艺流程如下。

① 选料　鲜皮与干皮均要求无霉烂变质。

② 浸泡　用1%～1.5%石灰水浸泡 6～8h，浸泡液与果皮的比例为 4∶1。用石灰水浸泡果皮，可使果胶转化为不溶于水的果胶酸钙，避免因果皮破碎而导致果胶大量榨出，产生乳化作用，使油水分离困难。

③ 清洗　用清水洗去浸泡剂。

④ 压榨　用螺旋压榨机，在生产过程中要进行喷淋，喷淋水循环使用，为防止压榨过程中黏稠乳胶液的生成，在喷淋浴中加入 0.2%～0.3%硫酸钠，可提高油水分离效果。

⑤ 沉淀与过滤　过滤后的残渣可蒸馏回收精油。

⑥ 离心分离　过滤和沉降后的油水混合液，经高速离心机（6000r/min）分离，才能获得精油。如精油微有浑浊，可用无水硫酸钠脱水，经静置将上层澄清透明精油抽出过滤，沉淀层再用高速离心机分离，在有条件的情况下，可采用低温过滤脱蜡。

【添加量】最大使用量为 1300mg/kg。

【生产厂家】深圳市唐正生物科技有限公司，上海彼艾孚实业发展有限公司，杭州天韵香精香料有限公司等。

3. 香兰素

【理化性质】香兰素（vanillin）又叫香荚兰素、香兰醛、香草醛。化学名为 4-羟基-3-甲氧基苯甲醛。分子式为 $C_8H_8O_3$，相对分子质量为 152.15。结构式见下。

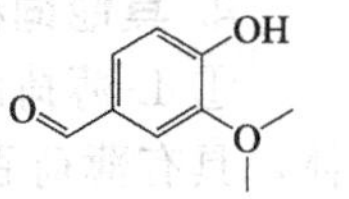

性质：白色针状结晶，有芳香气味。溶于 125 倍的水、20 倍的乙二醇及 2 倍的 95%乙醇，溶于氯仿。

【质量标准】食品添加剂香兰素质量标准（GB 1886.16—2015）

项目	指　　标
熔点/℃	81.0～83
溶解度(25℃)	1g 试样全溶于 3mL 70%(体积分数)或者 2mL 95%(体积分数)乙醇中
干燥后失重率/%	≤0.5
香兰素含量/%	≥99.5
重金属含量(以 Pb 计)/(mg/kg)	≤10
砷含量/(g/kg)	≤3

【生理功能与缺乏症】能够掩盖饲料不良气味，赋予饲料香味，引诱畜禽采食，提高采食量。

【制法】① 由香荚兰豆提取而得　由邻氨基苯甲醚经重氮水解成愈创木酚，在亚硝基二甲基苯胺和催化剂存在下，与甲醛缩合，或在氢氧化钾催化下与三氯甲烷反应而成，再经萃取分离、真空蒸馏和结晶提纯而得。亦可用木浆废液、丁香酚、愈创木酚、黄樟素等制成。

② 以木质素为原料　利用造纸厂的亚硫酸制浆废液中所含的木质素制备香兰素。一般废液中含固形物 10%～12%，其中 40%～50%为木质素磺酸钙。先将废

液浓缩至含固形物40%～50%，加入木质素量25%的NaOH，并加热至160～175℃（约1.1～1.2MPa），通空气氧化2h，转化率一般可达木质素的8%～11%。氧化物用苯萃取出香兰素，并用水蒸气蒸馏的方法回收苯；在氧化物中加入亚硫酸氢钠生成亚硫酸氢盐，然后与杂质分开，再用硫酸分解得香兰素粗品，最后经减压蒸馏和重结晶得成品。

③ 以愈创木酚为原料　三氯乙醛法愈创木酚与三氯乙醛在纯碱或碳酸钾的存在下，加热至27℃缩合生成3-甲氧基-4-羟基苯基三氯甲基甲醇，未反应的愈创木酚用水蒸气蒸馏除去。在氢氧化钠的存在下，用硝基苯作氧化剂，加热至150℃氧化裂解得香兰素；也可用Cu-CuO-$CoCl_2$作催化剂，在100℃下空气氧化，反应后用苯萃取香兰素，经减压蒸馏和重结晶提纯得成品。

④ 对羟基苯甲醛法　以对羟基苯甲醛为原料，经单溴化、甲氧基化反应制备香兰素。在250mL烧瓶中加入16g（0.131mol）对羟基苯甲醛和90mL溶剂，溶解后滴入6.8mL（0.131mol）液溴，加热至40～45℃反应6h。减压抽溶剂，残留物加水煮沸，趁热过滤，滤液冷却结晶、过滤、烘干得白色结晶3-溴-4-羟基苯甲醛，熔点123～124℃，收率90%。

【常用产品形式及规格】香兰素包装于衬有聚乙烯袋的大口铁桶或马口铁听内，铁听包装于干燥的箱中。聚乙烯袋应严密封口。包装贮存25kg/纸桶。

【添加量】最大添加量为970mg/kg。

【参考生产厂家】郑州明瑞化工产品有限公司，北京荣振丰达商贸有限公司，上海恒生化工有限公司等。

4. 其他饲料香味剂和天然香味剂

① L-薄荷醇（薄荷香型）　L-薄荷醇为一种有药理作用的植物提取物，白色晶体，具有薄荷香气，是世界上用量最大的香料，可以由天然薄荷原油提纯也可用合成法制取。

② 椰子油（清甜橘子香）　椰子油来自于椰子肉（干），为白色或淡黄色脂肪；是日常食物中唯一由中链脂肪酸组成的油脂，可以提高新陈代谢效率。

③ 桉叶油（桉叶清凉香）　桉叶油又叫尤加利油或蓝桉叶油，是从蓝桉、桉树叶、香樟树、樟树等叶、枝中提取的无色或者微黄色液体，呈特有清凉尖刺桉叶香气并带有几分樟脑气。

④ 桂花浸膏（桂花香）　桂花浸膏为桂花的鲜花经过食盐水腌渍后用石油醚浸提得到的浸膏，呈深黄色或棕色蜡状半固体，有甜清花香，兼有蜡气和桃子样果香气息，香气浓郁持久。是我国独特的天然香料。

人工合成的香味剂：桂醇（桃、樱桃果香），桂醇有顺式和反式两种异构体。反式呈无色或微黄色长型细小针状结晶，有类似风信子与膏香香气，有甜味；顺式为无色液体。市售商品主要是指反式异构体。

（二）调味剂

1. 鲜味剂

鲜味剂（delicious）主要是谷氨酸钠，即味精。其常温下为白色结晶性粉末，味鲜，易溶于水，微溶于乙醇，但不溶于乙醚。无吸湿性，对光稳定，且水溶液加温也很稳定，在270℃左右分解。与肌苷酸钠或者鸟苷酸钠混合后，鲜味可增加数倍到数十倍。

氨酸虽属非必需氨基酸，但对家禽而言，可认为是准必需氨基酸，为生长迅速及产蛋率高者所必需。多用作鱼饲料及仔猪饲料的风味促进剂，其添加量通常为0.1%～0.2%，与食盐同用效果更佳。

2. 甜味剂

蔗糖、糊精、果糖和乳糖等天然糖类是最早的饲用甜味剂（sweet taste agent）。蔗糖是一种适口性良好的天然甜味剂且可为动物提供能量，但是大量添加成本太高。糖精是一种强化甜味剂，味极甜，但不长，属于短效强化甜味剂。目前，是使用最为广泛的饲用甜味剂；然而动物尤其是仔猪对糖精的味道不是很喜欢，与蔗糖相比显著降低了仔猪的采食量。常用的饲用甜味剂有乙酰磺胺酸钾（安赛蜜）、己氨基磺酸钠（又名甜蜜素）、糖精钠、三氯蔗糖、二氢查耳酮类、甘草末、甜味菊苷等。

3. 酸味剂

作为饲料酸味剂的主要是一些有机酸，常见的种类有柠檬酸、琥珀酸、延胡索酸、乳酸等。有机酸具有抑制并杀灭肠道有害细菌，促进有益细菌（如乳酸菌）的生长繁殖，从而减少或抑制下痢的作用。

4. 辣味剂

常用的辣味剂有大蒜粉和辣椒粉。大蒜粉味辛辣，作为诱食剂加入饲料中可以提高饲料的适口性，刺激动物味蕾，增强动物食欲，促进生长发育。主要适用于鸡、猪、牛饲料和鱼的饵料。辣椒粉具有刺激口腔味蕾和促进胃肠道消化器官运动的作用；在蛋鸡饲料中添加1.5%的辣椒粉可以提高产蛋率。

三、饲料着色剂

着色剂是增加畜禽和水产养殖动物产品色泽的添加剂。它能在动物体内转化和代谢，但不能在体内合成，必须从调料中摄取，因此必须人工添加。

添加着色剂的目的是为了增加畜禽以及水产养殖动物产品的色泽，如使牛奶的黄色加深，禽蛋的卵黄增黄，禽的羽色色泽亮丽，水产养殖动物肉色增色等。同时，通过着色剂改变饲料的颜色，还可刺激饲喂动物的食欲、增加采食量。所以一般分为两大类：一类是动物产品着色剂，另一类是饲料着色剂。

四、常用饲料着色剂

（一）天然饲料着色剂

1. 金盏菊

【理化性质】名称金盏菊（calendula officinalis），分子式（金盏菊中叶黄素）

为$C_{40}H_{56}O_2$，相对分子质量（金盏菊中叶黄素）为568.85。结构式（金盏菊中叶黄素）见下。

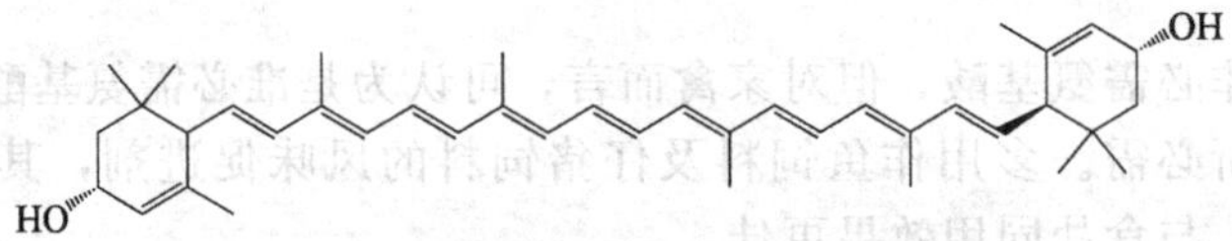

性质（金盏菊中叶黄素）：叶黄素是一种亲油性的物质，通常不溶于水。因为在叶黄素分子中生色团有共轭双键的结构，所以有吸收光线的特殊性质。叶黄素分子中的多烯链很容易被光和热氧化降解，同时在酸性环境下不稳定。

【生理功能与缺乏症】叶黄素具有抗氧化功能；可提高黄斑色素密度，保护黄斑，促进黄斑发育；预防黄斑变性及视网膜色素变性；减少玻璃膜疣的产生，预防AMD的发生。可以使蛋黄和皮肤颜色变黄，但对虾无效。

【常用产品形式和规格】金盏菊粉，磨粉。

【添加量】鸡饲料中添加0.2%。

【应用效果】在鸡饲料中添加0.2%可使蛋黄呈现深黄色，皮肤呈现金黄色。

2. 海藻

【制法】新鲜海藻→海水清洗、干燥→去沙石→粉碎→配料→混合→包装。

【应用效果】研究证明，应用5%的海藻粉能够显著改善蛋黄颜色。

【参考生产厂家】烟台乐迅商贸有限公司，福清日纪食品有限公司，日照市兴百兴商贸有限公司等。

3. 其他常用的天然饲料着色剂

① 万寿菊　其花瓣粉含类胡萝卜素达235mg/kg。按照饲料量的0.3%添加，可使鸡蛋的颜色变深，也能使鸡的皮肤变成金黄色。美国建明工业公司生产的商品“金闪闪”着色剂就是用由万寿菊花朵中提取的类胡萝卜素制成的天然着色剂，它含活性叶黄素15.4g/kg，在家禽日粮中的添加量为0.15%～0.30%。

② 苜蓿草粉　将开花前的苜蓿草青割、晾干、制成粉，其干粉每千克含叶黄素总量250mg（50～500mg）、黄体素30mg（15～55mg）、玉米黄素200mg（150～250mg）、类胡萝卜素320mg。用5%的苜蓿粉配合蛋鸡日粮连喂15天，即可使蛋黄色泽从1级提高到4级。

③ 松针粉　用5%松针粉加入蛋鸡日粮中，饲喂20天，对比试验结果表明，松针粉组的蛋黄颜色可从1级提高到5级。

④ 红辣椒粉　每千克红辣椒粉含类胡萝卜素275～1650mg，含玉米黄素丰富。在蛋鸡日粮中添加0.1%～0.5%红辣椒粉，可提高食欲，助消化、促生长，提高产蛋率，对蛋黄有显著增色效果。

⑤ 藻粉　藻粉多为小球藻（绿藻）、海绵球藻的藻粉。此类植物含有较多的类胡萝卜素，每千克海藻含类胡萝卜素达2200mg，每千克小球藻含类胡萝卜素高达40000mg。如用海带、紫菜或马尾藻作添加剂，添加量可占日粮的2%～6%，其

鸡蛋中的蛋黄色价可增加 2.7 个等级（并可生产具有多种治疗作用的高碘蛋）；用螺旋藻 5%添加于水产饲料中，可使水产品体色好，且提高免疫力。

⑥ 虾、蟹、牡蛎、昆虫等甲壳 甲壳纲动物性饲料，每千克含类胡萝卜素约 80mg，并含有类胡萝卜素的衍生物虾仁质。在蛋鸡日粮中添加 5%～10%的虾壳粉或者蟹壳粉，可有效地提高蛋黄色泽。

（二）人工饲料着色剂

1. β -胡萝卜素-4，4′-二酮

【理化性质】名称：β-胡萝卜素-4,4′-二酮（canthaxanthin）又称斑蝥黄、胡萝卜菲红、杏菌红素。分子式为 $C_{40}H_{52}O_2$。相对分子质量为 564.86。结构式见右。

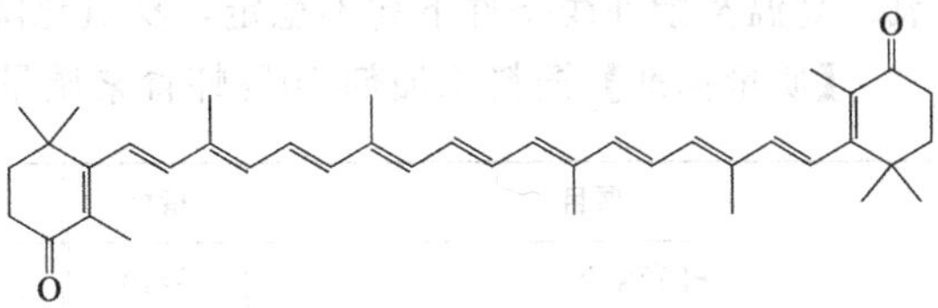

性质：紫色晶体或结晶性粉末。稳定的工业产品溶于油脂或有机溶剂中的溶液形式，或水分散性的橙至红色粉末或颗粒形式。

【质量标准】饲料添加剂 1%β-胡萝卜素质量标准（GB/T 19370—2003）

项目	指标	项目	指标
含量(以 $C_{40}H_{56}$计)/%	≥1.0	灼烧残渣率/%	≤8.0
铅含量/(mg/kg)	≤10	干燥失重率/%	≤10.0
砷含量/(mg/kg)	≤3.0	粒度	本品 100%通过 0.85mm (20 目)孔径的筛网

【生理功能与缺乏症】本品为化学合成的一种类胡萝卜素，广泛用作畜产品着色剂。主要用于蛋黄和肉鸡皮肤的增色，利用率高，色素沉积率高，着色程度一般随饲料中添加量的增加而加深。此外，还可用于鲤鱼、虹鳟、金枪鱼皮肤以及其他玩赏和试验用鱼、鸟等着色。

【制法】由 β-胡萝卜素氧化制取。

【常用产品形式与规格】多是含此物质 10%左右的预混剂或与黄色素的复配物（含斑蝥黄 10%）。

【添加量】添加于饲料中使用，用量 5～55mg/kg。

【注意事项】β-胡萝卜素为脂溶性物质，畜禽血液中的脂蛋白具有输送各种胡萝卜素的功能，但钙及维生素 A 与血液脂蛋白的亲和力高于类胡萝卜素，因此当饲料中钙含量提高时，其用量需相应提高。饲料中的氧化脂肪会降低 β-胡萝卜素的沉积。

【应用效果】β-胡萝卜素添加剂量为 150mg/kg 时能显著提高蛋鸡产蛋率和蛋黄色泽。

【参考生产厂家】郑州皇朝化工产品有限公司，武汉大华伟业医药化工有限公司，西安大丰收生物科技有限公司等。

2. 虾青素

【理化性质】虾青素（astaxanthin，ASTA）别名3,3′-二羟基-4,4′-二酮基-β,β′-胡萝卜素。分子式为 $C_{40}H_{52}O_4$，相对分子质量为596.84。结构式见右。

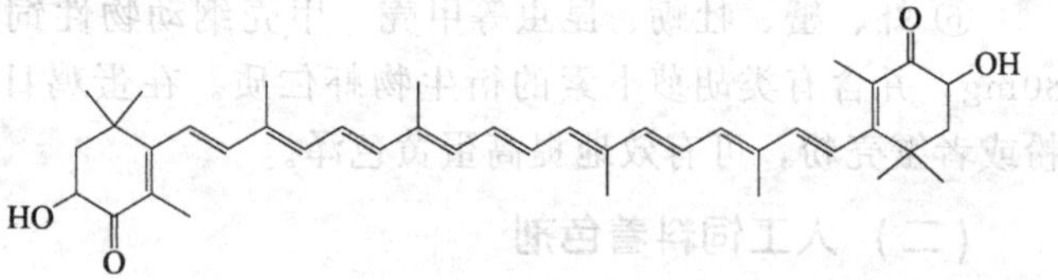

性质：虾青素的色泽为粉红色，不溶于水，易溶于大部分有机溶剂，在酸、氧、高温及紫外线条件下均不稳定，易氧化降解。

【质量标准】饲料添加剂10%虾青素质量标准（GB/T 23745—2009）

项目	指标	项目	指标
虾青素含量/%	≥10	总砷含量(以As计)/(mg/kg)	≤3
干燥失重率/%	≤8.0	过筛率(通过孔径0.425mm的分析筛)/%	≥85
重金属含量(以Pb计)/(mg/kg)	≤10	过筛率(通过孔径0.84mm的分析筛)/%	100

【生理功能与缺乏症】主要用于对虾饲料和鱼饲料，以增加对虾色泽，提高虾成活率。使鳟鱼体表变红，鱼类体色鲜艳。也能促进抗体产生，增强动物免疫力，提高其繁殖性能，并有较强的抗氧化作用。

【制法】虾青素的生产具有人工合成和生物获取两种方式。人工合成虾青素不仅价格昂贵，而且同天然虾青素在结构、功能、应用及安全性等方面差别显著。人工合成即为化学方法，是从胡萝卜素制得虾青素；生物获取天然虾青素的方法，其生物来源一般有3种：水产品加工工业的废弃物、红发夫酵母和微藻（主要是雨生红球藻）。

【常用产品形式及规格】含虾青素8.0%（如加丽素-粉红）。

【添加量】主要用于水产饲料，一般用量为0.4～1.0mg/kg，虾饵料中添加0.1%体色最佳。禽饲料中添加虾青素也可增加禽类的皮肤和禽蛋的着色。

【注意事项】均以纯虾青素量计算，没有相应时间和相应的计量是不会有作用的。

【应用效果】向枭等在红剑尾鱼、珍珠玛丽鱼及花玛丽鱼等观赏鱼饲料中添加50 mg/kg的虾青素能有效地改善鱼的体色，提高其观赏价值。

【参考生产厂家】云南云彩金可生物技术有限公司，石林爱生行生物科技有限公司，美国西亚诺泰克公司等。

3. 叶黄素

【理化性质】叶黄素（lutein），分子式为 $C_{40}H_{56}O_2$，相对分子质量为568.5。结构式见下。

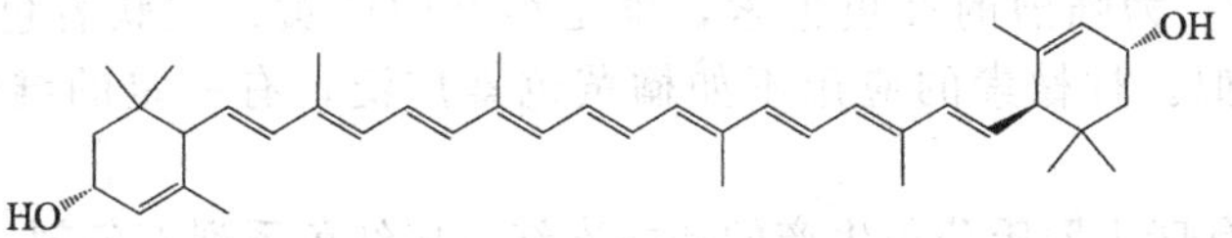

性质：不溶于水和丙二醇，溶于己烷、乙醇、丙酮、油脂等有机溶剂。油脂溶液呈黄色，呈色不受 pH 值影响。耐热性好，耐光性差，150℃以上高温时不稳定。

【质量标准】饲料添加剂叶黄素质量标准（GB/T 21517—2008）

项目	指标	项目	指标
叶黄素含量(以 $C_{40}H_{56}O_2$ 计)/%	≥90	pH 值	—
水分/%	≤8.0	砷含量/(mg/kg)	≤3.0
过筛率(通过 0.84mm 孔径标准筛)/%	100	铅含量/(mg/kg)	≤10.0

【生理功能与缺乏症】用作肉鸡皮肤和鸡蛋蛋黄着色，亦用于虹鳟和虾等水产动物着色，并有一定的抗氧化作用。

【制法】主要来源于万寿菊鲜花的深加工，加工工艺如下：万寿菊鲜花采收→酶解→脱水→烘干→造粒→低温浸出→叶黄素浸膏→包装。

低温浸出加工工艺又可分为 4 号溶剂亚临界低温浸出（河南省亚临界萃取工程技术中心专利技术）和 6 号溶剂浸出，两种加工工艺相比，4 号溶剂油亚临界低温浸出方法所得叶黄素油膏中有效成分指标反式叶黄素含量高达 75%，叶黄素收率达 97%，并可以有效地减少资源浪费，是值得推广的加工方法。

【常用产品形式及规格】含叶黄素活性物 1%～2%。

【添加量】雏鸡 150～200mg/kg，育成鸡 250～300mg/kg，蛋鸡 50～500mg/kg，黄鱼 600～1000mg/kg（饲料添加剂安全使用规范）。

【注意事项】耐光性差，注意避光保存。

【应用效果】24.2～1700mg/kg 万寿菊天然叶黄素的添加显著提高了 21g 左右黄颡幼鱼的生长性能，作为黄颡鱼着色剂的最适饲料添加量为 76.25mg/kg，显著提高了血清胆固醇的水平。56 天内可在黄颡鱼皮肤中持续沉积，肌肉只蓄积极少量的叶黄素，但同样随摄入剂量增加有升高趋势。

【参考生产厂家】西安大丰收生物科技有限公司，武汉宏信康精细化工有限公司，湖北鸿运隆生物科技有限公司等。

4. 其他化学合成的着色剂

① β-阿朴-8′-胡萝卜酸乙酯　为橙黄色着色剂，是应用最为广泛的人工合成着色剂之一。主要用于蛋黄及肉鸡皮肤、喙、脚胫着色。利用率高，色素沉着好，为着色最有效的类胡萝卜素，而且安全性、稳定性好。欧美许多国家已批准其作为食品添加剂。作为蛋黄和肉鸡着色剂时，饲料中添加量为 10～100mg/kg。随着添加量的增加，蛋黄及肉鸡皮肤等颜色加深，但由于其为橙黄色素，若需更深的颜色需与红色色素合用。常与橘黄色素合用以达到橙红色着色效果。此着色剂还有一定维生素 A 的生理作用。

② 柠檬素　为强烈的红色色素，也是很好的卵黄、皮肤着色剂，着色效果与橘黄色素相似。柠檬素的应用不如橘黄色素广泛，有一定的维生素 A 的生理功能。

此外，还有瑞士罗氏公司生产的加丽素红（属红色系列着色剂，主要成分是斑蝥黄）和加丽素黄（黄色系列着色剂）、美国建明公司的金闪闪、红艳艳和德国巴斯夫公司的露康定（主要成分是柠檬黄素）等。

五、饲料抗结块剂简介

在配合饲料和饲料添加剂的生产加工过程中，对于一些容易吸湿结块或黏滞性强、流动性差的原料，需要添加少量流动性好的物质，来改善其流动性，防止结块。这些物质称为防结块剂。另外，防结块剂还可防止配料仓中原料的结拱，有利于提高配料的准确性和饲料的均匀度。

抗结块剂也称为流散剂，多系无水硅酸盐。其颜色不一，密度也较大，微小颗粒具有流散性，大多对动物无毒害作用。

常用的抗结块剂主要有钙铝榴石（硅铝酸钙）$Ca_3Al_2(SiO_4)_3$；硬玉（硅铝酸钠）$NaAl(Si_2O_6)$；硅灰石（硅酸三钙）$Ca_3(Si_3O_9)$；石英、长石 SiO_2；蛭石 $(Mg,Fe,Al)_3[(Si,Al)_4O_{10}](OH)_2\cdot 4H_2O$；黑云母 $K(Mg,Fe)_3[AlSi_3O_{10}](OH,F)_2$ 等。由于硅酸盐难以消化吸收，用量不宜过高，一般在 0.5%～2%。其他抗结块剂还有硬脂酸钙、硬脂酸钠以及硬脂酸钾等，用量与作用与硅酸盐大致相同。

美国使用的天然与合成抗结块剂见表 3-29。

表 3-29　美国使用的天然与合成抗结块剂

项目	使用说明
硅酸钙、硬脂酸钙	天然产品，饲料中添加 2%以下
二氧化硅	与以下饲料组分共用：BHT，限量 2%以下；丙酸钠，限量 1%以下；尿素，限量 1%以下；维生素，限量 3%以下；成品饲料，限量 2%以下
硅酸钠铝	在成品饲料中添加 2%以下；在成品饲料中添加 2.5%以下
凹凸棒石黏土	在成品饲料中添加 2%以下，也用作液态饲料补充物的悬浮助剂，用量为补充物的 1.5%以下
膨润土和潮润土钠	在成品饲料中添加 2%以下
硅藻土	占总日粮的 2%以下
高岭土	在成品饲料中添加 2.5%以下
蒙脱土黏土	在成品饲料中添加 2%以下
叶蜡石	在成品饲料中添加 2%以下

六、饲料黏结剂简介

饲料黏结剂，也称为赋形剂，是饲料生产过程中，为了使饲料成形而加入的一类物质；这些物质还可以增加饲料的稳定性、保证一定的颗粒粒度和耐久度、增加水产饵料在水中的稳定性、减少加工过程中粉尘；并且有的黏结剂对某些活性成分还有很好的稳定作用，可以减少活性微量组分在加工、贮存过程中的损失。

对于畜禽颗粒料的生产来说，由于原料经过一定的处理后可以产生一定黏度，满足颗粒成形和耐久度的要求，一般不用另外添加黏结剂。只当原料中含粗纤维较多，而淀粉、蛋白质、脂肪等较少而造成饲料不易成形时才会适当的添加黏结剂来增加黏结性。

而对于鱼、虾等水生动物来说，由于是在水中摄食，要求饵料在水中存在一定时间不能松散，以便摄食和防止营养物质的散落和流失。同时，饵料在水中的溃散、流失也会造成水质污染，影响水生动物的正常生长。此外，由于黏结剂的应用可改进饵料性质，特别是湿性饵料的弹性、滑软性，增加饵料适口性，也可增加鱼、虾采食量。因此，黏结剂对鱼、虾饵料生产非常重要。

在配合饲料和预混料生产过程中，为了减少粉尘，消除微量组分的静电性和损失，增加载体的承载能力，会添加少量的油脂类黏结剂。在制粒时，添加一定的油脂可增加黏结作用和润滑性。作为黏结剂，必须具备价格低廉、用量少、来源广、无毒性、加工简便和效果好等特点。

七、常用饲料黏结剂

（一）天然黏结剂

1. 果胶

【理化性质】果胶（pectin）又称为可溶性果胶。分子式为 $C_5H_{10}O_5$，相对分子质量为150.1299。结构式见右。

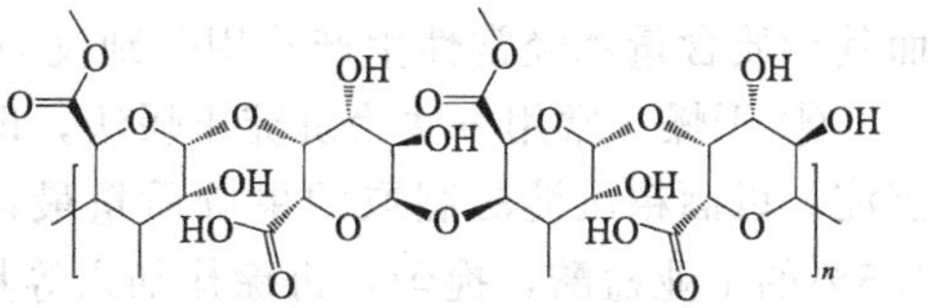

性质：果胶为白色至淡黄色粉末，稍有果胶特有香气，味微甜且略带酸味。相对密度约为0.7，无固定熔点。能溶于水，不溶于乙醇和其他有机溶剂。水溶液呈酸性，溶于20倍的水成黏稠状液体。1%的低甲氧基果胶溶液在多价离子（Ca^{2+}、Mg^{2+}、Al^{3+}）的存在下可形成果胶酸盐胶冻，高甲氧基果胶的溶液在含糖量高于55%、pH2.6～3.4条件下方可形成胶冻。ADI值不需特殊规定。

【质量标准】食品添加剂果胶质量标准（QB 2484—2000）

项目	指标		项目	指标	
	高甲氧基	低甲氧基		高甲氧基	低甲氧基
干燥失重率/%	≤8	≤8	总半乳糖醛酸含量/%	≥65.0	≥65.0
灰分/%	≤5	≤5	重金属含量(以Pb计)/(mg/kg)	≤15	≤15
盐酸不溶物含量/%	≤1	≤1	砷含量(以As计)/(mg/kg)	≤2	≤2
pH值	2.6～3.0	4.5～5.0	铅含量/(mg/kg)	≤5	≤5
二氧化硫含量/%	≤0.5	≤0.5			

【制法】制作工艺流程是：原料→预处理→抽提→脱色→浓缩→干燥→成品。

① 原料及其处理　鲜果皮或干燥保存的柚皮均可作为原料。鲜果皮应及时处理，以免原料中产生果胶酶类水解作用，使果胶产量或胶凝度下降。先将果皮搅碎至粒径2～3mm，置于蒸汽或沸水中处理5～8min，以钝化果胶酶活性。杀菌后的原料再在水中浸泡30min，并加热到90℃保持5min，压去汁液，用清水漂洗数次，尽可能除去苦味、色素及可溶性杂质。榨出的汁液可供回收柚苷。干皮温水浸泡复水后，采取以上同样处理备用。

② 抽提　通常用酸法提取。将处理过的柚皮倒入夹层锅中，加4倍水，并用工业盐酸调pH至1.5～2.0，加热到95℃，在不断搅拌中保持恒温60min。趁热过滤得果胶萃取液。待冷却至50℃，加入1%～2%淀粉酶以分解其中的淀粉，酶作用终了时，再加热至80℃杀酶。然后加0.5%～2%活性炭，在80℃下搅拌20min，过滤得脱色滤液。

因柚皮中钙、镁等离子含量较高，这些离子对果胶有封闭作用，影响果胶转化为水溶性果胶，同时也因皮中杂质含量高，而影响胶凝度，故酸法提取率较低，质量较差。为解决以上问题，西南农业大学食品学院（1995）对酸法提取作了改进，即在酸法基础上，按干皮质量加入5%的732阳离子交换树脂或按浸提液质量加入0.3%～0.4%六偏磷酸钠，前者果胶得率可提高7.2%～8.56%，胶凝度提高30%以上，而后者得率提高25.35%～35.2%，其胶凝度可达180%±3%。

③ 浓缩　采用真空浓缩法，在55～60℃的条件下，将提取液的果胶含量提高到4%～6.5%后进行后工序处理。近来作者和国内其他单位研究表明，超滤可用于果胶液浓缩，如用切割相对分子质量为50000的管式聚丙烯腈膜超滤器，在温度45℃、pH3.0、压力0.2MPa条件下进行超滤浓缩，可将果胶浓度浓缩至4.21%，而其杂质含量和经常性生产费用分别仅为真空浓缩的1/5和1/2～1/3。

④ 干燥　常用方法为沉淀干燥法，即用95%酒精或铝、铜等金属盐类使果胶沉淀。以酒精沉淀法制取的果胶质量最佳。其方法是：在果胶浓缩液中加入重量1.5%的工业盐酸，搅匀，再徐徐加入等量的95%酒精，边加边搅拌，使果胶沉淀析出。再用80%的酒精洗涤，除去醇溶性杂质。然后用95%酸性酒精洗涤2次，用螺旋压榨机榨干后，将果胶沉淀送入真空干燥机在60℃下干燥至含水量10%以下，把果胶研细，密封包装即成果胶粉成品。用金属盐类沉淀果胶，其杂质含量较高，现较少采用。

直到2013年，国外果胶干燥大多采用喷雾干燥，即用压力式喷雾干燥，将浓缩液在进料温度150～160℃，出料温度220～230℃的条件下干燥，连续化操作中可不断得到粉末状产品。西南农业大学食品学院用超滤浓缩液进行喷雾干燥试验，结果表明该法是完全可行的，果胶质量符合国家标准。

【常用产品形式及规格】双层塑料袋包装，外用木箱内衬防潮纸包装，小包装为每箱内装25袋，每袋净重1kg；大包装为每箱一大袋，每袋净重30kg。

【参考生产厂家】河南兴源化工产品有限公司，北京金诺欣成化工有限公司，厦门仁驰化工有限公司等。

2. α-淀粉

【理化性质】α-淀粉（α-starch），又称预糊化淀粉。为白色粉末，不溶于乙醇、乙醚和氯仿，能分散于冷水形成糨糊。遇碘呈蓝色反应。

【制法】① 滚筒法 将淀粉浆送至用蒸汽加热到160℃的两个滚筒之间。淀粉浆立刻被雾化，在其表面形成薄膜，用刮刀刮下，粉碎即得产品。质量取决于糊化程度。

② 挤压法 将含水分15%～20%的淀粉乳加入挤压机内，淀粉经螺旋轴摩擦挤压产生热而物化，然后通过孔径为1～10mm的小孔高压挤出，进入大气中的物料瞬间膨胀干燥，经粉碎筛选即得产品。

③ 脉冲喷气法 此法主要设备是一个频率为250次/s的脉冲喷气式燃气机，该机产生1376℃的喷气，送入的含水分35%的淀粉乳在几毫秒之内雾化、糊化、干燥，并通过一个扩散器后被成品收集器收集。目前是国外生产糊化淀粉的新方法。

【常用产品形式】α-淀粉粉末。

【添加量】虾饲料8%～10%，鳗鱼饲料21%～23%。

【参考生产厂家】广西隆安银丰淀粉有限公司，沧州市中信生物科技有限公司等。

3. 褐藻酸钠

【理化性质】褐藻酸钠（sodium alginate，SA或NaAlg）的分子式为$(C_6H_7NaO_6)_x$。相对分子质量为216.12303（糖单元），结构式见右。

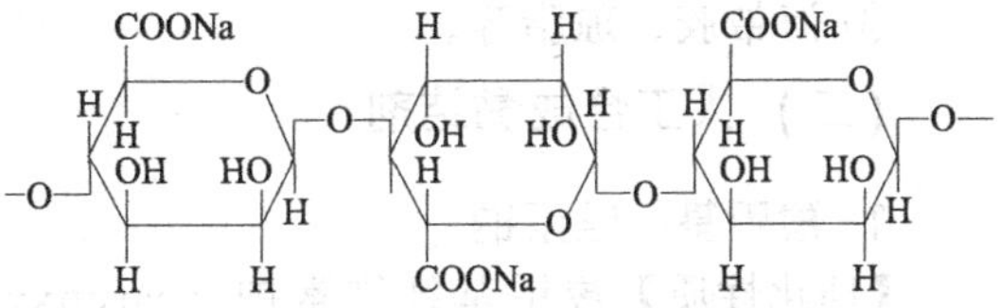

性质：溶于水，不溶于乙醇、乙醇含量高于30%的溶液、氯仿、乙醚和pH低于3的酸。属高分子表面活性剂。1%水溶液pH为6～8，pH6～9时黏性稳定。加热80℃以上强度降低，具有吸湿性。可形成纤维和薄膜，薄膜能使水汽透过而不渗透植物油、脂肪、石蜡及多种有机溶液。易与蛋白质、淀粉、明胶、果胶、阿拉伯胶、羟甲基纤维素（CMC）、蔗糖、甘油、山梨醇等共溶。

【质量标准】食品添加剂褐藻酸钠质量标准（GB 1976—2008）

项目	指标	项目	指标
pH	6～8	透光率/%	符合规定
水分/%	≤15.0	铅含量(以Pb计)/(mg/kg)	≤4
灰分(以干基计)/%	18～27	砷含量(以As计)/(mg/kg)	≤2
水不溶物/%	≤0.6		

【生理功能与缺乏症】鱼类颗粒饲料黏结剂。因不易被肠道吸收，因而能延长饲料在肠道内的停留时间，从而提高饲料的消化率，促进动物生长。此外，还有促

进胆固醇排出以及抑制锶、镉、铅吸收的作用。

【制法】褐藻酸钠的生产工艺流程如下：干的或湿的海草（藻）经碾碎、水洗除杂、强碱水萃取、澄清得粗褐藻酸盐溶液，经氯化钙沉淀得带色的褐藻酸钙，经脱色、脱味后用酸处理，除去可溶性杂质得褐藻酸沉淀，与碳酸钠作用得褐藻酸钠，再经干燥、粉碎、过筛得褐藻酸钠粉末。

【添加量】直接添加于饲料中使用，饲料中添加量一般为2%以下。以α-淀粉为主黏结剂时，添加量为1%～1.5%。

【注意事项】密闭贮存于阴凉、通风、干燥处。

【参考生产厂家】河南万博化工产品有限公司，西安大丰收生物科技有限公司，武汉大华伟业医药化工有限公司等。

4. 常用的天然饲料黏结剂

① 树木分泌的胶汁——瓜尔胶　来自一种豆科植物的胚乳，工业级产品呈深黑色，纯品呈白色或乳白色。几乎无味，属多糖类。相对分子质量约22万。在pH4～10.5时很稳定，pH8时溶解最好，在冷水中即可形成胶液。1%胶溶液的黏度为2～3.5 Pa·s。

② 黏土型黏结剂——膨润土和膨润土钠　多用于畜、禽颗粒饲料，以加强颗粒的耐久性，增加制粒产量，并可延长压模寿命。这是由于膨润土钠有较高的吸水性，在适当游离水存在时，吸水后膨胀，改进了饲料的黏结性和润滑作用。其细度要求至少90%～95%通过200目筛，用量要求不超过配合饲料的2%。

③ 植物淀粉类　包括小麦、玉米、木薯、马铃薯等淀粉或变性淀粉。

④ 海带胶、琼脂等。

（二）人工合成黏结剂

1. 羧甲基纤维素钠

【理化性质】羧甲基纤维素钠（carboxymethylcellulose sodium，NaCMC）的分子式为$C_8H_{16}NaO_8$，相对分子质量为263.20。结构式见右。

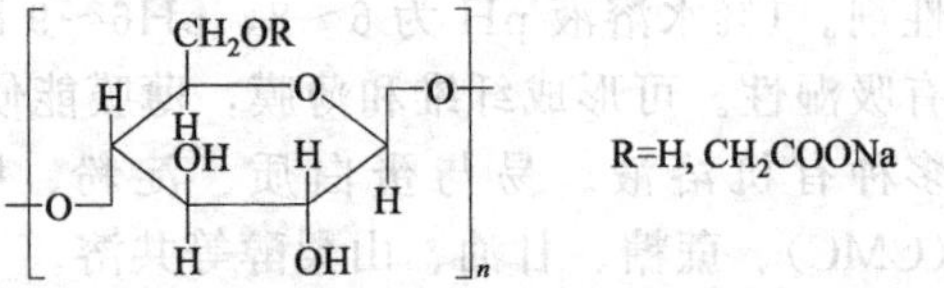

性质：羧甲基纤维素钠为白色或淡黄色纤维状粉末，无臭，无味。不溶于乙醇、乙醚、丙酮等有机溶剂，有吸湿性，易分散于水中成为透明的胶体。1%的水溶液pH值6.5～8.0，对热不稳定，温度升高，则黏度下降。褐变温度为226～228℃，碳化温度为252～253℃。

【质量标准】食品添加剂羧甲基纤维素钠质量标准（GB 1904—2005）

项目	指标	项目	指标
2%(质量分数)水溶液黏度/mPa · s	≥25	砷含量(以As计)/%(质量分数)	≤0.0002
取代度	0.2～1.5	铅含量(以Pb计)/%(质量分数)	≤0.0005
pH值(10g/L水溶液)	6.0～8.5	重金属含量(以Pb计)/%(质量分数)	≤0.0015
干燥减重率/%(质量分数)	≤10	铁含量(以Fe计)/%(质量分数)	≤0.02
氯化物含量(以Cl⁻计)/%(质量分数)	≤1.2		

【制法】通常以精制棉为原料与氢氧化钠反应生成碱纤维素，再用一氯乙酸进行羧甲基化制得。国内采用的工艺以有机溶剂为反应介质的溶剂法和以水为介质的传统水剂法。

① 溶剂法　精制棉置于捏合机中，碱液按一定的流量喷入捏合机中使纤维素充分膨化，同时加入适量的乙醇，碱化温度控制在30～40℃，时间15～25min。碱化完全后喷入氯乙酸乙酯溶液，于50～60℃下醚化2h。再用盐酸乙醇溶液中和、洗涤以除去氯化钠，用离心机脱醇去水，最后经干燥和粉碎得成品。

② 传统水剂法　用18%～19%的碱液喷入捏合机中，于30～35℃下使精制棉碱化生成碱纤维素，然后用固体氯乙酸钠进行捏合醚化。前1～2h温度控制在35℃以下，后1h温度控制在45～55℃。再经一段时间熟化后干燥、粉碎得成品。

【添加量】不超过2%。

【注意事项】本品易吸水，在运输贮存过程中应避免接触水；受潮易结块但不影响产品质量。

【参考生产厂家】湖北盛天恒创生物科技有限公司，衢州市明锋化工有限公司，湖北鸿运隆生物科技有限公司等。

2. 聚丙烯酸钠

【理化性质】聚丙烯酸钠（sodium polyacrylate）的分子式为（$C_3H_3NaO_2$）$_n$，结构式见右。

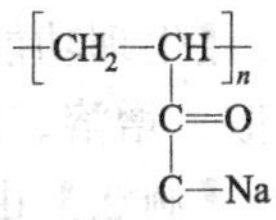

性质：聚丙烯酸钠是一种水溶性高分子化合物。商品形态的聚丙烯酸钠，相对分子质量小到几百，大到几千万，外观为无色或淡黄色液体、黏稠液体、凝胶、树脂或固体粉末，易溶于水。因中和程度不同，水溶液一般pH值6～9。能电离，有或无腐蚀性。易溶于氢氧化钠水溶液，但在氢氧化钙、氢氧化镁等水溶液中随碱土金属离子数量的增加，先溶解后沉淀。无毒。

【质量标准】食品添加剂聚丙烯酸钠质量标准（GB 29948—2013）

项目	指标	项目	指标
硫酸盐含量(以 SO_4^{2-} 计)/%	≤0.48	烧灼残基率(以干基计)/%	≤76
残余率/%	≤1	重金属含量(以 Pb 计)/(mg/kg)	≤20
低聚物含量/%	≤5	总砷含量(以 As 计)/(mg/kg)	≤3
干燥减重率/%	≤10		

【制法】① 相对分子质量小时，丙烯酸在引发剂和链转移剂存在下聚合，用氢氧化钠中和即可得到产品。控制反应温度，引发剂和链转移剂的种类和用量，单体浓度、反应时间和加料方式等条件，可得到不同相对分子质量的产品。

② 相对分子质量高时，丙烯酸用氢氧化钠中和，精制后，在引发剂存在下聚合，即得产品。固体形态的产品可经过干燥、造粒或粉碎得到。

③ 国外通过辐射聚合NaOH与丙烯酸的中和物制得。

【常用产品形式与规格】白色或淡黄色固体或者粉末。

【参考生产厂家】西安大丰收生物科技有限公司，湖北巨胜科技有限公司，华北生态环保化工有限公司等。

3. 蔗糖脂肪酸酯

【理化性质】蔗糖脂肪酸酯（sucrose fatty acid esters，SE）。结构式见右。

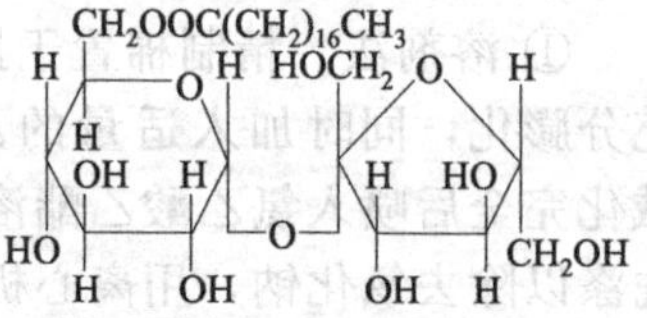

性质：蔗糖酯为白色至黄色的粉末，呈无色至微黄色的微稠液体或软固体，无臭或稍有特殊的气味。易溶于乙醇、丙酮。单酯可溶于热水，但二酯和三酯难溶于水。单酯含量高，亲水性强；二酯和三酯含量越多，亲油性越强。软化点 50～70℃，分解温度 233～238℃。有旋光性。耐热性较差，在受热条件下酸值明显增加，蔗糖基团可发生焦糖化作用，从而使颜色增深。此外，酸、碱、酶都会导致蔗糖酯水解，但在 20℃以下时水解作用很小，随着温度的增高而加强。

【质量标准】食品添加剂蔗糖脂肪酸酯质量标准（GB 1886.27—2015）

项目	指标	项目	指标
酸值/(以 KOH 计)/(mg/kg)	≤6.0	铅含量(以 Pb 计)/(mg/kg)	≤2.0
游离糖含量(以蔗糖计)/%(质量分数)	≤10.0	水分/%(质量分数)	≤4.0
总砷含量(以 As 计)/(mg/kg)	≤1.0	灼烧残渣率/%(质量分数)	≤4.0

【生理功能与缺乏症】具有表面活性，能降低表面张力，同时有良好的乳化、分散、增溶、润滑、渗透、起泡、黏度调节、防止老化、抗菌等性能。

【制法】由蔗糖和脂肪酸经酯化反应生成的单质或混合物。

【注意事项】注意防潮。

【参考生产厂家】河南正兴食品添加剂有限公司，郑州明瑞化工产品有限公司，合肥益美化工科技有限公司等。

4. 其他常用人工黏合剂

常用的人工黏合剂，还有甲基纤维素、木质素磺酸盐、聚乙烯醇、聚丙烯醇、糊精等。

第七节 饲料保藏剂

饲料在贮存期间，饲料中各类养分会因内部或外部因素的影响而受到破坏，并有可能产生有毒有害物质。其原因主要有以下两个方面：一是光照与氧对饲料的作用；二是饲料的温度、湿度和水分对饲料的作用。为此，现代饲料工业针对前者开发出了饲料抗氧化剂，针对后者开发出了饲料防霉剂。

一、饲料防霉剂简介

1. 饲料防霉剂的概念

饲料防霉剂是指能降低饲料中微生物的数量、控制微生物的代谢和生长、抑制霉菌毒素的产生，预防饲料贮存期营养成分的损失，防止饲料发霉变质并延长贮存时间的饲料添加剂。

2. 饲料防霉剂主要特点

在自然界中霉菌分布极广，种类繁多，而多数霉菌都能引起饲料的发霉变质，使饲料的营养价值大大降低，适口性变差。发霉严重者不仅毫无营养价值，而且用其饲喂动物还可造成动物生长停滞，内脏受损，甚至中毒死亡。在饲料中应用防霉剂是防止饲料霉变行之有效的方法。

3. 饲料防霉剂的分类

防霉剂按其作用方式可分为扩散型、接触型、扩散接触型。扩散型主要指单一有机酸或复合有机酸类，接触型主要指有机酸盐类，扩散接触型主要为单一有机酸或多种有机酸结合特殊载体制成的复合有机酸。

按其理化特性可分为有机酸、有机酸盐及其酯、复合防霉剂等。第一类为有机酸，如丙酸、山梨酸、苯甲酸、乙酸和富马酸等；第二类为有机酸盐及其酯，如丙酸盐、山梨酸钠（钾）、苯甲酸钠和富马酸二甲酯等；第三类为复合防霉剂。

有机酸防霉效果较好，但腐蚀性较大；有机酸盐防霉效果较有机酸差，且必须在有一定的水分与合适的 pH 值的条件下才能进行，但腐蚀性小；复合防霉剂防霉效果作用强、腐蚀性小，是饲用防霉剂的发展趋势。

防霉剂也可分为单方和复方两大类。第一类为单方防霉剂，包括丙酸盐类、甲酸及甲酸钙、山梨酸、柠檬酸、富马酸二甲酯以及大蒜素等。这些防霉添加剂具有破坏或阻断病原微生物的作用，但又不会阻碍消化道中正常有益菌群和酶的活动，有的还能改变饲料的口味和提高饲料的适口性。

第二类为复方防霉剂，为了提高防霉剂的防霉能力和综合品质，除了使用单方防霉剂以外，还经常使用复方防霉剂。复方防霉剂的广谱抗菌防霉能力更强，适用范围更宽，经常使用的复方防霉剂如下。①用 92%海藻物、4%碘酸钙、4%丙酸钙组成，使用时按 8%的比例添加到饲料中。这种防霉剂除了防霉效果好以外，最大特点是增加了海藻物中各种微量元素，如钙、铁、锌、碘、铜等，使饲料中的微量元素更丰富。②用 1 份醋酸钠和 2 份醛酸混合均匀，然后在混合物中加入 1%的山梨酸，充分搅拌并干燥即可，使用时按 1%的比例加入到饲料中。

4. 饲料防霉剂的作用机理

可概括为 3 种机理：①通过破坏霉菌细胞壁与细胞膜来抑制或杀灭霉菌；②通过破坏霉菌细胞内酶系统，阻止其代谢；③影响霉菌孢子萌发与生长，防止霉菌繁衍。

5. 影响霉剂作用效果的因素

（1）防霉剂的溶解度　饲用防霉剂均需有一定的溶解特性，便于向饲料中添加。

（2）饲料环境因素　饲料 pH 值在酸性范围内利于防霉剂的作用。

（3）饲料加工工艺　防霉剂必须在饲料中分散均匀，才能达到预期的效果。加热对于挥发型防霉剂的损失较大。需制粒的饲料，最好选用接触型防霉剂。

(4) 饲料污染情况　防霉剂的主要作用是抑制微生物的生长繁殖，而不是杀菌或灭菌。因此，原料受微生物污染越少，防霉剂的效果就越好。

使用好防霉剂要考虑：①饲料的含水量和空气的相对湿度；②饲料在市场中周转的时间；③饲料的新鲜程度；④防霉剂的使用范围；⑤饲料的 pH 值；⑥饲料剂型；⑦饲料的成分：饲料中的蛋白质会不同程度地使有机酸的抑菌性能下降，其原因在于蛋白质的缓冲作用使酸性被中和；脂肪能提高有机酸的穿透性，进而增进抑菌作用。所以，含高水平的碳酸钙、高铜或高水平蛋白质的日粮需要添加更多的防霉剂。

6. 防霉剂的选择

在饲料中使用防霉剂必须保证在有效剂量的前提下，不能导致动物急、慢性中毒和药物超限量残留；应无致癌、致畸和致突变等不良作用；防霉剂也不能影响饲料原有的口味和适口性，如一般乙酸、丙酸等有机酸类挥发性较大，容易影响饲料的口味，因此选用盐类或酯类效果可能较好些。较理想的防霉剂还应有抗菌范围广、防霉能力强、易与饲料均匀混合、经济实用等特点。一般情况下，丙酸盐和一些复合型防霉剂是首先考虑的品种，如露保细盐、克霉霸、万香保等产品经济实用，质量和作用效果均有保证。

7. 注意事项

(1) 根据水分含量等实际情况灵活使用防霉剂　影响防霉剂作用效果的因素有很多，如防霉剂的溶解度、饲料环境的酸碱度、水分含量、温度、饲料中糖和盐类的含量、饲料污染程度等。但饲料中使用防霉剂主要是根据季节和水分含量来决定是否使用和用量。因此，在秋冬季等干燥和凉爽季节，饲料水分在 11%以下，一般不必使用防霉剂；而水分在 12%以上就应使用防霉剂，且饲料中水分较高以及高温高湿季节还应提高防霉剂的用量，这样才能保证有较好的防霉效果。

(2) 防霉剂与抗氧化剂联合使用　饲料的发霉过程也伴随着饲料中营养成分的氧化过程，一般防霉剂都应与抗氧化剂一起使用，组成一个完整的防霉抗氧化体系，从而才能有效地保证和延长贮存期。

二、常见饲料防霉剂及其特性

联合国 FAO/WHO 对防霉剂有严格的要求：①防霉剂添加应很小，无毒性和无刺激性；②能溶解达到有效浓度；③性质稳定、贮存时不发生变化、也不与饲料或其他成分起反应；④无异味、臭味；⑤有较广的抑菌谱。具备以上各点才是较为优良的防霉剂。目前常用的防霉剂主要为有机酸、有机酸盐类及有机酸或有机酸盐与特殊的载体结合制成的复合防霉剂。

(一) 丙酸及丙酸盐类

【理化性质】丙酸的基本性质见本章第三节。饱和水溶液 pH 值 2～2.5，具有挥发性，是应用最早、最广的防霉剂之一。

丙酸盐主要有丙酸钙、丙酸钠、丙酸铵，为白色颗粒或粉末，无臭或稍有异臭味，溶于水。丙酸盐的有效作用成分是丙酸分子而非丙酸盐类。

丙酸及丙酸盐类都是酸性防霉剂，具有较广的抗菌谱，对霉菌、真菌、酵母菌等都有一定的抑制作用，其毒性很低，是动物正常代谢的中间产物，各种动物均可使用，是饲料中最常用的一种防霉剂。

【质量标准】饲料添加剂丙酸质量标准（GB/T 22145—2008）

项目	指标	项目	指标
丙酸含量/%	≥99.5	水分/%	≤0.3
相对密度(20℃)	0.993～0.997	铅含量/%	≤0.001
沸程范围(≥95%)/℃	138.5～142.5	砷含量/%	≤0.0003

【生理功能与缺乏症】丙酸作为挥发性液体，在饲料贮存中可挥发产生丙酸气体，与饲料表面充分接触，因此抑菌均匀，效果好。对饲料混合均匀度要求不高，有效用量低，见效快。对好气性芽孢杆菌、黄曲霉有较好的抑制作用。热稳定性不好，80℃制粒过程中挥发量达 40%，用于制粒时损失大；在贮存过程中损失快，药效持力短，不利于长期保存；易受饲料中钙盐或蛋白质的中和，而失去活性。因此，要求即时起作用，防霉时间不需要太长时，丙酸是较好的防霉剂。

丙酸的防霉机理目前公认的有两个：①非离解的丙酸活性分子在霉菌细胞外形成高渗透压，使霉菌细胞内脱水而失去繁殖能力；②丙酸活性分子可穿透霉菌细胞壁，抑制细胞内的酶活性从而阻止霉菌的繁殖。

丙酸盐作用机理同丙酸，丙酸盐释放丙酸分子受饲料中水分和 pH 值的影响，pH=7 时丙酸盐溶于水，游离出丙酸分子仅为 0.8%，pH=4.9 游离酸含量为 50%。因此丙酸盐的防霉效果不如丙酸。而且丙酸盐离解后形成弱碱性，阻碍进一步离解。饲料 pH 值调节必须依靠外来酸。丙酸盐的抑霉菌作用取决于丙酸的效果。从以上特点可知丙酸盐的抑菌效果不如丙酸，不具有熏蒸作用，对饲料混合均匀度要求高；用量大，并因此影响适口性；对饲料含水分、pH 值要求严格，且不能即时起作用。但其不挥发，耐高温，不受饲料中成分影响，腐蚀性低，刺激性小，且适合持续贮存。

【常用产品形式与规格】饲料添加剂中常制成 50%或 60%的粉状产品。常见的产品有：丙酸复合防霉剂，由 50%的丙酸和 50%的载体蛭石组成；Mold-x，由丙酸、乙酸、山梨酸和苯甲酸均匀分布于硅酸钙载体上而制成；万香保，由丙酸铵、乙酸、富马酸、山梨酸等多种有机酸组成；克霉霸，由丙酸、乙酸、苯甲酸、氯化钠、磷酸钙等组成。

这类产品防霉效果作用强、腐蚀性小，是目前国际上使用防霉剂的发展趋势。

【添加量】丙酸添加量一般为 500～1500mg/kg，最多不超过 3000mg/kg，pH<5 时，效果更理想；丙酸盐在饲料中添加量为 0.2%～0.3%。不同含水量需要添加的丙酸及丙酸盐类也不同，具体添加量见表 3-30、表 3-31。

表 3-30 不同条件下丙酸推荐添加量 单位：kg/t

饲料水分/%	饲料预贮时间/d①			饲料预贮时间/d②		
	20	50	90	20	50	90
11	0.50	0.95	2.00	0.60	1.00	2.20
12	0.75	1.45	2.55	0.80	1.50	2.70
13	1.00	1.70	2.80	1.30	2.00	3.20
14	1.25	1.95	3.05	1.80	2.50	3.70
15	1.50	2.20	3.30	2.30	3.00	4.20
16	1.75	2.45	3.55	2.80	3.50	4.70

① 饲料微生物数目＜15000CFU/g，相对湿度≤60%，昼夜温差＜10℃，饲喂对象为成年、生长动物；
② 饲料微生物数目≥15000CFU/g，相对湿度＞60%，昼夜温差≥10℃，饲喂对象为幼年动物。

表 3-31 不同条件下丙酸钙推荐添加量 单位：kg/t

饲料水分/%	饲料预贮时间/d①			饲料预贮时间/d②		
	20	50	90	20	50	90
11	0.65	1.25	2.60	0.75	1.30	2.85
12	0.95	1.85	2.30	1.05	1.95	3.50
13	1.30	2.20	3.60	1.70	2.60	4.15
14	1.60	2.50	3.95	2.30	3.25	4.75
15	1.95	2.85	4.25	2.95	3.85	5.40
16	2.25	3.15	4.60	3.60	4.50	6.05

① 饲料微生物数目＜15000CFU/g，相对湿度≤60%，昼夜温差＜10℃，饲喂对象为成年、生长动物；
② 饲料微生物数目≥15000CFU/g，相对湿度＞60%，昼夜温差≥10℃，饲喂对象为幼年动物。

【配伍】禁配物：碱类、强氧化剂、强还原剂。

【应用效果】在平均气温为30℃的条件下，将30kg新鲜的全价料均分为3组：不添加防霉剂，添加50%丙酸钙10g，添加50% 丙酸10g。结果表明，添加丙酸钙和丙酸组饲料黄曲霉含量均低于国家饲料卫生标准，说明添加50%丙酸钙10g效果良好，其中丙酸钙组防霉效果略低于丙酸组。

【应用配方参考例】目前市场上用的露保丝、万路保、霉霸及诗华抗霉素等主要成分均为丙酸。我国生产的克霉灵、除霉净、霉敌、101等主要成分为丙酸盐类。

【参考生产厂家】阿拉丁公司，梯希爱（上海）化成工业发展有限公司，Alfa Aesar Inc，Acros Organics Inc等。

（二）山梨酸及山梨酸钾

【理化性质】山梨酸的基本性质见本章第三节。山梨酸钾和丙酸一样是目前最常用的防霉剂。

山梨酸钾为不饱和六碳酸，结构式为 $CH_3CH=CHCH=CHCOOK$，分子式为 $C_6H_7KO_2$，相对分子质量为150.22，由山梨酸和碳酸钾中和反应而成，除溶解度外，具备山梨酸的基本性能。山梨酸钾是白色或浅黄色颗粒，无臭味、或微有臭味，易吸潮、易氧化而变褐色，对光、热稳定，相对密度1.363，熔点在270℃分解，其1%水溶液的pH值7～8。

山梨酸及山梨酸钾是一种良好的食品防腐剂，在西方发达国家的应用量很大，但在国内的应用范围还不广。作为一种公认安全、低毒、高效防腐的食品添加剂，山梨酸及钾盐在我国食品行业的应用必将越来越广泛。

【质量标准】食品添加剂山梨酸钾的质量标准（GB 1886.39—2015）

项目	指标	项目	指标
山梨酸钾含量(以干基计)/%	98.0～101.0	硫酸盐含量(以 SO_4^{2-} 计)/%	≤0.038
澄清度试验	通过试验	醛含量(以 HCHO 计)/%	≤0.1
游离度试验	通过试验	重金属含量(以 Pb 计)/(mg/kg)	≤10
干燥失重率/%	≤1.0	砷含量(以 As 计)/(mg/kg)	≤3
氯化物含量(以 Cl^- 计)/%	≤0.018	铅含量(以 Pb 计)/(mg/kg)	≤2

【生理功能与缺乏症】山梨酸能有效地抑制霉菌、酵母菌和好氧性细菌的活性，还能防止肉毒杆菌、葡萄球菌、沙门菌等有害微生物的生长和繁殖，但对厌氧性芽孢菌与嗜酸乳杆菌等有益微生物几乎无效，其抑止发育的作用比杀菌作用更强，从而达到有效地延长食品的保存时间，并保持原有食品的风味。

山梨酸及其盐类可与微生物酶系统中的巯基结合，从而破坏许多酶系统，达到抑制微生物代谢和细胞生长的作用。另外，山梨酸还可在饲料表面形成均匀的有机酸保护膜，阻止霉菌进入内层。

山梨酸防霉效果好，对霉菌、酵母菌、好气性细菌均有抑制作用，毒性小，价格低。但其防霉效果受pH值的影响，pH值大于7.5时，几乎无抑菌作用。对乳酸菌几乎无效，在水中易氧化，在塑料容器中其活性会降低。

山梨酸钾为酸性防腐剂，具有较高的抗菌性能，抑制霉菌的生长繁殖；其主要是通过抑制微生物体内的脱氢酶系统，从而达到抑制微生物的生长和起防腐作用，对细菌、霉菌、酵母菌均有抑制作用；其效果随pH的升高而减弱，pH达到3时抑菌达到顶峰，pH达到6时仍有抑菌能力，但最低浓度（MIC）不能低于0.2%。

【制法】见本章第三节。

【常用产品形式与规格】山梨酸类有山梨酸、山梨酸钾和山梨酸钙三类品种。山梨酸不溶于水，使用时须先将其溶于乙醇或硫酸氢钾中，使用时不方便且有刺激性，故一般不常用；山梨酸钙FAO/WHO规定其使用范围小，所以也不常使用；山梨酸钾则没有它们的缺点，易溶于水、使用范围广，经常可在一些饮料、果脯、罐头等食品配料表上看到它的身影。

【添加量】山梨酸的适宜添加剂量为配合饲料的0.05%～0.15%。山梨酸钾通常的添加剂量为0.05%～0.3%。

对山梨酸的安全性毒理学评价为：ADI（每日允许摄入量）为0～25mg/(kg·d)（以山梨酸计，FAO/WHO，1994）；LD_{50}（经口半致死量）为10.5g/kg（大鼠，经口）；GRAS（食品安全可用）为182.3640（FDA，1994）。

对山梨钾酸的安全性毒理学评价为：ADI（每日允许摄入量）为0～25mg/

(kg·d)(以山梨酸计，包括山梨酸及其盐类，FAO/WHO，2001)；LD_{50}(经口半致死量)为4.2～6.17g/kg(大鼠，经口)；GRAS(食品安全可用)为182.3640(FDA，2000)。

【注意事项】① 山梨酸只有透过细胞壁进入微生物体内才能起作用，分子态的抑菌活性比离子态强。当溶液pH<4时，抑菌活性强；而pH>6时，抑菌活性降低。

② 山梨酸主要对霉菌、酵母和好气性腐败菌有效，而对厌气性细菌和乳酸菌几乎无作用。山梨酸在微生物数量过高的情况下发挥不了作用，因此它只适用于具有良好的卫生条件和微生物数量较低的食品的防腐。

③ 山梨酸为酸型防腐剂，其作用受pH值影响。但它的酸性较苯甲酸弱，适宜pH范围较苯甲酸广。配制山梨酸溶液时，可先将山梨酸溶解在乙醇、碳酸氢钠或碳酸钠的溶液中，随后再加入食品中。溶解时不要使用铜、铁容器。

④ 山梨酸用于需要加热的产品中时，为防止山梨酸受热挥发，应在加热过程的后期时添加。

⑤ 如果山梨酸溶液保存于聚丙烯、聚氯乙烯或聚乙烯容器中而不加入抗氧剂，山梨酸会很快降解。

⑥ 当山梨酸钾溶液保存于玻璃容器内时，对pH非常敏感。因此，使用山梨酸钾作为防腐剂的制剂在保存了很长时间以后需检测微生物的量。

【配伍】山梨酸及其盐与双乙酸钠同时加入时有协同效果。山梨酸与过氧化氢溶液混合使用时，抗微生物活性会显著增强。山梨酸钾与碱、氧化剂和还原剂有配伍禁忌。

【应用效果】山梨酸对抑制饲料中霉菌的生长，尤其是对抑制形成黄曲霉素有良好的效果。因此，添加山梨酸可有效地防止饲料腐败变质，同时在动物肠道内仍有抗微生物生长的作用，山梨酸的中性味道，更适合用于饲料中，因为动物对食品口味改变比人类更敏感。作为不饱和脂肪酸，可视为饲料的成分，易消化，对动物无任何不良影响。

【应用配方参考例】动物饲料：国外发明一种混合饲料的防霉剂，将其掺入饲料之中，在任何季节贮存90天以上，饲料都不会发霉。这种防霉剂的配方为：醋酸钠100份，醋酸200份，山梨酸3份。该防霉剂的添加量为饲料总量的1%。

【参考生产厂家】阿拉丁公司，梯希爱(上海)化成工业发展有限公司，Alfa Aesar Inc，Acros Organics Inc，深圳市宝凯仑科技有限公司，国药集团化学试剂有限公司等。

(三) 双乙酸钠(SDA)

【理化性质】双乙酸钠(sodium diacetate，SDA)又称二乙酸一钠，分子式为$C_4H_7NaO_4$，结构式为$CH_3COONaCH_3COOH \cdot H_2O$，相对分子质量为142.09。双乙酸钠是乙酸钠和乙酸的分子复合物，白色吸湿性结晶粉末或结晶状固体，有乙酸气味，无毒，易溶于水和乙醇，热至150℃以上分解，可燃。1g本品可溶于约1mL水中。10%溶液的pH为4.5~5.0。

双乙酸钠是一种新开发的食品饲料防腐剂，具有高效、无毒、不致癌、无残留、适口性好等优点。使用双乙酸钠对人、动物及生态环境没有破坏和副作用，它在生物体内的最终代谢产物是水和二氧化碳；同时适量摄入醋酸还有益于人、畜健康，被列为国际开发利用的一种食品及饲料使用的营养型防霉保鲜添加剂。因此，SDA 是一种环境友好的产品，将成为首选的食品、粮食和饲料防霉剂。

【质量标准】饲料级双乙酸钠质量标准（NY/T 1421—2007）

项目	指标	项目	指标
乙酸钠含量/%	≥56	pH 值(100g/L 溶液)	4.5～5.0
乙酸含量/%	≥38	砷含量(以 As 计)/(mg/kg)	≥3
水分/%	≤4	重金属含量(以 Pb 计)/(mg/kg)	≤10
溶解性试验	合格	甲酸及易氧化物	合格
灼烧试验	合格	醛类	合格

【生理功能与缺乏症】SDA 是一种优良的饲料添加剂，既能防止饲料霉变，保证饲料原料和饲料的质量，又能够提高动物的生长性能、促进饲料营养物质消化吸收，并且在一定程度上可降低动物疾病的发生。

双乙酸钠其有效成分为乙酸，其机理为乙酸分子穿过真菌、霉菌、细菌等的细胞壁，干扰细胞间酶的作用，引起细胞内蛋白质变性。SDA 还有很好的增重效果，可调节 pH 值，提高蛋白质利用率，促进体脂肪的合成。防霉效果优于同剂量的丙酸盐，对黑曲霉、黑根霉、黄曲霉、绿色木霉的抑制效果优于山梨酸钾。

双乙酸钠与山梨酸对霉菌抑制作用的对比见表 3-32。

表 3-32 双乙酸钠与山梨酸对霉菌抑制作用的对比

名称	黑曲霉		黑根霉		黄曲霉		扩展青霉		绿色木霉	
类别	SDA	山梨酸	SDA	山梨酸	SDA	山梨酸	SDA	山梨酸	SDA	山梨酸
浓度/(mg/L)	5200	9100	2000	3000	5200	6700	5000	9100	2700	3500
时间/d	30	20	20	20	20	20	60	60	10	10
作用效果	－	＋	－	＋	－	＋	－	＋	－	＋
最低抑菌浓度/(mg/L)	5200	9100	2500	3700	5200	7900	4500	9100	3000	4000

注：将霉菌菌种在无菌条件下接种在 PDA 固体培养基上，于 25℃培养 10 天后，将孢子洗入无菌水溶液中，稀释为 10^5 个/mL 的孢子悬浮液，称取一定量的双乙酸钠或山梨酸加入 PDA 液体培养基内，摇匀后装入试管，按每一菌株分别制备 1000～10000mg/L 不同浓度的培养液，然后取 0.1mL 霉菌孢子悬浮液加入 9.9mL 的包含不同浓度的双乙酸钠或山梨酸培养液中，置 30℃恒温箱培养，观察菌丝生长情况："＋"表示菌丝极少，"－"表示没有菌丝。

【制法】① 乙酸-乙酸钠法 该法又分气相法和液相法两种。气相法最早是由德国开发的，生产过程为：以 CCl_4 或 N_2 微流体介质，CH_3COOH 和 CH_3COONa 在 180～250℃的流化床反应器中反应生成双乙酸钠。该工艺生产能力大，但也有以下缺点：设备投资高，操作难度大，生产过程中会产生酸雾，污染环境，不适合工业化生产。液相法是以水或乙醇为溶剂，将乙酸和乙酸钠按一定比例加入反应器，加热搅拌，反应生成双乙酸钠。

$$CH_3COOH+CH_3COONa \longrightarrow CH_3COONa \cdot CH_3COOH$$

② 冰醋酸与纯碱反应法　冰醋酸与纯碱在一定的温度下反应得到双乙酸钠，经冷却、结晶、干燥得产品。

$$4HAc+Na_2CO_3 \longrightarrow 2NaAc \cdot HAc+H_2O+CO_2$$

③ 乙酸-碳酸钠法　该法反应介质有水和乙醇两种，工艺流程分两步：第一步，将乙酸和碳酸钠按一定比例加入混合反应器生成乙酸钠，耗时短，瞬时即能完成；第二步，乙酸钠和乙酸反应生成双乙酸钠，反应时间较长。

$$4CH_3COOH+Na_2CO_3 \longrightarrow 2CH_3COONa \cdot CH_3COOH+H_2O+CO_2$$

④ 乙酸-氢氧化钠法　该方法不需外加溶剂，将乙酸和氢氧化钠以（2.08～2.18）∶1比例，于温度110℃下反应90～120min，然后以3℃/min冷却至25℃结晶，干燥得双乙酸钠晶体。此方法成本低，但反应温度高，工艺较复杂。

$$CH_3COOH+NaOH \longrightarrow CH_3COONa \cdot CH_3COOH+H_2O$$

【常用产品形式与规格】饲料中添加0.1%～0.2%的SDA可有效防止饲料霉变，使饲料贮存期延长1～2个月；在配合饲料中添加0.1%～0.3%的SDA可使饲料防腐保鲜3～5个月。

作营养调味剂，在颗粒配合饲料中添加0.05%～0.2%的SDA，可使饲料中蛋白利用率提高11%，鱼增重10%以上，仔猪增重提高6%～8%，在牛奶配合饲料中适量添加，可以有效提高奶牛乳蛋白含量。

作消毒剂在水产饲料中添加0.1%～0.2%的SDA，可有效地防治同源微生物所致的鱼类病患，可作鱼塘澄清消毒剂；在家禽饲料中添加0.05%～0.3%的SDA，可防治鸡下痢，并提高育雏期的成活率10%以上。

饲料中添加0.3%的双乙酸钠使断乳仔猪日增重比不添加提高了10.8%，差异显著；对断乳仔猪的日采食量产生显著影响。添加SDA能显著提高断乳仔猪的饲料转化率（提高10.5%），可能主要是双乙酸钠提高了饲料氮和能量的利用率。

【添加量】一般在饲料中的添加量为0.1%～1.5%。

SDA无毒，每日允许摄入量为0～15mg/kg，小鼠经口致死量为3.31g/kg，大鼠为4.96g/kg，对人和牲畜无毒副作用。

【注意事项】SDA应保存在干燥、阴凉处，温度不高于40℃，并且在添加到饲料中的加工过程中，应避免高温，以防止双乙酸钠分解，降低其使用效果。贮存时密闭、低温、防潮、防晒，勿与其他碱性物及有毒物混贮。

【配伍】SDA与山梨酸及其盐同时加入时有协同效果。SDA与丙酸钙、苯甲酸钠、山梨酸钠等混合使用具有增效作用，并更加稳定。

【应用效果】① SDA作为防腐剂的应用　在青贮玉米中添加SDA，33天后添加0.5%、1%、2%的SDA试验组总霉菌数明显低于对照组，总酸度与挥发性酸均比对照组高，氨态氮也较高。在相同的条件下SDA对于黑曲霉、黑根霉、黄曲霉、黄青霉的防霉效果比传统的山梨酸钾防霉效果要好。

② SDA在畜禽生产中的应用

a. SDA在猪生产中的应用　在猪的生产中添加SDA，主要作用是提高饲料的利用率，增加蛋白质的消化率，提高猪的生产性能。在35日龄断奶仔猪的日粮中添加0.4% SDA能够显著提高日增重。在生长育肥猪日粮中添加0.2% SDA，试验组瘦肉率提高1.11%，膘厚降低0.17cm，增重情况有明显改善。同时也有资料显示日粮中添加SDA不能提高饲料的利用率，日采食量的增加主要是因为添加SDA后饲料有仔猪喜欢的醋酸味。

b. SDA在牛生产中的应用　在反刍动物体内，SDA被消化道吸收后，主要的作用是增加产奶量和提高乳脂率，并在一定程度上能够增加采食量。一系列研究表明，牛饲粮中添加SDA可提高干物质采食量、乳脂率和乳糖含量，同时显著提高产奶量。

c. SDA在家禽生产中的应用　在家禽日粮中添加SDA能够防止饲料霉变，主要作用是提高家禽的成活率、产蛋量、饲料消化率、日增重等。肉仔鸡饲料中添加SDA能够显著降低肠道的pH，提高能量和蛋白的利用率，并且0.1%SDA效果最为明显。在对鸭的试验中表明，在日粮中添加SDA对提高肉鸭日增重、胸肌率、腿肌率有显著影响。说明SDA对于肉鸭的生长性能有显著效果。

d. SDA在养鱼业中的应用　在鱼饲料中添加SDA，可提高饵料利用率、采食量，并可防治鱼病。在鲤鱼颗粒饵料中添加0.1%、0.2%、0.3%的SDA，结果试验组的日增重比对照组提高6.15%～15.11%，饵料系数下降0.21%～0.27%，同时饵料适口性增加，疾病发生率下降。

【参考生产厂家】河南新乡石油化工厂，四川成都新都凯兴科技有限公司，四川成都东方化工厂，山东金泰集团，西安交大思源化工公司和江苏靖江市长江化工厂等10多家，生产规模均不大，一般在300t/a左右，全国总生产能力约5000t/a，产量3000t/a，远远不能满足日益增加的市场需求。

双乙酸钠与其他防腐剂的各项重要指标与价格比较见表3-33。

表3-33　双乙酸钠与其他防腐剂的各项重要指标与价格比较

指标名称	ADI值	LD_{50}(大鼠,经口)/(g/kg)	国内规定最大使用量/(g/kg)	价格/(万元/t)
双乙酸钠	0～15	4.96	0.75～3	1.3
苯甲酸	0～5	2.7～4.44	0.2～1	0.7
苯甲酸钠	0～5	2.7	0.2～1	0.7
山梨酸	0～25	10.5	0.2～2	3.5
山梨酸钾	0～25	4.2～6.17	0.2～2	4.0
脱氢乙酸	—	1.00	0.3	6.3
脱氢乙酸钠	—	0.57	0.61(日本)	7
对羟基苯甲酸甲酯	0～10	—	1(FAO)	6
对羟基苯甲酸乙酯	0～10	8(小鼠)	0.1～0.25	5.4
对羟基苯甲酸丙酯	0～10	3.7(小鼠)	0.012～0.2	9
对羟基苯甲酸异丙酯	0～10	7.17(小鼠)	—	12
对羟基苯甲酸丁酯	0～10	16(小鼠,皮下)	0.25(日本)	10
对羟基苯甲酸异丁酯	0～10	8.39	0.25(日本)	13

（四）苯甲酸及苯甲酸钠

苯甲酸又名安息香酸，溶解度低，使用不便，因此，在实际应用中多采用其钠盐。苯甲酸及其盐类的最适 pH 为 2.5～4.0，对大范围的微生物有效，可干扰细菌细胞中酶的结构，阻碍乙酰辅酶 A 的缩合反应，但对产酸菌作用较弱。在饲料中苯甲酸添加量一般不超过 0.1%，苯甲酸钠用量为 0.2%～0.3%。苯甲酸及其盐类由于毒性作用，有被逐渐淘汰的趋势。

食品级苯甲酸的几个重要指标见表 3-34。

表 3-34 食品添加剂苯甲酸的几个重要指标

含量/%	熔点范围/℃	氯化物含量(以 Cl^- 计)/%	重金属含量(以 Pb 计)/%	砷含量/%
≥99.5	121～123	≤0.01	≤0.001	≤0.0002

（五）脱氢乙酸及其钠盐

白色或淡黄色结晶粉末。是一种广谱抗菌剂，在饲料中的添加量为 400～1200mg/kg。由于毒性和残留问题，已经被部分国家和地区禁用。

（六）乳酸及其盐

乳酸（lactic acid）又称 2-羟基丙酸，分子式为 $C_3H_6O_3$，相对分子质量为 90.08，与乙醇（95%）、乙醚、水混溶，不溶于氯仿。乳酸是应用最早的防霉剂，其抗菌作用弱。当浓度达到 0.5%时才显示出防霉效果，对厌氧菌作用明显。乳酸在饲料中的添加量一般为 0.2%～1.5%。乳酸盐常用的是乳酸亚铁制剂，纯度在 95%以上，添加量一般为 0.3%～4.0%。

（七）柠檬酸和柠檬酸钠

柠檬酸（citric acid）又称枸橼酸，是一种三元羧酸，分子式为 $C_6H_8O_7$，相对分子质量为 192.14，其为半透明结晶或白色结晶粉末，无臭，味极酸，易溶于水和乙醇，水溶液显酸性，可防腐，又是抗氧化剂的增效剂。柠檬酸的生产方法主要是从天然植物中提取和生物发酵法两种，目前以发酵法生产柠檬酸为主。柠檬酸可使肠道内容物变酸，稳定肠道微生物区系，提高生产性能及饲料利用率。一般按配合饲料的 0.1%～0.5%添加，但是作为抗氧化剂时按 0.005%添加。柠檬酸钠为无色结晶或白色结晶粉末，添加量同柠檬酸。

（八）复合防霉剂

复合防霉剂主要是将不同 pH 适应范围、不同抗菌谱、具有协同效应的防霉剂按一定比例配合，扩大使用范围、增强防霉效力的一类防霉剂。

三、饲料抗氧化剂简介

1. 饲料抗氧化剂的概念与分类

饲料中的不饱和油脂和其他对氧不稳定的物质（如维生素）很容易受到氧化破

坏，而且这种破坏是一种不可逆的损害。饲料氧化损害会破坏脂溶性维生素和色素，明显降低饲料适口性，降低饲料蛋白质和能量利用效率，增加饲料中的毒性产物，也使动物生产性能降低。

饲料抗氧化剂是指能阻止或延迟饲料中易氧化物质的氧化，提高饲料稳定性和延长贮存期的物质。抗氧化剂可分为天然和人工合成两大类。目前饲料中使用的绝大多数为人工合成的抗氧化剂，如没食子酸丙酯（PG）、乙氧基喹啉（EMQ）。天然抗氧化剂有生育酚、茶多酚等。合成抗氧化剂按其产品的结构来分，可分成酮胺类、酚类等几种。酮胺类产品系酮和胺经缩合而成的抗氧化剂产品，具有很强的抗氧化性。目前批准在食品和饲料中使用的该类产品仅有乙氧基喹啉。酚类产品主要有 BHT、BHA 和叔丁基氢醌（TBHQ），其分子结构中均具有酚羟基。没食子酸丙酯、维生素 E 亦可以认为是含有—OH 的酚类产品。

2. 饲料抗氧化剂的抗氧化机理

(1) 饲料氧化损害的机制　饲料氧化损害的根源实际上是自由基（含有不成对电子的分子）。自由基是指带有未配对电子的物质（原子、基团或分子）。常见的自由基有碳自由基、氧自由基、氢自由基、氮氧自由基等。如氧分子就是一个双自由基，它与其他物质反应形成过氧自由基或其他活性氧物质，它们在自然界内抢夺别的电子使自己配对，并形成连锁反应，损伤任何与其接触的物质。连锁反应是自由基反应的重要特征。

脂类的氧化包括自动氧化、光氧化和酶促氧化。饲料中油脂的自动氧化是一系列的化学反应，是油脂中不饱和脂肪酸暴露在空气中与氧起反应生成氧化产物进一步分解生成低级脂肪酸、醛和酮的过程，与此同时会发出恶劣的臭味。油脂的自动氧化遵循游离基反应的机理，可分为以下三个步骤。

第一阶段：引发期。油脂在光量子、热或金属催化剂等活化下，在脂肪酸的双键相邻的甲基碳原子上碳氢键发生皲裂，生成氢原子和游离基。

$$RH \longrightarrow R\cdot + H\cdot$$

第二阶段：增殖期。一旦游离基形成后，就能迅速吸收空气中的氧生成过氧化游离基。

$$R\cdot + O_2 \longrightarrow ROO\cdot$$

过氧化游离基很不稳定，能夺取另一个不饱和脂肪酸分子中与双键相邻的亚甲基上的一个氢原子，而生成氧化初级产物，即氢过氧化物，与此同时被夺走的氢原子的不饱和脂肪酸，形成新的游离基。

$$ROO\cdot + RH \longrightarrow ROOH + R\cdot$$

生成的新的游离基又不断地吸收氧（与氧结合）形成过氧化游离基，然后此过氧化游离基又和一个脂肪酸反应，生成氢过氧化物和新的游离基，通过游离基的反应又可传递下去，因此在这一阶段中过氧化物会不断增加，新的游离基不断产生，氧化反应连锁式地进行。最后会使大量的不饱和脂肪酸发生氧化并产生大量的氢过氧化物，所以把此过程称为增殖期。

第三阶段：终止期。由各种不同的游离基互相撞击而结合，致使反应终止，各种游离基相互作用的反应如下。

$$R\cdot + R\cdot \longrightarrow RR$$

$$ROO\cdot + ROO\cdot \longrightarrow ROOR + O_2$$

$$ROO\cdot + R\cdot \longrightarrow ROOR$$

游离基相互结合，吸氧量趋于稳定，此阶段为终止期。

氢过氧化物是油脂氧化的第一个中间产物，本身无异味，有些油脂可能在感官上尚未觉察到酸败的变质象征，但已有很高的过氧化值，说明已酸败。氢过氧化物极不稳定，油脂中此化合物浓度增至一定程度时，就开始分解。可能发生一种分解反应，氢过氧化物单分子分解成一个烷氧游离基和一个羟基游离基。

$$ROOH \longrightarrow RO\cdot + \cdot OH$$

烷氧游离基进一步反应产生醛、醇、酮。这些化合物具有异味，产生不适宜的酸败味。

(2) 抗氧化剂的抗氧化机理

① 清除自由基　一些抗氧化剂可以释放出氢自由基，与油脂氧化链式反应生成的自由基结合，将高势能、极活泼的自由基转变为较稳定的分子，中断链式反应，阻止油脂氧化。

② 清除氧气　一些抗氧化剂通过自身被氧化，除去弥漫于饲料中的氧气而延缓氧化反应的发生。可以作为还原保护剂的化合物主要有抗坏血酸、异抗坏血酸、异抗坏血酸钠等。

③ 消除金属离子的氧化作用　饲料中的金属离子诱发油脂氧化链式反应，加速脂类氧化。一些抗氧化剂可以和金属离子络合，稳定金属离子的氧化态，抑制金属离子的促氧化作用。EDTA、柠檬酸、多磷酸盐、卵磷脂属于这类抗氧化剂。

④ 抑制氧化酶类的活性　氧化酶可催化自由基的生成。一些抗氧化剂可阻止或减弱氧化酶类的活性，从而对氧化酶起到抑制作用，例如茶多酚对脂氧化酶有抑制作用。

3. 正确使用抗氧化剂

(1) 抗氧化剂的选择原则　目前，市场上的抗氧化剂种类繁多，为能够正确地选择抗氧化剂，在选择抗氧化剂时应遵循以下原则：①抗氧化剂本身或抗氧化剂与饲料组分作用后的产物对畜禽健康无毒无害、安全可靠；②添加后不会使饲料产生异味或其他颜色，不影响畜产品的质量；③添加量少，活性高，抗氧化性强；④使用方便，价格便宜；⑤应含有表面活性剂以利于扩散。

(2) 抗氧化剂的使用量　天然的抗氧化剂（如维生素 E）使用量没有严格的规定，但人工合成的抗氧化剂（EMQ、BHT、BHA）的使用量则有一定的限制，其用量一般均在 150mg/kg 以下，一般为 100～200mg/kg。如果饲料中脂肪超过 6%或维生素 E 严重缺乏时应适量增加抗氧化剂的添加量。另外，当日粮使用高铜或高锌，以及高温高湿的气候环境下也应适量增加抗氧化剂的添加量，但也不能过量添加，过量的抗氧化剂产生的抗氧化剂自由基不但不抗氧化，反而促进氧化，而且过量添加还会使产品中的含量超过国家标准，并在动物体内沉积。

另外，在实际应用中还必须注意商品抗氧化剂本身的含量，以便折算为实际的添加量。

（3）正常掌握添加时机 抗氧化剂只能阻碍氧化作用，延缓饲料开始氧化的时间，但不能改变已经氧化酸败的后果。因此，使用抗氧化剂时，应注意在饲料未受氧化作用或刚开始氧化时就加入抗氧化剂，以发挥其抗氧化作用。因为油脂在自动氧化过程中出现过氧化物要经过相当一段时间的诱导期，一旦生成了过氧化物，则此过氧化物即以自己的催化作用促使氧化反应迅速进行，所以尽早使用抗氧化剂就可能尽早地切断其反应链。否则，即使加入量很大，也不会起抗氧化效果，而且还可能发生相反的作用。另外，因为抗氧化剂本身极易被氧化，若添加后迅速地被氧化，被氧化了的抗氧化剂反而可能变成促进氧化的因素。所以还应注意抗氧化剂的氧化，要注意保存贮藏好抗氧化剂。

（4）氧含量的控制 氧气的存在可加速氧化反应的进行，因此，在使用抗氧化剂的同时，还必须注意饲料的包装，如采用有塑料内膜的编织袋，封口尽量缝得紧一些等等。否则饲料与氧直接接触时，即使大量添抗氧化剂也很难得到预期的效果。

（5）预混料及浓缩料中的使用 由于预混料及浓缩料金属离子含量很高，酯类抗氧化剂（BHT、BHA）很容易络合失效，而脂类抗氧化剂有一定的水溶性，因此预混料及浓缩料应尽量保持最低的水分和选用乙氧基喹啉（EMQ）含量较高的复合抗氧化剂。

在含有蛋氨酸的饲料中，将蛋氨酸与维生素预混合作为抗氧化剂和螯合剂，可取得很好的效果。

（6）原料的过氧化值和硫代巴比妥酸值（TBA值） 为了检验进厂的原料是否氧化变质，很多厂家仅测定过氧化值，那是无多大意义的，因为氧化的第二阶段，由于过氧化物的分解，过氧化值会很低，而此时原料实际上已经变质有害，硫代巴比妥酸（TBA）是氧化后脂肪分解的产物，是氧化结果的标志，所以在生产实际中，应该同时测定过氧化值和TBA值，TBA值高的原料应该禁用，因为此时任何的抗氧化剂对其都是无效的。

（7）必须充分混合 抗氧化剂的用量一般很少，为了充分发挥作用，必须先进行稀释，然后再进行混合搅拌以便其能充分分散于饲料中。

四、常见饲料抗氧化剂及其特性

（一）乙氧基喹啉

【理化特性】乙氧基喹啉（ethoxyquin，EMQ）又称乙氧喹、山道喹、抗氧喹、虎皮灵、衣索金、埃托克西金等，分子式为 $C_{14}H_{19}NO$，相对分子质量为217.31。结构式见右。乙氧基喹啉纯品为浅褐色黏稠液体，在日光下和空气中色泽逐渐变深，不溶于水，但溶于油、脂肪和有机溶剂，低温贮存产品易成膏状物，稍有

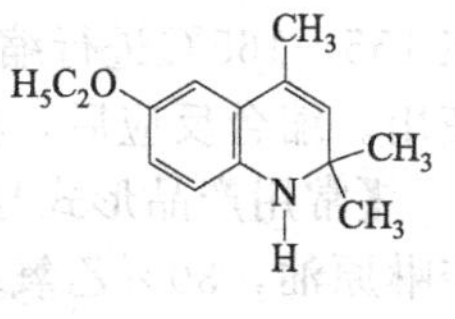

特殊气味。

乙氧基喹啉是人工合成的抗氧化剂，被公认为首选的饲料抗氧化剂，尤其对脂溶性维生素的保护是其他抗氧化剂无法比拟的。抗氧化能力比 BHT 和 BHA 高，具有部分代替维生素的功能。商品制剂有两种，一种以水作溶剂，另一种以甘油作溶剂。喷于饲料后可有效防止饲料中油脂酸败和蛋白质氧化，防止维生素 A、维生素 E、胡萝卜素变质。乙氧基喹啉对维生素的保护力优于 BHT、BHA，但对于油脂的保护作用比 BHA、BHT 差。该品作为饲料添加剂使用时毒性低，使用安全。

【质量标准】饲料级乙氧基喹啉质量标准（HG 3694—2001）

项目	指标	项目	指标
乙氧基喹啉含量(以 $C_{14}H_{19}NO$ 计)/%	≥95.0	灼烧残渣率/%	≤0.2
砷含量(以 As 计)/%	≤0.0002	溶液的性状	符合规定
重金属含量(以 Pb 计)/%	≤0.001		

【生理功能与缺乏症】乙氧基喹啉具有较强的抗氧化作用，是性能优良的饲料抗氧化剂之一，可用于牛、羊、马、狗、鸡、鱼、虾等饲料，防止饲料中油脂、维生素 A、维生素 E 的氧化变质。乙氧基喹啉常作为维生素 A 的稳定剂，并具有部分代替维生素 E 的功能。乙氧基喹啉对于促进孵化率及预防痉挛有显著功效，而且有利于增加畜禽肉质和蛋黄颜色。也可用于防治苹果虎皮病和鸭梨黑皮病等。

乙氧基喹啉与其他抗氧化剂相比，是最佳抗氧化剂，适用于全价料、添加脂肪的产品及鱼粉。它能防止饲料氧化腐败，保持动物蛋白饲料能量，在饲料混合和贮藏过程中能防止维生素 A、维生素 E、叶黄素的破坏。防止脂溶性维生素和色素的氧化损失。抑制自身发热，提高鱼粉的质量，同时还能使饲养的动物体重增加。

【制法】① 将丙酮蒸气通入对氨基苯乙醚，在 1%碘催化下，在 120～130℃下环化而成，然后再蒸馏分离而得。

② 一般由对氨基苯乙醚与丙酮在催化剂作用下缩合而得。将对氨基苯乙醚、催化剂（对甲苯磺酸或碘），在 155～165℃和搅拌下通入丙酮蒸气进行缩合。反应生成的水和未反应的丙酮，经冷凝后入丙酮回收器以回收丙酮。反应结束后，蒸馏得到成品。每吨产品消耗对氨基苯乙醚 1000kg、丙酮 800kg、苯磺酸 100kg。也可用 1% I_2 作催化剂，在 120～130℃下缩合。

③ 一般由对氨基苯乙醚与丙酮在催化剂作用下缩合而得。可用苯磺酸为催化剂，将丙酮蒸气通入对氨基苯乙醚，于 155～165℃下进行缩合。反应生成的水和未反应的丙酮经冷凝后进入丙酮回收器以回收丙酮。反应结束后，蒸馏得成品。每吨产品消耗对氨基苯乙醚 1000kg、丙酮 800kg、苯磺酸 100kg。也可用 1% I_2 作催化剂，在 120～130℃下缩合。

④ 由对氨基苯乙醚与丙酮缩合而得。在苯磺酸催化下，对氨基苯乙醚与丙酮在 155～165℃进行缩合反应。反应生成的水和未反应的丙酮返回丙酮蒸发器回收使用。缩合反应后，蒸馏得到成品。

【常用产品形式与规格】规格（饲料级）有 98%乙氧基喹啉原油，95%乙氧基喹啉原油，30%乙氧基喹啉粉剂，60%乙氧基喹啉粉剂。

包装规格：5%～98%原油 200kg/铁桶，1000kg/IBC，33%～66%粉剂，25/20kg 纸塑复合袋。

【添加量】在维生素 A、维生素 D 等饲料添加剂中使用量为 0.1%～0.2%，鱼粉、脂肪类饲料中的添加量一般为 0.01%～0.1%，全价配合饲料中添加量为 50～150mg/kg。

大白鼠经口 LD_{50} 为 3150mg/kg，小白鼠经口 LD_{50} 为 3000mg/kg。

在家禽脂肪、肝、肌肉中的残留量分别为 0.238mL/kg、0.048mL/kg、0.005mL/kg。在鸡蛋中残留量为 0.031mg/kg，主要分布在蛋黄中，人体最大耐受量为 60μg/kg。

【注意事项】乙氧基喹啉需密封在容器或气缸中，并且存放在阴凉、干燥、黑暗的环境中；避免皮肤接触；吞食有害。

【配伍】乙氧基喹啉与 4010NA 和石蜡类并用有协同效应，可进一步提高防护效能。

【应用效果】在含过氧化物饲料中添加 62.5mg/kg 和 12.5mg/kg 乙氧基喹啉时，7 周龄肉鸡体重获得明显改善，但对饲料效率影响甚微。饲料过氧化物水平越高，乙氧基喹啉的添加效果越大，添加乙氧基喹啉能降低过氧化物的有害影响。

【应用配方参考例】目前，国内外使用的饲料抗氧化剂主要是 EMQ 和以 EMQ 为主复配而成的抗氧化剂。而有资料表明，以乙氧喹为主复配而成的抗氧化剂（包括阻滞剂、协同剂、螯合剂），其效果大大超过了单一品种。

近几年来，国内经常使用的此类产品的商品名为山道喹、克氧、抗氧灵、珊多喹、抗氧宝、依索金、抗氧喹等。

【参考生产厂家】湖北巨胜科技有限公司，湖北拓楚慷元医药化工有限公司，衡州瑞尔丰化工有限公司，湖北盛天恒创生物科技有限公司，上海将来实业有限公司，济南浩化实业有限责任公司。

（二）二丁基羟基甲苯

【理化特性】二丁基羟基甲苯（butylated hydroxy toluene，BHT）又称丁羟甲苯，分子式为 $C_{15}H_{24}O$，相对分子质量为 220.36。结构式见右。二丁基羟基甲苯为白色结晶或结晶性粉末，基本无臭，无味，熔点 69.0～70.0℃，沸点 265℃，对热相当稳定，接触金属离子，特别是铁离子不显色，抗氧化效果良好，加热时与水蒸气一起挥发，不溶于水、甘油和丙二醇，而易溶于乙醇（25%）和油脂。二丁基羟基甲苯是人工合成抗氧化剂，一般对动物无害，为各国常用的一种饲料氧化剂。

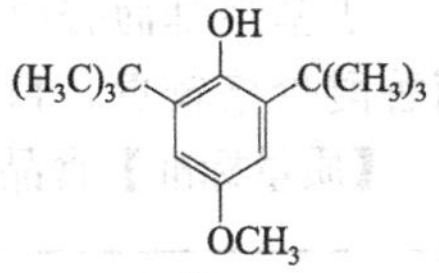

【质量标准】食品添加剂二丁基羟基甲苯质量标准（GB 1900—2010）

项目	指标	项目	指标
熔点/℃	≥69.0	砷含量(以 As 计)/(mg/kg)	≤1
水分/%	≤0.05	重金属含量(以 Pb 计)/(mg/kg)	≤5
灼烧残渣率/%	≤0.005	游离酚含量(以对甲酚计)/%	≤0.02
硫酸盐含量(以 SO_4^{2-} 计)/%	≤0.002		

【生理功能与缺乏症】丁基羟基甲苯作用机理与乙氧基喹啉相似，具有防止饲料中多烯不饱和脂肪酸酸败的作用，故可保护饲料中的维生素A、维生素D、维生素E等脂溶性维生素和部分B族维生素不被氧化，提高饲料中氨基酸的利用率，减少日粮能值和蛋白质的用量。总之，对饲料中脂肪、叶绿素、维生素、胡萝卜素等均有保护作用，有利于蛋黄和胴体的色素沉着、家禽体脂碘价的提高以及猪肉香味的保持等。

【制法】由对甲酚与异丁烯在催化剂浓硫酸和脱水剂氧化铝存在下，加压反应。生成物经蒸馏、浓缩、结晶等步骤制得。

【常用产品形式与规格】既可单独使用，也可与棓酸和增效剂，如枸橼酸、磷酸合并使用。

【添加量】广泛应用于猪、鸡、反刍动物及鱼类饲料中，用量一般为60～120mg/kg，在鱼粉及油脂中的用量为100～1000mg/kg。

【注意事项】应密封、贮存于阴凉、干中燥处；应避免与光和金属接触，以防止变色失活；在配制本品时不应该把空气掺入油和脂肪中。

【配伍】本品是苯酚衍生物，具苯酚类化合物的特殊反应，所以与氧化剂、铁盐有配伍变化。

【参考生产厂家】安徽中旭生物科技有限公司，郑州驰善实业有限公司，湖北兴银河化工有限公司，郑州龙和化工有限公司等。

（三）丁基羟基茴香醚

【理化特性】丁基羟基茴香醚（butyl hydroxyanisole，BHA）又称叔丁基对羟基茴香醚，分子式为$C_{11}H_{16}O_2$，相对分子质量为180.25。结构式见右。丁基羟基茴香醚为白色至微黄色结晶或蜡状固体，略有特殊气味，熔点48～63℃，沸点264～270℃，对热稳定，在弱碱条件下不易被破坏，与金属离子作用不着色，不溶于水，易溶于乙醇、丙二醇和油脂。

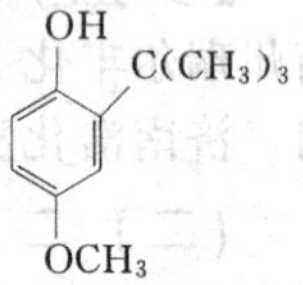

丁基羟基茴香醚是人工合成的抗氧化剂，多用作油脂抗氧化剂。由于丁基羟基茴香醚价格较贵，目前较少使用。

【质量标准】食品添加剂丁基羟基茴香醚（BHA）质量标准（GB 1886.12—2015）

项目	指标	项目	指标
叔丁基-4-羟基茴香醚含量($C_{11}H_{16}O_2$)/%	≥98.5	铅含量(以Pb计)/(mg/kg)	≤2
熔点/℃	48～63	砷含量(以As计)/(mg/kg)	≤2
硫酸灰分/%	≤0.05		

【生理功能与缺乏症】作用相当于乙氧基喹啉。一般不在畜体内积存。除抗氧化外，还有较强抗菌力。将有螯合作用的柠檬酸或酒石酸等与本品混用，不仅起增效作用，而且可以防止由金属离子引起的呈色作用。

【制法】① 中间体对羟基苯甲醚的制备　将对氨基苯甲醚和亚硝酸钠按1∶1.15

加入反应釜，在硫酸的存在下进行重氮化；反应完毕后保温过滤，并将滤液缓慢滴进热水中进行水解；生成的对羟基苯甲醚立刻用蒸汽提馏出来，冷凝后用苯萃取；除去溶剂，即得产品，平均收率为84.7%。

$$CH_3OC_6H_4NH_2 + NaNO_2 \xrightarrow{H_2SO_4} CH_3OC_6H_4N_2HSO_4 \xrightarrow{H_2O} CH_3OC_6H_4OH$$

② 将溶剂苯、叔丁醇和对羟基苯甲醚依次加入反应釜加热溶解，然后加入催化剂磷酸或硫酸，于80℃强烈搅拌下回流反应；反应完毕后，放料静置分层；有机相先后用10%的氢氧化钠溶液和水洗至中性，除去溶剂，再经乙醇重结晶即得成品。

③ 以对氨基苯甲醚和亚硫酸钠为原料，在硫酸的存在下进行重氮化，经过滤、水解、蒸馏制得。或者将溶剂苯、叔丁醇和对羟基苯甲醚依次加入反应釜加热溶解，在催化剂作用下反应，经洗涤、蒸馏和重结晶得成品。

【添加量】在饲料中的通常用量为60～120mg/kg，在鱼粉及油脂中的用量为100～1000mg/kg，在饲料中最大添加量为200mg/kg。

【注意事项】BHA因有与碱土金属离子作用而变色的特性，所以在使用时应避免使用铁、铜容器；BHA具有一定的挥发性和能被水蒸气蒸馏，故在高温制品中，尤其是在煮炸制品中易损失。

【配伍】与二丁基羟基甲苯或有机酸合用具有协同作用。

【应用效果】用于牛、羊、马、狗、鸡等饲料，防止饲料中油脂、维生素A、胡萝卜素、维生素E的氧化变质。它还具有较强的抗菌力，可抑制黄曲霉毒素的产生，以及饲料中生长的其他菌类的孢子生长。

【参考生产厂家】郑州天宇食品配料有限公司，郑州兴人化工产品有限公司，湖北兴银河化工有限公司，广州艾辉生物科技有限公司等。

(四) 二氢吡啶

人工合成的抗氧化剂。具有天然抗氧化剂维生素E的某些作用。具有广泛的生物学功能，在医学上用作心血管疾病的防治保健药物，有治疗脂肪肝、中毒性肝炎、抗衰老、防早熟等作用。动物饲料中添加有促进畜禽生长、改善畜禽产品品质、提高畜禽繁殖性能及防病等功能。每吨牛、羊饲料中的添加量为100g，家禽每吨饲料添加150g，长毛兔每吨饲料中添加200kg，水貂饲料中添加0.1%。

(五) 维生素E

维生素E又称α-生育酚，是目前唯一工业化生产的天然抗氧化剂。维生素E对氧十分敏感，极易被氧化，因此它可保护其他易被氧化的物质不被破坏，所以维生素E是极有效的抗氧化剂。

维生素E与人工合成的抗氧化剂不同，它既是饲料的抗氧化剂又是消化器官的细胞抗氧化剂，故能阻止细胞内的过氧化，而化学合成的抗氧化剂只是饲料的抗氧化剂，不能制止细胞内的过氧化。因此，尽管饲料中添加了EMQ、BHT、BHA等抗氧化剂，也不能降低维生素E的添加量。将维生素E添加到已经氧化的脂肪中可以减轻腐败脂肪所造成的危害。主要用于脂肪和含油食品中。但由于维生素E

的价格较贵，一般来说，虽然其抗氧效果较好，但仅作为维生素E源。

（六）维生素C

常用的是抗坏血酸钠。本品具有一定的抗氧化能力，适用于各种畜禽配合饲料、动物性饲料和固体食品的品质保护。饲料中的添加量不限。作为增效剂，L-抗坏血酸在含天然抗氧化剂或添加抗氧化剂的脂肪中的添加剂量为200g/t以下。

（七）没食子酸丙酯（PG）

人工合成抗氧化剂。可有效地抑制脂肪氧化。适用于各种畜禽配合饲料、含脂率高的饲料原料、动物性饲料和油脂。没食子酸丙酯的商品制剂为粉剂，用于动物性脂肪或油脂，其添加量不应超过0.01%；用于畜禽配合饲料的添加量不超过200g/t。

（八）叔丁基氢醌

又名叔丁基对苯二酚，简称TBHQ。为国内较新的酚类抗氧化剂。添加于任何油脂或含油脂高的食品及饲料中不产生异臭味。对大多数油脂，尤其是对植物油的抗氧化效果比BHA、BHT和PG要好。除有抗氧化作用，还对食品和饲料兼有良好的抗菌效果。可单独使用，亦可与BHA或丁羟基甲苯混合使用，添加剂量约为油脂或食品中脂肪含量的0.02%。

（九）丁羟基甲苯

本品为白色细结晶粉末，用作抗氧化剂来稳定脂肪。通常的添加剂量为200mg/kg，鱼粉为200～1000g/t。

（十）茶多酚

简称GTP，是茶叶中儿茶素类、黄酮类、酚酸类和花色素类化合物的总称。纯净的茶多酚是白色的无定形的结晶状物质，略带茶香，易溶于水，对热、酸较稳定。绿茶中茶多酚的含量较高，占其质量的15%～30%。茶多酚由约30种以上的酚性物质组成，按其化学结构可分为儿茶素类（主要）黄酮及类黄酮醇、花色素类、酚酸及缩酚酸。茶多酚的抗氧化性在于其可直接清除自由基，能与金属离子螯合，还可激活细胞内抗氧化防御系统。除抗氧化功能外，茶多酚还有抗病毒、抗过敏、抗辐射、提高免疫功能，以及除臭的功能。

参考文献

[1] 丁玉华．饲料安全的营养与技术调控．中国畜牧兽医报，2005，(9)：44-46.
[2] 中国畜牧榜（http：//www.xumubang.com）．饲料中添加抗生素的配伍．
[3] 唐勇．抗生素使用中存在的问题及分析．中国现代药物应用，2008，(21)：37-38.
[4] 尹学敏，王兴国，罗忠华，等．植酸酶的生产技术及应用．江西饲料，2014，(3)：10-14.
[5] 陈腾，周岩民．饲用植酸酶生产工艺及质量控制研究进展．饲料研究，2013，(8)：28-32.
[6] 王晶晶．通过了解植酸酶的特性来区别不同的产品．国外畜牧学——猪与禽，2014，34(1)：20-21.
[7] 何玮璇，张永亮．β-葡聚糖酶的特性、功能及应用研究．广东饲料，2010，19(8)：19-21.
[8] 刘德海，王红云，刘金娥．饲用β-葡聚糖酶的研究及应用进展．饲料工业，2011，(zl)：37-39.
[9] 李春燕，李春梅，蒋红艳，等．β-葡聚糖酶对肉鸡生长性能的影响．中国畜牧兽医文摘，2012，28

(9)：194-195.
[10] 周晨妍，邬敏辰．木聚糖酶的酶学特性与分子生物学．生物技术，2005，15 (3)：89-92.
[11] 祝发明，刘辉，潘宝海．木聚糖酶的营养生理功能及其在畜牧业生产中的应用．饲料与畜牧，2007，(8)：14-15.
[12] 万红贵，武振军，蔡恒，等．微生物发酵产木聚糖酶研究进展．中国生物工程杂志，2010，30 (2)：141-146.
[13] 吕永智．低代谢能日粮添加木聚糖酶对AA肉仔鸡生长性能和免疫功能的影响．黑龙江畜牧兽医，2014，(7)：74-76.
[14] 凌宝明，冯定远，左建军．饲用蛋白酶研究进展．饲料工业，2009，30 (22)：7-9.
[15] 鲁智勇，姜建阳．蛋白酶在猪生产中的应用研究进展．养猪，2013，(4)：21-23.
[16] 周梁，王晶，张海军，等．饲用蛋白酶及其在肉鸡生产中的应用．饲料工业，2013，34 (24)：16-20.
[17] 梅宁安，白洁，邵喜成，等．饲料级蛋白酶对肉仔猪生产性能的影响．黑龙江畜牧兽医，2014，(12)：50-51.
[18] 冯健飞．α-淀粉酶的应用及研究进展．现代农业科技，2010，(17)：354-355.
[19] 钟浩，谭兴和，熊兴耀，等．糖化酶研究进展及其在食品工业中的应用．保鲜与加工，2008，(3)：1-4.
[20] 朱文优，王新惠，张超．糖化酶的结构及催化机制的研究进展．酿酒，2009，36 (1)：21-23.
[21] 张秀媛，袁永俊，何扩．糖化酶的研究概况．食品研究与开发，2006，(9)：163-166.
[22] 孙俊良，梁新红，贾彦杰，等．植物β-淀粉酶研究进展．河南科技学院学报，2011，39 (6)：1-4.
[23] 韦宇拓，滕昆．脂肪酶的分子结构及应用研究进展．广西科学，2014，21 (2)：93-98.
[24] 林祯平，高玉云，林建伟．饲用脂肪酶的研究与应用．广东饲料，2012，21 (3)：33-35.
[25] 杨滔，桂涛，李春梅，等．脂肪酶及其在饲料工业中的应用．饲料工业，2011，(S1)：63-65.
[26] 范国歌，胡虹，张秀江，等．脂肪酶对断奶仔猪生产性能的影响研究．河南科学，2013，31 (8)：1180-1183.
[27] 林谦，戴求仲，蒋桂韬，等．益生素与其他饲料添加剂配伍使用研究进展．饲料博览，2011，(1)：46-50.
[28] 李新波．饲用乳酸菌制剂研究概述．饲料研究，2012，(5)：5-20.
[29] 张天阳，楚青惠，曾勇庆，等．饲喂不同剂量乳酸菌液对生长肥育猪生长性能及胴体性状的影响．养猪，2013，(5)：41-44.
[30] 周淑芹，王玉峰，魏树龙．酵母在饲料工业中的研究与应用．畜禽业，2008，(4)：28-30.
[31] 张倩，邹庆建，徐克斯．酵母添加剂在动物生产中的应用．饲料研究，2009，(1)：19-22.
[32] 付林，杨锁柱，徐春生．酵母培养物对土杂鸡生产性能及营养物质代谢率的影响．石河子大学学报：自然科学版，2014，32 (1)：43-46.
[33] 林伯全，杨慧，王恬．酵母细胞壁和益生素对蛋鸡生产性能及免疫功能的影响．动物营养学报，2014，26 (5)：1327-1332.
[34] 李福彬，陈宝江，梁陈冲，等．芽孢杆菌营养研究进展及在畜牧业中的应用．饲料与畜牧，2010，(9)：43-47.
[35] 熊峰，王晓霞，余雄．芽孢杆菌作为微生物饲料添加剂的生理功能研究进展．北京农学院学报，2007，22 (1)：76-80.
[36] 姜清香．饲用芽孢杆菌制剂的配伍研究．湖南畜牧兽医，2013，(1)：1-3.
[37] 辛娜，张乃锋，刁其玉，等．芽孢杆菌制剂对断奶仔猪生长性能、胃肠道发育的影响．畜牧兽医学报，2012，43 (6)：901-908.
[38] 李福枝，刘飞，曾晓希，等．光合细菌 (PSB) 应用的研究进展．食品与机械，2008，24 (1)：152-158.
[39] 金梅，刘磊，唐湘华，等．光合细菌在饲料中的应用研究进展．饲用酶制剂开发与应用技术交流研讨会，2010：23-26.
[40] 郭秀平，梁敏和，陈正宇．光合细菌养猪效果试验．安徽农业科学，2008，36 (5)：6317-6318.
[41] 闫智慧，高静，周丽亚，等．乳酸的应用与发酵生产工艺．河北工业大学学报，2004，33 (3)：

15-19.
[42] 冯尚连，朱建津，孙玥莹，等．乳酸对仔猪消化酶发育的影响．浙江农业学报，2013，25（3）：475-479.
[43] 李建平，单安山，程宝晶，等．五味子与柠檬酸对生长肥育猪生长性能和血液生化指标的影响．东北农业大学学报，2010，41（4）：82-87.
[44] 孙丹丹，蔡英华，李涛，等．日粮中添加柠檬酸对三元杂交仔猪生长性能的影响．饲料工业，2014，35（4）：18-21.
[45] 张秀文，齐遵利，任晓慧，等．延胡索酸和芽孢杆菌对断奶仔猪生产性能及免疫机能的影响．饲料工业，2008，29（2）：12-14.
[46] 赵海军．稀盐酸对哺乳仔猪黄白痢的预防及生长发育的影响．养殖技术顾问，2011，（9）：228-229.
[47] 刘文辉．复合酸化剂对断奶仔猪生长性能、抗氧化功能及内分泌功能等的影响［D］．福州：福建农林大学，2013.
[48] 农业部兽药评审中心．兽药质量标准汇编．北京：中国农业出版社，2012.
[49] 中华人民共和国农业部公告第168号：饲料药物添加剂使用规范，2001.
[50] 张正元，周彭福．越霉素A对猪驱蛔虫促生长试验．畜牧与兽医，1997，2：76-77.
[51] 进口兽药质量标准，1999.
[52] 叶均安，章胜乔．莫能霉素添加剂对湖羊饲养试验．饲料研究，2003，5：40-40.
[53] 尚朋朋，欧阳五庆，傅晨，等．5%地克珠利纳米乳对鸡球虫病的疗效研究．西北农林科技大学学报：自然科学版，2011，39（4）：19-23.
[54] 马佳，杨桂芹．饲料防霉剂及其应用效果的评价分析．黑龙江畜牧兽医，2011，（11）：21-23.
[55] 罗超，李逢慧，程天印，等．丙酸、丙酸钙对饲料霉变效果的比较．湖南畜牧兽医，2008，（2）：12-13.
[56] 葛政华，殷潮洲，邵游．青贮黑麦草中添加双乙酸钠防霉试验．饲料工业，1994，（2）：33-35.
[57] 尚会建，张雷，郑学明，等．双乙酸钠的合成与应用．河北工业科技，2009，26（2）：86-89.
[58] 王国良，孙永贵，黄大鹏，等．双乙酸钠对育肥猪生长性能及肌肉品质的影响．黑龙江八一农垦大学学报，2008（1）：54-57.
[59] 张俊瑜，宋增廷，周凌云．双乙酸钠对裹包TMR贮存效果的影响．中国奶业协会年会论文集（上册），2009.
[60] 田希文，王义忠，张淑凤．双乙酸钠对奶牛增乳的应用试验．宁夏农林科技，2001，（3）：68-70.
[61] 石传林，张照喜，柏明兵，等．双乙酸钠在青贮饲料中的应用及饲喂泌乳牛试验．饲料博览，2001，（3）：32-33.
[62] 潘振亮，耿忠诚，丁翠华，等．添加双乙酸钠对肉仔鸡增重效果的影响．黑龙江畜牧兽医，2007，（5）：66-67.
[63] 刘安芳．肉鸭日粮中添加双乙酸钠的效果研究．黑龙江畜牧兽医，2004，（8）：24-25.

附　录

附录 1　本书参考标准

饲料添加剂 L-赖氨酸盐酸盐质量标准（NY 39—1987）
饲料级 DL-蛋氨酸质量标准（GB/T 17810—2009）
饲料添加剂液态蛋氨酸羟基类似物质量标准（GB/T 19371.1—2003）
饲料添加剂羟基蛋氨酸钙质量标准（GB/T 21034—2007）
饲料添加剂 L-色氨酸质量标准（GB/T 25735—2010）
饲料级 L-苏氨酸质量标准（GB/T 21979—2008）
食品添加剂 L-精氨酸质量标准（GB 28306—2012）
L-谷氨酰胺质量标准（FCC，1992）
维生素 A 棕榈酸酯粉质量标准（GB/T 23386—2009）
饲料添加剂维生素 D_3 微粒质量标准（GB/T 9840—2006）
维生素 E 粉（DL-α-生育酚乙酸酯）质量标准（GB/T 7293—2006）
维生素 E（原料）质量标准（GB/T 9454—2008）
饲料添加剂亚硫酸氢钠甲萘醌（维生素 K_3）质量标准（GB/T 7294—2009）
饲料添加剂 1%β-胡萝卜素质量标准（GB/T 19370—2003）
饲料添加剂盐酸硫胺质量标准（GB/T 7295—2008）
饲料添加剂硝酸硫胺质量标准（GB/T 7296—2008）
饲料添加剂维生素 B_2（核黄素）质量标准（GB/T 7297—2006）
饲料添加剂 D-泛酸钙的质量标准（GB/T 7299—2006）
饲料级氯化胆碱质量标准（HG/T 2941—2004）
饲料添加剂烟酸质量标准（GB/T 7300—2006）
饲料添加剂烟酰胺质量标准（GB/T 7301—2002）
饲料添加剂维生素 B_6 的质量标准（GB/T 7298—2006）
饲料添加剂叶酸质量标准（GB/T 7302—2008）
饲料添加剂维生素 C（L-抗坏血酸）的质量标准（GB/T 7303—2006）
食品添加剂碳酸钙质量标准（GB 1898—2007）
饲料级磷酸二氢钙的质量标准（GB/T 22548—2008）
饲料级磷酸氢钙的质量标准（GB/T 22549—2008）

饲料添加剂氯化钠质量标准（GB/T 23880—2009）
饲料级硫酸亚铁质量标准（HG/T 2935—2006）
饲料添加剂富马酸亚铁质量标准（GB/T 27983—2011）
饲料级硫酸铜质量标准（HG 2932—1999）
饲料添加剂碱式氯化铜质量标准（GB/T 21696—2008）
饲料添加剂硫酸锌质量标准（GB/T 25865—2010）
饲料添加剂碱式氯化锌质量标准（GB/T 22546—2008）
饲料级硫酸锰质量标准（HG 2936—1999）
饲料级碘化钾质量标准（HG 2939—2001）
饲料级碘酸钾质量标准（NY/T 723—2003）
饲料级碘酸钙质量标准（HG/T 2418—2011）
饲料级亚硒酸钠质量标准（NY 47—1987）
饲料级氯化钴质量标准（NY 48—1987）
饲料级沸石粉质量标准（GB/T 21695—2008）
食品添加剂凹凸棒黏土质量标准（GB/T 29225—2012）
饲料级麦饭石质量标准（Q/LHN 002—2008）
低聚异麦芽糖质量标准（GB/T 20881—2007）
饲料添加剂糖萜素质量标准（GB 25247—2010）
食品添加剂脱乙酰甲壳素（壳聚糖）(GB 29941—2013)
食品添加剂 2-甲基丁酸质量标准（GB 28336—2012）
食品添加剂牛磺酸质量标准（GB 14759—2010）
饲料添加剂天然甜菜碱质量标准（GB/T 21515—2008）
饲料添加剂左旋肉碱质量标准（NY/T 1028—2006）
饲料级 5′-胞苷酸质量标准（QB/T 4357—2012）
饲料级 5′-腺苷酸的质量标准（QB/T 4358—2012）
饲料添加剂肌醇质量标准（GB/T 23879—2009）
大豆异黄酮质量标准（NY/T 1252—2006）
大豆低聚糖质量标准卫生指标（GB/T 22491—2008）
光合细菌菌剂质量标准（NY 527—2002）
脂肪酶质量标准（GB/T 23535—2009）
食品添加剂乳酸质量标准（GB 2023—2003）
食品添加剂柠檬酸质量标准（GB 1987—2007）
饲料级富马酸质量标准（NY/T 920—2004）
食品添加剂硫酸质量标准（GB 29205—2012）
食品添加剂盐酸质量标准（GB 1897—2008）
食品添加剂磷酸质量标准（GB 1886.15—2015）
食品添加剂乙基麦芽酚质量标准（GB 12487—2010）
食品添加剂食用香精质量标准（QB/T 1505—2007）
食品添加剂香兰素质量标准（GB 1886.16—2015）

饲料添加剂 1% β-胡萝卜素质量标准（GB/T 19370—2003）
饲料添加剂 10%虾青素质量标准（GB/T 23745—2009）
饲料添加剂叶黄素质量标准（GB/T 21517—2008）
食品添加剂果胶质量标准（QB 2484—2000）
食品添加剂褐藻酸钠质量标准（GB 1976—1980）
食品添加剂羟甲基纤维素钠质量标准（GB1904—2005）
食品添加剂聚丙烯酸钠质量标准（GB 29948—2013）
食品添加剂蔗糖脂肪酸酯质量标准（GB 1886.27—2015）
饲料添加剂丙酸质量标准（GB/T 22145—2008）
食品添加剂山梨酸钾的质量标准（GB 1886.39—2015）
饲料级双乙酸钠质量标准（NY/T 1421—2007）
饲料级乙氧基喹啉质量标准（HG 3694—2001）
食品添加剂二丁基羟基甲苯质量标准（GB 1900—2010）
食品添加剂丁基羟基茴香醚（BHA）质量标准（GB 1886.12—2015）

附录 2 中华人民共和国农业部公告第 168 号《饲料药物添加剂附录一》

序号	名　　称
1	二硝托胺预混剂
2	马杜霉素铵预混剂
3	尼卡巴嗪预混剂
4	尼卡巴嗪、乙氧酰胺苯甲酯预混剂
5	甲基盐霉素、尼卡巴嗪预混剂
6	甲基盐霉素、预混剂
7	拉沙诺西钠预混剂
8	氢溴酸常山酮预混剂
9	盐酸氯苯胍预混剂
10	盐酸氨丙啉、乙氧酰胺苯甲酯预混剂
11	盐酸氨丙啉、乙氧酰胺苯甲酯、磺胺喹噁啉预混剂
12	氯羟吡啶预混剂
13	海南霉素钠预混剂
14	赛杜霉素钠预混剂
15	地克珠利预混剂
16	复方硝基酚钠预混剂
17	氨苯胂酸预混剂
18	洛克沙胂预混剂
19	莫能菌素钠预混剂
20	杆菌肽锌预混剂
21	黄霉素预混剂
22	维吉尼亚霉素预混剂
23	喹乙醇预混剂
24	那西肽预混剂
25	阿美拉霉素预混剂
26	盐霉素钠预混剂
27	硫酸黏杆菌素预混剂
28	牛至油预混剂
29	杆菌肽锌、硫酸黏杆菌素预混剂
30	吉他霉素预混剂
31	土霉素钙预混剂
32	金霉素预混剂
33	恩拉霉素预混剂

附录3 中华人民共和国农业部公告第168号《饲料药物添加剂附录二》

序号	名　称
1	磺胺喹噁啉、二甲氧苄啶预混剂
2	越霉素A预混剂
3	潮霉素B预混剂
4	地美硝唑预混剂
5	磷酸泰乐菌素预混剂
6	硫酸安普霉素预混剂
7	盐酸林可霉素预混剂
8	赛地卡霉素预混剂
9	伊维菌素预混剂
10	呋喃苯烯酸钠粉
11	延胡索酸泰妙菌素预混剂
12	环丙氨嗪预混剂
13	氟苯咪唑预混剂
14	复方磺胺嘧啶预混剂
15	盐酸林可霉素、硫酸大观霉素预混剂
16	硫酸新霉素预混剂
17	磷酸替米考星预混剂
18	磷酸泰乐菌素、磺胺二甲嘧啶预混剂
19	甲砜霉素散
20	诺氟沙星、盐酸小檗碱预混剂
21	维生素C磷酸酯镁、盐酸环丙沙星预混剂
22	盐酸环丙沙星、盐酸小檗碱预混剂
23	喹酸散
24	磺胺氯吡嗪钠可溶性粉